東京大学の

データサイエンティスト育成講座

Pythonで手を動かして学ぶデータ分析

中山浩太郎［監修］　松尾 豊［協力］
塚本邦尊、山田典一、大澤文孝［著］

本書のサポートサイト

本書で使用されているサンプルファイルや特典ダウンロード付録を掲載しております。訂正・補足情報についてもここに掲載していきます。

https://book.mynavi.jp/supportsite/detail/9784839965259.html

ダウンロード用パスワード：c39psx6r

- サンプルファイルのダウンロードにはインターネット環境が必要です。
- サンプルファイルはすべてお客様自身の責任においてご利用ください。
  サンプルファイルおよび動画を使用した結果で発生したいかなる損害や損失、その他いかなる事態についても、弊社および著作権者は一切その責任を負いません。
- サンプルファイルに含まれるデータやプログラム、ファイルはすべて著作物であり、著作権はそれぞれの著作者にあります。
  本書籍購入者が学習用として個人で閲覧する以外の使用は認められませんので、ご注意ください。
  営利目的・個人使用にかかわらず、データの複製や再配布を禁じます。
- 本書に掲載されているサンプルはあくまで本書学習用として作成されたもので、実際に使用することは想定しておりません。ご了承ください。

ご注意

- 本書での説明は、Anaconda 3とJupyter Notebookで行っています。
- WebブラウザはChromeを使用しています。環境が異なると表示が異なったり、動作しない場合がありますのでご注意ください。
- 本書での学習にはインターネット環境が必要です。
- 本書の誤字脱字などについては、ご指摘・ご連絡ください（https://book.mynavi.jp/inquiry/）
- 本教材の動作については、環境によってはすべて実行できないこともあります。あらかじめご了承ください。
- 本書に登場するソフトウェアやURLの情報は、2019年2月段階での情報に基づいて執筆されています。
  執筆以降に変更されている可能性があります。
- 本書の制作にあたっては正確な記述につとめましたが、著者や出版社のいずれも、本書の内容に関して何らかの保証をするものではなく、内容に関するいかなる運用結果についても一切の責任を負いません。あらかじめご了承ください。

はじめに

本出版にあたって

この本は、2017年と2018年に東京大学で実施された、「グローバル消費インテリジェンス寄付講座」の学生向けオフライン講義と、社会人向けオンライン講座で使われた教材がベースになっています。この2年間で学生、社会人の方から、のべ1800人以上の応募があり、約400名ほどの受講生の方たちが受けてきた講義です。学生は大学1年生から博士課程の学生まで理系文系問わず、また社会人の方たちもさまざまな業界の方々が受講されています。

この本はタイトルにあるように、データサイエンティストになるための基礎講座になります。昨今、さまざまなデータサイエンス関係の本（データ分析、機械学習、ディープラーニング、人工知能etc）が出ています。このコンテンツを初期に作成した数年前は、データサイエンス関係の書籍はそれほど多くなかったのですが、あの当時と比べて良質なデータサイエンスや機械学習の本も出版されています。こんな状況の中で、この講座を実施する意味や、それを本にして出版する意味はあるのでしょうか。この本のタイトルや目次をみて、「またデータサイエンスの本か」とか「今更データサイエンスの本を出版するのか」と思われている方もいらっしゃるかもしれませんし、私も執筆途中で少し思いました。

この本の特徴に、実際のデータを使って手を動かしながら、データサイエンスのスキルを身に付けることができるという点があげられます。さらに、可能な限りデータ分析をする現場で使える実践的な内容（データ前処理など）も含めています。単なる理論の説明やコーディングの説明だけにとどまらないコンテンツも扱っています。さらに、練習問題や総合問題演習など頭を使って考える内容もたくさんあり、これも他の本にはあまりない特徴です。この本に書いてあることを実践し、読み終えた後には、実際の現場でデータ分析ができるはずです。

なお、東京大学で実施している講義ではインターネットからログインするだけで使えるシステム（iLect）を使っていますが、この本では、ローカル環境を準備するための方法をAppendixに記載しましたので、参考にしてください。また、この本のベースとなるコンテンツはJupyter Notebook形式で、既に東京大学の松尾研究室より無料で公開（https://weblab.t.u-tokyo.ac.jp/gci_contents/）されており、それをダウンロードすれば、コンテンツを入手することもできます。さらに、最近はGoogleからGoogle Colaboratoryというクラウドベースのjupyter環境も無料で提供されており、これと上記の公開コンテンツを使ってデータサイエンスを手を動かしながら学ぶことも可能です。ですので、この情報を知った方は、インターネットにアクセスすることさえできれば、無料でデータサイエンスを学ぶことができるため、このコンテンツを本にする理由はあまりないように思えます。

この講座のコンテンツを本にした理由は、3つあります。1つ目がWebだけではないもっと幅広い層に、データサイエンスの実態を知ってもらい、そのスキルを身につけてほしいと思ったからです。昨今、データ分析ができる人が求められているにも関わらず、そのような人材が不足しているのが現状です。もちろん、誰もがデータ分析できる必要はないですが、データ分析には何が最低限必要で、どのようなアプローチがあるのか、どんなことができるのかということを知っておくだけでも、色々な業務の改善につなげられる可能性はあります。少なくともデータサイエンティストの仕事の大変さ(?)も理解できて、なんでもデータサイエンスやAIで解決できるなんてことは思わなくなるでしょう。

また、データ分析の専門家や分析部門等に依頼しないまでも、データの簡単な集計や可視化等がさくっとPythonを使ってできるようになれば、自分の業務の効率性も上げることもできますし、自分の仮説をデータ分析で確かめたり、今まで手作業で苦労していたタスクを自動化できるのは、楽しいことだと思います。ぜひ、この本を手に取った方はこの本を使い倒して、データ分析の基礎スキルを理解し、身に付けてください。

2つ目が、オンラインではいつでも勉強できるわけではなく、電車の中や待ち時間にさっと内容に目を通したいこともあり、そういった場合に書籍は便利です。いくらパソコンや携帯電話が使える時代とはいえ、無人島ではWiFiもなければ電源もありません。そんな場所にこの本を持っていくことはないかもしれませんが、いつでも学べるのが本の良いところです。

3つ目が、情報を取得できるスピードは本の方が圧倒的に速く、やはり学習効果が高いです。私も月に何冊も本を買っていますが、実際に本で勉強した方が学習効果は高いと感じています。色々と思いついたことを書き込みしたり、さらっと全体を見直したりするときには、本の方が便利です。本の中で深く考えるポイントがある場合は、ぜひ書き込んでいってください。学んだことを身に付けるためには、受け身ではなく、そのように主体的に学ぶ、疑問に思う、深く考えることが大事です。もちろん、本で全てを学べるわけではないので、環境を用意して手を動かして学びながら、適材適所でこの本を使ってください。

また、この本は、オンラインで公開されている教材とは異なり、デザインや配置などが綺麗で、ポイントがまとまっており、わかりやすい形になっています。これはマイナビ出版の伊佐様をはじめ、各関係者の方達に編集していただいたおかげです。とても感謝しております。

この本について

この本では、データサイエンスに必須なスキルを幅広く扱っています。そのため、各分野で深入りはせず、最低限必要な基礎的な事項を取り扱っています。この分野を1冊で学ぶことは無理ですが、最低限の方向性だけは示すことはできるため、この本はそういう位置付けでとらえてください。データサイエンティストになるための地図と羅針盤のような役割を果たせるように、本書には重要キーワードや次に読むべき参考文献などを盛りだくさんに載せていますので、それらとあわせて活用してください。

この本は主にPythonというプログラミング言語を使って、基本的なプログラムの書き方、データの取得、読み込み、そのデータ操作からはじまり、さまざまなPythonのライブラリの使い方、確率統計の手法、機械学習（教師あり学習、教師なし学習とチューニング）の使い方、そしてPythonを高速化するための方法やSparkの簡単な操作など（これらはダウンロード付録になります）についても学びます。取り扱っているデータは、マーケティングに関するデータやログデータ、金融時系列データなどさまざまで、モデリングの前にそれらを加工する手法も紹介しています。データサイエンティストになるには、どれも必要なスキルです。

Pythonや確率・統計、機械学習、最適化など各専門書1冊1冊には到底かないませんが、データサイエンスをビジネスに活かすには、幅広く武器を知っておくこと、基本的な使い方を身に付けていることが重要です。基本的な考え方や知識が身についていれば、未知の問題等があっても、あとは調べながら学ぶことはできますので、この本ではそのマインドや姿勢を育てることも目標にしています。

また本書では、現場のデータを実際にどのように加工して分析すればよいか、それを具体的にどのようにマーケティングや金融などに使えるのか、どの手法を使ってどうコーディングしていけばいいのか、それらの合わせ技や流れも記載しています。理論的な話だけではなく、実務的な使い方も紹介しているため、すぐに現場で試すこともできます。一般的なマーケティングの本はマーケティング手法が中心でその実装手法がなく、一方機械学習の本は理論や実装はありますがマーケティング手法など実務的な使い方が載っていないなど、専門に特化しているものがほとんどです。この本ではデータサイエンスに不可欠なスキルを全体的に網羅して、しかも実装をすぐに試すことができます。ここで、実務的なデータ分析をするための実装イメージをもつことができるでしょう。

もちろん、数式の計算や定理の証明など理論的な本が不要といっているわけではなく、むしろ時間がある大学生や研究者として第一線で活躍されたい方はしっかりと学んでください。この本だけでは理論的な知識は足りないので、必要になったら各専門書や参考文献等を一緒に使って、学んでいくと良いでしょう。ちなみに私が学生の頃、データサイエンスという言葉はそれほど流行っていませんでしたが、幸い微分積分学と線形代数、集合位相論（他、確率統計、多変量解析、最適化計算や情報理論など）はしっかりと学んだので、この分野に比較的スムーズに入れたのかもしれません。

また、冒頭でも述べたように、実装の練習問題があるのも、他の本にはあまりない特徴です。人は実際に課題を前にして考え、手を動かさないと、そのスキルは身に付きません。ぜひこの教材を通して、いろいろな武器があることを知り、手を動かしながら実践してください。この本では、良書と言われ、評判が良い参考文献を多数紹介しています。この本書読了後、それらを使って、考えながら手を動かして実践して、ウェブの情報や参考図書等使いながら、さらにレベルアップしてください。

この本の対象読者

この本は、プログラミングの経験があり、理系の大学1～2年生程度の教養課程の数学（線形代数、微分積分学、確率統計の基礎など）を終えている方を対象にしています。具体的には、勉強熱心な大学3～4年生の理系の学生さんや大学院生の方、また社会人になってデータサイエンスを学ぼうという意欲の高い方たちが対象です。データサイエンスの入門レベルから中級レベルの手前までを考えている人に最適で、本書のゴールもデータサイエンス入門レベルを卒業できることを想定しています。

すでに実務でPythonと機械学習を頻繁に使っている方には、簡単すぎる内容だと思いますので、そのような中級者以上の方を対象にはしていませんが、一通りデータ分析に必要な知識は復習できます。あと、最近注目されている深層学習はこの本書では詳しく取り扱っていませんが、深層学習を学ぶ前の基礎スキルは本書で学べます（特典のダウンロード付録）。深層学習の基礎を学ぼうとしたけど、コードの意味等がわからず挫折したという方も、この本でその手前のスキルを身につけることができます。もし深層学習を本格的に学びたい方がいれば、昨今は色々な本が出版されており、また色々なところで深層学習の講座をやっていますので、それらを受講等してください。

プログラミング未経験の方や、線形代数や微分積分学などを全くやっていない方は、この教材だけで理解するのは大変かもしれませんので、参考文献を一緒に使えば、時間はかかりますが、読み進めることはできると思います。実際、この講義では大学1、2年生や、社会人で文系の方でも修了した方もいらっしゃいます。

この本の目的

「データサイエンス」については画一的な定義はなく、色々な意見があると思います。ただ、その言葉にもあるように、「科学」という分野は少なからず関わってきます。科学とは、世の中の混沌とする現象から本質を見つけ出して、さまざまな課題を解決していくことです。日々膨大に増えていくさまざまなデータの中から、科学の力を使って、色々な問題を解決していくのがデータサイエンスだと考えます。サイエンスのアプローチがもともとそうだったかもしれませんが、近年多種多様なデータが取得でき、大量かつ高速に計算ができる時代になり、またIoT（Internet of Things）などが注目される中、データ分析の重要性はなくなるどころか、必須のものになってきています。

私としては、このデータサイエンスを活用して、世の中を少しでもよくしていけると信じ、この分野で働いています。世の中は多種多様でさまざまな問題があります。非効率的な仕事や処理、無駄もあることもご承知の通りです。人工知能等が注目される一方で、いろいろな誤解や過剰な期待をされていることもあります。この本を手にとってくださっている方たちには、このような状況でも現実的になって、データサイエンスや人工知能等を使って何ができて何ができないのか、ぜひ見極めてください。

データサイエンスは、数学（統計、確率、機械学習など）だけではなく、ITの力やいろんな力を借りて、世の中の難問や隠れた課題に挑戦していく総合的な分野だと思っています。もちろん、この力は絶対的でもなく、何でも解決できるわけではなく、突然ミラクルが起こるわけではありません。むしろ、どうしようもできない状況で、泥臭く要件を確認し、課題を見つけることからはじまったり、データをコツコツ見て整形していくことが多いかもしれません。実際、筆者が現場で分析していて、そういった場面に遭遇することは往々にしてあります。しかし、それぞれのビジネス目的に応じてデータ分析をすることで、少しずつ改善できる場面もありますし、新しい発見もあったりします。データサイエンスや人工知能は、人の仕事を全て奪うものではなく、この世界をよりよくするための1つのツールです。

この読者の方たち、受講生の方たちの中から、このデータサイエンスの力を活かして、今の世の中の無駄や非効率を少しでもなくし、さらに新しい価値を創り出して、この世界を良くしていく人が増えていってくれたら、著者としては本望です。もちろん、私もその一員として日々努力奮闘中です。

謝辞

本教材開発は、たくさんの教材とたくさんの人によって支えられています。参考にした教材やサイトについては、参考文献として紹介させていただきました。数学やコンピューターサイエンス、マーケティング分析、さまざまな分野で専門家の方たちが研究してきた分野を、私は借りているだけです。巨人の肩に乗っていなければ、このように教材を開発することはできませんでした。

そして、本教材開発について、このような機会をくださった東京大学の松尾研究室の方たちに感謝いたします。この方たちのサポートとアドバイスやフィードバック等がなければ、このようなコンテンツを作成することはできませんでした。また私自身もこの教材開発をしていく過程で、勉強する部分が多く、このような機会を与えてくださり、感謝しております。本当にありがとうございました。

まず本講義や教材作成について、全体的な統括をしていただいている松尾研究室の中山浩太郎先生や、初期のコンテンツ開発をサポート・コーディネートしてくださった椎橋徹さんには、大変感謝いたします。そして、本書の共著として入っていただいた、データサイエンティストの山田典一さんとPythonエキスパートの大澤文孝さんには大変感謝いたします。お二方のお力がなければ、出版に至らなかったと思います。

また、コンテンツに関しては、全体的なレビューをグスタボベゼーラさんと味曽野雅史さんにしていただきました。残念ながらこのお二方のレビューによる指摘すべてを完璧には反映できませんでしたが、この二人のおかげでよりよいコンテンツができたと思います（なお、紙面の都合上、講義で扱っていたデータベースの章は割愛させていただきましたが、この二人のおかげでSQLのカーネルやNoSQL等のコンテンツが作成されました。興味のある方は、上記で記載した無料公開のコンテンツに含まれておりますので、ご参照ください）。

その他にも、全体的なレビューを宮崎邦洋さん、田村浩一郎さん、三浦笑峰さん、檜口一登さんにしていただきました。特に、宮崎さんと三浦さんは大学の講義、社会人の講座の運営のため、毎週のMTGとサポートなどしていただき、感謝しております。さらに講義で使ったiLectの環境についてはマイケルさん、アルフレッドさんに準備等いただきました。

教材のレビューアーをしていただいた方たちにも感謝致します。大学時代からお世話になっている石橋佳久さん、今村悠里さん、以前の職場でお世話になった嶌田有希さん、中村健太さん、山田典一さん、宮澤光康さん、乾仁さん、川田佳寿さんにもコンテンツを見て修正や追加等していただきました。特に、統計検定１級保持者の石橋さんは確率統計の箇所を修正追加してくださり、他にも全体的に問題のある箇所について指摘していただきました。山田さんや嶌田さんには機械学習の章について指摘をいただき、大変助かりました。さまざまな面でサポートしてくださった皆様、感謝しております。

さらに、冒頭に述べたように、本教材は東京大学の講義でも使われており、受講生の大学生、大学院生や本講義優秀者のTAの方たち（檜口一登さん、岡本弘野さん、久保静真さん、橋立佳央理さん、蕭喬仁さん、熊田周さん、合田拓矢さん、一丸友美さん）からもフィードバックをいただきました。さらに、社会人向けに第１回、第２回オンライン講座に参加してくださった皆さんのフィードバックもとても参考になりました。

また、本業があるにも関わらず、この講義の講師や本の執筆活動や兼業等を許可し、応援していただいている本職関係者の方たちにも感謝いたします。

そして、この本を出版することができ、マイナビ出版の伊佐知子様、角竹輝紀様をはじめ関係者の方にも大変感謝しております。さまざまなフィードバックや教材の編集等、体裁などとてもグレードアップしていただき、感謝しております。

みなさん、お忙しい中、本当にありがとうございました。なお、本教材における誤植等は全て筆者（塚本）による責任であり、もしそのような間違い、お気付きの点や改善点等あれば、ぜひご連絡いただけると幸いです。今後この教材もブラッシュアップしていければ（もしくは、さらなるエキスパートの方に改善していただければ）いいなと思います。

2019年1月、塚本 邦尊、アドレス：kunitaka0605@gmail.com

著者について

■塚本 邦尊

現職は某金融機関の研究開発部門にて、分析環境構築からデータ前処理自動化、分析、アルゴリズム開発と実装、取引実弾とその検証、定型レポーティング作成などを担当。ナノ秒（10億分の1秒単位）の世界でニューヨークやロンドンの猛者たちと日々戦っています（?）が、HFT（高速取引）自体は世の中の役に立っているかどうか私にはまだわかっていませんので、この最先端技術をIoTやら何か他領域でも役立てようと目論んでいます。その他、個人事業として本講義の講師やさまざまな企業（メーカー、システム会社、広告代理店など）の分析サポートやアドバイスを実施したり、某コンピューター系の研究所の技術フェローを兼務。学生時代の専攻は数学で、今まで携わってきた業界は、システム会社、広告代理店、マーケティング、コンサルティング企業等。取り扱ってきた開発ツールはVisualStudio、RStudio、JupyterNotebookなどで、C#やSQL、VBA、RやPython、シェル、SASなどを使ってきました。最近はFPGAがらみのプロジェクトに関わることが多く、ハードウェア面（FPGA、Verilog、Vivadoなど）やネットワーク面（WireSharkなど）からも少しずつ学び、AWSなどクラウド環境も日々扱っています。最近時間があるときは、ラズベリーパイを使ってロボティクスについて学んだり、色々な本を読んでいます。

■山田 典一

株式会社クリエイティブ・インテリジェンス代表取締役。

ヤフージャパン、ブレインパッド、GREE、外資系メディアエージェンシーなどで、データマイニング・機械学習を活用した高度アナリティクス業務に従事。情報の価値の観点から、インテリジェンスマネジメントの在り方、インテリジェンスプロセスと機械学習との融合可能性を考察し、日本コンペティティブ・インテリジェンス学会より最優秀論文賞を受賞（2015年）。現在は、機械学習・ディシジョン科学・シミュレーション科学を活用した、より複雑で高度なディシジョン支援に向けた技術の研究開発、機械学習の導入コンサルティング、データ活用アドバイザリーを行っています。

■大澤 文孝

テクニカルライター。プログラマー。

情報処理技術者（「情報セキュリティスペシャリスト」「ネットワークスペシャリスト」）。

雑誌や書籍などで開発者向けの記事を中心に執筆。主にサーバやネットワーク、Webプログラミング、セキュリティの記事を担当しています。

近年は、Webシステムの設計・開発に従事。主な著書に、『ちゃんと使える力を身につける Webとプログラミングのきほんのきほん』『ちゃんと使える力を身につける JavaScriptのきほんのきほん』（マイナビ出版）、『いちばんやさしい Python入門教室』『Angular Webアプリ開発 スタートブック』（ソーテック社）、『AWS Lambda実践ガイド』『できるキッズ 子どもと学ぶJavaScriptプログラミング入門』（インプレス）、『Amazon Web Services完全ソリューションガイド』『Amazon Web Services クラウドデザインパターン実装ガイド』（日経BP）、『UIまで手の回らないプログラマのためのBootstrap 3実用ガイド』『prototype.jsとscript.aculo.usによるリッチWebアプリケーション開発』（翔泳社）、『TWE - Liteではじめるセンサー電子工作』『TWE - Liteではじめるカンタン電子工作』『Amazon Web ServicesではじめるWebサーバ』『Python10行プログラミング』『「sakura.io」ではじめるIoT電子工作』（工学社）、『たのしいプログラミング!: マイクラキッズのための超入門』（学研プラス）などがあります。

監修者、協力者について

■中山 浩太郎

2000年 10月（株）関西総合情報研究所 代表取締役社長 就任

2002年 4月 同志社女子大学 非常勤講師 就任

2007年 3月 大阪大学大学院情報科学研究科　博士号取得

2007年 4月 大阪大学大学院情報科学研究科　特任研究員 就任

2008年 4月 東京大学 知の構造化センター特任助教 就任

2012年 4月 東京大学 知の構造化センター特任講師 就任

2014年 12月 東京大学 工学系研究科 技術経営戦略学専攻 特任講師 就任

■松尾 豊

1997年 東京大学工学部電子情報工学科卒業

2002年 同大学院博士課程修了．博士（工学）。同年より，産業技術総合研究所研究員

2005年 10月よりスタンフォード大学客員研究員

2007年 10月より，東京大学大学院工学系研究科総合研究機構／知の構造化センター／技術経営戦略学専攻 准教授

2014年より、東京大学大学院工学系研究科 技術経営戦略学専攻 グルーバル消費インテリジェンス寄付講座 共同代表・特任准教授。

2002年 人工知能学会論文賞、2007年 情報処理学会 長尾真記念特別賞受賞。

2012年～14年、人工知能学会編集委員長を経て、現在は倫理委員長。

専門は、人工知能、Webマイニング、ビッグデータ分析、ディープラーニング。

Contents

Chapter 7 Matplotlibを使ったデータ可視化 183

Chapter 8 機械学習の基礎（教師あり学習） 197

Appendix 303

Chapter 1

本書の概要とPythonの基礎

本書では、全体を通じて、主にデータサイエンス（データ分析）について学んでいきます。1章ではまず、データサイエンスとは具体的にどんなことをするのか、またそのためにはどんな知識が必要なのかを解説していきます。本書の各章で扱っていることの概要や、読み方などを説明するので、全体像をつかんでください。後半では、Jupyter Notebookを使ってPythonの基礎を学んでいきます。

Goal この書籍の目的を理解する。データ分析の流れを抑え、習得しなければばならないことを知る。Jupyter Notebookを使ってPythonの基礎的な実装ができるようになる

Chapter 1-1

データサイエンティストの仕事

Keyword データサイエンティスト、統計学、エンジニアリング、コンサルティング、PDCA、データ分析、Python、線形代数、微分積分学、確率、統計、機械学習

本書は、データサイエンス（データ分析）を学ぶための基礎を身に付けることを目的にしています。まずは、データサイエンスとは何か、そして、データサイエンスのために必要な知識として、どのようなものがあるのか、その概要を説明します。

1-1-1 データサイエンティストの仕事

上で述べたとおり、本書では、全体を通じて、主にデータサイエンスについて学んでいきます。そこでまずは、データ分析の専門家である「データサイエンティスト」について考えてみましょう。この言葉は、さまざまな書物やネット上で定義されており、一概にはまだ定まっていませんが、**本書においては、ビジネスの課題に対して、統計や機械学習（数学）とプログラミング（IT）スキルを使って、解決する人**と定義します。

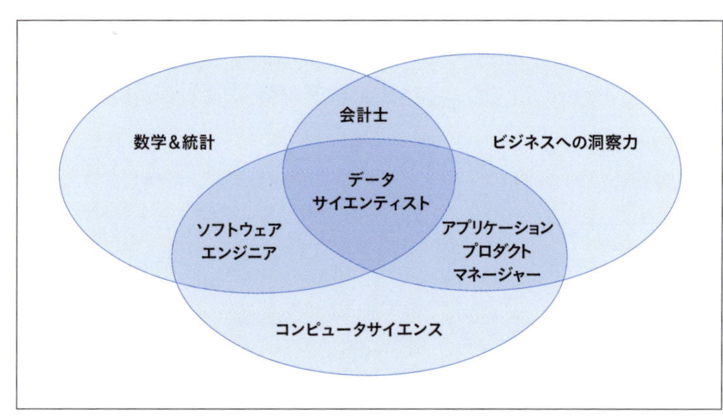

図1-1-1　データサイエンティストは総合的な能力が求められる
http://www.zsassociates.com/solutions/services/technology/technology-services/big-data-and-data-scientist-services.aspx を元に編集

データサイエンティストは、数学や統計のエキスパートでなければなれないと思われがちですが、そうではありません。確かに、数学や統計の知識は必要です。しかしそれだけではなく、それを実装できるエンジニアリング能力も必要です。具体的には、ここで学ぶPythonで実装する力です。また、そもそもそれらを使ってビジネス課題を解決していくためのコンサルティング能力も求められています。これらのうち、どれか1つが欠けてもデータサイエンティストではありません。しかしすべての分野においてエキスパートであることが求められるわけではありません。求められるのは、統合的な能力です。これらのスキルについて、すべてエキスパートだという人はいませんし、それぞれの強みを持っている人たちでグループを作り、データサイエンスチームを結成することもあります。

データサイエンティストが、どのようにしてデータ分析の課題を実際に解決していくのかなど、より詳しいことについては、巻末の参考文献「A-1」に掲載しているような各種データ分析関連の書物を、ぜひ読んでみてください。

1-1-2 データ分析のプロセス

では、データサイエンティストは、データをどのようなステップで分析すればよいのでしょうか。データ分析では、データ分析のフローやプロセスを理解し、それを創ることが重要です。たとえば、ビジネスデータを分析するプロジェクトでは、そのビジネス理解、データ理解、データ加工、処理、モデリング、検証、運用という流れで進めていくのが一般的です。こうした流れのうち、重要度が特に高いのが、ビジネス理解です。ここを外すと、データ分析の意味がなくなってしまいます。データ分析には目的があります。分析ありきではありません。しかしクライアントや関係者が、はっきりと目的を持っていないこともあります。その場合は、目的を定めるところから始めることになります。話し合いなどをしながら、データサイエンティスト側から課題を見つけ、提案していくことが求められます。この過程では、プロジェクトメンバー(コンサルタント、営業等)と協力する必要がありますし、またクライアントや関係者ともコミュニケーションをとっていく必要があります。

そして、こうした流れを回していくことも大事です。どこかの段階が終わったら完了ではなく、サイクルを回し続ける、いわゆるPDCAサイクルの流れまで持っていく必要があります。データをどのように分析するのかというモデリングだけにしか興味がない人にとって、こうしたビジネス的な話は面白くないかもしれませんが、これが現実です。データサイエンティストの仕事には、こうした側面もあるという現実をお伝えしたうえで、それを、どのようにアプローチしていくのか、どのようにして具体化(実装)するのかを学んでいくのが、この書籍です。

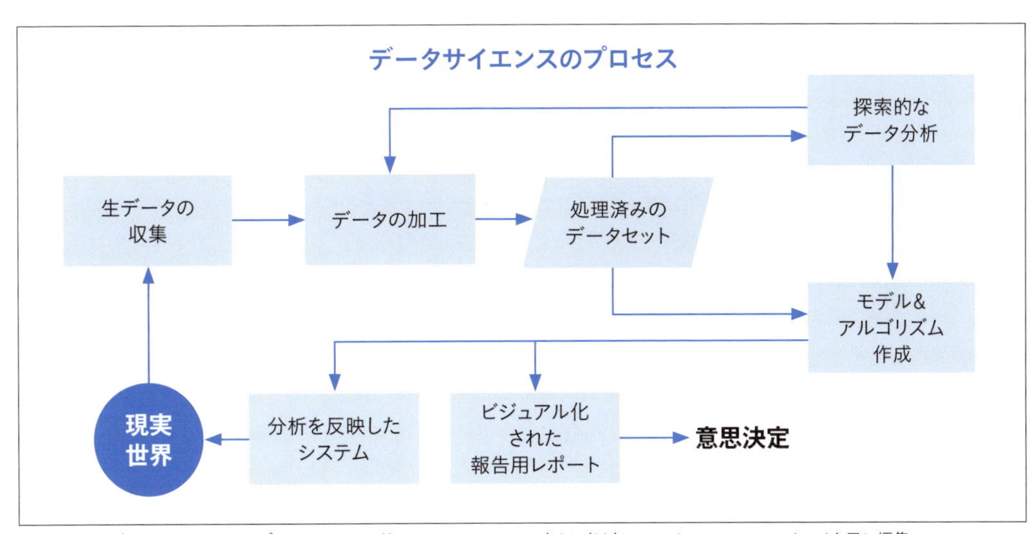

図1-1-2　データサイエンスのプロセス　http://www.kdnuggets.com/2016/03/data-science-process.htmlを元に編集

Point

データ分析の現場で大事になるのは、ビジネス理解やその目的を明確化し、PDCAサイクルの流れ(データ分析のプロセス)を創ることです。

データ分析のプロジェクトの流れを学んだり、データ分析のフローや結果のシステム化や実務での運用の際に役立つ書籍として、巻末に参考文献「A-2」「A-3」を掲載しています。

1-1- 3 本書の構成

本書では、データサイエンティストになるために必要なことを、実際に体験しながら学んでいきます。すでに説明したようにデータサイエンティストは、数学や統計の知識のほか、エンジニア力やコンサルティング力も必要になるので、本書の内容も多岐に渡ります。

1章から4章の内容が、データ分析のための基礎知識です。このあと1章では、データ分析によく使われるプログラミング言語のPythonや、本書に掲載しているサンプルコードを実際に動かせるJupyter Notebookについて説明します。そして2章では、データ分析の際にPythonと組み合わせて使われる科学計算や統計ライブラリであるNumpy、Scipy、Pandas、Matplotlibについて説明します。3章と4章は、数学的な基礎知識を説明する章です。3章では統計学の基本と単回帰分析について、4章では確率と統計の基礎について学びます。4章は、少し理論的なお話になり数式も出てきますが、徐々に慣れてください。

5章から7章は、Pythonでデータを扱うための処理方法や可視化を身に付ける章です。5章では科学計算に使われるNumpyやScipy、6章ではデータ加工処理に必要となるPandasを使ったテクニック、そして7章では、データの可視化（Matplotlib）やデータ分析結果の伝え方について学びます。この章までにPythonのデータ分析前の処理や加工の基礎を身に付け、総合問題でそれらの手法を活用します。具体的には金融の時系列データやマーケティングデータを例に取り、データ分析の実務現場でも使われている基礎的な手法を紹介します。

8章からが機械学習の単元です。つまりモデルを作って学習させていく話です。8章ではあらかじめ答えがわかっているデータに対して学習する、教師あり学習を習得します。そして次の9章では、あらかじめ答えがわかっていない分析のアプローチ、すなわち、教師なし学習を習得します。続く10章では、その機械学習で学んだモデリングを検証したりチューニング（パラメータを変更して、モデルの精度を上げる）したりする方法を学びます。モデルは作ったら終わりではなく、しっかりと検証する必要があるので、学習データにモデルが最適化されすぎる「過剰学習（過学習ともいわれます）」の問題などについても説明します。

11章は今まで学んだスキルを試すためのまとめの総合問題です。

これらの章をすべて習得すれば、データ分析に必要な最低限のスキル、そして、今注目されている深層学習などを学ぶための前知識も身に付けることができます。余談ですが、ここでデータ分析のスキルをしっかりと身に付けておけば、自分の市場価値を上げることができますし、就職や転職するときの選択肢が大きく広がります。

1-1- 4 本書を読み進めるのに役立つ文献

本書はデータ分析の入門書ではありますが、いま述べたすべての分野について、本当に基礎から説明することはできません。そのため、やむなく、ある程度の基礎知識を前提とします。
本書で前提としている知識は、大学で習う微分・積分と線形代数の基礎、そして簡単なプログラミング経験があること（可能ならPython）を想定しています。また、データ分析は確率・統計と深く関わるので、この書籍とは別に、確率と統計の基礎を体系的に学習することをお勧めします。
本書では厳密な数式に基づいた内容（集合・位相や測度論に基づいた確率統計）というよりも、データ分析の現場に必要なスキルを身につけるという視点で解説をしています。数式が出ている箇所について、理解が困難な場合もあるかも知れませんが、一度にすべてを理解しなくても先には進むことができます。分からない箇所があったり、気になっている箇所があったら、巻末の参考文献「A-4」や「A-5」、参考URL「B-1」などを都度、参考にしてください。
なお本書は全体がつながっているので、後から振り返って分かるということもあります。ですから、まずは、少し分からないところがあっても、そこで止まらず、読み進めてみてください。

本書では一部、線形代数や微分積分学の基礎知識を前提に話を進めますので、不安がある人は、巻末の参考文献「A-6」などを見て復習してください。後の章でも、固有値などの用語が出てくるので、さらっと読んでおきましょう。
もちろんすべてを復習する必要はありません。該当の章を実際に試す上で、必要そうな箇所をピックアップしたり、そこで出現する専門用語をネットで調べながら学習を進めてください。さらっと読んでみて、自分にあっている本を1～2冊読めばよいでしょう。
なお、線形代数や微分積分学に限った話ではありませんが、大学の数学は抽象度が上がり、苦手意識を持つ人が多いようです。問題演習をこなすことによってイメージが付きやすくなるので、参考文献「A-6」の書籍などに掲載されている例題や演習を中心にやってみると理解が高まります。
参考文献「A-7」に掲載している書籍は少し高度ですが、大学1～2年の数学に不安のある方、数学的な厳密性を求めたい方にお勧めします。解析学、線形代数、統計学の基礎を一通り学ぶことができます。

1-1- 5 手を動かして習得しよう

ビジネスの理解ができても、それを形にする（実装する）ことができなければ、データサイエンティストではありません。そこで本書では、さまざまなデータに対処して、実装できることを目指します。そこで、学習する上でとても大切になってくるのが、「**自分で考えて手を動かしながら学ぶこと**」です。

「はじめに」にも書いたように、本書の大きな特徴として、「実際に手を動かしながらデータ分析の手法が学べるコンテンツがある」という点が挙げられます。本書では、Jupyter Notebookという環境を使って、実際にPythonを使ってデータ分析するプログラムを作り、すぐに試せるようサンプルを提供しています。Jupyter Notebookのインストール方法などはAppendixにまとめていますので、まずはそちらを参照して環境を準備してください。なお、本書のサンプルは、Googleが提供している「Colaboratory」を使っても実行できます。ただし、環境が異なるため、一部、同じように実行できない箇所もあるので、ご了承ください。

この書籍のサンプルプログラムを使って、実際に変数に入れる値を変更してみたり、コードを実行して、結果をみてください。基本的には、上から順に実行するだけで良いのですが、ただコードを眺めているだけでは、分析やコーディングのスキルは身に付きません。実際に手を動かして試行錯誤することでしか、コーディングスキルは身に付きません。書籍のところどころに、「〜をしてみてください」や「考えてください」「Let's Try」という文言があるので、そうしたところでは、次に進む前に、きちんと立ち止まって考えて、コーディングしてみてください。
さらに、練習問題などに関わらず、ご自身の中で「ここの数字を変えたり、処理を変えたらどうなんだろう」など、仮説やアイデアが浮かんだらぜひ、いろいろと試してみてください。
そういったやり方は、時間はかかるかもしれません。やり方がわからなかったり、エラーメッセージなどが返ってきて、詰まる時もあるかもしれません。しかし、エラーメッセージを見ながら、まずは自分で調べながらやることも大事です。またコードが複数行あって、書籍の説明文だけでは分からない処理があるかもしれません。そのときは、1行1行実行して、どういう結果が返ってくるのか、見ていきましょう。そこから1つ1つ学ぶことができるのです（もちろん、簡単だと思われる場合は、適宜スキップしてください）。

本書を読み進めていく中で、わからないキーワードやライブラリ名、コードなどが出てくることもあると思います。そのときは、これまであげた参考文献などを見るだけではなく、検索エンジン（Googleなど）を積極的に使って調べていきましょう。はじめは調べたいものがすぐに見つからず、時間がかかるかもしれませんが、慣れてくれば調べるコツも分かってきます。この**調べる力もとても重要**です。
また、本書に書いてあることをすべて丸暗記しようなどとは思わないでください。 あくまでも本書は、Pythonを使って、さまざまなデータ加工処理ができるということをまずは知ってもらうためにあり、すべて覚えてもらうことを想定していません。 学んだばかりの処理は、すぐに使いこなせないかもしれませんが、必要なテクニックは使う頻度も多くなって、そのうち手が覚えて、自然に使えるようになります。 実際、現場で働いている多くのエンジニアは、わからないことがあるときは、ネットで探したり、ネット上にある掲示板で質問して、仕事をしています。 ですから特に初学者の方は、本書ではさまざまな方法があるというのをまず知って、必要なときに振り返って、使えることが大事です。
御託を並べてきましたが、自分で考えてコーディングしたものが動いて、結果が返ってくるというのはとても楽しいです。もちろん、単純作業もありますが、それを自動化したり、うまく処理できるスクリプトができたときも快感です。クリエイティブな要素も多いので、ぜひその感触も掴んでください。

Point

実際にPythonのコードを書いて実行し、結果をみながら、試行錯誤してみましょう。そして、楽しんでプログラミングしてみましょう。

なお、Pythonを使った自動処理の入門的な本として、参考文献「A-8」のような本が出版されているので、参考にしてください。昨今流行っているRPAツールも、この本で紹介されているツール（PyAutoGUIなど）を使えば、作成できます。参考URL「B-2」は、「A-8」の英語版（原本）ですが、無料です。PDF版もあります。フリーの教材や講義は英語であるケースが多いので、ついでに英語の勉強もして、幅広く情報を取得できるようになるとよいでしょう。英語もできるようになると、さらに仕事の幅は広がります。

Chapter 1-2

Pythonの基礎

Keyword 演算、文字列、変数、リスト、辞書型、タプル、集合、真と偽、比較演算子、条件分岐、ループ処理、制御、内包表記、オブジェクト指向、オブジェクト、クラス、インスタンス、コンストラクタ

本書では、データ分析をするためのプログラミング言語としてPythonを使います。そもそもなぜPythonを使うのでしょうか。それは、他のプログラミング言語と比べてコーディングが容易で、さまざまなこと（データの加工、取得、モデリング等）が一貫して簡単にできるからです。このようなデータ解析や機械学習系のライブラリが揃っているのが特徴です。
こうした理由で、多くのデータサイエンティストが、データ解析にPythonを利用しています。Pythonのユーザーはどんどん増えてきて、Pythonはどんどん進化しています。Pythonの構文は比較的簡単なので、Python以外でプログラムをやってきた人はもちろん、プログラム経験がない人たちでもすぐに扱うことができます。
なお、PythonにはPython2系とPython3系の2系統があり、文法が一部異なります。Python 2と3ではコードの書き方が変わっており、本書はPython 3に基づいています。Python 2のサポートは2020年までとなっているため、今後はPython 3を使うことをお勧めします。

1-2-1 Jupyter Notebookの使い方

では、Pythonのコードとは、どのようなものでしょうか。早速、Pythonのコードを見て、実行していきましょう。Jupyter Notebook（以下Jupyter環境）を使えば、Pythonプログラムの実行は、とても簡単です。コードを入力して実行操作するだけで、その結果が表示されます。他のプログラミング言語で実施するコンパイル（システムが理解できるような機械語に変換する処理）などは基本的に必要ありません。まだJupyter環境を用意していない方はぜひ本書のAppendix 1を見て準備して、実行してください。なお、冒頭でも紹介しましたが、Googleが提供している「Colaboratory」を使うことでも、本書のコンテンツを実行できますので、インターネットができる環境でGoogleのアカウントを持っている人は、このColaboratoryを使ってみてください（ただし一部環境の違いにより、実行できない箇所もあります）。
以下、Pythonのコードを実行していきます。なお掲載しているコードは、基本的に上から順に実行してください（後ろで掲載しているコードが、前のコードの実行を前提としたところがいくつかあり、それを途中のコードから実行すると、同じ結果とならないことがあり、またエラーになることもあるので注意してください）。

まずは、プログラミング言語入門でおなじみの「Hello, world !」を表示させることをやってみます。Pythonなら、次のコードで足ります。他のプログラミング言語は数行必要ですが、Pythonではこの1行だけでよいのです。printは画面に出力する関数です。print関数の括弧中に、出力する文字列を指定します。Pythonで文字列を表現するには、「'Hello, world !'」のように全体をシングルクォーテーション（もしくは「"」（ダブルクォーテーション））で囲みます。
なお、本書では、「入力」と書いている箇所がJupyter環境でのIn[]に対応し、「出力」はOut[]に対応します。

入力

```
print ('Hello, world !')
```

出力

```
Hello, world !
```

このコードを実際にJupyter環境で実行するには、次のようにします。

Step 1 セルを追加する

Jupyter環境では、そのセルにコードや文章を記述します。 新規にNotebookを作成したときは、「Untitled」(できたファイルの上部に記載されています。なお、連続して複数作成した場合は、連番が振られます)という名前のファイルができ、その中に1つのセルがあるはずなので、そこにコードを記述します。もしセルがない場合、もしくは、セルを追加して他のコードをさらに実行したいときなどには、左上にある + ボタンをクリックすると、セルを追加できます。

セルには、「Code」「Markdown」「Raw NBConvert」の3種類があります(メニューには、もうひとつ[Heading]という項目がありますが、これは見出しを作るためのもので[Markdown]の一種です)。入力したコードを実行できるようするには[Code]をクリックしてください。

- **Code**:コードを書く場合(書いたコードを実行できます)
- **Markdown**:文章を書く場合(書いたコードで「#」などで始まる部分は書式化して表示されます)
- **Raw NBConvert**:何も加工せずにそのまま編集・表示します。

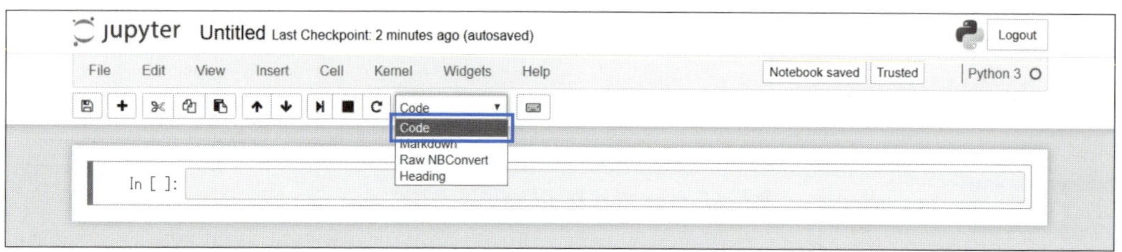

図1-2-1　セルの種類「Code」に変更する

Step 2 コードを入力する

セルの種類を[Code]にしたら、そこに、本書に掲載されているプログラムを入力します。なお、新しくセルを追加したときは、デフォルトでCodeになっています。

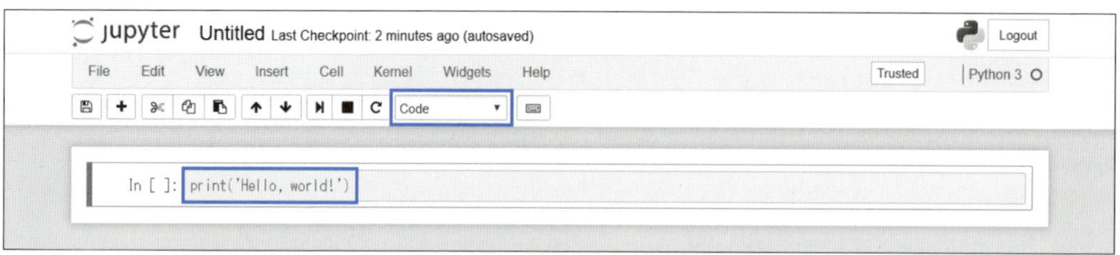

図1-2-2　コードを入力する

Step 3 実行する

セルをクリックして選択した状態(以下のようにセルが緑色に囲まれます)にしておき、[Run]ボタンをクリックすることでコードを実行できます。もしくは、セルを選択し、[Shift]+[Enter]キーを押すことでも実行できます。 実行結果は、すぐ下に表示されます。このときもし、文法エラーがあれば、文法エラーの旨が表示されます。 [Shift]+[Enter]キーで実行すると、セルが下にもうひとつ追加されて、さらにプログラムを入力できるようになります。必要なければ、はさ

みのアイコン ✂ をクリックして、そのセルを削除してもかまいません。
プログラムを修正して再実行したいときは、コードを変更して、もう一度実行すれば、実行結果が変わります。

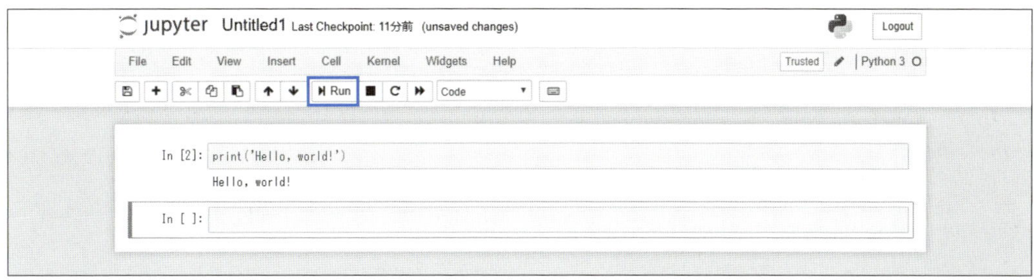

図1-2-3 [Shift] + [Enter] キーを押して実行したところ

複数行から構成されるコードの入力や実行も同じです。たとえば、次のコードは、足し算(+)、かけ算(*)、そして、べき乗(**)を計算します。なお、#はコメントアウトで、無視されます。今書いているコードの意味を、将来的に理解するためであったり、第3者がみてもわかりやすいように、適宜、コメントを残すことも大事です。ここではprint関数を使って出力していますが、print関数なしで「1+1」や「2*5」「10**3」のように入力するだけでも同様に出力でき、電卓のようにも使えますが、その場合、最後の行だけ計算結果が表示されます。

入力

```
# 足し算の例
print(1 + 1)

# 掛け算の例
print(2 * 5)

# 10の3乗, べき乗は**を使う
print(10 ** 3)
```

出力

```
2
10
1000
```

Jupyter環境でコードを実行するための最低限の手順は以上です。
本書でコードが登場したときは、＋を押してセルを追加して、そこにコードを入力して実行してみてください。
セルを切り取りたい場合は ✂ ボタンを、セルを上下に移動したい時は ↑ ↓ ボタンをクリックします。コードを書くときは、いま説明したように「Code」を使いますが、文章などを記述したいときは、「Markdown」を選択してください。メモを残したい場合などに便利です。
Jupyter環境では、さまざまなアウトプットが作れるので、もし詳しく知りたい人は、巻末の参考URL「B-3」などを見ながら実行することをお勧めします。
もっとコーディングの効率を高めたいなら、ショートカットキーを使いこなせるようになりましょう。編集モードでない状態([Esc] キーを押します)で [H] キー押すと以下のような画面が出てくるので、たとえば、新しいセルを下に追加したいときは、[B] キーを押します。他にも、コピー([C])、貼り付け([V])などもあるので、ぜひ使いこなしてください。ショートカットキーに慣れていない人は、はじめは少し大変かもしれませんが、慣れると圧倒的に作業時間が短くなります。たとえばコードが長くなって行番号を表示したいときには、該当セルを選択し、[Esc] キーを押した後に「L(エル)」キーを押します。すると、行番号が表示されるようになります。

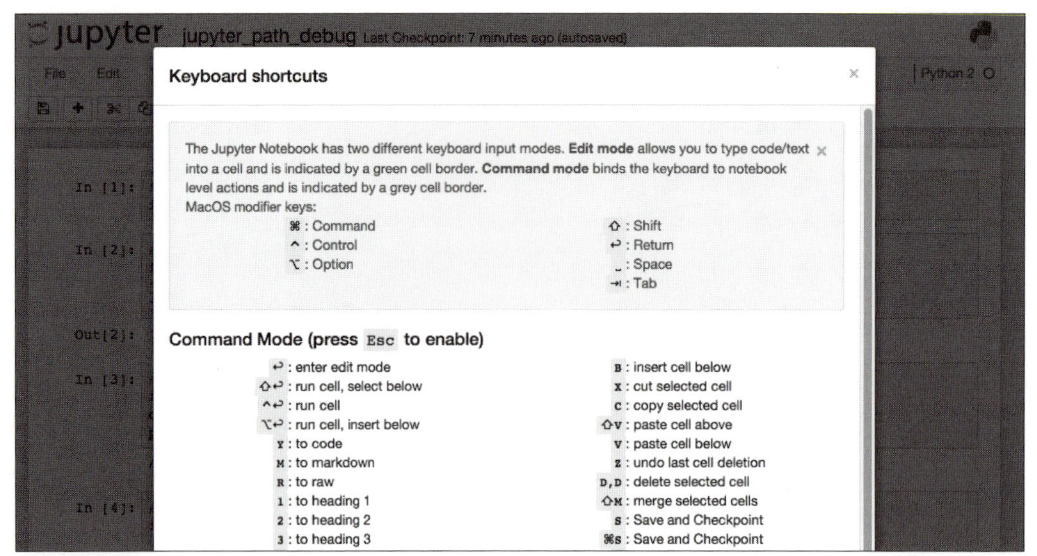

図1-2-4　Jupyter Notebookのショートカットキー

コマンドモード（編集モードでない状態）での主なショートカット

コマンドモードにする	[Esc]
セルを実行して次のセルに移る	[Shift] + [Enter]
選択したセルを実行する	[Ctrl] + [Enter]
セルを実行して下にセルを挿入する	[Alt] + [Enter]
上のセルを選択する	[K] または [↑]
下のセルを選択する	[J] または [↓]
上にセルを挿入する	[A]
下にセルを挿入する	[B]
セルを切り取る	[X]
セルをコピーする	[C]
上にセルをペーストする	[Shift] + [V]
下にセルをペーストする	[V]
選択したセルを削除する	[Delete]
セルの削除を取り消す	[Z]
保存する	[Ctrl] + [S] または [S]

Point

作業（コーディング）を効率よく進めるためには、ショートカットキーを使いこなしましょう。

なお、ショートカットキーを使う場面はJupyter環境だけではありません。ほとんどの人がPCのOSとして、WindowsかMacを使っていると思いますので、それぞれのショートカットキーも使えると作業効率が高まります（Excelなどもそうです)。全く使っていなかった人は、ぜひ使えるようになりましょう。スポーツ(野球やバスケットなど)でいうところの基礎練習(素振り、ドリブルなど)だと思って、手を慣らしてください。なお、ショートカットキーについては、色々ありますので、検索エンジンなどを使って調べてみてください。

1-2-2 Pythonの基礎

Jupyter環境でコードを実行する方法がわかったところで、Pythonの基本を、さらに続けます(これから提示するコードは、ぜひ、Jupyter環境に入力して実行してみてください)。

1-2-2-1 変数

次の例は、msgという名前の変数に、「test」という文字列を格納し、print関数でその変数に格納されている値を表示させるというコードです。文字列を作成するときは、すでに述べたようにシングルクォーテーションまたはダブルクォーテーションで囲みます。
なお、C言語やJavaなどのプログラミング言語では、変数を扱うときに整数なのか文字なのかを「型」として設定し、これから利用するという宣言をする必要があります(たとえば、int x は整数型のxという変数という意味になります)。しかし、Pythonには変数の型宣言が基本的に必要ないので、変数を使いたいときに値を代入するだけで使えます。なお、型がある言語を、静的型付け言語といいます。C言語やJavaなどの言語は静的型付け言語です。

入力

```
msg = 'test'
print(msg)
```

出力

```
test
```

文字列の後ろに「[番号]」を指定すると、文字列の一部を取り出すことができます。これをインデックスと言います。インデックスは0から始まりますので、注意しましょう。たとえば次の例は、msg変数の先頭の文字や2番目の文字を取り出すものです。

入力

```
# インデックス0から始まるので1文字目が取り出される
msg[0]
```

出力

```
't'
```

入力

```
# インデックス1を指定すると、2文字目が取り出される
msg[1]
```

出力

```
'e'
```

次の例は、インデックス5の文字を取り出そうとしています。これまでの流れでは、msgには「test」という4文字の文字列が格納されているので、インデックスの最大は最後の「t」に相当する「3」です。つまり、インデックス5を指定しても、6番目の文字はないので、エラーとなります。

入力

```
# 実行するとエラー
msg[5]
```

出力

```
---------------------------------------------------------------------------
IndexError      Traceback (most recent call last)
<ipython-input-107-15a7aedc93a3> in <module>()
      1 # 実行するとエラー
----> 2 msg[5]

IndexError: string index out of range
```

コードを書いて、それを実行したあと、エラーに遭遇することは多々あります。この時、プログラミング初心者の方は、思考停止することが多いのですが、その解決の手がかりとなるのが、最後に表示されるエラーメッセージです。上の例では、最後に「IndexError: string index out of range」と表示されています。「IndexError（インデックスのエラー）」であり、「string index out of range」（文字インデックスが範囲外）というメッセージですから、「5の部分はおかしいのかな」ということがわかります。

当たり前のことですが、エラーが発生したときは、まずはエラーメッセージを確認しましょう。「----> 」がエラーが発生している場所を指しています。エラーメッセージがわからないときは、そのままエラーメッセージをGoogleなどで検索してみましょう。他の人も同じようなエラーに遭遇している可能性は意外と高いので、早く解決策が見つかるかもしれません。

Point

エラーが出た時は、慌てずにエラーメッセージをしっかり確認しましょう。わからなければ、そのままエラーメッセージを検索エンジンで探しましょう。

1-2-2-2 演算

さて、先ほどは変数に文字を割り当てましたが、もちろん数字を割り当てることもでき、その変数を使って、変数同士の演算も可能です。なお、=は等しいという意味ではなく、右の値を左の値に割り当てるという意味です。

入力

```
# 変数dataにデータ1を割り当て
data = 1
print(data)

# 上の数字に10を足す
data = data + 10
print(data)
```

出力

```
1
11
```

ここでは変数の名前をdataとしましたが、何か変数を作成するときは、可能な限り分かりやすい名前で作成しましょう。ただ、単なる数字のチェックなどをするだけであれば「a =」などでも良いですし、実際に、本書でも、一時的に使う変数などには、特に凝った名前は付けていません。

大規模な開発になってくるほど変数名は大事です。もちろん、第三者のためにという意味でメリットになりますが、将来の自分のためにもなります。たとえば、変数を書いた直後はどんな変数を割り当てたのか覚えていますが、1週間、1ヶ月後その変数xを見たときに、どうでしょうか。何の変数だったのか忘れてしまうことは多々あります。さらにコードが長くなってくると、変数も増えてきて、わからなくなります。
コーディングについては、絶対的なルールはないですが、ある程度は規定されているので、ぜひ参考URL「B-4」のサイトなどを見て参考にしてください。

1-2-2-3 予約語

その他、変数作成に関する注意点として、プログラミング言語には、**予約語**といわれる、あらかじめ用意されている変数や組み込みオブジェクトなど(while、if、sumなど)がありますので、それらを変数名として使わないように注意しましょう。なお、オブジェクトという言葉は、そのまま訳すると「もの」ですが、データ(や値)とその処理がセットになったものという理解をしてください。のちほどオブジェクト指向については説明します。
変数名として予約語を使ってしまうと、後からその機能が使えなくなってしまいますので、以下の情報等も参考に、変数名の選択には注意してください。

```
# 予約語を表示するコマンド
__import__('keyword').kwlist
```

予約語一覧

False	None	True	and	as	assert	break
class	continue	def	del	elif	else	except
finally	for	from	global	if	import	in
is	lambda	nonlocal	not	or	pass	raise
return	try	while	with	yield		

```
# 組み込み関数を表示するコマンド
dir(__builtins__)
```

組み込み関数一覧

ArithmeticError	AssertionError	AttributeError	BaseException
BlockingIOError	BrokenPipeError	BufferError	BytesWarning
ChildProcessError	ConnectionAbortedError	ConnectionError	ConnectionRefusedError
ConnectionResetError	DeprecationWarning	EOFError	Ellipsis
EnvironmentError	Exception	False	FileExistsError
FileNotFoundError	FloatingPointError	FutureWarning	GeneratorExit
IOError	ImportError	ImportWarning	IndentationError
IndexError	InterruptedError	IsADirectoryError	KeyError
KeyboardInterrupt	LookupError	MemoryError	NameError
None	NotADirectoryError	NotImplemented	NotImplementedError

OSError	OverflowError	PendingDeprecationWarning	PermissionError
ProcessLookupError	RecursionError	ReferenceError	ResourceWarning
RuntimeError	RuntimeWarning	StopAsyncIteration	StopIteration
SyntaxError	SyntaxWarning	SystemError	SystemExit
TabError	TimeoutError	True	TypeError
UnboundLocalError	UnicodeDecodeError	UnicodeEncodeError	UnicodeError
UnicodeTranslateError	UnicodeWarning	UserWarning	ValueError
Warning	ZeroDivisionError	__IPYTHON__	__build_class__
__loader__	__name__	__package__	__spec__
abs	all	any	ascii
bin	bool	bytearray	bytes
callable	chr	classmethod	compile
complex	copyright	credits	delattr
dict	dir	divmod	dreload
enumerate	eval	exec	filter
float	format	frozenset	get_ipython
getattr	globals	hasattr	hash
help	hex	id	input
int	isinstance	issubclass	iter
len	license	list	locals
map	max	memoryview	min
next	object	oct	open
ord	pow	print	property
range	repr	reversed	round
set	setattr	slice	sorted
staticmethod	str	sum	super
tuple	type	vars	zip

Point

予約語や組み込み関数などに注意して変数名を設定しましょう。

1-2- 3 リストと辞書型

次は、リストについて説明します。リストとは複数の値をひとまとめにして扱うための仕組みで、他の言語で言うところの配列のようなものです。データ分析では配列のような複数の値を一緒に扱うことが多いため、とてもよく使われます。

以下は、1から10まで数字が並んでいるデータを作っています。Pythonでリストを表現するには、全体を「[」と「]」で囲んでカンマで区切ります。先頭からn番目の要素は、「変数名[n-1]」のように表記することで取得できます。たとえば、data_listという要素の先頭はdata_list[0]、2番目はdata_list[1]です。文字列の取り出しのときと同様に、インデックス番号は0から始まります。

以下で、print(data_list)を実行したときに、[1, 2, 3, 4, 5, 6, 7, 8, 9, 10]と表示されているのがわかると思います。次にtype関数を使って、data_listの変数のタイプを表示しています。これは、class 'list'と表示されていますので、リスト型の変数だとわかります。ほか、要素数はlen関数を使って、「len(data_list)」のように表記すると取得できます。

入力

```
# リストを作る
data_list = [1, 2, 3, 4, 5, 6, 7, 8, 9, 10]
print(data_list)

# typeで変数のタイプがわかる
print('変数のタイプ:', type(data_list))

# 1つの要素を取り出す。0から始まるので、[1]は2番目になる
print('2番目の数：', data_list[1])

# len関数で要素の数を出力。ここでは1から10までの10個なので、結果は10。
print('要素数：', len(data_list))
```

出力

```
[1, 2, 3, 4, 5, 6, 7, 8, 9, 10]
変数のタイプ: <class 'list'>
2番目の数： 2
要素数： 10
```

Let's Try

Jupyter環境で、Notebook上部の + を押して(もしくはコマンドモードで「b」を押して)セルを追加し、何かのリストを作成して、要素数を出力してみましょう。

なお、リスト内のそれぞれの要素を2倍したい場合、そのリストに2をかけても、リスト全体が、もう一度、繰り返されるだけなので、注意しましょう。それぞれの要素の値を2倍したいのなら、for文(後述の内包表記)を書くか、次の章で説明するNumpyを使うと良いです。

入力

```
# リスト自体が2倍になる
data_list * 2
```

出力

```
[1, 2, 3, 4, 5, 6, 7, 8, 9, 10, 1, 2, 3, 4, 5, 6, 7, 8, 9, 10]
```

他、リストの要素を追加したい場合はappend、削除したい場合にはremoveやpop、delなどを使います（これらはメソッドと呼ばれます）。リストの要素に何かを追加したり削除したい場合は、これらのキーワードを調べてみてください。

Let's Try

リストに何か要素を追加したり、削除する方法を調べて、実行してみましょう。

リスト型と似たものに、辞書型があります。辞書型を使うと、キーと値をペアにして複数の要素を管理することができます。Pythonで辞書を表現するには、全体を「{」と「}」で囲んで、{キー:値}のようにコロン区切りで表記します。キーは整数だけではなく、文字列でも指定できます。またリストとは違って、順番は特に関係ありません。
次の例のように、「appleが100」「bananaが100」「orangeが300」などのように、何か指定したキーに対して値を保持させたいときに使います。値を参照するときは、「辞書データ[キー名]」というように表記します。以下では、辞書型のデータを用意した後に、melonというキーを参照して、それに対応する500が表示されているところです。

入力

```
# 辞書型
dic_data = {'apple': 100, 'banana': 100, 'orange': 300, 'mango': 400, 'melon': 500}
print(dic_data['melon'])
```

出力

```
500
```

Let's Try

上では、melonを表示させましたが、orangeの値を表示させてみましょう。また、キーがappleとorangeの値を足してみましょう。

辞書型のデータも、要素を追加したり、削除したい場合があります。その方法を調べて実行してみてください。

Let's Try

辞書のデータに、何か新しい要素を追加したり、削除する方法を調べて、実行してみましょう。

以上がリストと辞書の解説になります。
他、Pythonのデータには**タプル**や**集合**などもありますので、調べてみてください。本書ではメインで使いませんが、少し使う場面があるので、それまでにどのようなものか把握しておきましょう。

Let's Try

Pythonのタプルや集合についてそれらの役割や使い方について調べて、使ってみましょう。

1-2- 4 条件分岐とループ

Pythonでは書いたプログラムが上から下に向けて実行されるのが基本ですが、その流れを変えて、条件分岐や繰り返しの処理をするための構文があります。

1-2- 4-1 比較演算子と真偽判定

まず条件分岐やループ処理を扱う前に、比較演算子と真偽の判定について解説します。ここでは、ある式が成立している（真、もしくは、True）のか、成立していない（偽、もしくは、False）のか判定する方法を説明します。以下では、数字の1と1が等しいかを判定しています。ある値と値が等しいのかを判定するために、イコールを2つ（==）書いています。これが比較演算子です。実行した結果はTrueになっており、これは真になります。

入力

```
1 == 1
```

出力

```
True
```

一方、1と2は等しくないので、Falseになり、偽となります。

入力

```
1 == 2
```

出力

```
False
```

次は、1と2は等しくないという意味で、イコールの前にビックリマークを付けています。1と2は等しくないのは正しいので、これは真になります。

入力

```
1 != 2
```

出力

```
True
```

比較演算子には、イコールのほかに、大小記号（<や>）もあります。以下の1つ目のセルでは、1は0より大きいのかを判定しており、これは真になります。次は、1は2より大きいかどうかを判定していますが、これは成り立たないので偽になります。

入力

```
1 > 0
```

出力

```
True
```

入力

```
1 > 2
```

出力

```
False
```

真偽の判定は、複数の条件を組み合わせることもできます。
次の例は、2つの条件式が両方成り立っている場合に真になるandを使って判定するものです。どちらの式も成り立っているので、Trueになります。

入力

```
(1 > 0) and (10 > 5)
```

出力

```
True
```

次は、どちらか成り立っていれば真になるorを使った例です。

入力

```
(1 < 0) or (10 > 5)
```

出力

```
True
```

最後は、真偽を逆にするnotです。1は0より大きくないので、1 < 0自体は偽ですが、その真偽を逆にしているので、結果は真になっています。

入力

```
not (1 < 0)
```

出力

```
True
```

真偽の判定は、以下のif文やループ処理で使いますので、しっかり理解しておきましょう。

1-2-4-2 if文

真偽判定を理解したところで、条件分岐を説明します。条件分岐とは、何かの条件で処理を分岐することで、if文を使います。 ifの横に指定した条件式（真偽の判定式）を満たしている場合（True）は、該当の文（はじめにある : からelse:の手前まで）が実行され、そうでない場合はelse:以下が実行されます。つまり条件を満たすかどうかによって、処理を2分岐できます。

以下の処理は、数字の「5」がdata_listというリストの中に入っているかどうかを判定する例です。「findvalue in data_list」が判定式です。このdata_listに5が入っていれば、すぐ下に書いてある処理が実行されます。一方、このリストに5が入っていなければ、elseに飛びます。Pythonのコーディングにおける注意点ですが、if文などを使うとき、次の行はインデント（字下げ）します。通常は半角スペース4つ分を置きます。Jupyter環境では、改行をしたときに自動でインデントができますが、開発環境によっては異なるので注意してください。

if文の1行目 : がif文の開始で、字下げがあるところまでが処理の対象です。elseの横にも : がありますので、これがelseの中身の処理が開始されることを意味しており、これも字下げがあるところまでが処理の対象で、そこでif文が終わります。他のプログラミング言語では、endなどがありますが、Pythonではそれを記載する必要がありません。字下げがなくなった個所から、if文の処理とは別の処理がはじまりますので、注意してください。

入力

```
findvalue = 5

# if文の開始
if findvalue in data_list:
    #  条件式の結果が真の場合
    print('{0}は入っています。'.format(findvalue))
else:
    # 条件式の結果が偽の場合
    print('{0}は入っていません。'.format(findvalue))
```

```
# ここでif文は終わり

# 以下は、if文とは別の処理となる
print('ここから先はif文と関係なく、必ず表示されます')
```

出力

```
 5 は入っています。
ここから先はif文と関係なく、必ず表示されます
```

Let's Try

出力が変わるように、数字の設定（ここでは、findvalue）を変更して、実行してみましょう。また、条件文や、出力結果等を変えてみたりしてください。

結果を表示するときに用いた「'{0}は入っています'.format(findvalue)」という記法は、変数などの値を文字列に埋め込むための機能です。こうした埋め込み機能のことを文字列フォーマットと言います。他のプログラミング言語でも似た方法が使われます。 ここで指定している{0}は、formatの括弧の最初に指定した値を埋め込む指定です。つまり、この場合はfindvalueの値が埋め込まれます。formatの括弧のなかには、複数の値を指定することもできます。たとえば、次のように記述すると、{0}が2、{1}が3、{2}が5に対応して表示されます。括弧のなかに指定する値（ここでは2、3、5）のことを「引数（ひきすう）」と言います。のちほど、関数の節で改めて説明します。

入力

```
print('{0} と {1} を足すと {2}です'.format(2,3,5))
```

出力

```
2 と 3 を足すと 5です
```

{0}や{1}、{2}のような埋め込み表記には、表示する桁数を指定するオプション表記もあります。詳しくは知りたい方は調べてみてください。

Column

format記法と%記法

本書では文字列をフォーマットするのに、「'文字列'.format(値, ...)」という記法を使います。この記法はformat記法と呼ばれ、Python 2.6で登場した記法です。
それより前のバージョンのPythonでは、文字列をフォーマットする記法として%記法を使います。同じことを%記法を使って記述すると、次のように書けます。

```
print('%dは入っています。' % (findvalue)')
```

%記法は古い記法なので今後、廃止される可能性があります。ですから、これからプログラムを作るときは、format記法を使うようにしてください。

1-2- 4-3 for文

次に、繰り返し処理の構文を説明します。これはfor文を使います。for文は、リストデータなどからデータを1つずつ取り出し、データがなくなるまで、繰り返し処理を実行します。

以下の例は、[1, 2, 3]のリストデータに対して、先頭から順番に(1から)データを取り出し、データがなくなる(3まで)まで繰り返し処理(取り出した数字の表示と足し算)を実行しています。

処理の初めは1をnumに入れており、totalの値は0+1=1となります。次に2をnumに入れて1+2=3となり、最後に3を取り出して3+3=6となり、ここでfor文が終わり、最終的な合計値を表示しています。なお、このfor文もif文と同じように、:の以下からfor文がはじまり、字下げがされているところまでがfor文の処理対象となりますので、注意してください。

入力

```
# 初期値の設定
total = 0

# for 文
for num in [1, 2, 3]:
    # 取り出した数の表示
    print('num:', num)
    # 今まで取り出した数の合計
    total = total + num

# 最後に合計を表示
print('total:', total)
```

出力

```
num: 1
num: 2
num: 3
total: 6
```

次の例は、for文を使って、先ほど作成した辞書型のキーを1つ1つ取り出して、それぞれのキーと値を出力するものです。これも、辞書型データのキーがなくなるまで繰り返します。

入力

```
for dic_key in dic_data:
    print(dic_key, dic_data[dic_key])
```

出力

```
apple 100
banana 100
orange 300
mango 400
melon 500
```

1-2- 4-4 range関数を使った繰り返しリストの指定

連続した整数のリストを作りたいときは、1つ1つデータを入力してリストデータを作成していたら大変なので、以下のようにrange関数を使うと便利です。range関数では、数字としては、Nを設定しますが、0からN-1が取り出される点に注意しましょう。以下では、rangeに値を11として設定していますが、最後に取り出される数字はその1つ手前の10までです。

入力

```
# range(N)としたときの0からN-1までの整数
for i in range(11):
    print(i)
```

出力

```
0
1
2
3
4
5
6
7
8
9
10
```

range関数では括弧のなかに「最初の値」「最後の値-1」「飛ばす値」を指定することができます。以下は、1から始めて11の手前まで、2つ飛ばしの要素を持つリストを作成しています。

入力

```
# range(1, 11, 2)は1から開始して2つ飛ばしで、11の手前まで取り出す
for i in range(1, 11, 2):
    print(i)
```

出力

```
1
3
5
7
9
```

1-2-4-5 複雑なfor文と内包表記

次に説明する話（内包表記など）は、Pythonの初学者には少し難易度が高いかもしれないので、はじめは読み流す程度で大丈夫です。
辞書型データのキーと同時にその値を取り出すには、次の例のように記述します。これは、あとで説明する**オブジェクト指向型プログラミング**の特徴で、データ（ここではdic_data）とそれを処理するための**メソッド**（以下のitems()）がセットになっており、それを活用しています。メソッドとはあとで説明する**関数**のようなもので、それを使って処理（ここでは、キーと値を返す処理）をします。

入力

```
# キーと値を取り出して表示する
for key, value in dic_data.items():
    print(key, value)
```

出力

```
apple 100
banana 100
orange 300
mango 400
melon 500
```

次の例はfor文を使って取り出したデータを、さらに別のリストとして結果を作成する方法で、内包表記といいます。先

ほどやろうとしていた、リストの要素をそれぞれ2倍する処理です。 下記のサンプルにあるように、

[i * 2 for i in data_list]

と記述すると、data_listから値をひとつずつ取り出して変数iに格納します。1、2、3、…と取り出されて、それが変数iに入って、そしてそのiを2倍した値で、新しいリストデータが作られます。その結果、リストの要素がすべて2倍になった新しいリストが作られます。

入力

```
# 空のリストを作成
data_list1 = []

# 内包表記、data_listから1つ1つ要素を取り出し、2倍した数字を新たな要素とするリストを作成
data_list1 = [i * 2 for i in data_list]
print(data_list1)
```

出力

```
[2, 4, 6, 8, 10, 12, 14, 16, 18, 20]
```

内包表記では、条件を指定し、条件に合致するものだけを新しいリストの対象にすることもできます。たとえばdata_listから、値が偶数である要素だけを取り出したいときは、以下のようにします。「if i % 2 ==0」の部分が指定している条件です。「%」は余りを計算する演算子です。つまり、i % 2は、iを2で割った余りです。これが0であるということは偶数であるということを示します。

入力

```
[i * 2 for i in data_list if i % 2 ==0]
```

出力

```
[4, 8, 12, 16, 20]
```

1-2- 4-6 zip関数

また、for文に関連して、zip関数もよく使われるので、紹介します。 zip関数は、それぞれ異なるリストを同時に取り出していく処理を実行します。たとえば、[1,2,3]というリストと、[11,12,13]という2つのリストがあるとき、それぞれ同じインデックスで値を取って表示したいとき——先頭の値である「1と11」、次の値である「2と12」、そして「3と13」のように繰り返して処理したいとき——は、次のようにします。

入力

```
for one, two in zip([1, 2, 3] ,[11, 12, 13]):
    print(one, 'と', two)
```

出力

```
1 と 11
2 と 12
3 と 13
```

異なるリストデータがあったとして、それぞれのインデックスがお互いに対応していて、同時に取り出して処理したい場合は、zip関数は便利です。

1-2- 4-7 while文を使った繰り返し処理

繰り返し処理をするには、for文以外にwhile文があります。while文は、条件が成り立っている間は、ずっと繰り返し処理する構文です。次の例は、変数numの値を表示して、1ずつ加えていき、その値が10より大きくなった時点で、処理を終えるというものです。なお、こちらもif文やfor文と同じように：の行でwhile文がはじまり、字下げがあるところまでが処理の対象となります。

入力

```
# 初期値の設定
num = 1

# while文の開始
while num <= 10:
    print(num)
    num = num + 1
# while文の終わり

# 最後に代入された値を表示する
print('最後の値は{0}です'.format(num))
```

出力

```
1
2
3
4
5
6
7
8
9
10
最後の値は11です
```

1-2- 5 関数

1-2- 5-1 関数の基本

関数は一連の処理をひとまとめにする仕組みです。関数を作成すると、同じような処理を何度か実行したいときに、便利です。また、処理をまとめておくと、後でコードを修正するときにも便利です。

下記に示す1つ目のcalc_multi関数は、2つの数字（aとb）をインプット（これを**引数**といいます）として、その掛け算の結果を返す関数を作成しています。書き方としては、defの後に関数名を記述し、引数があれば、()の中に引数名を記述します。この引数が入力となって、returnで結果を返し（**返り値**といいます）、これが出力になります。

入力

```
# 掛け算をする関数
def calc_multi(a, b):
    return a * b
```

関数を実行することを、関数を呼び出すと言います。作成した関数を呼び出すときには、関数名を書いて、引数が必要なときには、引数を与えて、実行します。以下は、引数として3と10を与えています。

入力

```
calc_multi(3, 10)
```

出力

```
30
```

関数は引数や返り値がなくてもかまいません。

入力

```
def calc_print():
    print('printのサンプル関数')
```

上記の関数を呼び出すと、以下のように、関数の中にあるprint関数が実行されます。

入力

```
calc_print()
```

出力

```
printのサンプル関数
```

次に示す関数は、フィボナッチ数を計算する例です。フィボナッチ数列とは、一歩手前と二歩手前の数を足して並べた数列のことをいいます(1、1、2、3、5…と前と前々の数字を足して、その数を並べたもの)。以下の関数calc_fibは、再帰と言って、自分の関数を中で呼び出しており、n番目のフィボナッチ数を作成しています。

入力

```
# 再帰関数の例 (フィボナッチ数)
def calc_fib(n):
    if n == 1 or n == 2:
        return 1
    else:
        return calc_fib(n - 1) + calc_fib(n - 2)
```

引数に10を与えて実行すると、そのフィボナッチ数は55になることがわかります。

入力

```
print('フィボナッチ数:', calc_fib(10))
```

出力

```
フィボナッチ数: 55
```

このフィボナッチ数の処理方法は、再帰を理解してもらうために簡易に書きましたが、アルゴリズム(解法の手順)的には非常に効率が悪いので、大きな値を入力して実行すると計算結果が返ってこないので注意してください。興味のある方は、このアルゴリズムを改善するための方法を考えたり、実装してみてください。プログラミングは、計算結果は同じでも、処理方法は色々とあります。

Let's Try

上記のようなフィボナッチ数を計算するための別の処理方法(可能なら改善する方法)を考えて、実装してみてください。

1-2-5-2 無名関数とmap

関数にはもう一つ、無名関数と呼ばれるものがあり、これを使うと、コードを簡素化できます。無名関数とは、その名前の通り、名前がない関数で、関数をその場に記述する記法です。
無名関数を書くには、lambdaというキーワードを使います。普通の関数を作るときと同じで、lambdaと記述して引数を設定した後、その処理を記述します。

例として、先に作成した掛け算をするcalc_multi関数を採り上げます。この関数は次のように、defで定義しておき、それから実行しました。

入力

```
# calc_multi関数を定義
def calc_multi(a, b):
    return a * b

# それを実行
calc_multi(3, 10)
```

出力

```
30
```

lambdaというキーワードを使って、その場で関数を記述する無名関数として書くと、このコードは、次のように書けます。

入力

```
(lambda a, b: a * b)(3, 10)
```

出力

```
30
```

ここで「lambda a, b:」というのが、関数名(a, b)に相当する部分です。そして:で区切って、その関数の処理(ここではreturn a * b)を記述するというのが、無名関数の基本的な書き方です。

無名関数は、リストなどの要素に対して何か関数を実行したいときに、よく使います。

要素に対して、何か処理したいときは、map関数を使います。map関数は、高階関数と呼ばれ、関数を引数や戻り値として使う関数で、各要素に対して、何か処理や操作したいときに使います。

たとえば、次のように要素の値を2倍にして返す関数calc_doubleを定義するとします。

入力

```
def calc_double(x) :
    return x * 2
```

ここで、次のように[1, 2, 3, 4]というリストの要素に対して、このcalc_double関数を実行したいとします。for文を使って書けば次のようになります。

入力

```
for num in [1, 2, 3, 4]:
    print(calc_double(num))
```

出力

map関数を使うと、この処理をリストのまま処理でき、次のように書けます。

入力

```
list(map(calc_double, [1, 2, 3, 4]))
```

出力

```
[2, 4, 6, 8]
```

このような書き方だと、別にcalc_double関数を定義しておかなければなりませんが、先に説明した無名関数を使うと、ここに直接関数の処理を記述でき、たとえば、次のように書けます。

入力

```
list(map(lambda x : x * 2, [1, 2, 3, 4]))
```

出力

```
[2, 4, 6, 8]
```

このようにmap関数や、6章で説明するPandas機能などと一緒に使って、データの加工処理をするときに、よく使います。今はあまりメリットを感じられないでしょうが、後で使うので念頭に置いておいてください。
他にも、reduce関数やfilter関数などもありますので、興味のある方は調べてみてください。

Let's Try

reduce関数やfilter関数について、その使い方等を調べて、何か実装してみましょう。

Practice

【練習問題1-1】
ある文字列(data Scienceなど)を変数を格納して、それを1文字ずつ表示させるプログラムを書いてください。

【練習問題1-2】
1から50までの自然数の和を計算するプログラムを書いて、最後の計算結果を表示させるプログラムを書いてください。

答えはAppendix 2

1-2-6 クラスとインスタンス

最後に、クラスとインスタンスについて説明します。 はじめてこれらについて聞いた人は、すぐに理解するのは難しいと思います。ですから、以下の実装例を見て、雰囲気だけつかんでください。プログラミング初学者の人は、この節は、読み飛ばしてもかまいません。なぜなら、すぐには必要ないからです。ただし、あとの章で機械学習のライブラリであるscikit-learnなどを使うときに必要な概念(インスタンスなど)になるので、そのときには、この節に戻ってきてください。

Pythonはオブジェクト指向型のプログラミング言語です。クラスとは、「オブジェクトのひな型」のようなものです。
よく挙げられる例が「たい焼き」です。以下のclassのPrintClassはたい焼き機の型を作っています。実際のたい焼きが出来上がったのがインスタンスp1というイメージです。インスタンスとは、クラスからできあがる実体のことです。インスタンスには属性を追加することができ、ピリオドで続けて任意の属性を指定できます。たとえば以下では、p1.xに10、p1.yに100、p1.zに1000を追加しています。
参考までに、図1-2-5にクラスとインスタンスのイメージも示しておきます。

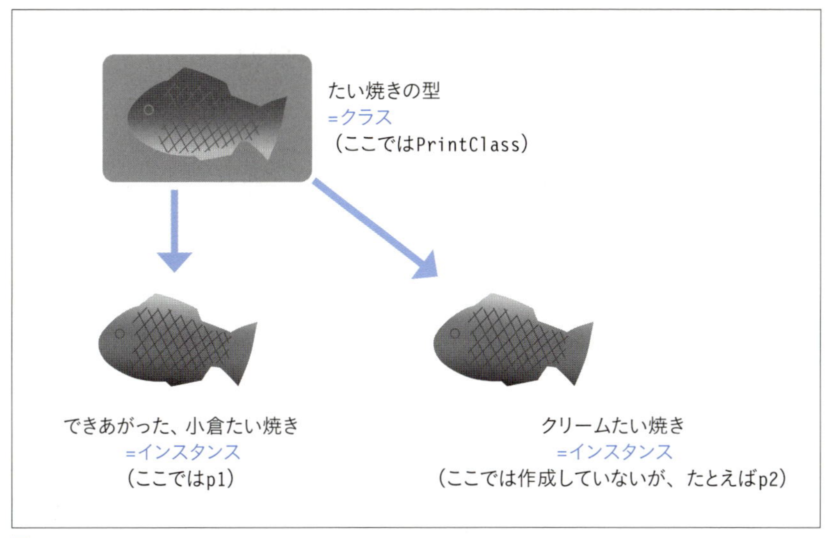

図1-2-5

入力

```
# PrintClassクラスの作成とprint_meメソッド（関数）の作成
class PrintClass:
    def print_me(self):
        print(self.x, self.y)

# インスタンスの作成、生成
p1 = PrintClass()

# 属性の値を代入
p1.x = 10
p1.y = 100
p1.z = 1000

# メソッドの呼び出し
p1.print_me()
```

出力

```
10 100
```

p1というインスタンスに、print_me()という関数（メソッド）がついていて、それを呼び出して実行しています。新しく追加した属性の値zは以下のように確認できます。

入力

```
# 先ほど追加した属性を表示
p1.z
```

出力

```
1000
```

このオブジェクト指向とクラスの概念は少し難しいので、もう少し具体的な例を見てみましょう。
以下はクラスとしてMyCalcClassを作成しており、いくつかのメソッドを作っています。

入力

```
class MyCalcClass:

    #コンストラクタ:オブジェクト生成時に呼び出される特殊な関数、初期化など
    def __init__(self, x, y):
        self.x = x
        self.y = y

    def calc_add1(self, a, b):
        return a + b

    def calc_add2(self):
        return self.x + self.y

    def calc_mutli(self, a, b):
        return a * b

    def calc_print(self, a):
        print('data:{0}:yの値{1}'.format(a, self.y))
```

次に、このクラス(MyCalcClass)からインスタンスを生成します。なお、instance_1とinstance_2は別物として扱われます。前述のたい焼きで例えると、同じたい焼きの型を使ってできた小倉たい焼きとクリームたい焼きは別物ですよね。

入力

```
instance_1 = MyCalcClass(1, 2)
instance_2 = MyCalcClass(5, 10)
```

インスタンスを生成するときは、クラスに実装した「__init__」という名前の特別なメソッドが実行されます。これを コンストラクタと言います。コードには、「self.x = x」「self.y = y」という文があります。self.とは自分自身という意味です。そのため、この文によって、自身のx属性とy属性が、括弧のなかに指定した値になります。 つまり上記の例では、instance_1では、MyCalcClass(1, 2)としているので、xが1、yが2となります。同様に、instance_2の場合はxが5、yが10となります。
これらのインスタンスのメソッドを呼び出してみましょう。まずは、instance_1からです。

入力

```
print('2つの数の足し算(新たに数字を引数としてセット):', instance_1.calc_add1(5, 3))
print('2つの数の足し算(インスタンス化の時の値):', instance_1.calc_add2())
print('2つの数のかけ算:', instance_1.calc_mutli(5, 3))
instance_1.calc_print(5)
```

出力

```
2つの数の足し算(新たに数字を引数としてセット): 8
2つの数の足し算(インスタンス化の時の値): 3
2つの数のかけ算: 15
data:5:yの値2
```

calc_add1は引数5と3を設定し、その和を返り値として算出しています。calc_add2は何も引数を指定しておらず、self.xとself.yの値を計算に使っています。この値は、先に説明したようにコンストラクタで設定されています。つまり、instance_1 = MyCalcClass(1, 2)では、その値は、それぞれ1と2として初期値が設定されるので、これらを足した3が表示されます。calc_mutliは引数の掛け算の結果、instance_1.calc_print(5)は、引数5と初期値として設定したself.yの方(2)を表示しています。

次は、instance_2を使いましょう。上のinstance_1のときの結果と値が変わります。なぜ変わっているのか、しっかりと追っていきましょう。

入力

```
print('2つの数の足し算(新たに数字を引数としてセット):', instance_2.calc_add1(10, 3))
print('2つの数の足し算(インスタンス化の時の値):', instance_2.calc_add2())
print('2つの数のかけ算:', instance_2.calc_mutli(4, 3))
instance_2.calc_print(20)
```

出力

```
2つの数の足し算(新たに数字を引数としてセット): 13
2つの数の足し算(インスタンス化の時の値): 15
2つの数のかけ算: 12
data: 20 & 10
```

Let's Try

上のクラス(MyCalcClass)を使って、新しくインスタンスを生成して(instance_3など)、何か出力等してみましょう。さらにできれば、異なるメソッド(2つの引数の差分など)をこのクラスに追加して、呼び出して使ってみましょう。

これは見ているだけではわからないと思うので、上記の例をベースに、実際にサンプルコードなどを作成して実行しましょう。このクラス設計やその実装ができるようになると、大規模な開発をする場合に色々と役に立ちます。

以上で、Pythonの基礎的なコードの説明は終わりです。Python初学者の人は慣れない部分もあったかと思いますが、もちろん、これだけでPythonの基礎を押さえるのは不十分です。 もし基礎に不安があれば、参考文献「A-4」や参考URL「B-1」を見て復習などをしてください。「A-4」で紹介している『はじめてのPython』は分厚い本ですが、とても丁寧に説明されており、クラスやオブジェクト指向についてもしっかりと解説されているので、ぜひ読んでみてください。

Practice

1章 総合問題

【総合問題1-1　素数判定】

1. 10までの素数を表示するプログラムを書いてください。なお、素数とは、1とそれ自身の数以外は約数をもたない正の整数のことをいいます。

2. 上記をさらに一般化して、Nを自然数として、Nまでの素数を表示する関数を書いてください。

答えはAppendix 2

Chapter 2

科学計算、データ加工、グラフ描画ライブラリの使い方の基礎

データサイエンスではさまざまな処理が必要になりますが、そのプログラムをすべて1から作っていては作業効率が落ちてしまいます。そこで基本的なデータ分析には、Pythonのライブラリを使います。2章では、Numpy、Scipy、Pandas、Matplotlibというデータ分析でよく使う4つのライブラリについて、基本的な使い方を紹介していきます。この後の章でも使用するライブラリなので、ここでしっかりと基礎を押さえておきましょう。

Goal Numpy、Scipy、Pandas、Matplotlibのライブラリを読み込み、それらの基本的な役割を知り、使い方がわかる

Chapter 2-1 データ分析で使うライブラリ

Keyword ライブラリ、インポート、マジックコマンド、Numpy、Scipy、Pandas、Matplotlib

データサイエンスでは、大量のデータを加工して分析したり、科学計算したりします。そうした計算処理をするためのプログラムを都度、作っていては作業効率が落ちてしまいます。そこで基本的なデータ分析には、Pythonのライブラリを使います。ライブラリとは、自分のプログラムに組み込んで使えるように考慮された外部のプログラムのことです。ライブラリを読み込むことで、自分で一から処理を書かなくても、複雑な計算ができるようになります。
さまざまなライブラリがありますが、データサイエンスでよく使われるライブラリは、次の4つです。この章では、これらの4つのライブラリの基本的な使い方を見ていきます。詳しい使い方は後の章で学ぶことにします。

- **Numpy（ナンパイ）**：基本的な配列処理や数値計算をするライブラリ。高度で複雑な計算ができるほか、Pythonの通常の計算に比べて処理速度が速い。さまざまなところで使われており、データ分析で使うのに基本中の基本とも言えるライブラリ
- **Scipy（サイパイ）**：Numpyをさらに機能強化するライブラリ。統計や信号計算ができる
- **Pandas（パンダス）**：データフレーム形式でさまざまなデータを加工するためのライブラリ
- **Matplotlib（マットプロットリブ）**：データをグラフ化するためのライブラリ

これらの4つのライブラリは、データを前処理したり可視化したりするのに非常に便利なツールです。さまざまなライブラリの基礎となるものでもあり、本書で紹介する機械学習のScikit-learnなどのライブラリのベースにもなっています。
図2-1-1は、それらのライブラリとの位置付けをイメージ化したものです。

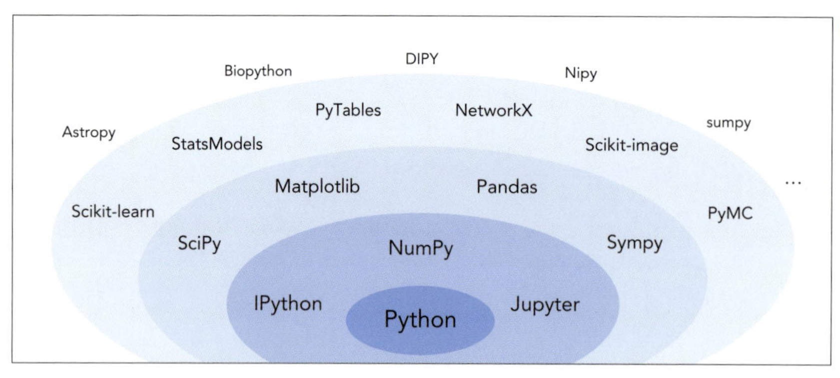

図2-1-1 データ分析で使うライブラリ

2-1-1 ライブラリの読み込み

ライブラリは、Pythonのモジュールという機能で実装されています。利用するためには、モジュールを読み込む必要があります。モジュールを読み込むための構文はいくつかありますが、代表的な構文は、次の2つです。これらの構文を使ってモジュール（すなわちライブラリ）を読み込んで、利用できるようにすることをモジュールのインポートと言います。

下記において「識別名」は、プログラムからそのモジュールを参照するときの名称で、「属性」は、そのモジュールに含まれる機能のことです。

(1) import モジュール名 as 識別名

(2) from モジュール名 import 属性

2-1- 1-1 importを使った例

具体的に、importを使ってどのように記述するのかについては、それぞれのライブラリのところで説明しますが、ここで少し例を挙げます。たとえば、Numpyを利用するには、次のように記述します。

入力

```
import numpy as np
```

これは、Numpyというモジュールを「np」という識別名でインポートするという意味です。 モジュールは機能が階層化されており、「モジュール名.機能名.機能名.…」という書き方をすることで、その機能を実行できます。つまりこの例では、「np」という識別名を付けているので、以降のプログラムでは、「np.機能名」と記述することで、Numpyが提供する、さまざまな機能を利用できるようになります。

なお、この「np」という部分には、好きな名前を付けられます。asの後ろにどのような名前を指定するのは自由ですが、概ね、元々のライブラリ名を短縮したわかりやすい名前を使うのが慣例です。本書では「import numpy as np」としますが、他の文献では、別の名前で参照していることもあるので注意してください。

2-1- 1-2 fromを使ったインポート

階層化しているライブラリでは、「モジュール名.機能名.機能名.…」のように、長く書かなければならなく不便です。それを一部省略するためには、fromを使って、特定の機能だけ別名を付ける方法があります。 たとえば、次のような方法です。

入力

```
from numpy import random
```

これは、Numpyが提供するrandomという機能(この機能は、あとで紹介するように、乱数と呼ばれるランダムな値を発生する機能です)だけを、以降、「random.機能名」という名前で使えるようにする構文です。つまり本来は、「ny.random.機能名」と記述する必要があるところを、「random.機能名」のように、簡易に書けるようになります。

2-1- 2 マジックコマンド

1章で説明したように、Jupyter環境では、Pythonのプログラムを記述して、[Run] をクリックすると、その場で実行結果を表示できます。この章で説明するライブラリを使ったプログラムも例外ではありません。たとえば、Numpyを使って各種計算をすれば、その計算結果が表示されます。そして、Matplotlibを使ってグラフを描けば、そのグラフが表示されます。

このとき、「小数何桁まで表示する」とか「グラフを別画面に表示するか埋め込んで表示するか」などを指定することができると便利です。そこで一部のライブラリでは、こうした設定をJupyter環境（より正確にはJupyterが利用しているIPython環境）から簡単に指定できるよう、「マジックコマンド」という機能を備えています。
マジックコマンドとは、Jupyter環境において、さまざまな環境操作をするための命令で、「%」から始まるコマンドです。デフォルトでは、「外部コマンドの実行（%run）」「ファイルのコピー（%cp）」「時間の計測（%time）」などの機能が用意されています。
一部のライブラリをインポートすると、このマジックコマンドが拡張され、ライブラリの動作の指定ができるようになります。

Point

標準のマジックコマンドは「ビルドインマジックコマンド」と呼ばれます。「%quickref」と入力して［Run］をクリックすると、一覧で表示できます。

この章で扱うライブラリのうち、NumpyとMatplotlibには、次の拡張マジックコマンドがあります。

- **%precision**：Numpyによる拡張です。データを表示する際に、小数、第何桁まで表示するのかを指定します。
- **%matplotlib**：Matplotlibによる拡張です。グラフなどの表示方法を指定します。「inline」と記述すると、その場所にグラフなどが表示されます。%matplotolibを指定しない場合は、別ウィンドウで表示されます。

これらの指定を使うと結果が見やすくなるので、本書では、適宜、これらのマジックコマンドを使っていきます。

2-1-3 この章で使うライブラリのインポート

この章では、Numpy、Scipy、Pandas、Matplotlibの各ライブラリを、次のようにしてインポートするものとします。それぞれの意味については、各ライブラリのところで改めて説明します。

入力

```
# 以下のライブラリを使うので、あらかじめ読み込んでおいてください
import numpy as np
import numpy.random as random
import scipy as sp
import pandas as pd
from pandas import Series, DataFrame

# 可視化ライブラリ
import matplotlib.pyplot as plt
import matplotlib as mpl
import seaborn as sns
%matplotlib inline

# 小数第3位まで表示
%precision 3
```

出力

```
'%.3f'
```

Chapter 2-2
Numpyの基礎

Keyword 多次元配列、転置、行列の積、乱数、復元抽出、非復元抽出

Numpyは、科学計算でもっともよく使われる基本的なライブラリです。多次元配列を処理することができるなど、機能的に優れているだけでなく、PythonではなくC言語で書かれたモジュールであり、処理が高速なのも特徴です。次の節で説明するScipyなどの数値計算ライブラリの基礎ともなっています。

2-2-1 Numpyのインポート

ここでは、Numpyを次のようにしてインポートします。1行目では、「as np」としているので、以降のプログラムでは、Numpyライブラリを「np.機能名」と表記することで使えます。そして2行目はマジックコマンドです。Jupyter環境において、結果を小数点何桁まで表示するのかという指定です。ここでは、小数第3位まで表示するようにしました。

入力

```
# Numpy ライブラリの読み込み
import numpy as np

# 小数第3位まで表示という意味
%precision 3
```

出力

```
'%.3f'
```

2-2-2 配列操作

Numpyの基本的な使い方を説明します。ここでは配列の作り方から説明します。

2-2-2-1 配列

まずは、1から10までの配列を作成してみましょう。Numpyにおいて、配列はarrayオブジェクトとして構成されます。これは、np.arrayのように、「インポートしたときにasの部分に付けた名前」と「array」をピリオドでつなげた名称で指定します。

10個の要素を持つ配列を作成する例を以下に示します。配列の要素として設定した値（9、2、3…）は適当なもので、とくに意味はありません。なお、値を綺麗に並べていないのは、のちの例で、並べ替えをする処理を説明するためです。

入力

```
# 配列の作成
data = np.array([9, 2, 3, 4, 10, 6, 7, 8, 1, 5])
data
```

出力

```
array([ 9,  2,  3,  4, 10,  6,  7,  8,  1,  5])
```

2-2-2-2 データ型

Numpyで扱うデータは、高速に計算する目的で、また、計算中に値の精度を保つため、データの「型(type)」というものを持っています。

データ型とは、「整数」や「浮動小数」などの値の種類のことで、次のような型があります。

間違った型を指定すると、目的の精度が出なかったり、処理速度が遅くなったりするので注意しましょう。とくに「整数」として扱うか「浮動小数」で扱うかによって、計算速度が大きく違います。なお、以下に8ビットや16ビットと記載がありますが、ビットとは0か1のどちらかをあらわす単位です。ビット数が大きいほど広範囲の値を表現できる反面、データを確保するための場所(メモリ)が大きくなると理解してください。

int(符号付きの整数)

データ型	概要
int8	8ビットの符号付き整数
int16	16ビットの符号付き整数
int32	32ビットの符号付き整数
int64	64ビットの符号付き整数

uint(符号なしの整数)

データ型	概要
uint8	8ビットの符号なし整数
uint16	16ビットの符号なし整数
uint32	32ビットの符号なし整数
uint64	64ビットの符号なし整数
int64	64ビットの符号付き整数

float(浮動小数点数)

データ型	概要
float16	16ビットの浮動小数点数
float32	32ビットの浮動小数点数
float64	64ビットの浮動小数点数
float128	128ビットの浮動小数点数

bool(真偽値)

データ型	概要
bool	TrueかFalseで表される、真偽値

型を調べるには、変数の後ろに「.dtype」のように指定します。結果は、次のように「int32」と表示されます。これは32ビットの長さの整数型という意味です。

入力

```
# データの型
data.dtype
```

出力

```
dtype('int32')
```

「.dtype」という書き方は、「そのオブジェクトのdtypeプロパティを参照する」という意味です。このようにピリオドで区切って、オブジェクトの状態を調べたり、オブジェクトが持つ機能(関数・メソッド・プロパティ)を実行したりするのは、オブジェクト型プログラミングの特徴です。

ちなみに、「.」を入力した後に[Tab]キーを押すと、その変数がもっているプロパティやメソッドの一覧が表示されるので、そこから該当のものを選ぶこともできます。そうすることで、すべてのプロパティやメソッドを正確に覚える必要がなくなり、タイプミスも減ります。

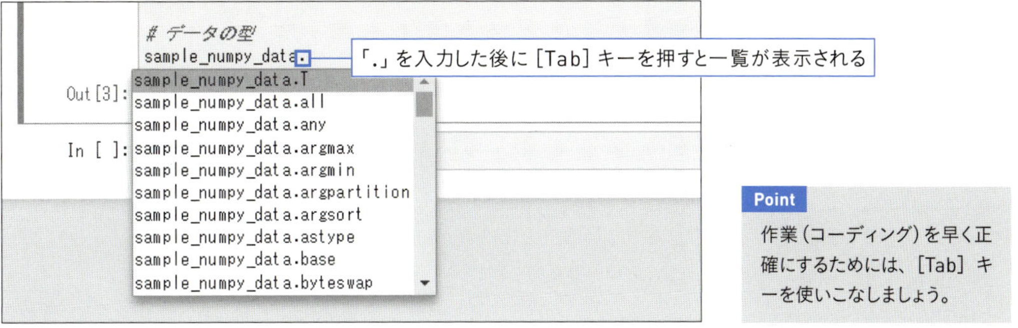

図2-2-1

Point
作業（コーディング）を早く正確にするためには、［Tab］キーを使いこなしましょう。

2-2- 2-3 次元数と要素数

配列の次元数と要素数を取得するには、それぞれ、ndimプロパティとsizeプロパティを参照します。これらのプロパティを確認すれば、データの大きさなどが、どのぐらいなのかがわかります。以下は次元数が1、要素数が10になっています。

入力

```
print('次元数:', data.ndim)
print('要素数:', data.size)
```

出力

```
次元数: 1
要素数: 10
```

2-2- 2-4 すべての要素に対する計算

1章で見てきたように、Pythonにおいて、Numpyではない、ふつうの配列（リスト）の、すべての要素を係数倍にするには、forを使ったループ処理が必要です。
しかしNumpyの場合は、たとえば2倍にするのであれば、次のように、配列に対して「*2」と記述するだけで、すべての要素が2倍になります。

入力

```
# それぞれの数字を係数倍（ここでは2倍）
data * 2
```

出力

```
array([18,  4,  6,  8, 20, 12, 14, 16,  2, 10])
```

それぞれの要素での掛け算や割り算も、for文などを使わずに簡単に計算できます。

入力

```
# それぞれの要素同士での演算
print('掛け算:', np.array([1, 2, 3, 4, 5, 6, 7, 8, 9, 10]) * np.array([10, 9, 8, 7, 6, 5, 4, 3, 2, 1]))
print('累乗:', np.array([1, 2, 3, 4, 5, 6, 7, 8, 9, 10]) ** 2)
print('割り算:', np.array([1, 2, 3, 4, 5, 6, 7, 8, 9, 10]) / np.array([10, 9, 8, 7, 6, 5, 4, 3, 2, 1]))
```

出力

```
掛け算: [10 18 24 28 30 30 28 24 18 10]
累乗: [  1   4   9  16  25  36  49  64  81 100]
割り算: [ 0.1    0.222  0.375  0.571  0.833  1.2    1.75   2.667  4.5   10.   ]
```

2-2-2-5 並べ替え（ソート）

データを並べ替えるには、sortメソッドを使います。デフォルトでは、昇順（小さい数字から大きい数字）になります。

入力

```
# 現在の値を表示
print('そのまま：', data)

# ソートした結果を表示
data.sort()
print('ソート後：', data)
```

出力

```
そのまま：[ 9  2  3  4 10  6  7  8  1  5]
ソート後：[ 1  2  3  4  5  6  7  8  9 10]
```

なお、sortメソッドは、元のデータ（data）を置き換えるので注意しましょう。再度dataを表示すると、ソート後のデータになっているのがわかります。

入力

```
print(data)
```

出力

```
[ 1  2  3  4  5  6  7  8  9 10]
```

降順（大きい数字から小さい数字）にしたい場合は、data[::-1].sort()のように、**スライス**を使って操作します。スライスはPythonの機能で、[n:m:s]のように記述すると、「n番目からm-1番目を、sずつ飛ばして取り出す」という意味になります。nやmを省略したときは「すべて」という意味になります。またsが負のときは先頭からではなく、末尾から取り出すことを意味します。つまり、[::-1]は、「末尾から1つずつ取り出す」という意味になります。つまり、sortメソッドを実行して昇順にした結果を逆順で取り出すので、最終的な結果として、その逆の降順としてデータを取り出せるということになります。

入力

```
data[::-1].sort()
print('ソート後：', data)
```

出力

```
ソート後：[10  9  8  7  6  5  4  3  2  1]
```

並べ替えの補足説明として、昇順と降順どちらが大きい順番に並べるのか混乱する人が多いのですが、たとえば、降順は下に降りて行くので大きいもの順で、昇順は上に登って行くので小さいもの順だとイメージを持てば、覚えやすいです。なお、sortメソッドはマーケティング用途では、ある店舗別の売り上げランキングやユーザーのWebサイトの訪問回数のランキング計算などに使うことができます。

2-2-2-6 最小、最大、合計、積上の計算

Numpyのarrayデータは、minメソッドやmaxメソッドを呼び出すことで、最小値や最大値なども求めることができます。cumsumというメソッドは積上（前から順に足し上げていく）演算です。0番目の要素はそのまま、1番目の要素は0番目の要素+1番目の要素、2番目の要素は0番目の要素+1番目の要素+2番目の要素、…、という具合に足し上げたものです。

入力

```
# 最小値
print('Min:', data.min())
```

```
# 最大値
print('Max:', data.max())
# 合計
print('Sum:', data.sum())
# 積み上げ
print('Cum:', data.cumsum())
# 積み上げ割合
print('Ratio:', data.cumsum() / data.sum())
```

出力

```
Min: 1
Max: 10
Sum: 55
Cum: [10 19 27 34 40 45 49 52 54 55]
Ratio: [0.182 0.345 0.491 0.618 0.727 0.818 0.891 0.945 0.982 1.   ]
```

2-2-3 乱数

乱数とは、簡単にいうと、規則性のないデタラメな数をいいます。データ分析において、収集したデータをランダムに分離したり、ランダムな値を加えてばらつきを出したりするときに使います。

乱数の機能はPythonにもありますが、データ分析の分野ではNumpyの乱数機能を使うことが多いです。Numpyをインポートしているのであれば、「np.random」のように記述することで、Numpyの乱数機能を使えます。

また、インポートするときに次のように記述すれば、もし「np.random」と記述する代わりに、「np.」を省略して「random」と略記できます。以下では、このようにインポートして、「random.機能名」と書くだけで、乱数の機能が使えるようにしたことを前提でプログラムを記述します。

入力

```
import numpy.random as random
```

2-2-3-1 乱数のシード

乱数はまったくのランダムな数というわけではなく、疑似乱数と呼ばれるもので、数式によってランダムな値を作り出すものです。そのランダムな値の初期値を**シード**と言い、random.seedを使って指定できます。

たとえば、次のようにシードを「0」に設定します。

入力

```
random.seed(0)
```

random.seedの呼び出しは必須ではありませんが、同じシード値を指定した場合は、何度実行しても、同じ係数の乱数が得られることが担保されます。データ分析では、まったくのランダムな値が得られてしまうと、解析結果が、都度変わってしまう可能性があります。データ分析では、後から検証することが多いので、その一貫性を担保するために、シードを設定することが多いです。シード値を設定しておくと実行のたびに結果が変わってしまうことがありません。

2-2-3-2 乱数の発生

乱数と一口にいっても、実はさまざまな乱数があり、Numpyでそれらを作成できます。たとえば、平均0、標準偏差1の正規分布の乱数を取得するには、random.randnを使います。次の例は、そのような10個の乱数を得る例です。

入力

```
random.seed(0)

# 正規分布（平均0、分散1）の乱数を10個発生
rnd_data = random.randn(10)

print('乱数10個の配列:', rnd_data)
```

出力

```
乱数10個の配列: [ 1.764  0.4    0.979  2.241  1.868 -0.977  0.95  -0.151 -0.103  0.411]
```

randn以外にも、次に示す機能があり、どのような種類の乱数が欲しいのかによって、適切なものを選ぶようにします。分布については、4章の確率統計で学びます。

機能	意味
rand	一様分布。0.0以上、1.0未満
random_sample	一様分布。0.0以上、1.0未満（randとは引数の指定方法が異なる）
randint	一様分布。任意の範囲の整数
randn	正規分布。平均0、標準偏差1の乱数
normal	正規分布。任意の平均、標準偏差の乱数
binomial	二項分布の乱数
beta	ベータ分布の乱数
gamma	ガンマ分布の乱数
chisquare	カイ二乗分布の乱数

2-2-3-3 データのランダムな抽出

データサイエンスにおいて、与えられたデータ列から、ランダムなものを取り出す操作はよく行われます。そのようなときは、random.choiceを使います。random.choiceには、2つの引数と1つのオプションを指定します。1つ目の引数は、操作対象の配列、2つ目は取り出す数です。オプションはreplaceです。replaceをTrueにする、もしくは省略したときは、取り出すときに重複を許します。これを**復元抽出**と言います。replaceをFalseにしたときは、データの重複を許さずに取り出します。これを**非復元抽出**と言います。

入力

```
# 抽出対象データ
data = np.array([9,2,3,4,10,6,7,8,1,5])

# ランダム抽出
# 10個を抽出（重複あり、復元抽出）
print(random.choice(data, 10))
```

```
# 10個を抽出（重複なし、非復元抽出）
print(random.choice(data, 10, replace = False))
```

出力

```
[ 7  8  8  1  2  6  5  1  5 10]
[10  2  7  8  3  1  6  5  9  4]
```

復元抽出では、同じ数字が何個かありますが、非復元抽出では、同じ数字が入ることはありません。

Let's Try

seed(0)の0を変えたり、ランダム抽出の数を増やしたりして、結果がどう変化するのかを確認しましょう。

Column

Numpyは高速

Numpyは計算速度が速いのも特徴です。どのぐらい速いのか計測してみましょう。次の例は、乱数を10^6個発生させて、それを合計する実装です。

「sum(normal_data)」が普通の処理、「np.sum(numpy_random_data)」がNumpyを使った処理です。

入力

```
# Nは乱数の発生数、10の6乗
N = 10**6

# Python版（以下のrange(N)は0からN-1までの整数を用意しています。
# 「_」は、代入した値を参照しないときに使う慣例的な変数名です。
# たとえば、for a in range(N)と書くのと同じですが、aと書くと、その値をあとで使うように見えるので、
# その値を参照しないときは、for _ in range(N)のように慣例的に書く書き方です
normal_data = [random.random() for _ in range(N)]

# Numpy版
numpy_random_data = np.array(normal_data)

# calc time :合計値
# ふつうの処理
%timeit sum(normal_data)

# Numpyを使った処理
%timeit np.sum(numpy_random_data)
```

出力

```
11 ms ± 5.19 ms per loop (mean ± std. dev. of 7 runs, 100 loops each)
1.92 ms ± 354 μs per loop (mean ± std. dev. of 7 runs, 1000 loops each)
```

普通に演算するよりも、Numpyを使った方(np.sum())が速いことがわかります。

%timeitは何回か同じ処理をして、平均計算時間を返すマジックコマンドです(Jupyter環境でRunを実行すると、

100回実行されるのですから、その実行結果が表示されるまでには、しばらく時間がかかりますが、それは正常な動作です)。
たとえば、「100 loops, best of 3: 5.78 ms per loop」と表示されたときは、100回計算して、ベスト3の計算時間平均が5.78ミリ秒という意味です。
実行回数と平均回数は、それぞれnオプションとrオプションで変更できます。たとえば、「%timeit -n 10000 -r 5 sum(normal_data)」のようにすれば、1万回、ベスト5の平均計算時間という意味になります。なお、msはミリ秒で、μsはマイクロ秒(ミリ秒の1000分の1)です。
なお、処理を高速化したいときは、%timeitを使いながら、計算時間をチェックしましょう。

2-2-4 行列

Numpyを使うと行列計算もできます。
まずは、行列の作成方法から説明します。次の例は、0~8までの数字を3×3行列で表現するものです。arange関数は指定した連続した整数を発生する機能を持ちます。arange(9)とした場合、0から8までの整数を発生します。それをreshape関数で3×3の行列に分割しています。
これで変数array1に3×3の行列が作られます。

入力

```
np.arange(9)
```

出力

```
array([0, 1, 2, 3, 4, 5, 6, 7, 8])
```

入力

```
array1 = np.arange(9).reshape(3,3)
print(array1)
```

出力

```
[[0 1 2]
 [3 4 5]
 [6 7 8]]
```

行列から、行や列のみを抜き出したいときは、「[行範囲:列範囲]」のように表記します。それぞれの範囲は、「開始インデックス,終了インデックス」のように、カンマで区切って指定します。開始インデックスや終了インデックスを省略したときは、それぞれ「最初から」「末尾まで」という意味になります。
たとえば、次のように「[0,:]」を指定すると、「行は1行目」「列はすべて」という意味になるので、1行目のすべての列を取り出すことができます。なお、インデックスは0からはじまりますが、対象の行列は1からはじまるので注意しましょう。

入力

```
# 1行目
array1[0,:]
```

出力

```
array([0, 1, 2])
```

1列目のすべての行を取り出すには、「[:,0]」を指定します。これは「列は1列目」「行はすべて」という意味です。

入力

```
# 1列目
array1[:,0]
```

出力

```
array([0, 3, 6])
```

2-2- 4-1 行列の演算

行列の掛け算をしてみましょう。この計算方法がわからない方は、線形代数の復習をしてください。

まずは、掛け算する対象とする行列を作成しましょう。次の例では、3×3の行列を作成し、変数array2に代入しています。

入力

```
array2 = np.arange(9,18).reshape(3,3)
print(array2)
```

出力

```
[[ 9 10 11]
 [12 13 14]
 [15 16 17]]
```

この行列と、先のarray1の行列を掛け算してみましょう。行列の掛け算では、dot関数を使います。間違えて*を使うと、行列の掛け算ではなく、それぞれの要素を掛け算してしまうので、注意しましょう。

入力

```
# 行列の積
np.dot(array1, array2)
```

出力

```
array([[ 42,  45,  48],
       [150, 162, 174],
       [258, 279, 300]])
```

入力

```
# 要素どうしの積
array1 * array2
```

出力

```
array([[  0,  10,  22],
       [ 36,  52,  70],
       [ 90, 112, 136]])
```

2-2- 4-2 要素が0や1の行列を作る

データ分析では、要素が0や1の行列を作りたいことがあります。その場合、「[0, 0, 0, 0, 0…]」のようにひとつずつ要素を記述する(もしくはfor文を使って繰り返し処理で作る)のは大変なので、専用の構文が用意されています。

次のように「np.zeros」を指定すると、すべての要素が0の行列を作れます。同様に「np.ones」は、すべての要素が1の行列を作ります。dtypeオプションでは、データの型を指定します。int64は64ビット整数、float64は64ビット浮動小数です。次のコードは、要素がすべて0(int64)の2行3列の行列、要素がすべて1(float64)の2行3列の行列を、それぞれ作成する例です。

入力

```
print(np.zeros((2, 3), dtype = np.int64))
print(np.ones((2, 3), dtype = np.float64))
```

出力

```
[[0 0 0]
 [0 0 0]]
[[1. 1. 1.]
 [1. 1. 1.]]
```

Practice

【練習問題 2-1】

1から50までの自然数の和を計算するプログラムを書いて、最後の計算結果を表示するプログラムを書いてください。ただし、np.arrayで1から50までの配列を作り、その総和を求める方法で計算してください。

【練習問題 2-3】

標準正規分布に従う乱数を10個発生させて配列を作成してください。また、その中での最小値、最大値、合計を求めるプログラムを書いてください。

【練習問題 2-3】

要素がすべて3の5行5列の行列を作成し、その行列の2乗をする計算をしてみましょう。

答えはAppendix 2

Chapter 2-3

Scipyの基礎

Keyword 逆行列、固有値、固有ベクトル、最適化

Scipyは、科学技術計算をするためのライブラリで、多様な数学処理（線形代数の計算、フーリエ変換など）ができます。ここでは、線形代数の逆行列や固有値、方程式の解などを求めてみましょう。なお、これらの用語がわからない方は、ネットで調べるか、1章で紹介した線形代数の参考書等（参考文献「A-6」）で学習してください。

2-3-1 Scipyのライブラリのインポート

ここでは、Scipyの線形代数用のライブラリをインポートします。

前述の「2.1.3 この章で使うライブラリのインポート」において、「import scipy as sp」としてScipyをすでにインポートしていますが、ここで「as sp」としているので、「sp.機能名」と表記することでScipyライブラリを使えるようになっています。

以下ではさらに、線形代数用のライブラリをlinalg、最適化計算（最小値）用の関数をminimize_scalarのように、より短い名前で使えるようにします。

入力

```
# 線形代数用のライブラリ
import scipy.linalg as linalg

# 最適化計算（最小値）用の関数
from scipy.optimize import minimize_scalar
```

2-3-2 行列計算

2-3-2-1 行列式と逆行列の計算

まずは行列式を計算する例です。次のようにdet関数を使います。

入力

```
matrix = np.array([[1,-1,-1], [-1,1,-1], [-1,-1,1]])

# 行列式
print('行列式')
print(linalg.det(matrix))
```

出力

```
行列式
-4.0
```

逆行列を計算するには、inv関数を使います。

入力

```
# 逆行列
print('逆行列')
print(linalg.inv(matrix))
```

出力

```
逆行列
[[ 0.  -0.5 -0.5]
 [-0.5 -0.  -0.5]
 [-0.5 -0.5  0. ]]
```

値が正しいかどうかを確認してみましょう。もとの行列と逆行列の積は、単位行列のはずです。次のようにして積を求めると、確かに単位行列となっていることがわかります。

入力

```
print(matrix.dot(linalg.inv(matrix)))
```

出力

```
[[1. 0. 0.]
 [0. 1. 0.]
 [0. 0. 1.]]
```

2-3-2-2 固有値と固有ベクトル

次に、固有値と固有ベクトルを計算してみましょう。linalgのeig関数を実行すると求められます。

入力

```
# 固有値と固有ベクトル
eig_value, eig_vector = linalg.eig(matrix)

# 固有値と固有ベクトル
print('固有値')
print(eig_value)
print('固有ベクトル')
print(eig_vector)
```

出力

```
固有値
[-1.+0.j  2.+0.j  2.+0.j]
固有ベクトル
[[ 0.577 -0.816  0.428]
 [ 0.577  0.408 -0.816]
 [ 0.577  0.408  0.389]]
```

2-3- 3 ニュートン法

最後に、最適化計算を使う方法を説明します。

2-3- 3-1 方程式の解を求める

まずは、方程式の解を求めてみましょう。ここでは、次の2次関数の解を求めることを考えます。

$$f(x) = x^2 + 2x + 1 \quad \text{(式2-3-1)}$$

この解は紙と鉛筆で計算することも可能で、解は－1ですが、ここでは解の近似計算でよく使われるニュートン法を使って求めてみましょう。まずは、上の関数をPythonの関数として定義します。

入力

```
# 関数の定義
def my_function(x):
    return (x**2 + 2*x + 1)
```

次に、$f(x) = 0$の解xを求めるために、以下でnewton関数を使います。newton関数の1つ目の引数として、いま作成したmy_function関数をセットし、2つ目の引数には、解を決める条件式となる$f(x) = 0$の0をセットします。

入力

```
# ニュートン法の読み込み
from scipy.optimize import newton

# 計算実行
print(newton(my_function,0))
```

出力

```
-0.9999999852953547
```

結果は上記のように、ほぼ－1になっている（数値計算をしているため）ことがわかります。
なお、ニュートン法をはじめて聞いた方は検索をするか、数学の専門書で、最適化や数値計算の書籍を探してみてください。

2-3- 3-2 最小値を求める

次に、この同じ関数$f(x)$における、最小値を求めることを考えます。
ここでは、minimize_scalar関数を使って、下記のようにします。ここで指定しているmethodというパラメータで指定している「Brent」は、Brent法を使うことを示します。Brent法とは、放物線補間法と黄金分割法（単峰関数の極値、つまり極大値または極小値を求める方法）を組み合わせた方法で、黄金分割法よりも収束が速いのが特徴です。

2-3

本書では、あまり使わないので、用語等については覚えなくても大丈夫ですが、これら以外にも、さまざまなアプローチ方法があるので、時間がある方は調べてみてください。

入力

```
# 計算実行
print(minimize_scalar(my_function, method = 'Brent'))
```

出力

```
     fun: 0.0
    nfev: 9
     nit: 4
 success: True
       x: -1.0000000000000002
```

Scipyは、積分や微分方程式などにも使えますが、この章では、いったんこれで終わりにします。Scipyを使った、さまざまな科学計算については、後の章で改めて説明します。

Let's Try

my_function関数の計算式を$f(x) = 0$から、さまざまな関数に変更して、最小値などの計算を実行してみましょう。

Practice

【練習問題 2-4】

以下の行列について、行列式を求めてください。

$$A = \begin{pmatrix} 1 & 2 & 3 \\ 1 & 3 & 2 \\ 3 & 1 & 2 \end{pmatrix} \quad (式 2\text{-}3\text{-}2)$$

【練習問題 2-5】

練習問題 2-4と同じ行列について、逆行列、固有値と固有ベクトルを求めてください。

【練習問題 2-6】

以下の関数が0となる解を、ニュートン法を用いて求めてみましょう。

$$f(x) = x^3 + 2x + 1 \quad (式 2\text{-}3\text{-}3)$$

答えはAppendix 2

Chapter 2-4

Pandasの基礎

Keyword インデックス、Series、DataFrame、データの操作、データの結合、ソート

PandasはPythonでモデリングする（機械学習等を使う）前のいわゆる前処理をするときに便利なライブラリです。さまざまなデータのさまざまな加工処理をスムーズに柔軟に実施することができ、表計算やデータの抽出、検索などの操作ができるようになります。具体例を挙げると、データの中からある条件（男性だけ）を満たす行を抽出したり、ある軸（男女別など）を設定してそれぞれの平均値（身長、体重など）を算出したり、データを結合するなどの操作ができます。DB（データベース）のSQLに慣れている方には扱いやすいと思います。

2-4-1 Pandasのライブラリのインポート

ここでは、Pandasのライブラリをインポートします。
前述の「2.1.3 この章で使うライブラリのインポート」において、「import pandas as pd」としてPandasをインポートしているので、「pd.機能名」と表記することでPandasライブラリを使えるようになっています。
以下ではさらに、一次元の配列を扱うときのSeriesライブラリと、二次元の配列を扱うときのDataFrameライブラリをインポートします。

入力

```
from pandas import Series, DataFrame
```

2-4-2 Seriesの使い方

Seriesは1次元の配列のようなオブジェクトです。PandasのベースはNumpyのarrayです。以下に、Seriesオブジェクトに10個の要素を設定する、簡単な例を示します。
実行結果を見ると分かるように、Seriesオブジェクトをprintすると、2つの組の値が表示されます。先頭の10行文は要素のインデックスと値です。dtypeはデータの型です。

入力

```
# Series
sample_pandas_data = pd.Series([0,10,20,30,40,50,60,70,80,90])
print(sample_pandas_data)
```

出力

```
0     0
1    10
2    20
```

```
3    30
4    40
5    50
6    60
7    70
8    80
9    90
dtype: int64
```

インデックスは要素を特定するキーのことです。この例のように、[0, 10, 20, 30, 40,…]のようにSeriesオブジェクトに対して、値だけを指定した場合、インデックスは先頭から0、1、2…のように連番が付きます。
データの値とインデックスの値は、それぞれ次のように、valuesプロパティとindexプロパティを指定することで、別々に取り出すこともできます。

入力

```
# indexをアルファベットでつける
sample_pandas_index_data = pd.Series(
    [0, 10,20,30,40,50,60,70,80,90],
    index=['a', 'b', 'c', 'd', 'e', 'f', 'g', 'h', 'i', 'j'])
print(sample_pandas_index_data)
```

出力

```
a     0
b    10
c    20
d    30
e    40
f    50
g    60
h    70
i    80
j    90
dtype: int64
```

入力

```
print('データの値:', sample_pandas_index_data.values)
print('インデックスの値:', sample_pandas_index_data.index)
```

出力

```
データの値: [ 0 10 20 30 40 50 60 70 80 90]
インデックスの値: Index(['a', 'b', 'c', 'd', 'e', 'f', 'g', 'h', 'i', 'j'], dtype='object')
```

2-4- 3 DataFrameの使い方

DataFrameオブジェクトは2次元の配列です。それぞれの列で、異なるdtype（データ型）を持たせることもできます。下記は、ID、City、Birth_year、Nameの4つの列を持つデータ構造を示した例です。print関数で表示すると、そのデータは表形式で表示されます。

入力

```
attri_data1 = {'ID':['100','101','102','103','104'],
               'City':['Tokyo','Osaka','Kyoto','Hokkaido','Tokyo'],
               'Birth_year':[1990,1989,1992,1997,1982],
               'Name':['Hiroshi','Akiko','Yuki','Satoru','Steve']}

attri_data_frame1 = DataFrame(attri_data1)

print(attri_data_frame1)
```

出力

```
    ID      City  Birth_year     Name
0  100     Tokyo        1990  Hiroshi
1  101     Osaka        1989    Akiko
2  102     Kyoto        1992     Yuki
3  103  Hokkaido        1997   Satoru
4  104     Tokyo        1982    Steve
```

一番左列に表示されている0, 1, 2, 3, 4の値は、インデックスの値です。DataFrameオブジェクトもSeriesオブジェクトと同様にインデックスを変更したり、インデックスとして文字を指定したりすることもできます。

次のようにインデックスを指定すると、attri_data_1の値に対して新しいインデックスを指定したattri_data_frame_index1というDataFrameオブジェクトを作ることができます（ここではDataFrameオブジェクトに対して操作しましたが、Seriesも同様の操作で、何か他のSeriesオブジェクトからインデックスを変更したSeriesオブジェクトを作ることができます）。

入力

```
attri_data_frame_index1 = DataFrame(attri_data1,index=['a','b','c','d','e'])
print(attri_data_frame_index1)
```

出力

```
    ID      City  Birth_year     Name
a  100     Tokyo        1990  Hiroshi
b  101     Osaka        1989    Akiko
c  102     Kyoto        1992     Yuki
d  103  Hokkaido        1997   Satoru
e  104     Tokyo        1982    Steve
```

2-4- 3-1 Jupyter環境におけるデータ表示

ここまではSeriesオブジェクトやDataFrameオブジェクトを表示する際に、print(attri_data_frame_index1)のようにprint関数を使ってきました。しかしデータの変数を、そのまま次のように記述することで、表示することもできます。この場合、Jupyter環境によって、これがSeriesオブジェクトやDataFrameオブジェクトであることが認識され、罫線などが付いた見やすい表示になります。
以下では、この方法で表示していきます。

入力

```
attri_data_frame_index1
```

出力

	ID	City	Birth_year	Name
a	100	Tokyo	1990	Hiroshi
b	101	Osaka	1989	Akiko
c	102	Kyoto	1992	Yuki
d	103	Hokkaido	1997	Satoru
e	104	Tokyo	1982	Steve

2-4- 4 行列操作

DataFrameは、さまざまな行列操作ができます。

2-4- 4-1 転置

行列の転置のように、行と列を入れ替える場合には、.Tメソッドを使います。

入力

```
# 転置
attri_data_frame1.T
```

出力

	0	1	2	3	4
ID	100	101	102	103	104
City	Tokyo	Osaka	Kyoto	Hokkaido	Tokyo
Birth_year	1990	1989	1992	1997	1982
Name	Hiroshi	Akiko	Yuki	Satoru	Steve

2-4- 4-2 特定列のみを取り出す

特定の列だけを指定したいときは、データの後にその列名を指定します。複数の列を指定したいときは、それらをPythonのリストの形式で指定します。

入力

```
# 列名の指定（1つの場合）
attri_data_frame1.Birth_year
```

出力

```
0    1990
1    1989
2    1992
3    1997
4    1982
Name: Birth_year, dtype: int64"
```

入力

```
# 列名の指定(複数の場合)
attri_data_frame1[['ID', 'Birth_year']]
```

出力

	ID	Birth_year
0	100	1990
1	101	1989
2	102	1992
3	103	1997
4	104	1982

2-4-5 データの抽出

DataFrameオブジェクトでは、特定の条件を満たすデータだけを取り出したり、複数のデータを結合したりすることもできます。

次の例は、データのうち、CityがTokyoのみのデータを抽出する例です。ここで指定している条件であるattri_data_frame1['City'] == 'Tokyo'は、dtypeがboolであるSeriesオブジェクトです。この処理は、attri_data_frame1['City'] == 'Tokyo'がTrueであるデータをすべてattri_data_frame1から抽出するもので、フィルターの役割を果たしています。

入力

```
# 条件(フィルター)
attri_data_frame1[attri_data_frame1['City'] == 'Tokyo']
```

出力

	ID	City	Birth_year	Name
0	100	Tokyo	1990	Hiroshi
4	104	Tokyo	1982	Steve

なお、条件部分である式はCity列の要素1つ1つとTokyoを比較しており、以下のようにそこだけ取り出して表示すると、TrueかFalseになっていることがわかります。

入力

```
attri_data_frame1['City'] == 'Tokyo'
```

出力

```
0     True
1    False
2    False
3    False
4     True
Name: City, dtype: bool"
```

条件を複数指定したいときは、次のようにisin(リスト)を使います。以下は、CityがTokyoかOsakaであるデータを抽出しています。この使い方は、あとの章でも使います。

入力

```
# 条件(フィルター、複数の値)
attri_data_frame1[attri_data_frame1['City'].isin(['Tokyo','Osaka'])]
```

出力

```
     ID       City  Birth_year     Name
0   100      Tokyo        1990  Hiroshi
1   101      Osaka        1989    Akiko
4   104      Tokyo        1982    Steve
```

Let's Try

他にも条件を変更（Birth_yearが1990未満など）して、フィルターを実行してみましょう。

2-4-6 データの削除と結合

DataFrameオブジェクトでは、必要のない列や行を削除したり、他のDataFrameオブジェクトと結合したりすることもできます。

2-4-6-1 列や行の削除

ある特定の列や行を削除するにはdropメソッドを実行します。axisパラメータに軸を指定します。「axis=0が行」「axis=1が列」です。なお、このaxisパラメータは他の場面でも使うので、覚えておいてください。

- **行削除の場合**：1つ目の引数に削除したい行のインデックスをリストとして指定します。axisパラメータには「0」を指定します。
- **列の削除の場合**：1つ目の引数に削除したい列名をリストとして指定します。axisパラメータには「1」を指定します。

次の例は、Birth_year列を削除する例です。

入力

```
attri_data_frame1.drop(['Birth_year'], axis = 1)
```

出力

```
     ID       City     Name
0   100      Tokyo  Hiroshi
1   101      Osaka    Akiko
2   102      Kyoto     Yuki
3   103   Hokkaido  Satoru
4   104      Tokyo    Steve
```

なお、上記で列を削除しても元のデータの列が削除されたわけではないので、注意しましょう。置き換えたい場合は、あらためてattri_data_frame1 = attri_data_frame1.drop(['Birth_year'],axis=1)のように設定します。もしくは、オプションのinplace=Trueをパラメータとして指定すると、元のデータを置き換えることもできます。

2-4- 6-2 データの結合

DataFrameオブジェクト同士は結合できます。データ分析ではさまざまなデータがある場合に、それらを結合して分析することは多々ありますから、実行できるようになりましょう。まずは例として、結合先のDataFrameオブジェクトを、次のようにattri_data_frame2という変数で用意します。

入力

```
# 別のデータの準備
attri_data2 = {'ID':['100','101','102','105','107'],
               'Math':[50,43,33,76,98],
               'English':[90,30,20,50,30],
               'Sex':['M','F','F','M','M']}
attri_data_frame2 = DataFrame(attri_data2)
attri_data_frame2
```

出力

	ID	Math	English	Sex
0	100	50	90	M
1	101	43	30	F
2	102	33	20	F
3	105	76	50	M
4	107	98	30	M

そして、これまで使ってきたattri_data_frame1と、このattri_data_fame2を結合してみます。
結合するにはmergeメソッドを使います。キーを明示しないときは、自動で同じキーの値であるものを見つけて結合します。この例の場合、キーはIDです。100、101、102が共通であるため、それが合致するデータが結合されます。

入力

```
# データのマージ（内部結合、詳しくは6章で）
pd.merge(attri_data_frame1,attri_data_frame2)
```

出力

	ID	City	Birth_year	Name	Math	English	Sex
0	100	Tokyo	1990	Hiroshi	50	90	M
1	101	Osaka	1989	Akiko	43	30	F
2	102	Kyoto	1992	Yuki	33	20	F

2-4- 7 集計

DataFrameオブジェクトでは、データを集計することもきます。
さらにgroupbyメソッドを使うと、ある特定の列を軸とした集計ができます。以下は「Sexの列」を軸として、数学のスコア平均を算出する例です。スコア平均を計算するにはmeanメソッドを使います。ほかにも、最大値を計算するmaxメソッドや最小値を計算するminメソッドなどもあります。

入力

```
# データのグループ集計(詳しくは次の章で)
attri_data_frame2.groupby('Sex')['Math'].mean()
```

出力

```
Sex
F    38.000000
M    74.666667
Name: Math, dtype: float64"
```

Let's Try

他にも変数を変えて、実行してみましょう。集計対象をEnglishにした場合はどうなりますか。また、最大値や最小値を求めてみましょう。

2-4-8 値のソート

SeriesオブジェクトやDataFrameオブジェクトのデータは、ソートすることもできます。値だけではなく、インデックスをベースにソートできます。まずはソート対象のサンプルデータを次のように定義します。ソートの効果がわかりやすくなるよう、わざとデータを適当な順で並べてあります。

入力

```
# データの準備
attri_data2 = {'ID':['100','101','102','103','104'],
               'City':['Tokyo','Osaka','Kyoto','Hokkaido','Tokyo'],
               'Birth_year':[1990,1989,1992,1997,1982],
               'Name':['Hiroshi','Akiko','Yuki','Satoru','Steve']}
attri_data_frame2 = DataFrame(attri_data2)
attri_data_frame_index2 = DataFrame(attri_data2,index=['e','b','a','d','c'])
attri_data_frame_index2
```

出力

	ID	City	Birth_year	Name
e	100	Tokyo	1990	Hiroshi
b	101	Osaka	1989	Akiko
a	102	Kyoto	1992	Yuki
d	103	Hokkaido	1997	Satoru
c	104	Tokyo	1982	Steve

インデックスでソートするには、次のようにsort_indexメソッドを実行します。

入力

```
# indexによるソート
attri_data_frame_index2.sort_index()
```

出力

	ID	City	Birth_year	Name
a	102	Kyoto	1992	Yuki
b	101	Osaka	1989	Akiko
c	104	Tokyo	1982	Steve
d	103	Hokkaido	1997	Satoru
e	100	Tokyo	1990	Hiroshi

値でソートする場合には、次のようにsort_valuesメソッドを使います。

入力

```
# 値によるソート、デフォルトは昇順
attri_data_frame_index2.Birth_year.sort_values()
```

出力

```
c    1982
b    1989
e    1990
a    1992
d    1997
Name: Birth_year, dtype: int64"
```

2-4-9 nan (null) の判定

データ分析ではデータが欠損しており、該当のデータが存在しないことがあります。それらをそのまま計算すると、平均などを求めたときに正しい値が得られないので、除外するなどの操作が必要です。欠損値などのデータはnanという特別な値で格納されるので、その扱いについて補足します。

2-4-9-1 条件に合致したデータの比較

まずはnanの話ではなく、ふつうに条件検索する例から説明します。

次の例は、attri_data_frame_index2の全要素を対象に、Tokyoという文字列があるかどうかをisinで調べる例です。その結果は、それぞれのセルにTrueかFalseが返されます。入っていれば（条件を満たしていれば）True、入っていなければ（条件を満たしていなければ）Falseが設定されます。この操作が、条件に合致するデータを探すときの基本です。

入力

```
# 値があるかどうかの確認
attri_data_frame_index2.isin(['Tokyo'])
```

出力

```
      ID   City  Birth_year   Name
e  False   True       False  False
b  False  False       False  False
a  False  False       False  False
d  False  False       False  False
c  False   True       False  False
```

2-4-9-2 nanとnullの例

次の例は、Name列の値をわざとnanに設定した例です。nanかどうかを判定するにはisnullメソッドを使います。

入力

```
# 欠損値の取り扱い
# name をすべて nan にする
attri_data_frame_index2['Name'] = np.nan
attri_data_frame_index2.isnull()
```

出力

```
      ID   City  Birth_year  Name
e  False  False       False  True
b  False  False       False  True
a  False  False       False  True
d  False  False       False  True
c  False  False       False  True
```

そしてnanであるものの総数を求めるには、次のようにします。Nameが5になっているのは、上記の結果でわかるように、Trueが5つあるため、それをカウントしているからです。

入力

```
# nullを判定し、合計する
attri_data_frame_index2.isnull().sum()
```

出力

```
ID           0
City         0
Birth_year   0
Name         5
dtype: int64"
```

以上で、Pandasの簡単な説明は終わりです。3章では実際のデータの加工処理をしていきますので、ここで学んだことはしっかりと身につけてください。

Practice

【練習問題 2-7】

以下のデータに対して、Moneyが500以上の人を絞り込んで、レコードを表示してください。

入力

```
from pandas import Series,DataFrame
import pandas as pd

attri_data1 = {'ID':['1','2','3','4','5'],
               'Sex':['F','F','M','M','F'],
               'Money':[1000,2000,500,300,700],
               'Name':['Saito','Horie','Kondo','Kawada','Matsubara']}
attri_data_frame1 = DataFrame(attri_data1)
```

【練習問題 2-8】

練習問題 2-7のデータに対して、男女別（MF別）の平均Moneyを求めてください。

【練習問題 2-9】

練習問題2-7のデータに対して、以下のデータの同じIDの人をキーとして、データをマージしてください。そして、MoneyとMathとEnglishの平均を求めてください。

入力

```
attri_data2 = {'ID':['3','4','7'],
               'Math':[60,30,40],
               'English':[80,20,30]}

attri_data_frame2 = DataFrame(attri_data2)
```

答えはAppendix 2

Chapter 2-5

Matplotlibの基礎

Keyword データビジュアライゼーション、散布図、ヒストグラム

データ分析をする上で、対象となるデータを可視化することはとても重要です。単に数字を眺めているだけでは、データに潜む傾向がなかなか見えなかったりしますが、データをビジュアル化することで、データ間の関係性なども見えてきます。特に、近年はインフォグラフィックスなどといって、可視化が注目されています。

ここでは、主にMatplotlibとSeabornを使って、データを可視化する基本的な方法を身につけましょう。巻末の参考URL「B-5」が参考になります。

2-5-1 Matplotlibを使うための準備

前述の「2.1.3 この章で使うライブラリのインポート」において、MatplotlibとSeabornをすでにインポートしています。Matplotlibでは、描画に関するほとんどの機能が「pyplot.機能名」で提供されています。そこで「2-1-3 この章で使うライブラリのインポート」では「import matplotlib.pyplot as plt」とインポートし、「plt.機能名」と略記できるようにしています。

SeabornはMatplotlibのグラフを、さらにきれいにするライブラリです。インポートするだけでグラフがきれいになり、また、いくつかの追加のスタイルを指定できるようになります。

以下の「%matplotlib inline」は、Jupyter Notebook上にグラフを表示するためのマジックコマンドです。Jupyter環境の初学者の方はグラフを書くときに忘れやすいので、注意しましょう。

入力

```
# Matplotlib と Seabornの読み込み
# Seabornはきれいに図示できる
import matplotlib as mpl
import seaborn as sns

# pyplotにはpltの別名で実行できるようにする
import matplotlib.pyplot as plt

# Jupyter Notebook上でグラフを表示させるために必要なマジックコマンド
%matplotlib inline
```

2-5-2 散布図

Matplotlibでは、さまざまなグラフを描けますが、まずは、散布図から始めましょう。散布図は、2つの組み合わせデータに対して、x-y座標上に点をプロットしたグラフです。plt.plot(x, y, 'o')で描写でき、最後の引数はグラフの形状を指定するもので'o'は点で描くという意味です。その他の動作については、コード中のコメントを参考にしてください。

散布図を描くと、2変数の関係性などが見えてきます。

入力

```
# 散布図

# シード値の固定
random.seed(0)

# x軸のデータ
x = np.random.randn(30)

# y軸のデータ
y = np.sin(x) + np.random.randn(30)

# グラフの大きさ指定（20や6を変更してみてください）
plt.figure(figsize=(20, 6))

# グラフの描写
plt.plot(x, y, 'o')

#以下でも散布図が描ける
#plt.scatter(x, y)

# タイトル
plt.title('Title Name')
# Xの座標名
plt.xlabel('X')
# Yの座標名
plt.ylabel('Y')

# grid（グラフの中にある縦線と横線）の表示
plt.grid(True)
```

出力

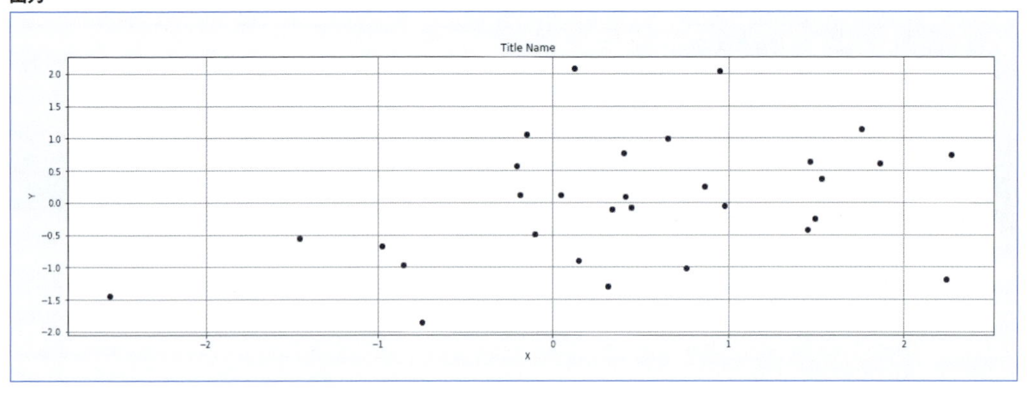

連続した値を与えれば、plotによる描画は点ではなく曲線に見えます。たとえば次の例は、時系列など連続した（厳密には連続とみなした）曲線を描いています。

入力

```
# 連続曲線

# シード値の指定
np.random.seed(0)

# データの範囲
numpy_data_x = np.arange(1000)

# 乱数の発生と積み上げ
numpy_random_data_y = np.random.randn(1000).cumsum()

# グラフの大きさを指定
plt.figure(figsize=(20, 6))

# label=とlegendでラベルをつけることが可能
plt.plot(numpy_data_x, numpy_random_data_y, label='Label')
plt.legend()

plt.xlabel('X')
plt.ylabel('Y')
plt.grid(True)
```

出力

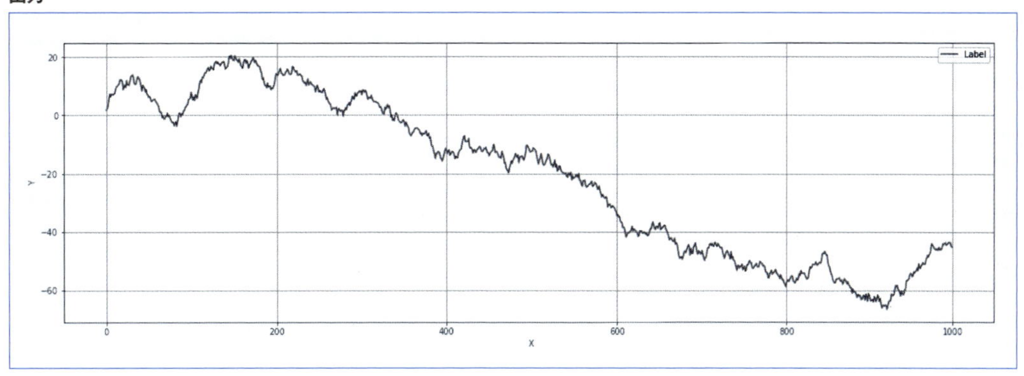

2-5- 3 グラフの分割

subplotを使うと、グラフを複数に分けることができます。以下は、2行1列のグラフを作成し、1番目と2番目と番号を指定して表示する例です。なお、linspace(-10,10,100)は*-10*から*10*までの数を*100*個に分割した数字リストを取り出すものです。

入力

```
# グラフの大きさを指定
plt.figure(figsize=(20, 6))

# 2行1列のグラフの1つ目
plt.subplot(2,1,1)
```

```
x = np.linspace(-10, 10,100)
plt.plot(x, np.sin(x))

# 2行1列のグラフの2つ目
plt.subplot(2,1,2)
y = np.linspace(-10, 10,100)
plt.plot(y, np.sin(2*y))

plt.grid(True)
```

出力

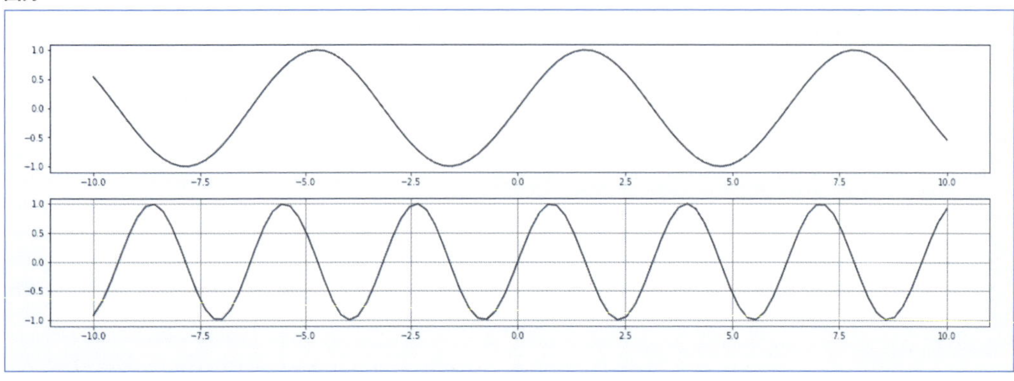

2-5-4 関数グラフの描画

次は、「2.2.3　ニュートン法」で扱った

$$f(x) = x^2 + 2x + 1 \quad \text{(式2-5-1)}$$

の二次関数をグラフで表示する例です。このようにグラフにすると、$y = 0$と交わる近辺が-2.5〜0の範囲であるので、この数値計算しなくても、解がおおよそ、この範囲にあることがわかります。

入力

```
# 関数の定義（Scipyで使った二次関数の例と同じ）
def my_function(x):
    return x ** 2 + 2 * x + 1

x = np.arange(-10, 10)
plt.figure(figsize = (20, 6))
plt.plot(x, my_function(x))
plt.grid(True)
```

出力

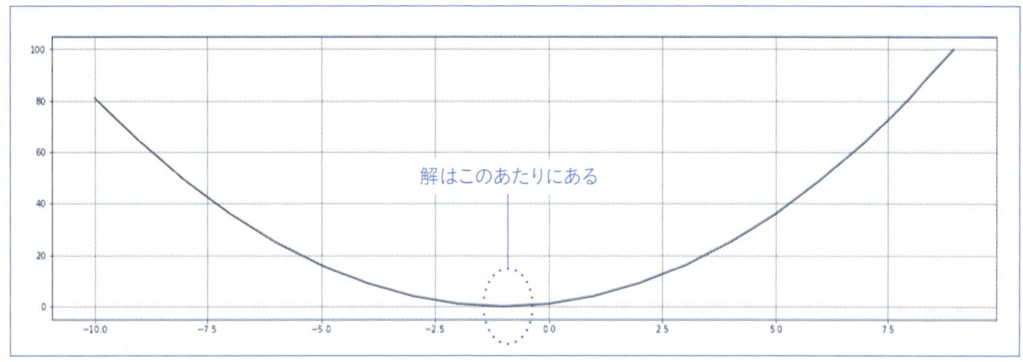

2-5- 5 ヒストグラム

次のグラフは、ヒストグラムと言われ、それぞれの値の**度数**（値が出現する回数）を示します。データの全体像を観察するときに使われる図です。データ分析では、このグラフを見て、どんな数値が多いのか、少ないのか、偏りがあるのかないのかを読み解きます。

下記のようにhistメソッドを使うと、ヒストグラムを描けます。括弧内に指定しているパラメータは、先頭から順に、「対象となるデータ」「ビンの数（幅、個数）」「範囲」です。

入力

```
# シードの固定
random.seed(0)

# グラフの大きさ指定
plt.figure(figsize = (20, 6))

# ヒストグラムの描写
plt.hist(np.random.randn(10 ** 5) * 10 + 50, bins = 60, range = (20, 80))

plt.grid(True)
```

出力

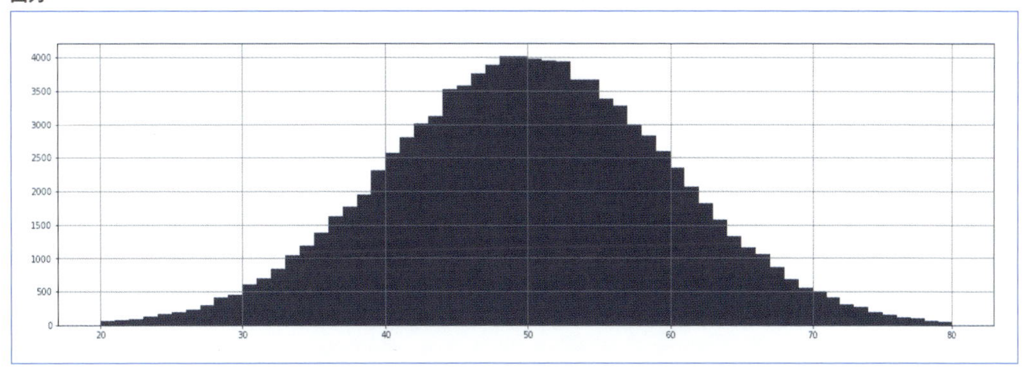

histメソッドには他にも、さまざまなパラメータがあります。次のように「?」を使うと、利用できるパラメータを確認できます。

入力

```
?plt.hist
```

これで、Matplotlibの基礎は終わりです。

グラフを可視化するには、Matplotlib以外にPandasで描写する方法もあります。それについては、7章のデータ可視化の個所で少し触れます。

データ分析で使うPyhonのメインライブラリ（Numpy、Scipy、Pandas、Matplotlib）の基本的な紹介については、これで終わりです。お疲れ様でした。この章で学んだテクニックは、次の3章の記述統計で使ったり、さらに別の章でも活用していきます。

Column

さまざまなデータのビジュアル化

データのビジュアル化は、Python以外にも、さまざまなプログラミング言語、ライブラリで実現されており、Pythonでグラフ化するときの参考にもなります。

たとえばJavaScriptには、さまざまな図を描ける「D3.js」（https://d3js.org）というライブラリがあり人気です。これはPythonとは関係なくJavaScriptで使うものですが、データを多方向から見せてビジュアル化するという意味では勉強になります。

図2-5-1

Practice

【練習問題 2-10】

$y = 5x + 3$ (xは-10から10の値)のグラフを描いてみましょう。

【練習問題 2-11】

「$y = sin(x)$」と「$y = cos(x)$」のグラフを重ねて描いてください(xは-10から10の値)。

【練習問題 2-12】

0から1の値をとる一様乱数を1,000個、2組発生させて、それぞれのヒストグラムを描いてみましょう。

なお、それぞれのヒストグラムを別のグラフに表示するために、`plt.subplot`を利用してください。また、ここで一様乱数とは、ある数から別のある数まで等確率で発生する乱数のことをいい、`np.random.uniform`を使います。たとえば、0から1までの数を10個発生させる場合は、`np.random.uniform(0.0, 1.0, 10)`とします。

また、1,000個だけではなく、100個や10,000個などでも実施してみましょう。何かわかることはありますか。

答えはAppendix 2

Practice

2章 総合問題

【総合問題2-1　モンテカルロ法】

乱数を発生させる方法を使って、円周率を求めるプログラムを作成してみましょう。なお、このアプローチを**モンテカルロ法**といいます。

1. 区間[0,1]上の一様分布に従う乱数を2組発生させて、それぞれ10,000個の一様乱数を作ってみましょう。
   なお、一様乱数とは、ある数から数まで等確率で発生する乱数のことです。`np.random.uniform`を使います。
   たとえば、`np.random.uniform(0.0, 1.0, 10)`とすると、0～1までの範囲の一様乱数を10個発生できます。

2. $x-y$ 軸を使った中心 $(0,0)$、半径1の円と、長さ1の正方形を考えます。このとき円の面積は π となり、正方形の面積は1となります。ここで先ほどの x と y の組み合わせの乱数10,000個のうち、円の内部に入る点は何組あるでしょうか。
   ここで、円の内部に入るとは、$x-y$ 座標の原点から点 (x,y) のベクトルの長さを求め、それが1より小さくなる場合を判定基準とします。その長さを求めるために、ユークリッドノルム ($\sqrt{x^2+y^2}$) を使います。Pythonでは、`math.hypot(x,y)`で計算できます。さらに余裕があれば、円の中に入った x と y の組み合わせと外に出た x と y の組み合わせをプロットして図にしてみましょう。

3. 半径1の円の1/4の面積と長さ1の正方形の面積の比は、$\pi/4:1$ となります。これと先ほどの結果を利用して、円周率を求めてみましょう。

答えはAppendix 2

Chapter 3
記述統計と単回帰分析

3章では、客観的にデータを分析し、データの傾向を明らかにする手法として、統計解析の基本について学びます。統計解析は「記述統計」と「推測統計」に大きく分かれますが、3章ではこのうち「記述統計」と、「推測統計」の1つである回帰を主に取り上げます。
解説で使うデータとして、カリフォルニア大学の学生の属性データをダウンロードし、2章で学んだPythonの色々なライブラリを使いながら学んでいきます。

Goal CSVファイルのデータを読み込み、基礎的な統計量の算出と可視化、単回帰分析ができる

Chapter 3-1

統計解析の種類

Keyword 記述統計、推論統計、平均、標準偏差、単回帰分析、Numpy、Scipy、Pandas、Matplotlib、Scikit-learn

2章では、Pythonといくつかのライブラリについて、基本的な使い方を説明してきました。この章からは、それらを活用して、実際のデータと対話していきます。

3-1-1 記述統計と推論統計

統計解析は、データを客観的に分析し、そのデータに含まれる傾向を明らかにする方法です。その手法は、「記述統計」と「推測統計」に大きく分かれます。

3-1-1-1 記述統計

記述統計は、集めたデータの特徴をつかんだり分かりやすく整理したり見やすくしたりする方法です。たとえば、平均や標準偏差などを計算してデータの特徴を計算したり、データを分類したり、図やグラフなどを用いて表現したりするのが記述統計です。この章で詳しく扱います。

3-1-1-2 推論統計

集めたデータから推論する方法です。たとえば、日本の全人口の年齢別の身長を調べたいとします。全員の身長を調べるのは困難です。そこでランダムに抽出した一部の人たちだけを対象に身長を調べ、そこから母集団である日本人の身長を推論します。このように、部分的なデータしかないものから確率分布に基づいたモデルを用いて精密な解析をし、全体を推論して統計を求めるのが、推論統計の考え方です。

推論統計は過去のデータから未来予測するときにも使われます。この章では、推論統計の基礎である単回帰分析について説明します。より複雑な推論統計については、次の4章で扱います。

3-1-2 この章で使うライブラリのインポート

この章では、2章で紹介した各種ライブラリを使います。次のようにインポートしていることを前提として進めていきます。

入力

```
# 以下のライブラリを使うので、あらかじめ読み込んでおいてください
import numpy as np
import scipy as sp
import pandas as pd
```

```
from pandas import Series, DataFrame

# 可視化ライブラリ
import matplotlib.pyplot as plt
import matplotlib as mpl
import seaborn as sns
sns.set()
%matplotlib inline

# 小数第3位まで表示
%precision 3
```

出力

```
'%.3f'
```

また、「3-4 単回帰分析」では、Scikit-learnの線形回帰分析用のライブラリであるsklearn.linear_modelを使います。scikit-learnは、機械学習の基本的なライブラリです。「3-4」でも改めて説明しますが、次のようにインポートします。

入力

```
from sklearn import linear_model
```

Chapter 3-2

データの読み込みと対話

Keyword ディレクトリ(フォルダ)操作、CSV、量的データ、質的データ、平均

データを解析するには、対象のデータをPythonで扱えるように読み込む必要があります。
データはCSV形式データやデータベースとして扱うのが一般的です。またインターネットには、研究用のデータが圧縮されたZIP形式で提供されているものもあります。
まずは、こうしたデータを読み込む方法から習得しましょう。

3-2-1 インターネットなどで配布されている対象データの読み込み

ここでは対象のデータが、ZIP形式ファイルとしてWebで公開されており、それをダウンロードして利用するという状況を想定します。ブラウザからあらかじめダウンロードしておくこともできますが、Pythonでは、直接読み込んでデータを保存することもできるため、本書では、Pythonのプログラムでダウンロードする方法を説明します。

3-2-1-1 カレントディレクトリの確認

まずは、ダウンロードするファイルを置くディレクトリ(フォルダ)を準備します。Jupyter環境で「pwd」と入力して実行すると、現在、どこのディレクトリが操作対象になっているのかを確認できます。操作対象となっているディレクトリのことをカレントディレクトリと言います(Jupyter環境ではなく、コマンドプロンプトやシェルなどでも、同じように操作対象のディレクトリをカレントディレクトリと言います)。
なお、表示されるディレクトリの名前は、環境によって異なります。すなわち、実行例は、ここで提示しているものと違うかも知れませんが、結果が表示されていれば問題ありません。
なお、「pwd」はPythonのプログラムではなく、シェルのコマンドです。Jupyter環境では、ひとつのセルに「pwdなどのシェルのコマンド」と「Pythonのコマンド」を混ぜて書くことはできず、エラーとなるので注意してください。

入力

```
pwd
```

出力

```
/Users/<ユーザー名>/gci/chapters — 読者環境のカレントディレクトリのパスが出力されます
```

3-2-1-2 ディレクトリの作成と移動

確認したら、ここにダウンロードするディレクトリを作りましょう。Jupyter環境のセルに次のように入力して実行すると、上記で確認したディレクトリの下にchap3という名前のフォルダが作られます。

入力

```
mkdir chap3
```

出力

```
mkdir: chap3: File exists
```

ディレクトリを作成したら、そこに移動しましょう。セルに次のようにcdコマンドを入力して実行することで、いま作成したchap3ディレクトリに移動できます。

入力

```
cd ./chap3
```

出力

```
/Users/<ユーザー名>/gci/chapters/chap3…環境により出力内容が異なります
```

3-2-

1-3 サンプルデータのダウンロードについて

次に、このディレクトリにサンプルデータをダウンロードします。ここでは、カリフォルニア大学アーバイン校（UCI）が提供しているサンプルデータを利用します。
ここではファイルをPythonのプログラムでダウンロードすることにします。下記に示すコードを順にJupyter環境のセルに入力して順に実行すると、いま作成したchap3ディレクトリにダウンロードしたデータが保存されます。

3-2-

1-4 ZIPファイルとファイルをダウンロードするためのライブラリ

まずは、ZIPファイルやファイルをダウンロードするためのライブラリをインポートします。ZIPファイルを読み込んだり、Webから直接ダウンロードしたりするには、次のように「requests」「zipfile」「io」の3つのライブラリを使います。

- **requests**：Webのデータを送受信します
- **zipfile**：ZIP形式ファイルを読み書きします
- **io**：ファイルを読み書きします

入力

```
# webからデータを取得したり、zipファイルを扱うためのライブラリ
import requests, zipfile
from io import StringIO
import io
```

3-2-

1-5 ZIPファイルをダウンロードして展開する

ここで利用するファイルは、次のファイルです。ZIP形式でまとめられています。

http://archive.ics.uci.edu/ml/machine-learning-databases/00356/student.zip

このファイルをダウンロードして展開するには、次のPythonプログラムをJupyter環境のセルに入力して実行します。すると、現在のカレントディレクトリに展開されます。ここまでの操作では、カレントディレクトリをchap3に移動しているの

で、そのディレクトリに展開されるはずです。なお、LinuxやMacのターミナルを使われている方は、wgetコマンドでデータのダウンロードが可能です。

入力

```
# データがあるurlの指定
url = 'http://archive.ics.uci.edu/ml/machine-learning-databases/00356/student.zip'

# データをurlから取得する
r = requests.get(url, stream=True)

# zipfileを読み込み展開する
z = zipfile.ZipFile(io.BytesIO(r.content))
z.extractall()
```

Webからデータをダウンロードするには、requests.getを使います。このダウンロードしたデータを、io.BytesIOを使ってバイナリストリームとしてZipFileオブジェクトに与え、最後にextractall()を実行すると、ダウンロードしたZIP形式データを展開できます。
ダウンロードが終了したら、データがちゃんとダウンロードされ、展開されているかチェックしましょう。次のようにlsコマンドを実行すると、カレントディレクトリのファイル一覧を表示できます。

入力

```
ls
```

出力

```
chap3/           student-merge.R  student.txt
student-mat.csv  student-por.csv  wine_data.csv
```

無事に展開されると、「student.txt」「student-mat.csv」「student-merge.R」「student-por.csv」という4つのファイルが配置されます。本書では、これらのデータのうち、「student-mat.csv」と「student-por.csv」の2つのデータを使います。

3-2-2 データの読み込みと確認

ダウンロードしたデータのうち、まずは、「student-mat.csv」が、どのようなデータであるのかを観察していきます(後の練習問題で「student-por.csv」と合わせたデータを扱います)。

3-2-2-1 データをDataFrameとして読み込む

まずは、対象のデータを読み取り、PandasのDataFrameオブジェクトとして扱います。次のようにpd.read_csvの引数にファイル名student-mat.csvファイルを記載して実行すると、そのファイルが読み込まれ、DataFrameオブジェクトとなります。

入力

```
student_data_math = pd.read_csv('student-mat.csv')
```

3-2-2-2 データを確認する

データを読み込んだら、実際のデータの中身を見てみましょう。headを使うと、データの先頭から一部をサンプルとして参照できます。括弧のなかに何も指定しない場合は先頭の5行が表示されますが、括弧のなかに行数を指定した場合は、指定した行数だけ表示されます。たとえば、head(10)とすれば、10行分表示されます。

入力

```
student_data_math.head()
```

出力

```
	school;sex;age;address;famsize;Pstatus;Medu;Fedu;Mjob;Fjob;reason;guardian;traveltime;studytime;failures;schoolsup;famsup;paid;activities;nursery;higher;internet;romantic;famrel;freetime;goout;Dalc;Walc;health;absences;G1;G2;G3
0	GP;"F";18;"U";"GT3";"A";4;4;"at_home";"teacher...
1	GP;"F";17;"U";"GT3";"T";1;1;"at_home";"other";...
2	GP;"F";15;"U";"LE3";"T";1;1;"at_home";"other";...
3	GP;"F";15;"U";"GT3";"T";4;2;"health";"services...
4	GP;"F";16;"U";"GT3";"T";3;3;"other";"other";"h...
```

3-2-2-3 カンマで区切ってデータを読む

データが入っているのはわかりますが、このままではデータが大変扱いにくいです。よくデータを見てみると、ダウンロードしたデータの区切り文字は「;」(セミコロン)となっています。ほとんどのCSV形式ファイルでは「,」(カンマ)がデータの区切り文字として使われるのが慣例なのですが、ダウンロードしたデータは「;」が区切りであるため、データの区切りを正しく識別できないので、このようにデータがつながってしまうのです。
区切り文字を変えるには、read_csvのパラメータとして「sep='区切り文字'」を指定します。「;」を区切り文字にするため、次のようにして、データを再度読み込みましょう。

入力

```
# データの読み込み
# 区切りに;がついているので注意
student_data_math = pd.read_csv('student-mat.csv', sep=';')
```

もう一度データを確認します。

入力

```
# どんなデータがあるかざっと見る
student_data_math.head()
```

(**出力**はスペースの関係で次ページに分割して掲載しています)

データが正しく区切られました。
なお、read_csvの解説を見ると最初から「;」が設定されていることが多いのですが、まだ何も知らない見たこともないデータに対して、区切り文字を「;」にすればよいかどうかは、普通はわかりません。データ分析の実務では、試行錯誤をしながら区切り文字を探すことも多いので、今回は上記のような流れで実施してみました。

3-2

出力

	school	sex	age	address	famsize	Pstatus	Medu	Fedu	Mjob	Fjob	...
0	GP	F	18	U	GT3	A	4	4	at_home	teacher	...
1	GP	F	17	U	GT3	T	1	1	at_home	other	...
2	GP	F	15	U	LE3	T	1	1	at_home	other	...
3	GP	F	15	U	GT3	T	4	2	health	services	...
4	GP	F	16	U	GT3	T	3	3	other	other	...

5 rows × 33 columns

famrel	freetime	goout	Dalc	Walc	health	absences	G1	G2	G3
4	3	4	1	1	3	6	5	6	6
5	3	3	1	1	3	4	5	5	6
4	3	2	2	3	3	10	7	8	10
3	2	2	1	1	5	2	15	14	15
4	3	2	1	2	5	4	6	10	10

なお、このread_csvについては、sep以外にもパラメータがいくつかあり、区切り文字のほか、データ名（アドレス含む）、ヘッダーがあるかないかを指定することもできます。どんなパラメータが設定できるのかは、次のように実行すると確認できます。

入力

```
?pd.read_csv
```

3-2-3 データの性質を確認する

先ほど読み込んだデータを見てみると、schoolやageなど学生の属性情報が入っているというのはわかります。しかし、いくつデータがあるのか、どんなデータの種類があるのかまだわかりません。

3-2-3-1 データの個数や型を確認する

次のようにinfoを使うと、すべての変数について、nullでないデータの個数や変数の型がわかります。

入力

```
# すべてのカラムの情報等チェック
student_data_math.info()
```

出力

```
<class 'pandas.core.frame.DataFrame'>
RangeIndex: 395 entries, 0 to 394
Data columns (total 33 columns):
school       395 non-null object
sex          395 non-null object
age          395 non-null int64
address      395 non-null object
famsize      395 non-null object
Pstatus      395 non-null object
Medu         395 non-null int64
```

はじめに「RangeIndex: 395 entries, 0 to 394」とあり、395個データがあることがわかります。

non-nullはnullでないデータを意味します。すべての変数について「395 non-null」となっているので、今回はnullのデータは存在しないようです。

```
Fedu          395 non-null int64
Mjob          395 non-null object
Fjob          395 non-null object
reason        395 non-null object
guardian      395 non-null object
traveltime    395 non-null int64
studytime     395 non-null int64
failures      395 non-null int64
schoolsup     395 non-null object
famsup        395 non-null object
paid          395 non-null object
activities    395 non-null object
nursery       395 non-null object
higher        395 non-null object
internet      395 non-null object
romantic      395 non-null object
famrel        395 non-null int64
freetime      395 non-null int64
goout         395 non-null int64
Dalc          395 non-null int64
Walc          395 non-null int64
health        395 non-null int64
absences      395 non-null int64
G1            395 non-null int64
G2            395 non-null int64
G3            395 non-null int64
dtypes: int64(16), object(17)
memory usage: 101.9+ KB
```

Column

「変数」という用語について

「変数」という言葉は、Pythonのプログラミングの世界と、データ解析の数学の世界で、どちらでも使います。文脈によって、どちらの意味なのかが違うので、混乱しないようにしましょう。

- **Pythonの変数**：データを格納するための機能です。たとえば「変数aに代入する」などという使い方をします。
- **データ解析における変数**：対象データにおいて変化する値を示したものです。実際の実データであったり、予測データであったりします。この章で後に出てきますが、「目的変数」や「説明変数」など、特別な用語で呼ばれるものもあります。

すぐ上の文脈の「すべての変数について、nullでないデータの個数や変数の型がわかります」という文脈は、「データ解析における変数」のほうを示しています。つまり、「school」「sex」「age」など、ラベル付けされた、それぞれのデータ列を指しています。

3-2- 3-2 ドキュメントでデータ項目を確認する

さらにこのデータを理解していくために、このデータのカラムが一体何のデータなのか把握していきましょう。

実は、ダウンロードしたデータのなかに含まれているstudent.txtファイルには、変数に関する詳しい情報が書かれています。シェルやコマンドライン等に慣れている人は、ここで**less ファイル名**や**cat ファイル名**でその中身を見ることができます。そうでなければ、テキストエディタなどで直接開いて確認するとよいでしょう。

下記に、student.txtに記載されている内容を整理した情報を記載します。

ここではstudent.txtからデータの意味を紐解いていますが、実際のビジネスの現場では、データに詳しい人から情報をもらったり、データの仕様書を読み解いて確認していく作業をすることで、データ項目を確認します。

データの属性説明

1	school	学校 (binary: "GP" - Gabriel Pereira or "MS" - Mousinho da Silveira)
2	sex	性 (binary: "F" - female or "M" - male)
3	age	年齢 (numeric: from 15 to 22)
4	address	住所のタイプ (binary: "U" - urban or "R" - rural)
5	famsize	家族の人数 (binary: "LE3" - less or equal to 3 or "GT3" - greater than 3)
6	Pstatus	両親と同居しているかどうか (binary: "T" - living together or "A" - apart)
7	Medu	母親の学 (numeric: 0 - none, 1 - primary education (4th grade), 2 ? 5th to 9th grade, 3 ? secondary education or 4 ? higher education)
8	Fedu	父親の学歴 (numeric: 0 - none, 1 - primary education (4th grade), 2 ? 5th to 9th grade, 3 ? secondary education or 4 ? higher education)
9	Mjob	母親の仕事 (nominal: "teacher", "health" care related, civil "services" (e.g. administrative or police), "at_home" or "other")
10	Fjob	父親の仕事 (nominal: "teacher", "health" care related, civil "services" (e.g. administrative or police), "at_home" or "other")
11	reason	学校を選んだ理由 (nominal: close to "home", school "reputation", "course" preference or "other")
12	guardian	生徒の保護者 (nominal: "mother", "father" or "other")
13	traveltime	通学時間 (numeric: 1 - <15 min., 2 - 15 to 30 min., 3 - 30 min. to 1 hour, or 4 - >1 hour)
14	studytime	週の勉強時間 (numeric: 1 - <2 hours, 2 - 2 to 5 hours, 3 - 5 to 10 hours, or 4 - >10 hours)
15	failures	過去の落第回数 (numeric: n if 1<=n<3, else 4)
16	schoolsup	追加の教育サポート (binary: yes or no)
17	famsup	家族の教育サポート (binary: yes or no)
18	paid	追加の有料クラス (Math or Portuguese) (binary: yes or no)
19	activities	学校外の活動 (binary: yes or no)
20	nursery	保育園に通ったことがあるかどうか (binary: yes or no)
21	higher	高い教育を受けたいかどうか (binary: yes or no)
22	internet	家でインターネットのアクセスができるかどうか (binary: yes or no)
23	romantic	恋愛関係 (binary: yes or no)
24	famrel	家族との関係性 (numeric: from 1 - very bad to 5 - excellent)
25	freetime	学校後の自由時間 (numeric: from 1 - very low to 5 - very high)
26	goout	友人と遊ぶかどうか (numeric: from 1 - very low to 5 - very high)
27	Dalc	平日のアルコール摂取量 (numeric: from 1 - very low to 5 - very high)
28	Walc	週末のアルコール摂取量 (numeric: from 1 - very low to 5 - very high)

29	**health**	現在の健康状態 (numeric: from 1 - very bad to 5 - very good)
30	**absences**	学校の欠席数 (numeric: from 0 to 93)
31	**G1**	一期の成績 (numeric: from 0 to 20)
31	**G2**	二期の成績 (numeric: from 0 to 20)
32	**G3**	最終の成績 (numeric: from 0 to 20, output target)

3-2-4 量的データと質的データ

さて、上記のデータを見てみると、数字のデータがあったり、男女などの属性データがあったりします。

データは基本的に、量的データと質的データの2つに分けることができます。集計やモデリングの際に気をつけて扱いましょう。

- **量的データ**：四則演算を適用可能な連続値で表現されるデータであり、比率に意味がある。例）人数や金額などのデータ。
- **質的データ**：四則演算を適用不可能な不連続のデータであり、状態を表現するために利用される。例）順位やカテゴリなどのデータ。

3-2-4-1 量的データと質的データの例

次のコードは、先ほど読み込んだデータの中にある「性別」を指定しています。このデータは特に数値化されておらず、比較もできないので、質的データです。

入力

```
student_data_math['sex'].head()
```

出力

```
0    F
1    F
2    F
3    F
4    F
Name: sex, dtype: object
```

次のコードでは、データの列にある「欠席数」を指定しています。このデータは量的データです。

入力

```
student_data_math['absences'].head()
```

出力

```
0     6
1     4
2    10
3     2
4     4
Name: absences, dtype: int64
```

3-2-4-2 軸別に平均値を求める

ここで、前に学んだPandasのテクニックを使って、性別を軸にして、年齢の平均値をそれぞれ計算してみましょう。次のようにすれば求められます。

入力

```
student_data_math.groupby('sex')['age'].mean()
```

出力

```
sex
F    16.730769
M    16.657754
Name: age, dtype: float64
```

簡単ではありましたが、データの中身についてカラムや、その数字等を見てきました。他にも、いろいろな視点でデータ集計ができるので、何か仮説を持って（男性の方がアルコール摂取量が多い、など）、その仮説があっているかどうか実装して確かめてみましょう。

Let's Try

読み込んだデータを使って、いろいろな視点でデータ集計して、データと対話してみましょう。どんな仮説を考えますか。また、その仮説を確かめるために、どのような実装をしますか。

Chapter 3-3

記述統計

Keyword 記述統計学、量的データ、質的データ、ヒストグラム、四分位範囲、要約統計量、平均、分散、標準偏差、変動係数、散布図、相関係数

データの概要が分かったところで、本題の**記述統計**について学んでいきます。

3-3-1 ヒストグラム

まずは、このデータの中にある欠席数について考えてみることにします。headでサンプルを確認すると、10や2など、さまざまな値がありました。それぞれの値がいったいどれくらいあるのか観測するのが、次のヒストグラムです。「2-5 Matplotlibの基礎」で学んだMatplotlibを使って、histでそのグラフを表示させます（ヒストグラムについては「2-5-5 ヒストグラム」も参考にしてください）。

入力

```
# histogram、データの指定
plt.hist(student_data_math['absences'])

# x軸とy軸のそれぞれのラベル
plt.xlabel('absences')
plt.ylabel('count')

# グリッドをつける
plt.grid(True)
```

出力

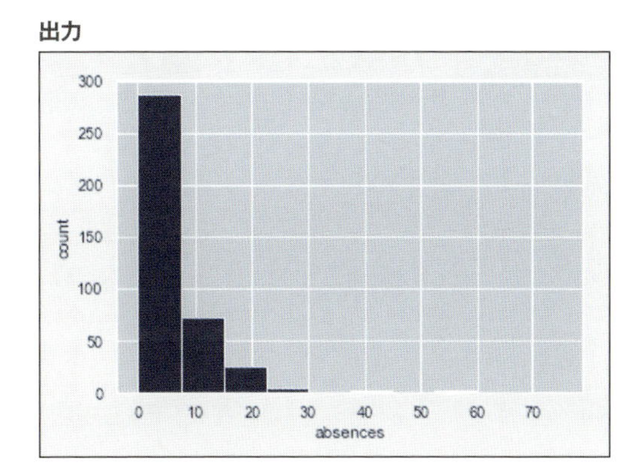

上記のヒストグラムを観察すると、0から10までの付近にデータが集中しているのがわかります。一方、70以上など（の数字）もあり、ロングテールな分布になっています。ロングテールとは、分布の裾が緩やかに減少しているような分布です。なお、上のような分布を「右に歪みのある分布」といい、見た目とは異なり、よく間違えられるので表現に注意しましょう。

3-3-2 平均、中央値、最頻値

このヒストグラムは、データの全体像を見る上では欠かせないものですが、どのような時にデータが偏っているといえるのかなどの情報は読み取れず、客観性が少し乏しくなります。そのため、次の要約統計量（中央値、平均、標準偏差など）について計算することで、データの傾向を数値化し、より客観的にデータを表現することができます。

入力

```
# 平均値
print('平均値：', student_data_math['absences'].mean())
# 中央値：中央値でデータを分けると中央値の前後でデータ数が同じになる（データの真ん中の値）、外れ値の値に
影響を受けにくい
print('中央値：', student_data_math['absences'].median())
# 最頻値：最も頻度が多い値
print('最頻値：', student_data_math['absences'].mode())
```

出力

```
平均値： 5.708860759493671
中央値： 4.0
最頻値： 0    0
dtype: int64
```

なお、平均値 $\overline{x}$ の計算式は以下の通りです。ここで x_i を第 i 番目のデータ（値）とします。

$$\overline{x} = \frac{1}{n}\sum_{i=1}^{n} x_i \qquad \text{(式3-3-1)}$$

3-3-3 分散と標準偏差

次に、このデータが散らばっているのか、それともまとまっている（平均付近に固まっている）のかを調べるのが分散です。分散の計算式は以下の通りです。分散は σ^2 と示すことが一般的です。

$$\sigma^2 = \frac{1}{n}\sum_{i=1}^{n}(x_i - \overline{x})^2 \qquad \text{(式3-3-2)}$$

該当の変数を指定した後に、var()で計算できます。値が小さいほど、データの散らばりが少ないことを意味しています。

入力

```
# 分散
student_data_math['absences'].var()
```

出力

```
64.050
```

標準偏差は分散の平方根で、以下のようになります。標準偏差は σ^2 で示すことが一般的です。

$$\sigma = \sqrt{\frac{1}{n}\sum_{i=1}^{n}(x_i - \overline{x})^2} \qquad \text{(式3-3-3)}$$

分散では、実際のデータのばらつきがどの程度かわかりません。なぜなら、上記で提示した分散の定義式を見るとわかるように、計算式で二乗しているためです。標準偏差にすれば、単位の次元が実際のデータと同じなので、以下の結果から±8日程度のばらつきがあることが分かります。標準偏差はstd()で計算できます。

入力

```
# 標準偏差 σ
student_data_math['absences'].std()
```

出力

```
8.003
```

なお平方根は、np.sqrtで平方根の計算ができるので、以下の方法で計算しても同じです。

入力

```
np.sqrt(student_data_math['absences'].var())
```

出力

```
8.003095687108177
```

3-3- 4 要約統計量とパーセンタイル値

これまで、1つ1つの統計量を見てきましたが、Pandasで読み込んだDataFrameのdescribeメソッドを実行すると、これまで求めてきた統計量を、まとめて確認できます。

describeメソッドでは、それぞれ順にデータ数、平均値、標準偏差、最小値、25、50、75パーセンタイル値、そして最大値を計算できます。

なお「パーセンタイル値」とは、全体を100として小さい方から数えて何番になるのかを示す数値です。たとえば、10パーセンタイルは100個のデータのうち小さいほうから数えて10番目ということになります。50パーセンタイルだと50番目で真ん中の値となり、中央値になります(図3-3-1参照)。25%タイルと75%タイルはそれぞれ第1四分位点、第3四分位点とも呼びます。

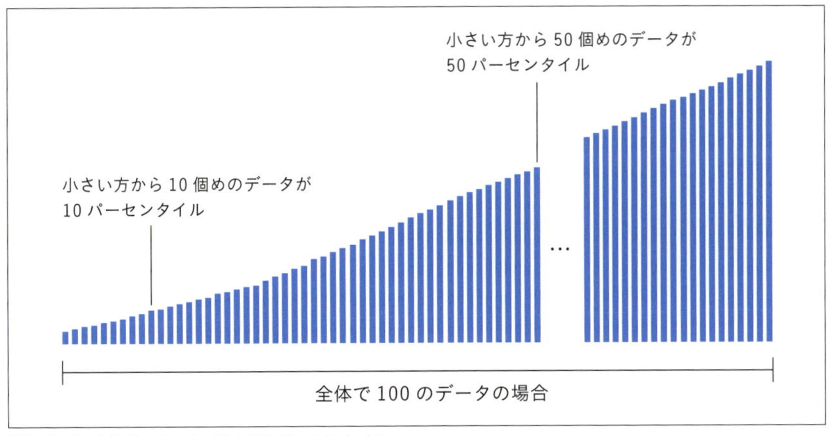

図3-3-1 10パーセンタイルと50パーセンタイル

入力

```
# 要約統計量
student_data_math['absences'].describe()
```

出力

```
count    395.000000
mean       5.708861
std        8.003096
min        0.000000
25%        0.000000
50%        4.000000
75%        8.000000
max       75.000000
Name: absences, dtype: float64
```

3-3- 4-1 四方位範囲を求める

describeメソッドの結果は、Seriesオブジェクトに入ります。

それぞれの要素は、describe()[インデックス番号]として取得できます。たとえば、平均値を示すmeanの値は、describe()[1]、標準偏差を示すstdの値はdescribe()[2]です。

それぞれの要素を参照すれば、その値を使った計算ができます。たとえば、**四分位範囲**と呼ばれる75%タイルと25%タイルの差を計算したいときは、上から5番目と7番目の要素になるので、それらを使って次のように計算します。

入力

```
# 四分位範囲(75%タイル ー 25%タイル)
student_data_math['absences'].describe()[6] - student_data_math['absences'].describe()[4]
```

出力

```
8.0
```

3-3- 4-2 全列を対象とした結果を求める

describeメソッドで列名や要素を指定せずに実行すると、すべての量的データの要約統計量を求めることができます。まとめて計算する場合は便利です。他、列を絞り込んで計算することもできます。

入力

```
# 要約統計量まとめて計算
student_data_math.describe()
```

出力

	age	Medu	Fedu	traveltime	studytime	failures	famrel	freetime
count	395.000000	395.000000	395.000000	395.000000	395.000000	395.000000	395.000000	395.000000
mean	16.696203	2.749367	2.521519	1.448101	2.035443	0.334177	3.944304	3.235443
std	1.276043	1.094735	1.088201	0.697505	0.839240	0.743651	0.896659	0.998862
min	15.000000	0.000000	0.000000	1.000000	1.000000	0.000000	1.000000	1.000000
25%	16.000000	2.000000	2.000000	1.000000	1.000000	0.000000	4.000000	3.000000
50%	17.000000	3.000000	2.000000	1.000000	2.000000	0.000000	4.000000	3.000000
75%	18.000000	4.000000	3.000000	2.000000	2.000000	0.000000	5.000000	4.000000
max	22.000000	4.000000	4.000000	4.000000	4.000000	3.000000	5.000000	5.000000

goout	Dalc	Walc	health	absences	G1	G2	G3
395.000000	395.000000	395.000000	395.000000	395.000000	395.000000	395.000000	395.000000
3.108861	1.481013	2.291139	3.554430	5.708861	10.908861	10.713924	10.415190
1.113278	0.890741	1.287897	1.390303	8.003096	3.319195	3.761505	4.581443
1.000000	1.000000	1.000000	1.000000	0.000000	3.000000	0.000000	0.000000
2.000000	1.000000	1.000000	3.000000	0.000000	8.000000	9.000000	8.000000
3.000000	1.000000	2.000000	4.000000	4.000000	11.000000	11.000000	11.000000
4.000000	2.000000	3.000000	5.000000	8.000000	13.000000	13.000000	14.000000
5.000000	5.000000	5.000000	5.000000	75.000000	19.000000	19.000000	20.000000

3-3- 5 箱ひげ図

さて、これまで最大値、最小値、中央値、四分位範囲などを算出してきましたが、ただ数字を見ているだけでは、比較などが難しいので、それらをグラフ化してみましょう。そのときに使うのが、次の「箱ひげ図」です。

下記の2つの例は、「1期目の成績G1」「欠席数」の箱ひげ図をそれぞれ描いたものです。特徴としてかなり異なるのがわかります。

箱ひげ図は、箱の上底が第3四分位点、下底が第1四分位点、真ん中の線が中央値です。ヒゲの上端が最大値、下端が最小値です。これで扱うデータの範囲等がわかります。

入力

```
# 箱ひげ図：G1
plt.boxplot(student_data_math['G1'])
plt.grid(True)
```

入力

```
# 箱ひげ図：欠席数
plt.boxplot(student_data_math['absences'])
plt.grid(True)
```

出力

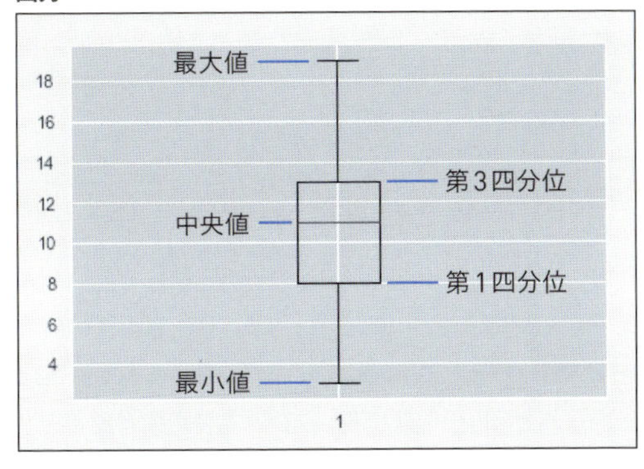

出力

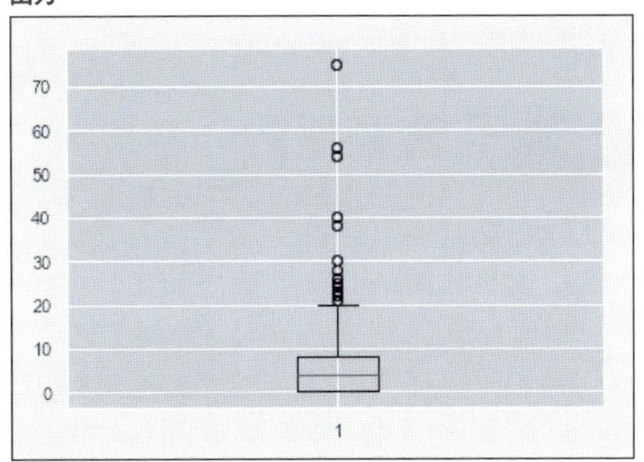

なお、データに外れ値がある場合、それが省かれて、箱ひげ図が表示されるので注意しましょう。先ほどの欠席数absencesを見ると、最大値が75なのに、グラフ上には出てきていないので、気づいている方もいるかもしません。外れ値はデフォルトで指定されており、それを取り除いた場合のグラフが表示されます。

なお、外れ値は異常値ともいわれ、厳密な定義は特に決まっていません。各業界の慣習で決まることもあります。上記のグラフは外れ値を省略していますが、省かないときもあります。外れ値や異常値については、本書のレベルを超えてしまいますので、詳しくは割愛します。

他の変数でも箱ひげ図が描けるので、やってみましょう。

Let's Try

他の変数についても、箱ひげ図を表示させてみましょう。どんな図になっているでしょうか。そこから何かわかることがないか考察してみましょう。

なお、次のように複数の箱ひげ図を同時に表示することもできます。

入力

```
# 箱ひげ図：G1,G2,G3
plt.boxplot([student_data_math['G1'], student_data_math['G2'], student_data_math['G3']])
plt.grid(True)
```

出力

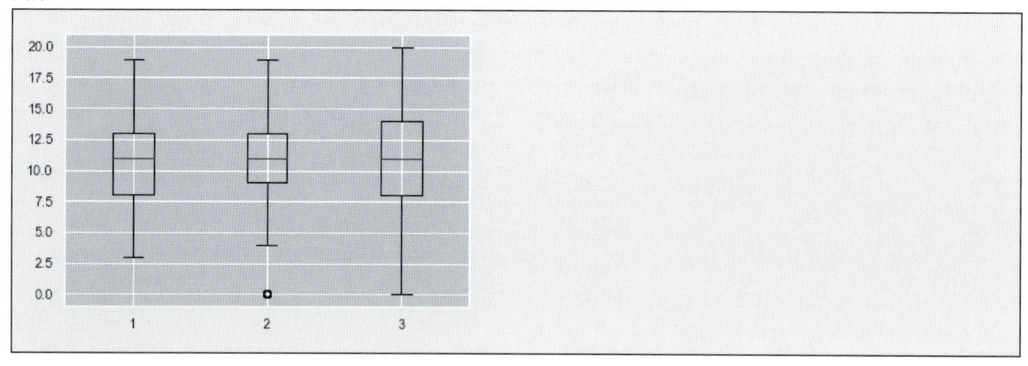

3-3- 6 変動係数

次に、**変動係数**について説明していきます。

先ほど、分散や標準偏差について見てきましたが、異なる種類のデータ同士について、これらの単純比較はできません。データの大きさがそもそも異なると、大きな値をとるものの方が偏差も大きくなる傾向にあるからです。たとえば、株価（日経平均など）の標準偏差と為替（ドル円など）の標準偏差をそれぞれ計算するとしましょう。この2つの標準偏差を直接比較するのはナンセンスです。なぜなら2万円前後で動いている日経平均と100円前後で動いている為替の標準偏差とでは、スケールが異なるからです。

そこで登場するのが変動係数です。変動係数は、標準偏差を平均値で割った値です。この値を使うとスケールに依存せず、比較できるようになります。変数はCVで示すことが一般的です。

$$CV = \frac{\sigma}{\overline{x}} \quad \text{（式3-3-4）}$$

入力

```
# 変動係数：欠席数
student_data_math['absences'].std() / student_data_math['absences'].mean()
```

出力

```
1.402
```

なお、describe()の結果に変動係数は出力されませんが、以下のようにすれば、一気に算出できます。それぞれの要素ごとに計算されるのがPandas（もしくは、Numpy）のDatarFrameの特徴です。この結果を見ると、落第数（failures）と欠席数（absences）のデータの散らばり具合が大きいことがわかります。

入力

```
student_data_math.std() / student_data_math.mean()
```

出力

```
age           0.076427
Medu          0.398177
Fedu          0.431565
traveltime    0.481668
studytime     0.412313
failures      2.225319
famrel        0.227330
freetime      0.308725
goout         0.358098
Dalc          0.601441
Walc          0.562121
health        0.391147
absences      1.401873
G1            0.304266
G2            0.351086
G3            0.439881
dtype: float64
```

3-3- 7 散布図と相関係数

さて、これまでは基本的に1変数のみに着目して、グラフや要約統計量を算出してきました。次に、変数間の関係性を見ていくために、散布図と相関係数について学びましょう。

次の散布図は、1期目の成績G1と最終成績G3の関係を示しています。

入力

```
# 散布図
plt.plot(student_data_math['G1'], student_data_math['G3'], 'o')

# ラベル
plt.ylabel('G3 grade')
plt.xlabel('G1 grade')
plt.grid(True)
```

出力

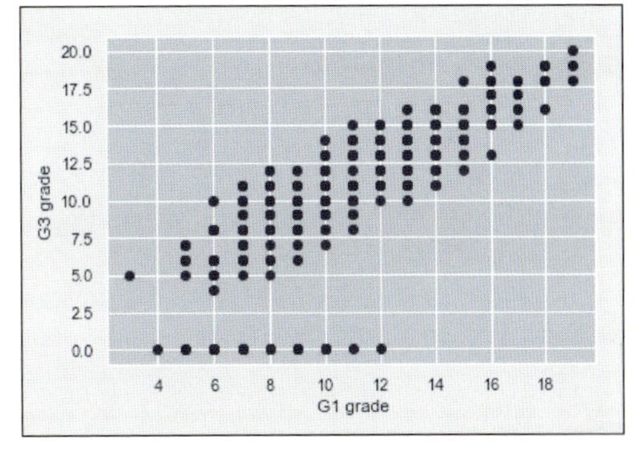

初めから成績がいい（G1の値が大きい）人ほど後の成績もいい（G3の値が大きい）というのは当たり前の結果ですが、傾向としてはっきりと表れているのがグラフからわかります。補足として、このグラフをよく見てみると、最終成績（G3）が0である人がいるのがわかります。一期の成績で0である人はいなかったので、これが異常値なのか、正しい値なのかはデータを見ているだけでは判断できませんが、データとしてG3の成績のスコアが0から20とあるので正しい値だと判断し、このままで扱うことにします（G3の成績のスコアは、前述のstudent_data_math.describe()の結果で「G3」の列を確認するとわかります）。

ビジネスの現場では、なぜこのような値になっているか原因を突き止めるため、このデータに詳しい人、システム関係の人たちとヒアリングしながら理解していきます。もし、欠損値等であった場合には、対処方法は色々とありますが、後の章で学ぶことにしましょう。

3-3- 7-1 共分散

次に、2変数の関係性について、数値化してみることを考えます。2つの変数の関係性を見るための指標として**共分散**があり、その定義は、下記の通りです。共分散がS_{xy}で、x, yという2つの変数の関係性を示しています。

$$S_{xy} = \frac{1}{n}\sum_{i=1}^{n}(x_i - \overline{x})(y_i - \overline{y}) \quad \text{(式3-3-5)}$$

共分散は、2組の変数の偏差の積の平均値です。2組以上の変数の分散を考えるときに使われます。Numpyには共分散の行列（共分散行列）を算出する機能があり、次のようにcov関数を使うと求められます。以下ではG1とG3の共分散を計算しています。

入力

```
# 共分散行列
np.cov(student_data_math['G1'], student_data_math['G3'])
```

出力

```
array([[11.017, 12.188],
       [12.188, 20.99 ]])
```

結果の行列の意味は、次の通りです。

- **G1とG3の共分散**：共分散行列の(1,2)と(2,1)の要素です。上の例では、12.188という値です。
- **G1の分散**：共分散行列の(1,1)の要素です。上の例では11.017です
- **G3の分散**：共分散行列の(2,2)の要素です。上の例では20.99です。

それぞれG1とG3の分散は、すでに説明したようにvar関数で計算できます。実際に求めてみると、値が合致することがわかります。

入力

```
# 分散
print('G1の分散:',student_data_math['G1'].var())
print('G3の分散:',student_data_math['G3'].var())
```

出力

```
G1の分散: 11.017053267364899
G3の分散: 20.989616397866737
```

3-3- 7-2 相関係数

共分散はその定義式から、各変数のスケールや単位に依存してしまいます。そのスケールの影響を受けずに、2つの変数の関係を数値化するのが相関係数です。共分散をそれぞれの変数（ここではxとy）の標準偏差で割った数式が相関係数です。その定義は、以下の通りです。相関係数はr_{xy}で示すことが一般的です。

$$r_{xy} = \frac{\sum_{i=1}^{n}(x_i - \overline{x})(y_i - \overline{y})}{\sqrt{\sum_{i=1}^{n}(x_i - \overline{x})^2}\sqrt{\sum_{i=1}^{n}(y_i - \overline{y})^2}} \quad \text{(式3-3-6)}$$

この相関係数は、−1から1までの値を取り、1に近ければ近いほど**正の相関**があるといい、−1に近ければ近いほど**負の相関**があるといいます。0に近い場合は、**無相関**であるといいます。

Pythonでは、ピアソン関数が計算できるScipyのpearsonrを使って、2変数の相関係数を算出できます。たとえば、次のようにすると、G1とG3の相関係数を求められます。データ分析の現場で単に相関関数という場合には、ピアソン関数を指します。

入力

```
sp.stats.pearsonr(student_data_math['G1'], student_data_math['G3'])
```

出力

```
(0.8014679320174141, 9.001430312276602e-90)
```

結果は、「0.8」と相関関係がある高い数字が出ました。なお、計算結果の2つ目の値はp値という値で、詳しくは「4-7-1 検定」で解説しています。

この数字については、厳密に高い低いというのはなく、またこれが高いからといって**因果関係**があるとは言えないので注意しましょう（なお、本書では詳しく扱いませんが、因果関係を把握したい場合には、**実験計画法**と呼ばれるアプローチなどを使っていきます。具体的には、あるマーケティング施策で、ある広告を見て効果があったのかなかったのか、因果関係を知りたい場合に、広告を見せる処置群と何も広告を見せないコントロール群に分けて、その比率等を計算していきます）。

次の計算は、相関行列を算出するものです。それぞれの変数について、すべての組み合わせで相関係数を算出しています。先ほどのG1とG3の相関係数は0.801ですし、自分自身の相関係数は1になるのが自明ですから、この結果になるのは明らかです。

入力

```
# 相関行列
np.corrcoef([student_data_math['G1'], student_data_math['G3']])
```

出力

```
array([[1.   , 0.801],
       [0.801, 1.   ]])
```

3-3-8 すべての変数のヒストグラムや散布図を描く

最後に、各変数のヒストグラムをすべて表示したり、散布図を描く方法を紹介します。

このような処理には、統計的データ分析と可視化に関する機能が豊富に用意されているSeabornというライブラリを利用すると便利です。seabornパッケージのpairplotを使えば、さまざまな変数の関係性を一度に確認できるので、とても便利です。ただし、変数が多いと計算に時間がかかり、若干見にくくなります。その場合は、「2-4-5　データの抽出」で説明した方法で該当データを絞り込むなどするとよいでしょう。

サンプルとして、先ほどのデータにおいて、アルコールの摂取量と成績のスコアに関係があるのか、見てみることにします。Dalcは平日のアルコール摂取量、Walcは週末のアルコール摂取量です。それらと1期目の成績（G1）、最終成績（G3）の関係を見ています。アルコールを飲むからといって、成績が悪いと言えるのでしょうか。それとも関係ないのでしょうか。

入力

```
sns.pairplot(student_data_math[['Dalc', 'Walc', 'G1', 'G3']])
plt.grid(True)
```

出力

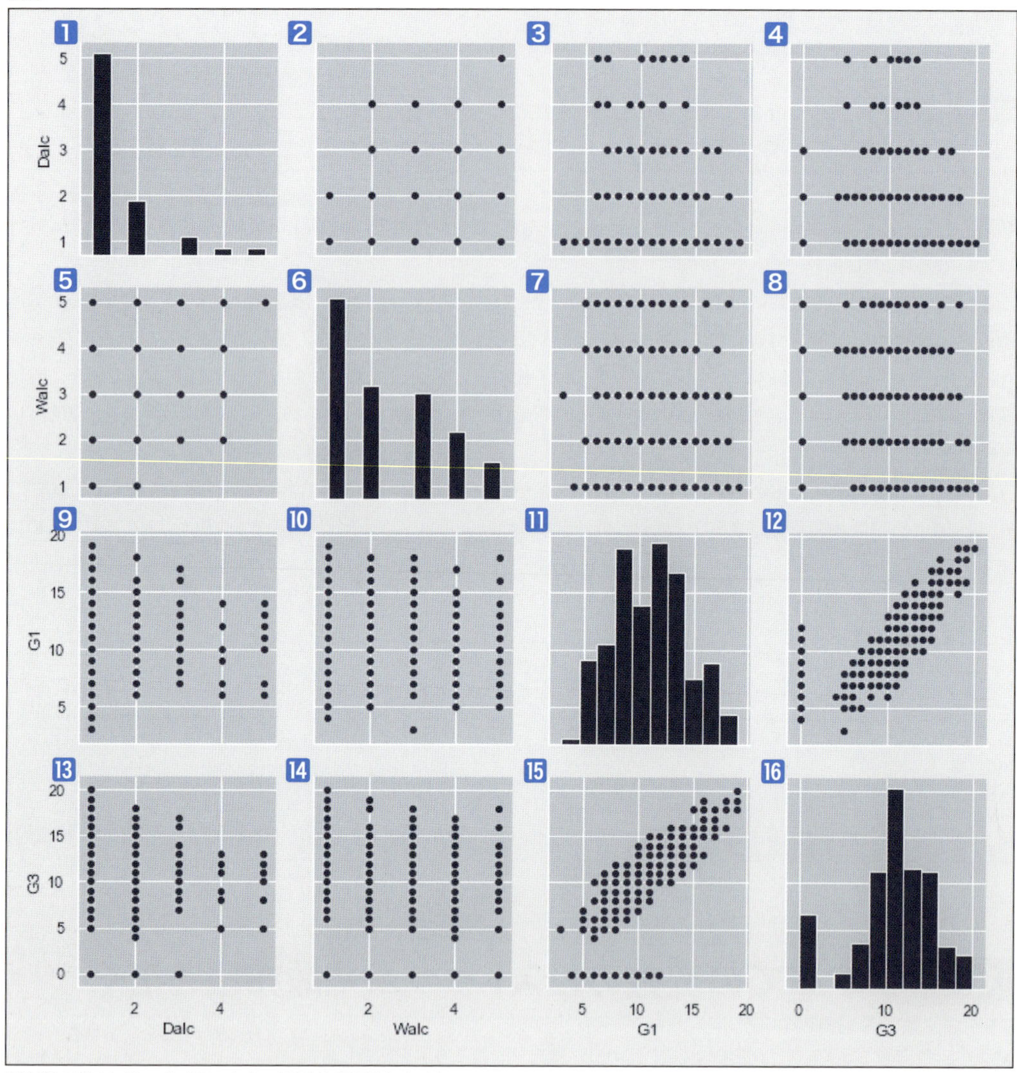

※実際の出力には、各グラフ左上の番号は表示されません

入力

```
# 例：週末にアルコールを飲む人の1期目の成績の平均値
student_data_math.groupby('Walc')['G1'].mean()
```

出力

```
Walc
1    11.178808
2    11.270588
3    10.937500
4     9.980392
5     9.964286
Name: G1, dtype: float64
```

グラフから、平日にアルコールを頻繁に飲んでいる人(4や5の人)はG3で好成績を取っている人はいないようですが、極端に悪い成績を取っている人もいないようです(前ページ出力の4)。また、週末にアルコールを飲まない人の方が1期目の成績は少し良さそうに見えますが(同7)、こう結論付けて良いのでしょうか。これらのグラフや数値だけでは、なかなか判断が難しいですが、次の統計の章や機械学習の章でもアプローチしてみます。
以上で、記述統計に関する基礎的事項は終わります。
とても基本的ですが、ここで説明した内容は、どのようなデータ分析をする場合でも、データの全体像をつかむために必要な作業です。

本書では、機械学習のライブラリ等を使って、簡単に機械学習の計算ができることを紹介していきますが、その一方で、今までやってきた基礎的な統計量を見ていくことも大事であることは強調しておきます。簡単な散布図を書くだけで重要な傾向がわかることもあります。また、ここまでの内容はおそらく数学的なバックグラウンドがない人でもついていきやすく、説明がしやすいはずです。
もちろん、これだけで終わるならば機械学習は必要なくなりますが、機械学習を適用する前に、データと対話をして、不明事項や異常値の確認をするなど、関係者と密に連携をとっておけば、よりよいデータ分析ができます。

Point

データ分析をするときにはまず基本統計量やヒストグラム、散布図等を見て、データの全体像を掴みましょう。

Practice

【練習問題 3-1】

本章でダウンロードしたポルトガル語の成績データであるstudet-por.csvを読み込んで、要約統計量を表示してください。

【練習問題 3-2】

以下の変数をキーとして、数学のデータとポルトガル語のデータをマージしてください。マージするときは、両方にデータが含まれている(欠けていない)データを対象としてください(内部結合と言います)。
そして、要約統計量など計算してください。
なお、以下以外の変数名は、それぞれのデータで同名の変数名があり重複するので、`suffixes=('_math', '_por')`のパラメータを追加して、どちらからのデータかわかるようにしてください。

```
['school','sex','age','address','famsize','Pstatus','Medu','Fedu','Mjob','Fjob','reason','nursery','internet']
```

【練習問題 3-3】

練習問題 3-2でマージしたデータについて、Medu、Fedu、G3_mathなどの変数をいくつかピックアップして、散布図とヒストグラムを作成してみましょう。どういった傾向がありますか。また、数学データのみの結果と違いはありますか。考察してみましょう。

答えはAppendix 2

Chapter 3-4

単回帰分析

Keyword Scikit-learn、目的変数、説明変数、単回帰分析、最小二乗法、決定係数

記述統計の次は、回帰分析の基礎を学びましょう。
回帰分析とは、数値を予測する分析です。機械学習では、データの予測をしますが、その基礎となるのが、ここで説明する単回帰分析です。
先ほど、学生のデータについて、一期目の数学の成績と最終期の数学の成績をグラフ化(散布図)してみました。この散布図からG1とG3には関係がありそうだというのはわかります。

入力

```
# 散布図
plt.plot(student_data_math['G1'], student_data_math['G3'], 'o')
plt.xlabel('G1 grade')
plt.ylabel('G3 grade')
plt.grid(True)
```

出力

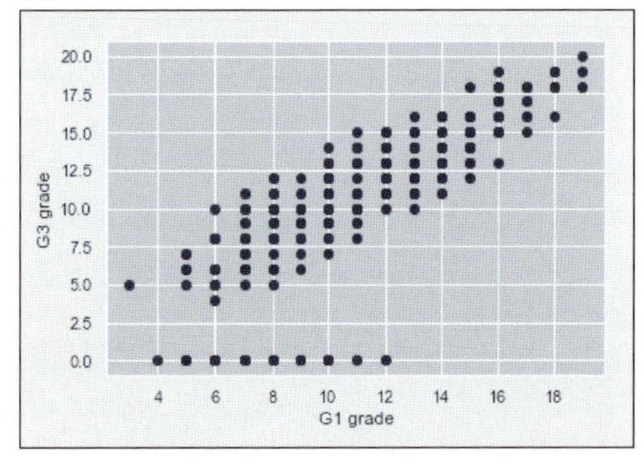

回帰問題では、与えられたデータから関係式を仮定して、データに最も当てはまる係数を求めていきます。具体的には、あらかじめ分かっているG1の成績をもとに、G3の成績を予測します。つまり、目的となる変数G3(**目的変数**といいます)があり、それを説明する変数G1(**説明変数**といいます)を使って予測します。これは後ほど機械学習の章で学ぶ「教師あり学習」の1つでもあり、学習時のデータに正解を1つ1つ与えて、その関係性を計算する基礎となるものです。
回帰分析の手法は、アウトプット(目的変数)とインプット(説明変数)の関係において、インプットが1変数のものと、2変数以上あるもので、大きく分けられます。前者を単回帰分析、後者を重回帰分析と言います。この節では単純な単回帰分析について説明することにし、重回帰分析については後の機械学習の章で改めて説明します。

なお、この節で学ぶ内容を厳密に理解するためには、次の章で学ぶ統計や推定、検定の知識等が必要です。実際、多くの統計の教科書では、これらの知識を学んだ後で回帰分析について解説しています。
しかしPythonを使って回帰分析する場合、そうした知識がなくてもScikit-learnという抽象度の高いライブラリを利用す

ることで計算できるため、ここでは、先に実際の計算の方法を説明することにします。この章の内容は、もう少し先に進んでから、後で振り返って復習すると、より深く理解できるはずです。

3-4- 1 線形単回帰分析

ここでは単回帰分析のうちでも、アウトプットとインプットが線形の関係に成り立つ($y = ax + b$)ことを前提とした線形単回帰という手法で回帰問題を解く方法を説明します。
線形単回帰分析は、Scikit-learnというライブラリに用意されているsklearn.linear_modelを使うと簡単に計算できます。Scikit-learnは機械学習のためのパッケージです。このパッケージは、後の機械学習の章で、さらにさまざまな計算をする場面でも利用します。まず、以下のようにlinear_modelをインポートした後、インスタンスを作ります。

入力

```
from sklearn import linear_model

# 線形回帰のインスタンスを生成
reg = linear_model.LinearRegression()
```

以下では、説明変数(Xとします)と目的変数(Yとします)データをセットして、線形回帰するfitという機能を使って、予測モデルを計算します。
この場合のfit関数は、**最小二乗法**という手法で回帰係数aと切片bを計算しています。この方法は、実際の目的変数のデータと予測したデータの差の二乗和をとり、それが最小になる時の係数と切片を求めるものです。式で表現すると、yを実測値、$f(x) = ax + b$を予測値として、以下の式を最小にするように計算しています(計算方法としては、この式を微分していくのですが、fit関数を実行すれば、その計算をしてくれるので詳細は割愛します)。

$$\sum_{i=1}^{n}(y_i - f(x_i))^2 \quad \text{(式3-4-1)}$$

入力

```
# 説明変数に一期目の数学の成績 を利用
# locはデータフレームから、行と列を指定して取り出す。loc[:, ['G1']]は、G1列のすべての列を取り出すことをしている
# valuesに直しているので、注意
X = student_data_math.loc[:, ['G1']].values

# 目的変数に最終の数学の成績を利用
Y = student_data_math['G3'].values

# 予測モデルを計算、ここでa,bを算出
reg.fit(X, Y)

# 回帰係数
print('回帰係数:', reg.coef_)

# 切片
print('切片:', reg.intercept_)
```

出力

```
回帰係数: [1.106]
切片: -1.6528038288004616
```

上記の回帰係数が線形の回帰式$y = ax + b$におけるaに相当し、切片に相当するのがbです。先ほどの散布図と重ねて、予測した線形回帰式を描いてみましょう。Y、つまり予測したい最終の数学の成績G3は、predictを使って、括弧の中に説明変数を入れることで計算できます。

入力

```
# 先ほどと同じ散布図
plt.scatter(X, Y)
plt.xlabel('G1 grade')
plt.ylabel('G3 grade')

# その上に線形回帰直線を引く
plt.plot(X, reg.predict(X))
plt.grid(True)
```

出力

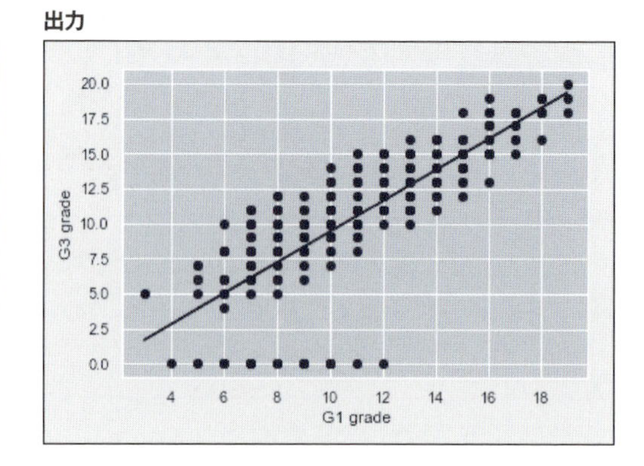

3-4- 2 決定係数

上記のグラフを見ると予測式は実測値をうまく予測しているようにも見えますが、これが客観的にどうなのかというのは判断がつきません。そこで、それを数値化したものが、**決定係数**です。決定係数は寄与率とも呼ばれます。定義は以下のとおりです。決定係数はR^2と示すことが一般的です。

$$R^2 = 1 - \frac{\sum_{i=1}^{n}(y_i - f(x_i))^2}{\sum_{i=1}^{n}(y_i - \bar{y})^2} \qquad \text{(式 3-4-2)}$$

R^2は最大で1の値を取り、1に近ければ近いほど良いモデルになります。$\bar{y}$は目的変数の平均値です。説明変数を使わずに常に$\bar{y}$（定数）で予測した場合と二乗誤差が等しい場合に$R^2 = 0$となります。Pythonを使って決定係数を求めるには、scoreを使って以下のようにします。

入力

```
# 決定係数、寄与率とも呼ばれる
print('決定係数:', reg.score(X, Y))
```

出力

```
決定係数: 0.64235084605227
```

なお、この決定係数の数値がどこまで高ければ良いのかという問題はあります。教科書的なデータや問題では0.9以上の場合が多いですが、実務ではなかなかそこまで出せることはなく、それをどう判断するかはケースバイケースです。ちなみに、上の0.64は高くはありませんが、現場レベルで見ると、使えないレベルでもありません。

以上で、単回帰分析と本章の説明は終わりになります。お疲れ様でした。残りは、練習問題と総合演習問題になります。ぜひチャレンジしてください。

Practice

【練習問題 3-4】

ポルトガル語の成績データであるstudent-por.csvのデータを使って、G3を目的変数、G1を説明変数として単回帰分析を実施し、回帰係数、切片、決定係数を求めてください

【練習問題 3-5】

練習問題3-4のデータの実際の散布図と、回帰直線を合わせてグラフ化してください。

【練習問題 3-6】

student-por.csvのデータを使って、G3を目的変数、absences（欠席数）を説明変数として単回帰分析を実施し、回帰係数、切片、決定係数を求めてください。また、散布図と回帰直線をグラフ化してみましょう。そして、この結果を見て、考察してみましょう。

答えはAppendix 2

Practice

3章 総合問題

【総合問題3-1　統計の基礎と可視化】

以下のサイトにあるデータ（ワインの品質）を読み込み、以下の問いに答えてください。

http://archive.ics.uci.edu/ml/machine-learning-databases/wine-quality/winequality-red.csv

1. 要約統計量（平均、最大値、最小値、標準偏差など）を算出してください。なお、pandasには、データをアウトプットできるメソッド（to_csv）もありますので、余裕があれば、計算した基本統計量の結果をCSVファイルに保存するところまでやってみましょう。

2. それぞれの変数の分布と、それぞれの変数の関係性（2変数間のみ）がわかるように、グラフ化してみましょう。すべての変数を用いて実行すると時間がかかりますので、注意しましょう。何かわかる傾向はありますか。

【総合問題3-2　ローレンツ曲線とジニ係数化】

この章で利用したサンプルデータstudent_data_mathのデータを使って、以下の問いに答えてください。ここで扱うローレンツ曲線やジニ係数は、貧富の格差（地域別、国別など）を見るための指標として使われています（なお、本問題は少し難易度が高いため、参考程度に見てください。詳細は、以前に紹介した統計学入門などの文献を参照するか、ネットで検索してください）。

1. 一期目の数学データについて、男女別に昇順に並び替えをしてください。そして、横軸に人数の累積比率、縦軸に一期目の値の累積比率をとってください。この曲線をローレンツ曲線といいます。このローレンツ曲線を男女別に一期目の数学成績でグラフ化してください。

2. 不平等の程度を数値で表したものをジニ係数といいます。この値は、ローレンツ曲線と45度線で囲まれた部分の面積の2倍で定義されて、0から1の値を取ります。値が大きければ大きいほど、不平等の度合いが大きくなります。なお以下のようにジニ係数は定義できます。$\overline{x}$は平均値です。

$$GI = \sum_i \sum_j \left| \frac{x_i - x_j}{2n^2\overline{x}} \right| \qquad \text{（式3-4-3）}$$

これを利用して、男女の一期目の成績について、ジニ係数をそれぞれ求めてください。

答えはAppendix 2

Chapter 4

確率と統計の基礎

4章では、確率と統計を使った考え方と計算テクニックを身に付けていきましょう。4章では、確率と統計について、数式も含めて解説してきますので、数学的なバックグラウンドがない方にとっては難しいかもしれません。その場合は、それぞれの基本的な概念と計算方法の特徴をざっくりと把握しておくようにしてください。

世の中の様々な現象は確率的に生じていると仮定することで、それらの現象を数式的に表現することができます。具体的には、確率変数や確率分布、そして、確率論の3種の神器といわれる大数（たいすう）の法則と中心極限定理について学びます。ちなみに、3つ目は大偏差原理といって、確率的に起こりにくい非常にまれなケースを扱ったり、偏差が大きい部分の挙動を表すための原理ですが、本書の範囲を大きく超えるため、割愛します。他、統計的推定や検定についても学びます。

本書の8章や9章で学ぶ機械学習は、これらの確率論や統計学の概念が基礎となって成り立っています。まだ確率統計の基礎を学んでいない方は、参考文献も使いながら、しっかりと学んでいきましょう。

Goal 確率と統計の基礎的な理解と計算ができる

Chapter 4-1

確率と統計を学ぶ準備

Keyword Numpy、Scipy、Pandas、Matplotlib、ランダムシード

この章では、確率と統計を学びます。はじめに概念等について説明し、それから、少し理論的な話に入っていきます。

4-1-1 この章の前提知識

数式が若干多くなり、はじめは少しとっつきにくいかも知れませんが、徐々に慣れていきましょう。初心者向けに参考になるものとして、巻末の参考文献「A-5」、参考URL「B-6」を挙げておきます。これらもあわせて学習すると、確率・統計の基礎についてより理解ができると思います。

以降では、これらの基礎知識を見たことがあるという前提で、解説を進めていきます。

4-1-2 この章で使うライブラリのインポート

この章では、2章で紹介した各種ライブラリを使います。次のようにインポートしていることを前提として、以下、進めていきます。

以下のプログラムの最後の行では「np.random.seed(0)」と記述してランダムシード(乱数を発生させるとき基準にする値)を0に設定しています。そのため発生する乱数の系列が0に設定されるため、パソコンの環境等によって得られる乱数の系列が違うようなことはなく、同じ乱数が発生するようになります。

入力

```
# 以下のライブラリを使うので、あらかじめ読み込んでおいてください
import numpy as np
import scipy as sp
import pandas as pd
from pandas import Series, DataFrame

# 可視化ライブラリ
import matplotlib.pyplot as plt
import matplotlib as mpl
import seaborn as sns
%matplotlib inline

# 小数第3位まで表示
%precision 3

# ランダムシードの固定
np.random.seed(0)
```

Chapter 4-2

確率

Keyword 確率、試行、根元事象、標本空間、事象、条件付き確率、ベイズの定理、事前確率、事後確率

まずは、確率について学んでいきます。

4-2-1 数学的確率

はじめにサイコロを題材とし、確率を学ぶ上で必要となる用語や概念について説明します。

サイコロがとりうる状態は、1から6の数値です。そこでサイコロデータを次のようにNumpyの配列オブジェクトとして定義することにします。

入力

```
# サイコロがとりうる値を配列に格納
dice_data = np.array([1, 2, 3, 4, 5, 6])
```

4-2-1-1 事象

このデータから1つだけランダムに抽出することを考えます。これを**試行**といいます。Numpyではrandom.choiceの2番目の値に「1」を指定すると、ランダムなものを1つ取り出せます（ちなみに、仮に「2」を指定すれば2つ取り出せます）。これはサイコロを1回振って、どのような目が出るのかを確認するという操作に相当します。

入力

```
# 引数は、対象データdice_dataから1つランダムに抽出するという意味
print('1つだけランダムに抽出:', np.random.choice(dice_data, 1))
```

出力

```
1つだけランダムに抽出: [5]
```

上記の結果では「5」が抽出されていますが、実行のたびに違う値が取り出されますから、「1」や「3」など他の値である可能性もあります。こうした1つずつの試行結果のことを**根元事象**（**基本事象**）といいます。そして、すべての可能な根元事象を集めた集合を**標本空間**（以下Sで表します）、標本空間の任意の部分集合を**事象**といいます。たとえば、先ほどの5が出る事象Xや、以下のような偶数の事象Yなどが考えられます。

$$S = \{1, 2, 3, 4, 5, 6\} \quad \text{(式4-2-1)}$$

$$X = \{5\} \quad \text{(式4-2-2)}$$

$$Y = \{2, 4, 6\} \quad \text{(式4-2-3)}$$

次にこれらの概念を使って、確率について学びます。確率については、その公理（厳密ではないですが、仮定のことと思ってください）は以下になります。ただ、はじめて見た方にはわかりにくいと思いますので、確率といえば、ひとまず $P(X)$ = 事象 X が起こる場合の数/起こりうるすべての場合の数という理解をすれば大丈夫です。

ある事象 $E(Event)$ が起こる確率を $P(E)$ と記せば、次の公理を満たさなければならない。

公理1：任意の事象 E について $0 \leqq (E) \leqq 1$

公理2：$P(S) = 1$（補足：これは全事象の確率が1であることを意味します）

公理3：$A \cap B = \Phi$ ならば、$P(A \cup B) = P(A) + P(B)$

4-2-1-2 空事象

その他、空集合 ϕ も事象としてあり、**空事象**と言います。空事象は、要素を全く持たない集合です。たとえば、サイコロに関して言えば、7の目が出ることは普通のサイコロではあり得ないので、これは空事象であり、その確率は0です。

4-2-1-3 余事象

ある事象 E に属さない結果の集合を**余事象**といいます。これは、E の**補集合**とも言い、以下のようにc（complement）を使って表現します。たとえば、

$$E = \{2, 4, 6\} \quad \text{(式4-2-4)}$$

のとき、余事象は

$$E^c = \{1, 3, 5\} \quad \text{(式4-2-5)}$$

になります。

4-2-1-4 積事象と和事象

$A \cap B$ は、積事象といい、2つの事象に共通な事象のことを指します。具体的には、

$$A = \{1, 2, 3\} \quad \text{(式4-2-6)}$$

$$B = \{1, 3, 4, 5\} \quad \text{(式4-2-7)}$$

の2つの集合を考えた場合、共通している数字は1と3なので、

$$A \cap B = \{1, 3\} \quad \text{(式4-2-8)}$$

です。$A \cup B$は、和事象といい、2つの事象の和のことを指します。上と同じAとBで考えると、以下となります。

$$A \cup B = \{1, 2, 3, 4, 5\} \quad \text{(式4-2-9)}$$

4-2- 1-5 確率の計算

これまで「5が出る事象X」「空事象」「AとBの積事象」「AとBの和事象」を見てきましたが、これらが起こる確率を計算すると、次のようになります。

$$P(X) = \frac{1}{6} \quad \text{(式4-2-10)}$$

$$P(\phi) = 0 \quad \text{(式4-2-11)}$$

$$P(A \cap B) = \frac{1}{3} \quad \text{(式4-2-12)}$$

$$P(A \cup B) = \frac{5}{6} \quad \text{(式4-2-13)}$$

ここで計算したアプローチを数学的確率ということもあります。
数学的確率を理解するためには、集合・位相論やルベーグ積分論等から入るのですが、数学は基礎論になるほど難しいため、ここでは割愛します。これから研究者の道に進む方などは、巻末の参考文献「A-9」を読んでみるとよいでしょう。特に『測度と積分―入門から確率論へ』は、数学科出身の人以外にもわかるように、かつ厳密に書かれているので、測度論をきちんと勉強されたい方にオススメです。

4-2- 2 統計的確率

次に、実験的にサイコロを1000回振るシミュレーションを実施してみます。それぞれの根元事象(1～6が出るそれぞれの事象)が実際に、数学的確率の1/6で起きるのか、計算してみましょう。
起きた確率は、実際にその値が出た数を試行数(この例では1,000回)で割ります。試行結果に、ある値iが含まれている総数は、「len(dice_roless[dice_rolls==i])」として求めることができます。

入力

```
# サイコロを1,000回振ってみる
calc_steps = 1,000

# 1～6のデータの中から、1000回の抽出を実施
dice_rolls = np.random.choice(dice_data, calc_steps)

# それぞれの数字がどれくらいの割合で抽出されたか計算
```

```
for i in range(1, 7):
    p = len(dice_rolls[dice_rolls==i]) / calc_steps
    print(i, 'が出る確率', p)
```

出力

```
1 が出る確率 0.171
2 が出る確率 0.158
3 が出る確率 0.157
4 が出る確率 0.183
5 が出る確率 0.16
6 が出る確率 0.171
```


結果を見ると、1～6の目が出るそれぞれの確率は、ほぼ$\frac{1}{6}$(≒0.166)に近いのがわかります。これは**統計的確率**と言われます。この現象については後で詳しく学びます。

4-2- 3 条件付き確率と乗法定理

次に、条件付き確率と独立性について学びましょう。事象Aが生じた条件のもとで事象Bが生じる確率を、Aが与えられたもとでのBの条件付き確率といい、

$$P(B|A) = \frac{P(A \cap B)}{P(A)} \qquad \text{(式4-2-14)}$$

と表します($P(A) > 0$のとき)。この式は、さらに以下のように式変形することができ、これを**乗法定理**といいます。

$$P(A \cap B) = P(B|A)P(A) \qquad \text{(式4-2-15)}$$

条件付き確率は、背景情報に基づいた確率と考えることができます。
たとえばサイコロを1回振って出たのが何の数字であるのかは忘れたけれども、偶数だということだけは覚えていたとしましょう。このとき、その数字が4以上である確率を求めてみます。偶数であるという条件を、ここでは

$$A = \{2, 4, 6\} \qquad \text{(式4-2-16)}$$

と考え、数字が4以上である事象は、

$$B = \{4, 5, 6\} \qquad \text{(式4-2-17)}$$

です。どちらの条件も満たすときの積事象は、

$$A \cap B = \{4, 6\} \qquad \text{(式4-2-18)}$$

であるため、上の条件付き確率の定義から、求める確率は以下となります。

$$P(B|A) = \frac{P(A \cap B)}{P(A)} = \frac{\frac{2}{6}}{\frac{3}{6}} = \frac{2}{3} \quad \text{(式4-2-19)}$$

4-2- 4 独立と従属

次に、独立性の条件について説明します。事象Aと事象Bが互い独立であるとは、条件つき確率とそれぞれの事象の確率が同じになり、

$$P(A|B) = P(A) \quad \text{(式4-2-20)}$$

になることをいいます。Bの事象がAに影響を及ぼしていないと考えることもできます。ここで、上の条件付き確率（AとBを入れ替えた式になりますが）から以下が成立します。

$$P(A \cap B) = P(A)P(B) \quad \text{(式4-2-21)}$$

この式が成立しない場合は、事象AとBとはお互いに従属すると言います。先ほど挙げた偶数が出るという事象Aと、4以上が出るという事象Bで考えると、

$$P(A \cap B) = \frac{2}{6} = \frac{1}{3} \quad \text{(式4-2-22)}$$

$$P(A)P(B) = \frac{3}{6} \cdot \frac{3}{6} = \frac{1}{4} \quad \text{式4-2-23)}$$

となり、等しくないため、事象Aと事象Bは独立ではなく、従属関係にあることがわかります。

4-2- 5 ベイズの定理

最後に、ベイズの定理について説明します。先ほど条件付き確率を考えましたが、ここでAを結果の事象、Bをその原因の事象とするとき、以下の**ベイズの定理**が得られます。これはAという結果がわかっているときに、その原因がB事象である確率を求めるものです。なお、B^cはBの補集合のことで、Bでない集合です。

$$P(B|A) = \frac{P(A|B)P(B)}{P(A|B)P(B) + P(A|B^c)P(B^c)} \quad \text{(式4-2-23)}$$

このとき$P(B)$は、事象Aが起きる前の事象Bの確率（これを**事前確率**と言います）、$P(B|A)$は事象Aが起きた後の事象Bの確率（これを**事後確率**と言います）、$P(A|B)$は、Aが観測されたときにBが原因であるだろう確率（これを**尤度**（ゆうど）と

言います）です。

以下は、一般のベイズ定理の離散バージョンです。ここでは原因がひとつの事象Bについて考えましたが、結果につながる原因がB_1、B_2、…のように複数あることもあります。その場合の、それぞれの原因の事象について拡張したものが、次の式です（B_jは排反で和集合が全事象となるもの）。

$$P(B_i|A)=\frac{P(A|B_i)P(B_i)}{\sum_{j=1}^{k}P(A|B_j)P(B_j)} \quad \text{（式4-2-24）}$$

ベイズの定理は、実務でさまざまな部分で使われます。たとえば迷惑メールの判定などによく使われます。なお、ベイズ理論において、原因は離散値ではなく連続値の場合もあります。ベイズ定理の連続値バージョンです。興味のある方は調べてみてください。

Practice

【練習問題 4-1】

コインの表を0、裏を1として表現する配列を次のように用意します。

```
coin_data = np.array([0,1])
```

この配列を使って、コイン投げの試行を1,000回実行し、その結果、表（値が0）ならびに裏（値が1）が出るそれぞれの確率を求めてください。

【練習問題 4-2】

くじ引きの問題を考えます。1,000本のくじの中に、100本のあたりがあるとします。AくんとBくんが順にくじを引き、AくんとBくんともにあたりを引く確率を求めてください。ただし、引いたくじは戻さないとして、それぞれ1回のみ引きます（これは手計算でも構いません）。

【練習問題 4-3】

日本国内である病気（X）になっている人の割合は、0.1%だとします。Xを発見する検査方法について、次のことがわかっています。

- その病気の人がその検査を受けると99%の人が陽性反応（病気であることを示す反応）を示します。
- その病気でない人がその検査を受けると3%の人が陽性反応を示します（誤診）。

日本に住んでいるある人がこの検査を受けたら陽性反応を示しました。この人が病気Xである確率は何%でしょうか？（これは手計算でも構いません）

答えはAppendix 2

Chapter 4-3
確率変数と確率分布

Keyword 確率変数、確率関数、確率密度関数、期待値、一様分布、ベルヌーイ分布、二項分布、正規分布、ポアソン分布、対数正規分布、カーネル密度推定

次に、確率変数と確率分布について学んでいきましょう。

4-3-1 確率変数、確率関数、分布関数、期待値

確率変数とは、とりうる値に対して確率が割り当てられる変数のことです。
サイコロの例で考えると、変数のとりうる値は、1から6までの目であり、いかさまがないサイコロならば、各値の出現確率は等しく1/6が割り当てられます。このように、ある変数が確率的に値をとる場合、その変数を確率変数と言い、確率変数が取り得る値のことを**実現値**と言います。サイコロの例では、実現値は[1, 2, 3, 4, 5, 6]です。また、実現値が数え上げられるときは、**離散確率変数**と言い、そうでないときは**連続確率変数**と言います。
数え上げられるとは、連続ではない、飛び飛びの値をとるということで、サイコロの[1、2、3、4、5、6]のように有限個であることもありますし、無限個のこともあります。
表にすると以下のようになります（大文字Xは確率変数、小文字xはその実現値を指す）。

確率変数

X	1	2	3	4	5	6
$P(X)$	$\frac{1}{6}$	$\frac{1}{6}$	$\frac{1}{6}$	$\frac{1}{6}$	$\frac{1}{6}$	$\frac{1}{6}$

ただし、以下を満たすとします。

$$\sum_{i=1}^{6} p(x_i) = 1 \quad \text{（式4-3-1）}$$

4-3-1-1 分布関数

分布関数（**累積確率分布関数**）とは、確率変数Xが実数x以下になる確率を言います。離散確率変数である場合、$F(X)$として以下のように定義します。

$$F(X) = P(X \leq x) = \sum_{x_i \leq x} p(x_i) \quad \text{（式4-3-2）}$$

連続確率変数である場合は、分布関数の導関数を**密度関数**（**確率密度関数**）といい、次のように定義します（$-\infty < x < \infty$のとき）。

$$f(x) = \frac{dF(x)}{dx} \quad \text{(式4-3-3)}$$

4-3- 1-2 期待値（平均）

確率変数は上記のように、色々な値をとりえますが、それらの値を代表する平均が考えられ、これを期待値といいます。3章でも学んだ平均と同じ意味です。確率変数をXとすると、期待値$E(X)$の定義式は、以下のようになります。

$$E(X) = \sum_x xf(x) \quad \text{(式4-3-4)}$$

上記では、サイコロの目は1から6の値をとり、それぞれの確率は1/6でしたから、その期待する値は$1 * \frac{1}{6} + 2 * \frac{1}{6} + 6 * \frac{1}{6} = 3.5$となります。

4-3- 2 さまざまな分布関数

以下、よく使われる分布関数を紹介します。
ここではPythonの簡単な実装のみ見ていきます。詳しい式やその周辺知識（期待値、分散）については、すでに説明した参考文献や参考URLをご覧ください。

4-3- 2-1 一様分布

先述のサイコロの例のように、すべての事象が起こる確率が等しいものは、一様分布といわれ、グラフ化すると以下になります。

入力

```
# 一様分布
# サイコロを1000回振ってみる
calc_steps = 1000

# 1?6のデータの中から、1000回の抽出を実施
dice_rolls = np.random.choice(dice_data, calc_steps)

# それぞれの数字がどれくらいの割合で抽出されたか計算
prob_data = np.array([])
for i in range(1, 7):
    p = len(dice_rolls[dice_rolls==i]) / calc_steps
    prob_data = np.append(prob_data, len(dice_rolls[dice_rolls==i]) / calc_steps)

plt.bar(dice_data, prob_data)
plt.grid(True)
```

出力

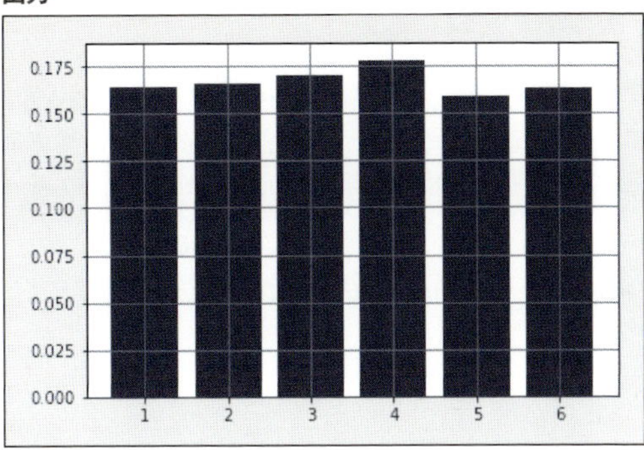

4-3- 2-2 ベルヌーイ分布

結果が2種類しかない試行をベルヌーイ試行といいます。ベルヌーイ分布とは、1回のベルヌーイ試行において、各事象が生じる確率の分布を指したものです。

以下では、コインを8回投げて、表が出たら「0」、裏が出たら「1」とし、その結果が、[0, 0, 0, 0, 0, 1, 1, 1]であったと仮定したとき、その確率分布を示したものです。

入力

```
# ベルヌーイ分布
# 0:head(表)、1:tail(裏)と考える
# サンプル数を8とした
prob_be_data = np.array([])
coin_data = np.array([0, 0, 0, 0, 0, 1, 1, 1])

# uniqueで一意な値を抽出（ここの場合は、0と1）
for i in np.unique(coin_data):
    p = len(coin_data[coin_data==i]) / len(coin_data)
    print(i, 'が出る確率', p)
    prob_be_data = np.append(prob_be_data, p)
```

出力

```
0 が出る確率 0.625
1 が出る確率 0.375
```

グラフ化すると以下のようになります。なお、xticksでラベルを設定しています。

入力

```
plt.bar([0, 1], prob_be_data, align='center')
plt.xticks([0, 1], ['head', 'tail'])
plt.grid(True)
```

出力

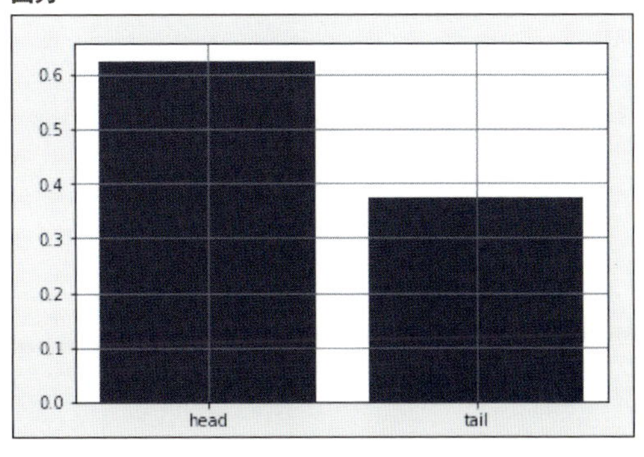

4-3- 2-3 Pythonで分布に基づくデータを取得する

これまで説明してきた一様分布とベルヌーイ分布の例では、実データから、その分布をグラフにする手法をとりました。しかしデータ分析するときには、特定の分布に基づいたデータ列を計算式で作りたいことがあります。たとえば、実データの分布グラフと、計算から求めた分布グラフを比較して、特定の性質に似ているかどうかを確認したり、近似させたりしたい場合などです。

そうしたときには、Numpyの各種関数を使うことで計算できます。以下、それらの関数を使った分布データを作りグラフ化することで、どのような特徴があるのかを見ていきましょう。

4-3

4-3- 2-4 二項分布

二項分布は、独立なベルヌーイ試行をn回繰り返したものです。pythonでは、random.binomialを使って計算できます。binomialに渡すパラメータは先頭から順に、試行回数(n)、確率(p)、サンプル数です。random.binomialはn回の試行のうち、確率pで生じる事象が発生する回数を返します。

入力

```
# 二項分布
np.random.seed(0)
x = np.random.binomial(30, 0.5, 1000)
plt.hist(x)
plt.grid(True)
```

出力

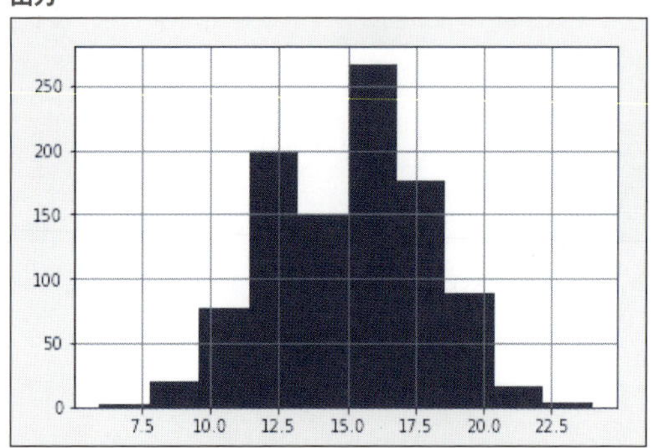

4-3- 2-5 ポアソン分布

ポアソン分布は、稀な事象が起きる確率の時、使われます。一定の時間や面積に対して一定の割合で発生する分布で、たとえば、単位面積当たりの雨粒の数や1平米当たりに生えている木の数などがポアソン分布に従います。

Numpyのrandom.poissonを使って計算できます。1つ目のパラメータは、あの区間で事象が発生すると見込まれる回数で、ここでは7を設定しています。2つ目のパラメータはサンプル数です。

入力

```
# ポアソン分布
x = np.random.poisson(7, 1000)
plt.hist(x)
plt.grid(True)
```

出力

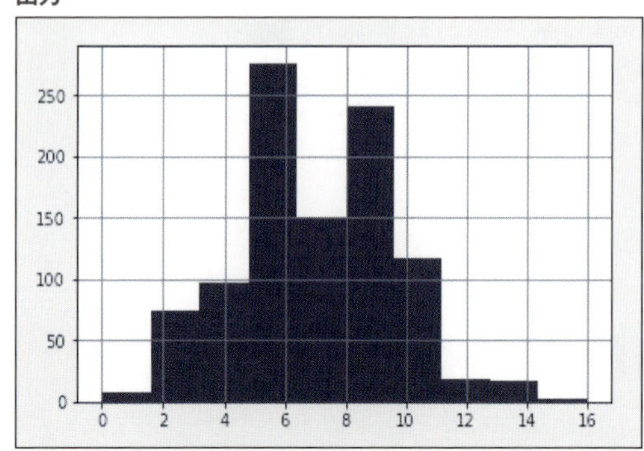

4-3- 2-6 正規分布と対数正規分布

次は、正規分布と対数正規分布です。正規分布とはガウス分布ともいわれ、代表的な連続型の確率分布です。私たちが生活する身近なところでも、色々な現象としてみることができます。対数正規分布は$\log x$が正規分布に従うときの分布です。それぞれ、np.random.normal、np.random.lognormalを使うと得られます。

入力

```
# 正規分布
# np.random.normal(平均、標準偏差、サンプル数)
x = np.random.normal(5, 10, 10000)
plt.hist(x)
plt.grid(True)
```

出力

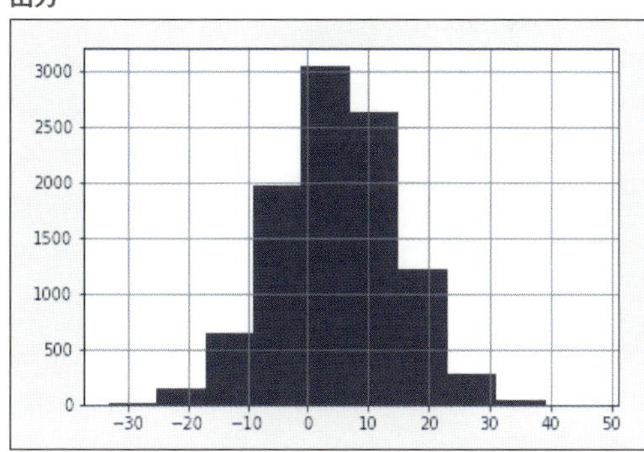

入力

```
# 対数正規分布
x = np.random.lognormal(30, 0.4, 1000)
plt.hist(x)
plt.grid(True)
```

出力

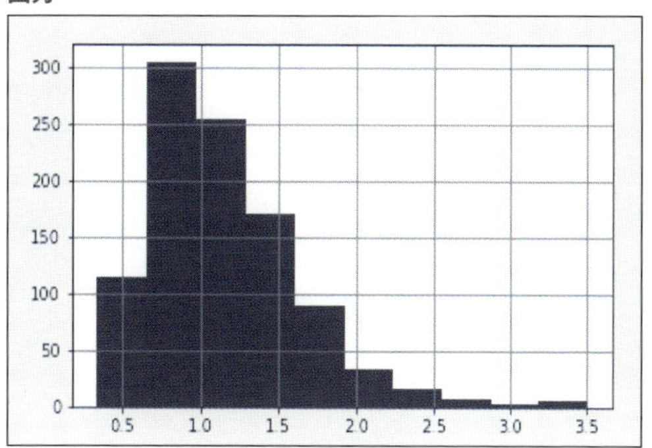

4-3- 3 カーネル密度関数

次にカーネル密度関数について見ていきましょう。これは、与えられたデータを使って、密度関数を推定するものです。3章で扱った、学生の欠席数データについて、分布の近似をしてみましょう。欠席数は、「absences」に記載されているので、このデータを使います。すなわちデータをstudent_data_mathとして読み込んだとしたら、student_data_math.absencesが欠席数に相当します。

以下は、カーネル密度関数を使って、欠席数の分布を推定するものです。ただし、データの性質上、0より小さいものはありえないので、実務で使うときは注意しましょう。カーネル密度関数のグラフは、次のように、kind='kde'を指定すると描画できます。

```
student_data_math.absences.plot(kind='kde', style='k--')
```

入力

```
import requests
import zipfile
from io import StringIO
import io

# 注：3章でこのデータを取得している方は、次のコメント文以下から実行してください。
```

```
zip_file_url = 'http://archive.ics.uci.edu/ml/machine-learning-databases/00356/student.zip'

r = requests.get(zip_file_url, stream=True)
z = zipfile.ZipFile(io.BytesIO(r.content))
z.extractall()

# データを読み込む
student_data_math = pd.read_csv('student-mat.csv', sep=';')

# カーネル密度関数
student_data_math.absences.plot(kind='kde', style='k--')

# 単純なヒストグラム、density=Trueにすることで、確率で表示
student_data_math.absences.hist(density=True)
plt.grid(True)
```

出力

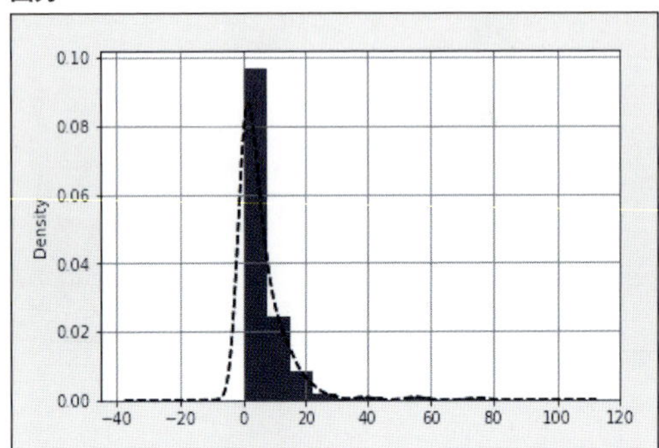

上記に今回のstudent-mat.csvのabcencesがベースになったヒストグラムが描かれています。そして、グラフの点線で絵が描かれている線が、上記で作成したカーネル密度関数で、滑らかに曲線が描かれています。これをみることで、このデータがどんな分布から生成されたのか推測ができます。

Practice

【練習問題 4-4】

平均0、分散1の正規分布から$n = 100$の標本抽出を10,000回繰り返して、標本平均$\overline{X} = \frac{1}{n}\sum_{i=1}^{n} X_i$の標本分布（ヒストグラム）を描いてください。

【練習問題 4-5】

練習問題 4-4と同じく、対数正規分布の場合を実装してください。

【練習問題 4-6】

3章で使用した、学生の数学の成績データ（student_data_math）の一期目の成績G1のヒストグラムとカーネル密度推定を描いてください。

答えはAppendix 2

Chapter 4-4

応用：多次元確率分布

Keyword 同時確率分布、周辺確率関数、条件付き確率関数、条件付き平均、分散共分散行列、多次元正規分布

これまでは、確率変数が1つのみの場合を扱ってきました。次に、確率変数が2つかそれ以上にある場合の確率分布を考えていきましょう。なお、ここは少し応用の範囲になり、難しい場合は、読み流しても後の章に大きな影響はないようにしています。練習問題はありません。

4-4-1 同時確率関数と周辺確率関数

Xが$\{x_0, x_1, ...\}$、Yが$\{y_0, y_1, ...\}$上で値をとる離散型の確率変数を考えます。$X = x_i$と$Y = y_j$である確率を以下のように書くとします。

$$P(X = x_i, Y = y_j) = p_{X,Y}(x_i, y_j) \quad \text{(式4-4-1)}$$

これを**同時確率関数**といい、また、

$$p_X(x_i) = \sum_{j=0}^{\infty} p_{X,Y}(x_i, y_j) \quad \text{(式4-4-2)}$$

をXの**周辺確率関数**といい、Yについても同様に定義されます。

4-4-2 条件付き確率関数と条件付き期待値

1変数の時に定義した条件付き確率について、2変数のケースを考えてみましょう。$X = x_i$を与えた時の$Y = y_j$の**条件付き確率関数**を以下のように定義します。

$$p_{Y|X}(y_j|x_i) = P(Y = y_j|X = x_i) = \frac{p_{X,Y}(x_i, y_j)}{p_X(x_i)} \quad \text{(式4-4-3)}$$

また、この条件付き確率関数に関して、期待値をとったものが条件付き期待値であり、$X = x_i$を与えた時のYの**条件付き期待値（条件付き平均）**は次のように定義されます。

$$E[Y|X = x_i] = \sum_{j=1}^{\infty} y_j p_{Y|X}(y_j|x_i) = \frac{\sum_{j=1}^{\infty} y_j p_{X,Y}(x_i, y_j)}{p_X(x_i)} \quad \text{(式4-4-4)}$$

4-4-3 独立の定義と連続分布

2変数における独立の定義は、すべてのx_iとy_jに関して、以下が成り立つ時に、独立であるとします。

$$p_{X,Y}(x_i, y_j) = p_X(x_i)p_Y(y_j) \quad \text{(式4-4-5)}$$

連続分布についても、同時確率密度関数、周辺確率密度関数、条件付き確率密度関数、独立など定義でき、さらに3つ以上の確率変数の分布についても定義できます。さらに、多変量正規分布やその中で使われる分散共分散行列などもありますが、これらの概念については、参考文献等を使い、勉強してみてください。

4-4-3-1 2次元の正規分布をグラフで表示する

参考ですが、この多次元の同時確率密度関数をイメージするために、以下で2次元正規分布を表示させてみましょう。以下は必要なライブラリの読み込みをします。

入力

```
# 必要なライブラリの読み込み
import scipy.stats as st
from scipy.stats import multivariate_normal
from mpl_toolkits.mplot3d import Axes3D

# データの設定
x, y = np.mgrid[10:100:2, 10:100:2]

pos = np.empty(x.shape + (2, ))

pos[:, :, 0] = x
pos[:, :, 1] = y
```

上のxとyのデータは、10から100まで、2つずつ数を作成して、posとしてまとめています（次に発生させる多次元の正規分布を可視化するために、xとyで細かくデータを刻んでいるだけで、区切りの数字等には特に意味はありません）。
次は、2次元の正規分布に従うデータを発生させています。multivariate_normalには、それぞれの平均と分散共分散行列を設定します。

入力

```
# 多次元正規分布
# それぞれの変数の平均と分散共分散行列を設定
# 以下の例では、xとyの平均がそれぞれ50と50、[[100, 0], [0, 100]]がxとyの共分散行列になります
rv = multivariate_normal([50, 50], [[100, 0], [0, 100]])

# 確率密度関数
z = rv.pdf(pos)
```

上記をグラフ化すると以下のようになります。なお、3次元グラフのためAxes3Dのplot_wireframeを使っています。

入力

```
fig = plt.figure(dpi=100)

ax = Axes3D(fig)
ax.plot_wireframe(x, y, z)

# x,y,zラベルの設定など
ax.set_xlabel('x')
ax.set_ylabel('y')
ax.set_zlabel('f(x, y)')

# z軸の表示目盛り単位を変更、sciが指数表示、axisで軸を指定、scilimits=(n,m)はnからmの外にあるものは指数表記
# scilimits=(0,0)はすべて指数表記にするという意味
ax.ticklabel_format(style='sci', axis='z', scilimits=(0, 0))
```

出力

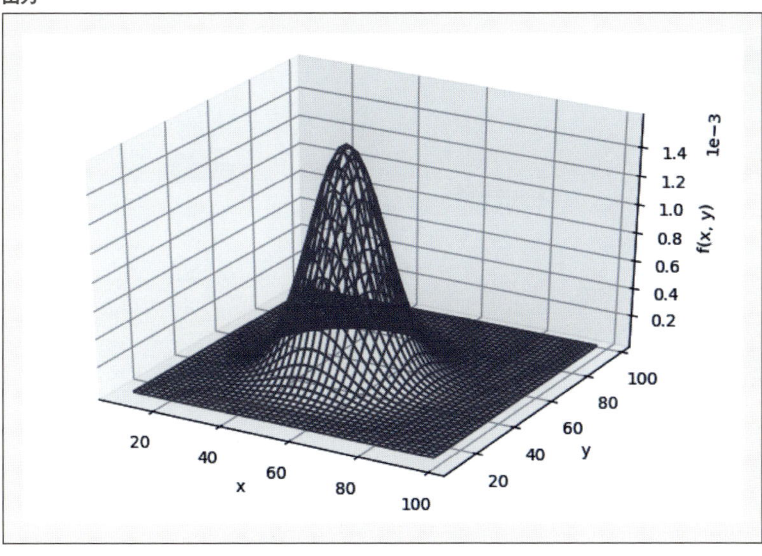

Chapter 4-5

推計統計学

Keyword 標本、母集団、抽出、推計統計学、標本のサイズ、大数の法則、中心極限定理、t分布、カイ二乗分布、F分布

これまでは、実際に得られたデータについての平均や標準偏差等を求めてきました。この手に入れたデータのことを**標本**といいます。しかし、本来はその背後にあるもっと大きなデータ・全体の性質を知ることが重要です。この標本をベースに統計的な分析を実施して、推測しようとする対象全体を**母集団**といい、これが**推計統計学**です。また、標本は母集団から取り出されたもので、これを**抽出**といいます。実際に、観測されたデータ$x_1,,,x_n$は、n個の確率変数$X_1,,,X_n$の実現値であり、このnを標本の**サイズ**(**大きさ**)といいます。また、母集団の平均(母平均)や分散(母分散)といった、母集団の特性を表す定数のことを**母数**と言います。

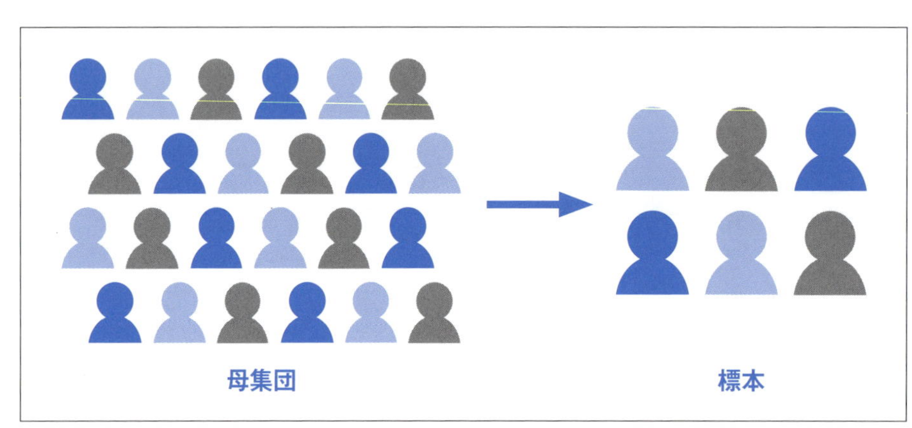

図4-5-1
母集団と標本

4-5- 1 大数の法則

次は、確率論で重要な**大数の法則**について学びます。ここで再び先ほどのサイコロを投げて出目を調べる例を考えましょう。サイコロをどんどん振っていき、それまでの平均値の軌跡をたどります。具体的には、1回目投げた時の目が1の時は平均1、次に投げた時に3が出た場合は、$\frac{(1+3)}{2}$で平均は2という具合に、続けて平均値を計算していきます。大数の法則とは、この試行を繰り返していく(試行回数Nを大きくする)と、その平均は、期待値(3.5)に近づいていくという法則です。

以下では、サイコロを投げる回数Nを1000とし、それを4回実施します(4パス)。

入力

```
# 大数の法則
# 計算回数
calc_times =1000
# サイコロ
sample_array = np.array([1, 2, 3, 4, 5, 6])
number_cnt = np.arange(1, calc_times + 1)

# 4つのパスを生成
for i in range(4):
    p = np.random.choice(sample_array, calc_times).cumsum()
    plt.plot(p / number_cnt)
    plt.grid(True)
```

以下の結果グラフは、どのパスも N が大きくなればなるほど、3.5に近づいてるのがわかります。

出力

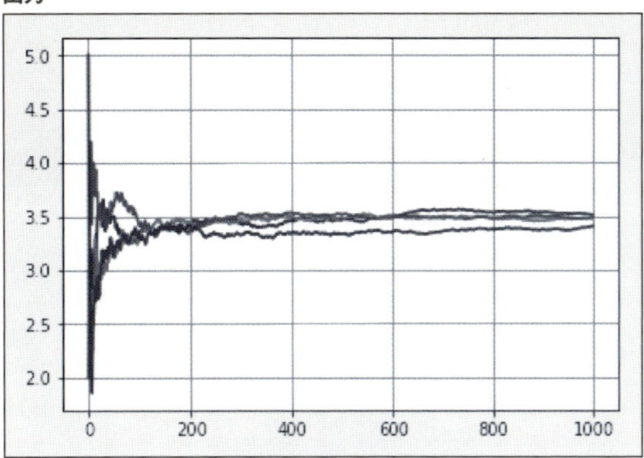

4-5- 2 中心極限定理

次は、中心極限定理です。こちらは、サイコロを投げる回数 N が増えれば増えるほど、標本平均が正規分布の形になっていく法則です。

入力

```
# 中心極限定理
def function_central_theory(N):

    sample_array = np.array([1, 2, 3, 4, 5, 6])
    numaber_cnt = np.arange(1, N + 1) * 1.0

    mean_array = np.array([])

    for i in range(1000):
        cum_variables = np.random.choice(sample_array, N).cumsum()*1.0
        mean_array = np.append(mean_array, cum_variables[N-1] / N)

    plt.hist(mean_array)
    plt.grid(True)
```

それではこの関数を使って、N をどんどん増やし、そのヒストグラフを見てみましょう。

入力

```
# N=3
function_central_theory(3)
```

出力

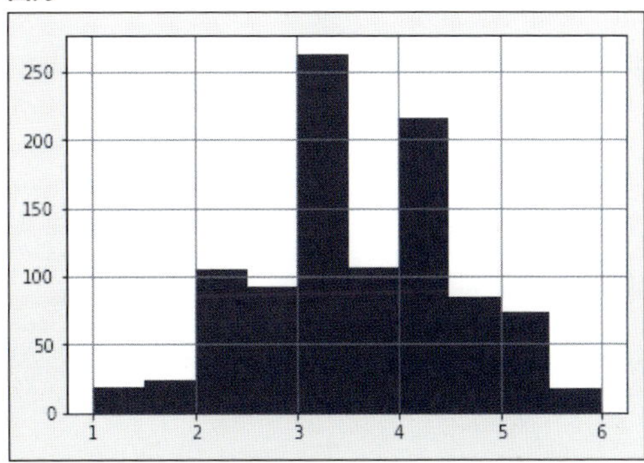

入力

```
# N=6
function_central_theory(6)
```

入力

```
# N= 10^3
function_central_theory(10**3)
```

出力

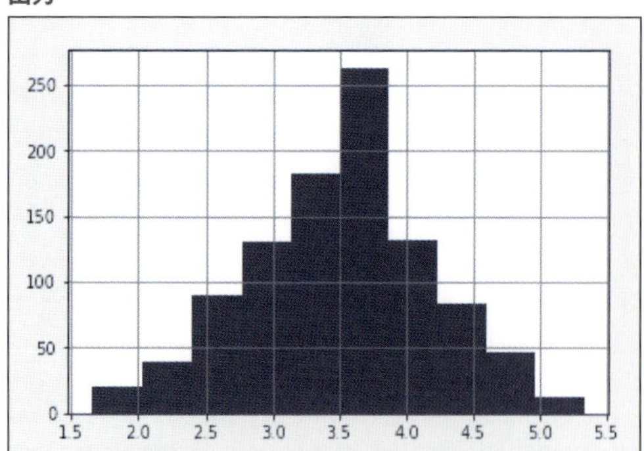

出力

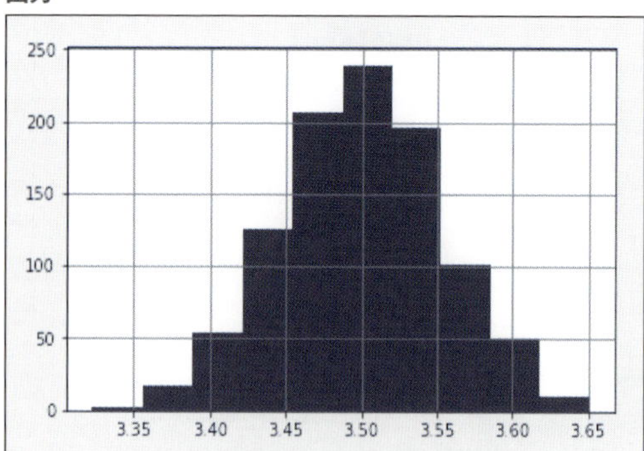

Nをどんどん増やしていくと、正規分布の形になっているのがわかります。

4-5- 3 標本分布

次に、代表的な標本分布について学びましょう。

4-5- 3-1 カイ二乗分布

1つ目は**カイ二乗分布**です。m個の確率変数$Z_1, ...Z_m$が互いに独立に分布し、各Z_iが標準正規分布（平均0, 分散1の正規分布）に従うとします。
この時、以下の確率変数の二乗和である

$$W = \sum_{i=1}^{m} Z_i^2 \qquad \text{（式4-5-1）}$$

は、自由度mのカイ二乗分布に従うと言います。
以下が、その分布に従う乱数のヒストグラムです。なお、zipは1章で紹介した関数ですが、複数の配列から、タプルの配列を作るために使います。ここでは[2, 10, 60]という配列と["b", "g", "r"]という配列から、[(2, "b"), (10, "g"), (60, "r")]というタプルの配列を作ります。

入力

```
# カイ二乗分布
# 自由度2, 10, 60に従うカイ二乗分布が生成する乱数のヒストグラム
for df, c in zip([2, 10, 60], 'bgr'):
    x = np.random.chisquare(df, 1000)
    plt.hist(x, 20, color=c)
    plt.grid(True)
```

出力

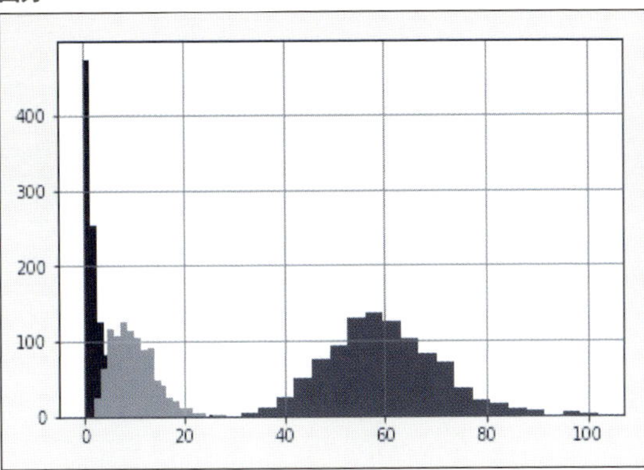

4-5- 3-2 ステューデントt分布

次は、ステューデントの**t分布**です。ZとWを独立な確率変数として、それぞれ標準正規分布、自由度mのカイ二乗分布に従うとして、

$$T = \frac{Z}{\sqrt{\frac{W}{m}}} \qquad \text{(式4-5-2)}$$

とおいた時、Tは自由度mのステューデントのt分布に従うといいます。以下はt分布のサンプル図です。

入力

```
# t分布
x = np.random.standard_t(5, 1000)
plt.hist(x)
plt.grid(True)
```

出力

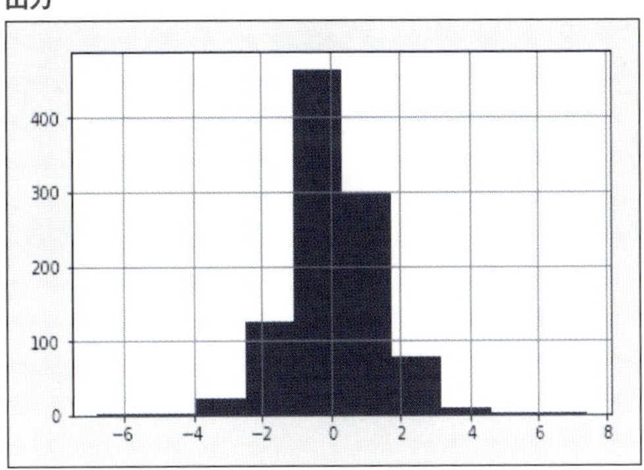

4-5- 3-3 F分布

最後に、**F分布**についても紹介します。W_1とW_2を独立な確率変数、それぞれ自由度m_1, m_2のカイ二乗分布に従うとして、

$$F = \frac{\frac{W_1}{m_2}}{\frac{W_2}{m_2}} \qquad \text{(式4-5-3)}$$

とおいた時、Fは自由度(m_1, m_2)のスネディッカーのF分布に従うといいます。

以下は、F分布のサンプル図です。

入力

```
# F 分布
for df, c in zip([ (6, 7), (10, 10), (20, 25)], 'bgr'):
    x = np.random.f(df[0], df[1], 1000)
    plt.hist(x, 100, color=c)
    plt.grid(True)
```

出力

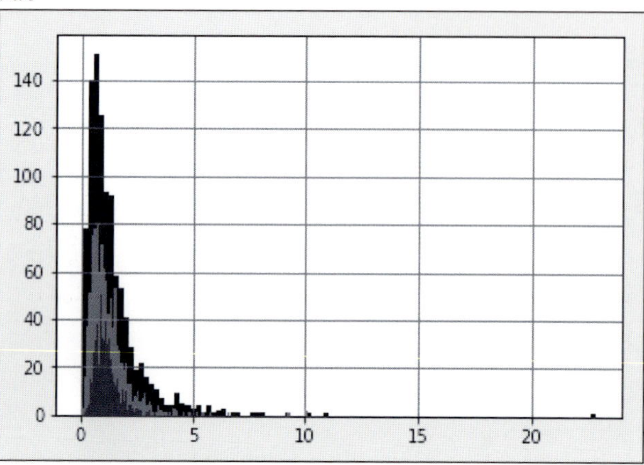

以上で代表的な分布についての紹介は終わります。他にも、いろいろな分布がありますので、必要が生じた場合にその都度調べてみましょう。

Practice

【練習問題 4-7】

自由度5、25、50のカイ二乗分布からの乱数をそれぞれ1,000個発生させて、ヒストグラムを書いてください。

【練習問題 4-8】

自由度100のt分布からの乱数を1,000個発生させて、ヒストグラムを書いてください。

【練習問題 4-9】

自由度(10, 30)、(20, 25)のF分布からの乱数をそれぞれ1,000個発生させて、ヒストグラムを書いてください。

答えはAppendix 2

Chapter 4-6

統計的推定

Keyword 推定量、点推定、不偏性、不偏推定量、一致性、区間推定、信頼区間、信頼係数、最尤法、尤度、尤度関数、ベイズ法

ここでは**推定**について学んでいきます。

4-6-1 推定量と点推定

母集団の確率分布、平均、分散の推測をする時、母集団から標本を抽出し、標本の平均や分散を使って推定します。ここで、大きさnの無作為標本$\{X_1, ..., X_n\}$をもとに、母平均μを求める（推定する）方法を考えるとします。まず、標本平均$\overline{X}$は、

$$\overline{X} = \frac{1}{n}\sum_{i=1}^{n} X_i \qquad \text{(式4-6-1)}$$

となります。これを一般化すると、以下のように確率変数の関数として記述でき、この式を**推定量**と言います。これは母平均や母分散などの母数を推定するための式です。標本に基づいて、母数を1点のパラメータ値（θ）として言い当てることを**点推定**といいます。

$$\overline{X} = T(X_1, ..., X_n) \qquad \text{(式4-6-2)}$$

4-6-2 不偏性と一致性

ただし、関数としてなんでも良いというわけではなく、パラメータをより正確に推定できることが望ましいです。そのための判断基準として、**不偏性**と**一致性**という性質があります。
推定量の期待値が母数θと一致するとき、推定量に**不偏性**があるといい、以下のように表現できます。この不偏性を持つ推定量を**不偏推定量**といいます。

$$E[T(X_1, ..., X_n)] = \theta \qquad \text{(式4-6-3)}$$

一致性とは、θの推定量$E[T(X_1, ..., X_n)]$が観測個数nが大きくなるにつれて、θに近づいていくという性質であり、任意の$\epsilon > 0$に関して、以下のように表現できます。このとき、$T(X_1, ..., X_n)$を一致推定量といいます。

$$\lim_{n\to\infty} P[|T(X_1, ..., X_n) - \theta| \geq \epsilon] = 0 \qquad \text{(式4-6-4)}$$

4-6- 3 区間推定

点推定では母数を1点で求めましたが、区間推定はある程度の区間を持たせて、母数を推定するものです。まず、標本$X_1, ..., X_n$があり、これは平均がμ、分散が1の正規分布$N(\mu, 1)$から無作為抽出されているとします。この標本から母平均μを推定する場合を考えてみましょう。この場合、標本平均$\overline{X}$は、平均がμ、分散が$\frac{1}{n}$の正規分布$N(\mu, \frac{1}{n})$に従うため、正規分布の両側α点を$z_{\alpha/2}$として、

$$P(-z_{\alpha/2} \le \sqrt{n}(\overline{X} - \mu) \le z_{\alpha/2}) = 1 - \alpha \quad \text{(式4-6-5)}$$

が成り立ちます。この式を書き換えると、

$$P(\overline{X} - \frac{z_{\alpha/2}}{\sqrt{n}} \le \mu \le \overline{X} + \frac{z_{\alpha/2}}{\sqrt{n}}) = 1 - \alpha \quad \text{(式4-6-6)}$$

と書くことができ、区間$[\overline{X} - \frac{z_{\alpha/2}}{\sqrt{n}}, \overline{X} + \frac{z_{\alpha/2}}{\sqrt{n}}]$を$\mu$の推定のための区間として用いることができます。このとき、区間$[\overline{X} - \frac{z_{\alpha/2}}{\sqrt{n}}, \overline{X} + \frac{z_{\alpha/2}}{\sqrt{n}}]$を**信頼区間**と言います。信頼区間に推定したい母数(ここでは母平均)が入っている確率を**信頼係数**といい、$1 - \alpha$で表現できます。信頼区間の一般的な定義は以下のようになります。

$X_1, ..., X_n$を母集団分布$f(x; \theta)$からの無作為標本として、θは1次元の母数とします。$\mathbf{X} = (X_1, ..., X_n)$とおくと、2つの統計量$L(\mathbf{X}), U(\mathbf{X})$がすべての$\theta$について以下を満たす時、区間$[L(\mathbf{X}), U(\mathbf{X})]$を**信頼係数**$1 - \alpha$の**信頼区間**といいます。

$$P(L(\mathbf{X}) \le \theta \le U(\mathbf{X})) \ge 1 - \alpha \quad \text{(式4-6-7)}$$

4-6- 4 推定量を求める

推定量を求めるにはいつかの手法があります。ここでは、最尤法とベイズ法について、簡単に解説します(他にモーメント法などもあるので、調べてみてください)。少し応用的な内容になりますので、読み流しても大丈夫です。

4-6- 4-1 最尤法

同時確率関数を学んだ時に、母数を与えられて、観測値が生じる確率を求めましたが、逆に、観測値を与えられた時に、確率関数を母数の関数とみなしたものが**尤度関数**です。最尤法は、尤度関数を最大化する母数を母数の推定値とする方法です。

今、確率関数$f(x; \theta)$を与えられているとします。xは変数、θは定数を意味しています。

母集団からの無作為標本$X_1, ..., X_n$をとり、$\mathbf{X} = (X_1, ..., X_n)$とします。この$\mathbf{X}$の実現値$\mathbf{x} = (x_1, ..., x_n)$における同時確率関数を$\theta$の関数とみなして、以下のように尤度関数を定義します。

$$L(\theta; \mathbf{x}) = f(x_1; \theta) \cdot ... \cdot f(x_n; \theta) \quad \text{(式4-6-8)}$$

尤度関数は、積の形をしており、対数変換によって和に直した方が計算しやすいため、以下のように**対数尤度関数**に直します。

$$\log L(\theta;\mathbf{x}) = \sum_{i=1}^{n} \log f(x_i;\theta) \quad \text{(式4-6-9)}$$

上記の最大値を求めるために、微分して0になる解θを求めます。以下の方程式を**尤度方程式**、この解θを**最尤推定量**といいます。これが最尤推定法による推定値の求め方です。

$$\frac{d}{d\theta}\log L(\theta,\mathbf{x}) = 0 \quad \text{(式4-6-10)}$$

4-6-4-2 ベイズ法

今までは、母数θに対して何も情報がなく、頻度論的なアプローチで推定をしていましたが、このθについて、事前分布を仮定して、ベイズの定理を使い、事後分布に更新していくことをベイズ法といいます。
ここで、標本から得られる尤度関数を$p(x|\theta)$として、母数θが事前確率$\pi(\theta)$に従うと仮定すると、ベイズの定理により、事後分布を以下のように求めることができます。

$$\pi(\theta|x) = \frac{p(x|\theta)\pi(\theta)}{\int p(x|\theta)\pi(\theta)d\theta} \quad \text{(式4-6-11)}$$

Practice

【練習問題 4-10】
平均μで分散σ^2の正規母集団から大きさnの標本から作った標本平均は、母平均であることが望ましく、この不偏性を示してください（手計算で構いません）。

【練習問題 4-11】
あるコインを5回投げたとして、裏、表、裏、表、表と出ました。このコインの表が出る確率をθとして、これを推定してください（手計算で構いません）。

【練習問題 4-12】
母集団が以下の指数分布に従っている時に、そこから大きさnの標本$X_1, ..., X_n$を得たとして、母数λを最尤推定してください（手計算で構いません）。

$$f(x|\lambda) = \lambda e^{-\lambda x} \quad \text{(式4-6-12)}$$

答えはAppendix 2

Chapter 4-7

統計的検定

Keyword 帰無仮説、対立仮説、有意、棄却、有意水準、第1種の過誤、第2種の過誤、検出力

さて、長く数式の説明が続いたので、ここで再び、3章で扱った「学生のデータ」に戻りましょう。練習問題でもやりましたが、まずは、数学とポルトガル語の成績の平均を計算してみます。次のようになります。

ここではstudent-mat.csvという数学成績データとstudent-por.csvというポルトガル語成績データを読み込み、それをマージしています。pandas.merge（以下ではpd.merge）のパラメータ「on」で指定しているのはマージする項目、「suffixes」はマージ後の列の末尾に付ける接辞尾です。

入力

```
# 数学のデータを読み込む
student_data_math = pd.read_csv('student-mat.csv', sep=';')

# ポルトガルのデータを読み込む
student_data_por = pd.read_csv('student-por.csv', sep=';')

# マージする
student_data_merge = pd.merge(student_data_math
                              , student_data_por
                              , on=['school', 'sex', 'age', 'address', 'famsize', 'Pstatus', 'Medu'
                                    , 'Fedu', 'Mjob', 'Fjob', 'reason', 'nursery', 'internet']
                              , suffixes=('_math', '_por'))

print('G1数学の成績平均：', student_data_merge.G1_math.mean())
print('G1ポルトガル語の成績平均：', student_data_merge.G1_por.mean())
```

出力

```
G1数学の成績平均： 10.861256544502618
G1ポルトガル語の成績平均： 12.112565445026178
```

4-7-1 検定

数字を見ていると、若干ではありますが、数学の方が悪いように見えます。しかし、果たしてこれは本当に差があると言ってもよいのでしょうか？　これを考えていくのが検定というアプローチです。仮説として、母集団において成績の平均に差がないとしましょう。数学の成績の母平均を μ_{math}、ポルトガル語の成績の母平均を μ_{por} とすると、以下の式が成り立つとします。

$$\mu_{math} = \mu_{por} \qquad \text{(式4-7-1)}$$

検定において、正しいか検討する仮説のことを**帰無仮説**といい、H_0 とします。一方、帰無仮説の否定は、2つの間に差

があるという仮説です。つまり、以下の式が成り立つことを意味します。

$$\mu_{math} \neq \mu_{por} \quad \text{(式4-7-2)}$$

これを**対立仮説**といい、H_1と表します。次に、先ほどのH_0を正しいとした場合に、統計的なアプローチを取り、それが起こることはありえない（たとえば、$\mu_{math} = \mu_{por}$が起こる確率が5%未満になる）ということが言えたとします。この時、このH_0は**棄却**されるといい、対立仮説が採択され、よって差があることがいえることになります。
また、先ほど5%未満としましたが、検定において帰無仮説を棄却する水準のことを**有意水準**といい、それを5%に設定したことになります。また、有意水準に満たないことを、統計的な差がある（**有意**である）といいます。有意水準は**α**で表され、α=5%やα=1%がよく使われます。
また、**p-value**（**p値**）とは、偶然、実際に反した数値が統計量として計算されてしまう確率です。H_0が正しい場合に、p値が低いほど、ありえないことが起きた（H_0が正しくないという統計量が計算された）ということになります。

それでは、これらの概念を使って、p値を計算してみましょう。p値を計算するには、stats.ttest_relを使います。

入力

```
from scipy import stats
t, p = stats.ttest_rel(student_data_merge.G1_math, student_data_merge.G1_por)
print( 'p値 = ', p)
```

出力

```
p値 =  1.6536555217100788e-16
```

4-7- 2 第1種の過誤と第2種の過誤

ここでは、有意水準1%だと帰無仮説が棄却されましたが、もしかすると帰無仮説が正しかったということもありえます。このように、帰無仮説が正しいにもかかわらず、棄却してしまうことを**第1種の過誤**といい、その確率は通常αで表します。別名、あわてものの誤りとも言われます。一方、この帰無仮説が誤っているにもかかわらず受容してしまうことを、**第2種の過誤**といい、その確率をβで表します。この第2種の過誤は誤っているのに見過ごしているので、ぼんやりものの誤りともいわれます。
このβの補数$1-\beta$は**検出力**と呼ばれ、帰無仮説が誤っているときに正しく棄却できる確率を表します。裁判で例えると、実際には有罪である犯罪者が無罪の判決を受けるのは第1種の過誤、実際には無罪の人が有罪の判決を受けるのは第2種の過誤に該当します。以下の図が参考になります。

図4-7-1

		真実	
		有罪	無罪
裁判の判決	有罪	**正解** （真陽性）	**第二種の過誤** （偽陽性：β）
	無罪	**第一種の過誤** （偽陰性：α）	**正解** （真陰性）

一般的に$1-\beta$は0.8程度ほしいといわれています。しかし、αとβは片方を小さくすると、もう片方は大きくなる関係にあります。また、βは重要な量ですが、値を計算するにはサンプルサイズや効果量が必要になるため、ここでは概念の紹介に留めておきます。

4-7-3 ビッグデータに対する検定の注意

さまざまな分野で使用されている検定ですが、注意点があります。実は検定はビッグデータの解析（特に決まった厳密な定義はありませんが、サンプルサイズが数百万、数千万以上ある場合を想定しています）には向いていないのです。第一に、標本と母集団の統計量が互いに厳密に等しいことは、実世界ではほぼあり得ません。
サンプルサイズを大きくすると、それにともなって検出力$1-\beta$が大きくなり、実務的には等しいと考えていいような微妙な差であってもp値が小さくなり、帰無仮説が棄却されてしまいます。つまり、ビッグデータに対して検定を行うと大抵の場合、高度に有意な（p値がかなり小さい）結果になってしまうのです。
また、検定で高度に有意な結果になったとしても、2つの母数は大きく異なるということは結論付けられません。2つの値がどの程度異なるかに関しては検定からはわからないのです。どの程度の差があるかを知りたい場合には前節で用いた信頼区間を用いるのが効果的です。

以上で、検定までの単元は終了です。この単元は幅が広く、本書では扱いきれない部分がありますが、もし今までに統計や確率について学ぶ機会がなかった場合は、4章のはじめに紹介した参考文献等を見ながらぜひ一通り勉強してみてください。また、今まで扱ったライブラリの関数には色々なオプションがありますので、興味のある方は調べてみてください。

Practice

【練習問題 4-13】
3章で使用したデータ（student-mat.csvおよびstudent-por.csv）で、数学とポルトガル語の成績のG2のそれぞれの平均について、差があると言えるでしょうか。また、G3はどうでしょうか。

答えはAppendix 2

Practice

4章 総合問題

【総合問題4-1　検定】
「4-7 統計的検定」で使用したデータ（student_data_merge）を使って、以下の問いに答えてください。

1. それぞれの欠席数（absences）については、差があるといえるでしょうか。

2. それぞれの勉強時間（studytime）についてはどうでしょうか。

答えはAppendix 2

Chapter 5

Pythonによる科学計算（NumpyとScipy）

5章では、2章で基礎を学んだNumpyとScipyのライブラリについて、これらをさらに使いこなす力を身に付けていきましょう。この5章および次の6章では、データを操作するテクニックが多く登場します。それらのテクニックの必要性は、すぐにはわからないかもしれませんが、総合問題や後半の章で、実際のデータを扱う際にその利点がわかると思います。しっかりと身につけていきましょう。
具体的には、5章の前半はNumpyに関する配列操作のテクニック、後半はScipyを使った科学計算の応用で、行列の分解や積分、微分方程式や最適化計算について扱っていきます。

Goal NumpyやScipyを使ったデータの生成や科学的計算方法の知識を深める

Chapter 5-1

概要と事前準備

Keyword Numpy、Scipy、Matplotlib

5-1- 1 この章の概要

これまで、Pythonの基礎的な文法や、代表的な科学技術計算ライブラリNumpy、Scipyの基本的な使い方を学びました。この章では、これらのライブラリを引き続き使用し、さらに色々な計算テクニックを身に付けていきましょう。
Numpyはインデックス参照やブロードキャストについて、Scipyについては線形代数や積分計算、最適化計算について見ていきます。
5章と6章は、データを操作するテクニックが多く登場します。最初はそれらのテクニックの必要性をあまり実感できないかと思いますが、各章の総合問題で実際のデータを使って、それらの手法を活用すると、その利点がわかると思います。しっかりと身につけていきましょう。この章の参考文献として、巻末「A-10」をご覧ください。
なお、「5-3 Scipy」では、数学的に少し高度なものを扱っています。おそらくこれらは理系の大学3～4年生までに習うレベルのもので、初見の方はすぐに理解できないかもしれません。後の章ですべてを使うわけではないので、線形代数（行列分解など）、微分方程式、最適化計算（線形計画法）等をまだやっていない方は、詳細は理解できなくても大丈夫です。ここで扱った理由は、これらの分野の理論のみを学んできた人に、科学計算の実装はCや他の言語を使うと大変ですが、Pythonを使えば気軽に実装できることを知ってもらうためです。データサイエンスの現場や研究等で、これらの分野（微分方程式、最適化計算など）を使う必要がでてきた時には、ぜひScipyを使うことを検討してみてください。

5-1- 2 この章で使うライブラリのインポート

この章では、2章で紹介した各種ライブラリを使います。次のようにインポートしていることを前提として、進めていきます。NumpyとScipyはもちろんですが、グラフを描くために、一部、Matplotlibも利用します。

入力

```
# 以下のライブラリを使うので、あらかじめ読み込んでおいてください
import numpy as np
import numpy.random as random
import scipy as sp

# 可視化ライブラリ
import matplotlib.pyplot as plt
import matplotlib as mpl
%matplotlib inline

# 小数第3位まで表示
%precision 3
```

出力

```
'%.3f'
```

Chapter 5-2

Numpyを使った計算の応用

Keyword インデックス参照、スライス、ビュー、ユニバーサル関数、再形成、結合と分割、リピート、ブロードキャスト

以前の章でNumpyの使い方について、配列計算など基礎的なことを学びました。ここではさらに、応用的な操作を実施していきます。

5-2-1 インデックス参照

まずは、さまざまなデータを参照するときに使うインデックス参照から説明します。以下の説明のため、次のように簡単なデータを用意します。

入力

```
sample_array = np.arange(10)
print('sample_array:',sample_array)
```

出力

```
sample_array: [0 1 2 3 4 5 6 7 8 9]
```

上記の結果からわかるように、このデータsample_arrayは、0から9までの数字（配列）です。このデータの一部を置き換えることを考えます。

まずは、次のようにスライスという操作をして、先頭から5つ（sample_array[0]～sample_array[4]）を、別の変数であるsample_array_sliceに代入してみます。このとき、sample_array_sliceの結果は、もちろん、0～4までの配列となります。

入力

```
# 元のデータ
print(sample_array)

# 前から数字を5つ取得して、sample_array_sliceに入れる（スライス）
sample_array_slice = sample_array[0:5]
print(sample_array_slice)
```

出力

```
[0 1 2 3 4 5 6 7 8 9]
[0 1 2 3 4]
```

次に、この新しい変数sample_array_sliceの先頭から3つ（sample_array_slice[0]～sample_array_slice[2]）を、10という値に置き換えます。この結果、sample_array_sliceは、「10 10 10 3 4」となるのは明らかですが、このとき元の変数であるsample_arrayの値も変わっている点に注意してください。

入力

```
# sample_array_sliceの3文字目までは、10で置換
sample_array_slice[0:3] = 10
print(sample_array_slice)

# スライスの変更はオリジナルのリストの要素も変更されていることに注意
print(sample_array)
```

出力

```
[10 10 10  3  4]
[10 10 10  3  4  5  6  7  8  9]
```

5-2

5-2- 1-1 データのコピー

このように代入元の変数の値も変わってしまうのは、コピーではなくて参照が行われているからです。すなわち、「sample_array_slice = sample_array[0:5]」という代入の構文は、sample_arrayの先頭から5つをsample_array_sliceにコピーしているように見えますが、そうではなくて、sample_array_sliceは、元のsample_arrayの先頭から5つを参照しているだけなのです。そのため、値を変更すると、元の値も変わってしまいます。

このような参照ではなくてコピーしたいときは、次のようにcopyを使います。すると、コピーしたものを参照するようになるため、変更しても元のデータは影響を受けません。

入力

```
# copyして別のobjectを作成
sample_array_copy = np.copy(sample_array)
print(sample_array_copy)

sample_array_copy[0:3] = 20
print(sample_array_copy)

# 元のリストの要素は変更されていない
print(sample_array)
```

出力

```
[10 10 10  3  4  5  6  7  8  9]
[20 20 20  3  4  5  6  7  8  9]
[10 10 10  3  4  5  6  7  8  9]
```

5-2- 1-2 ブールインデックス参照

次に、ブールインデックス参照という機能を見ていきます。これはその名の通り、bool（TrueかFalseかの真偽値）によって、どのデータを取り出すかを決める機能です。言葉で説明しても分かりにくいので、以下で具体例を見ていきます。

まずは、次のように、sample_namesとdataという2つの配列を用意してみます。sample_namesは、「a」「b」「c」「d」「a」という値を要素として持つ5つの配列、dataは、標準正規分布に則った5×5のランダムな値を持つ配列です。

入力

```
# データの準備
sample_names = np.array(['a','b','c','d','a'])
random.seed(0)
data = random.randn(5,5)

print(sample_names)
print(data)
```

出力

```
['a' 'b' 'c' 'd' 'a']
[[ 1.764  0.4    0.979  2.241  1.868]
 [-0.977  0.95  -0.151 -0.103  0.411]
 [ 0.144  1.454  0.761  0.122  0.444]
 [ 0.334  1.494 -0.205  0.313 -0.854]
 [-2.553  0.654  0.864 -0.742  2.27 ]]
```

この2つの配列に対して、ブールインデックス参照を使って、TrueかFalseかに基づいて値を取り出してみましょう。まずは、次のようにsample_namesに対して「=='a'」を指定します。すると、要素の値が「'a'」である部分だけがTrueになる結果を取り出せます。

入力

```
sample_names == 'a'
```

出力

```
array([ True, False, False, False,  True])
```

この結果を、次のようにdata変数の[]の中に条件として指定します。すると、Trueになっている箇所のデータだけを取り出せます。この例では、0番目と4番目がTrueなので、0番目と4番目のインデックスのデータが取り出されます。ここでは2次元の配列を操作しているので0番目と4番目の列が取り出されます。これがブールインデックス参照です。

入力

```
data[sample_names == 'a']
```

出力

```
array([[ 1.764,  0.4  ,  0.979,  2.241,  1.868],
       [-2.553,  0.654,  0.864, -0.742,  2.27 ]])
```

5-2- 1-3 条件制御

numpy.whereを使うと、2つのデータXとデータYがあるとき、条件を満たすかどうかによって、Xの要素を取り出す、もしくはYの要素を取り出すというように、取得するデータを切り分けられます。その書式は、次の通りです。

numpy.where(条件の配列, Xのデータ, Yのデータ)

条件の配列がTrueのときはXのデータ、そうでなければYのデータが取り出されます。具体的にやってみましょう。次の例では、条件のデータとして、「True、True、False、False、True」というデータを指定しています。
そしてx_arrayは「1, 2, 3, 4, 5」としており、y_arrayは「100, 200, 300, 400, 500」としています。そのため条件のデータがTrueである1番目、2番目、5番目はx_arrayから取り出され、そうでないものはy_arrayから取り出されるので、結果は、「1, 2, 300, 400, 5」のようになります。
numpy.where処理は、このように条件によって採用するデータを切り分けるときに便利です。

以下で実際に試してみましょう。

入力

```
# 条件制御のためのブールの配列を作成
cond_data = np.array([True,True,False,False,True])

# 配列x_arrayを作成
```

```
x_array= np.array([1,2,3,4,5])

# 配列y_arrayを作成
y_array= np.array([100,200,300,400,500])

# 条件制御実施
print(np.where(cond_data,x_array,y_array))
```

出力

```
[  1   2 300 400   5]
```

x_arrayからは、配列の0番目(1)、1番目(2)、4番目(5)の数字が取り出され、y_arrayからは、配列の2番目(300)、3番目(400)の数字が取り出されました。

Practice

【練習問題 5-1】

以下に示すsample_namesとdataという2つの配列があるとします。ブールインデックス参照を使って、dataから、sample_namesのbに該当するデータを抽出してください。

入力

```
# データの準備
sample_names = np.array(['a','b','c','d','a'])
random.seed(0)
data = random.randn(5,5)

print(sample_names)
print(data)
```

出力

```
['a' 'b' 'c' 'd' 'a']
[[ 1.764  0.4    0.979  2.241  1.868]
 [-0.977  0.95  -0.151 -0.103  0.411]
 [ 0.144  1.454  0.761  0.122  0.444]
 [ 0.334  1.494 -0.205  0.313 -0.854]
 [-2.553  0.654  0.864 -0.742  2.27 ]]
```

【練習問題 5-2】

練習問題 5-1で使ったデータsample_namesとdataを使って、dataから、sample_namesのc以外に該当するデータを抽出してください。

【練習問題 5-3】

次のx_array、y_arrayがあるとき、Numpyのwhereを用いて条件制御し、3番目と4番目はx_arrayから、1番目、2番目、5番目はy_arrayから、それぞれ値を取り出したデータを生成してください。

入力

```
x_array= np.array([1,2,3,4,5])
y_array= np.array([6,7,8,9,10])
```

答えはAppendix 2

5-2-2 Numpyの演算処理

Numpyでは、要素に対して重複を削除したり、すべての要素に対して関数を使った計算を適用したりできます。

5-2-2-1 重複の削除

Numpyではuniqueを使うことで、要素の重複を削除できます。

入力

```
cond_data = np.array([True,True,False,False,True])

# cond_dataを表示
print(cond_data)

# 重複削除
print(np.unique(cond_data))
```

出力

```
[ True  True False False  True]
[False  True]
```

5-2-2-2 ユニバーサル関数

ユニバーサル関数とは、すべての要素に関数を適用できる機能です。たとえば次のようにすると、すべての要素に対して平方根やネイピア数の指数関数を計算できます。

入力

```
# ユニバーサル関数
sample_data = np.arange(10)
print('元のデータ：', sample_data)
print('すべての要素の平方根：',np.sqrt(sample_data))
print('すべての要素のネイピア指数関数：',np.exp(sample_data))
```

出力

```
元のデータ： [0 1 2 3 4 5 6 7 8 9]
すべての要素の平方根： [0.    1.    1.414 1.732 2.    2.236 2.449 2.646 2.828 3.   ]
すべての要素のネイピア指数関数： [1.000e+00 2.718e+00 7.389e+00 2.009e+01 5.460e+01 1.484e+02 4.034e+02
 1.097e+03 2.981e+03 8.103e+03]
```

5-2-2-3 最小、最大、平均、合計の計算

2章ではPandasで計算しましたが、Numpyでも次のようにして、最小、最大、平均、合計等の計算ができます。パラメータとしてaxisを指定すると、行や列の指定もできます。

入力

```
# arangeで9つの要素を持つ配列を生成。reshapeで3行3列の行列に再形成
sample_multi_array_data1 = np.arange(9).reshape(3,3)

print(sample_multi_array_data1)

print('最小値:',sample_multi_array_data1.min())
print('最大値:',sample_multi_array_data1.max())
print('平均:',sample_multi_array_data1.mean())
print('合計:',sample_multi_array_data1.sum())

# 行列を指定して合計値を求める
print('行の合計:',sample_multi_array_data1.sum(axis=1))
print('列の合計:',sample_multi_array_data1.sum(axis=0))
```

出力

```
[[0 1 2]
 [3 4 5]
 [6 7 8]]
最小値: 0
最大値: 8
平均: 4.0
合計: 36
行の合計: [ 3 12 21]
列の合計: [ 9 12 15]
```

5-2- 2-4 真偽値の判定

anyやallを使うと、要素の条件判定ができます。anyはいずれか少なくとも1つ満たすものがあればTrue、allはすべて満たす場合にTrueです。それぞれ、np.any(cond_data)や、np.all(cond_data) という書き方でも計算できます。

入力

```
# 真偽値の配列関数
cond_data = np.array([True,True,False,False,True])

print('Trueが少なくとも1つあるかどうか:',cond_data.any())
print('すべてTrueかどうか:',cond_data.all())
```

出力

```
Trueが少なくとも1つあるかどうか: True
すべてTrueかどうか: False
```

また、次のように条件を指定してからsumを指定すると、条件に合致する要素の個数を調べられます。

入力

```
sample_multi_array_data1 = np.arange(9).reshape(3,3)
print(sample_multi_array_data1)
print('5より大きい数字がいくつあるか:',(sample_multi_array_data1>5).sum())
```

出力

```
[[0 1 2]
 [3 4 5]
 [6 7 8]]
5より大きい数字がいくつあるか: 3
```

5-2- 2-5 対角成分の計算

行列の対角成分（行列の左上から右下にかけての対角線上に並ぶ成分）や、その和は、次のようにして計算できます。

入力

```
# 行列計算
sample_multi_array_data1 = np.arange(9).reshape(3,3)
print(sample_multi_array_data1)

print('対角成分:',np.diag(sample_multi_array_data1))
print('対角成分の和:',np.trace(sample_multi_array_data1))
```

出力

```
[[0 1 2]
 [3 4 5]
 [6 7 8]]
対角成分: [0 4 8]
対角成分の和: 12
```

Practice

【練習問題 5-4】

以下のデータに対して、すべての要素の平方根を計算した行列を表示してください。

入力

```
sample_multi_array_data2 = np.arange(16).reshape(4,4)
sample_multi_array_data2
```

出力

```
array([[ 0,  1,  2,  3],
       [ 4,  5,  6,  7],
       [ 8,  9, 10, 11],
       [12, 13, 14, 15]])
```

【練習問題 5-5】

練習問題 5-4のデータsample_multi_array_data2の最大値、最小値、合計値、平均値を求めてください。

【練習問題 5-6】

練習問題 5-4のデータsample_multi_array_data2の対角成分の和を求めてください。

答えはAppendix 2

5-2-3 配列操作とブロードキャスト

Numpyでは、行列の次元を変更したり、結合や分割などの操作もできます。

5-2-3-1 再形成

Numpyでは、行列の次元を変えることを再形成と言います。たとえば、次のようなデータがあるとします。

入力

```
# データの準備
sample_array = np.arange(10)
sample_array
```

出力

```
array([0, 1, 2, 3, 4, 5, 6, 7, 8, 9])
```

このときたとえばreshape(2, 5)のようにすると、2行5列の行列に再形成できます。

入力

```
# 再形成
sample_array2 = sample_array.reshape(2,5)
sample_array2
```

出力

```
array([[0, 1, 2, 3, 4],
       [5, 6, 7, 8, 9]])
```

もちろん、次のようにすれば、5行2列の行列を再形成できます。

入力

```
sample_array2.reshape(5,2)
```

出力

```
array([[0, 1],
       [2, 3],
       [4, 5],
       [6, 7],
       [8, 9]])
```

5-2-3-2 データの結合

concatenateを使うと、データを結合できます。パラメータのaxisで行方向か、縦方向を指定します。

行方向の結合

次の例は、パラメータのaxisに0を指定して行方向に結合しています。

入力

```
# データの準備
sample_array3 = np.array([[1,2,3],[4,5,6]])
sample_array4 = np.array([[7,8,9],[10,11,12]])
print(sample_array3)
print(sample_array4)

# 行方向に結合。パラメータのaxisに0を指定
np.concatenate([sample_array3,sample_array4],axis=0)
```

出力

```
[[1 2 3]
 [4 5 6]]
[[ 7  8  9]
 [10 11 12]]

array([[ 1,  2,  3],
       [ 4,  5,  6],
       [ 7,  8,  9],
       [10, 11, 12]])
```

行方向の結合は、vstackを使ってもできます。

入力

```
# vstackを使った行方向結合の方法
np.vstack((sample_array3,sample_array4))
```

出力

```
array([[ 1,  2,  3],
       [ 4,  5,  6],
       [ 7,  8,  9],
       [10, 11, 12]])
```

列方向の結合

列方向に結合するときはaxisに1を設定します。

入力

```
# 列方向に結合
np.concatenate([sample_array3,sample_array4],axis=1)
```

出力

```
array([[ 1,  2,  3,  7,  8,  9],
       [ 4,  5,  6, 10, 11, 12]])
```

列方向の結合は、hstackを使ってもできます。

入力

```
# 列方向結合の他の方法
np.hstack((sample_array3,sample_array4))
```

出力

```
array([[ 1,  2,  3,  7,  8,  9],
       [ 4,  5,  6, 10, 11, 12]])
```

5-2-3-3 配列の分割

splitを使うと配列を分割できます。まずは説明のため例として、分割対象のデータsample_array_vstackを用意します。

入力

```
# データの用意
sample_array3 = np.array([[1,2,3],[4,5,6]])
sample_array4 = np.array([[7,8,9],[10,11,12]])
sample_array_vstack = np.vstack((sample_array3,sample_array4))
# 作成したデータsample_array_vstackを表示
sample_array_vstack
```

出力

```
array([[ 1,  2,  3],
       [ 4,  5,  6],
       [ 7,  8,  9],
       [10, 11, 12]])
```

このデータをsplitで分割します。以下の例では、splitに[1, 3]というパラメータを指定しており、これが分割方法となります。具体的には~1（1の手前すべて）、1~3（1から3の手前のみ）、3~（3以降すべて）のインデックスで取り出すという意味になり、結果として、3つに分割されます。インデックスは0から始まるという点に注意してください。

入力

```
# sample_array_vstackを3つに分割し、first、seocnd、thirdという3つの変数に代入
first,second,third=np.split(sample_array_vstack,[1,3])

# firstの表示
print(first)
```

出力

```
[[1 2 3]]
```

firstには、~1のインデックス、つまり0番目の値が代入されています。sample_array_vstackは3列4行の2次配列なので、0番目の値は[[1 2 3]]になります。

入力

```
# secondの表示
print(second)
```

出力

```
[[4 5 6]
 [7 8 9]]
```

入力

```
# secondの最初の要素を取り出す
second[0]
```

出力

```
array([4, 5, 6])
```

入力

```
# thirdの表示
print(third)
```

出力

```
[[10 11 12]]
```

もう1つ例をあげます。新しくデータを追加して、分割した例を見てみましょう。次のような元データがあるとします。

入力

```
# データの用意
sample_array5 = np.array([[13,14,15],[16,17,18],[19,20,21]])
sample_array_vstack2 = np.vstack((sample_array3,sample_array4,sample_array5))
# 元のデータ
print(sample_array_vstack2)
```

出力

```
[[ 1  2  3]
 [ 4  5  6]
 [ 7  8  9]
 [10 11 12]
 [13 14 15]
 [16 17 18]
 [19 20 21]]
```

これを次のように分割します。分割パラメータは[2,3,5]なので、インデックスで2の手前まで(0、1)、3の手前まで(2)、5の手前まで(3～4)、5以降の4つになります。

入力

```
# sample_array_vstack2を~2,2,3~4,5~の4つに分割し、first、second、third、fourth
に代入する
first,second,third,fourth=np.split(sample_array_vstack2,[2,3,5])
print('・1つ目：\n',first,'\n')
print('・2つ目：\n',second,'\n')
print('・3つ目：\n',third,'\n')
print('・4つ目：\n',fourth,'\n')
```

出力

```
・1つ目：
 [[1 2 3]
 [4 5 6]]

・2つ目：
 [[7 8 9]]

・3つ目：
 [[10 11 12]
 [13 14 15]]

・4つ目：
 [[16 17 18]
 [19 20 21]]
```

要素を取り出すと以下のようになります。

入力

```
first[0]
```

出力

```
array([1, 2, 3])
```

入力

```
first[1]
```

出力

```
array([4, 5, 6])
```

5-2- 3-4 繰り返し処理

repeatを使うと、それぞれの要素を繰り返し生成できます。

入力

```
# repeatを使うと、各要素が指定した回数だけ繰り返されて生成される
first.repeat(5)
```

出力

```
array([1, 1, 1, 1, 1, 2, 2, 2, 2, 2, 3, 3, 3, 3, 3, 4, 4, 4, 4, 4, 5, 5,
       5, 5, 5, 6, 6, 6, 6, 6])
```

5-2- 3-5 ブロードキャスト

最後に、ブロードキャストです。これは、配列の大きさが異なっているときに、自動的に要素をコピーして、対象の大きさを揃える機能です。まずは0から9までのデータを準備します。

入力

```
# データの準備
sample_array = np.arange(10)
print(sample_array)
```

出力

```
[0 1 2 3 4 5 6 7 8 9]
```

このデータに対して、次のように「+3」をして、配列に3を加えようとしています。このとき、sample_array + 3は、片方は配列で、もう片方は配列ではないので、そのままでは計算できません。そこでNumpyでは暗黙的に、要素をコピーして大きさを揃えて、sample_array + np.array([3,3,3,3,3,3,3,3,3,3])のように計算します。これがブロードキャストです。

入力

```
sample_array + 3
```

出力

```
array([ 3,  4,  5,  6,  7,  8,  9, 10, 11, 12])
```

以上で、Numpyの話は終了します。Numpyは他のライブラリのベースとなっており、ここで紹介したテクニック以外にも、色々なデータハンドリングや概念があるので、参考文献「A-10」や参考URL「B-7」などを参考にしてください。

5-2

Practice

【練習問題 5-7】

次の2つの配列を、縦に結合してみましょう。

入力

```
# データの準備
sample_array1 = np.arange(12).reshape(3,4)
sample_array2 = np.arange(12).reshape(3,4)
```

【練習問題 5-8】

練習問題 5-7の2つの配列を、横に結合してみましょう。

【練習問題 5-9】

Pythonにおけるリストの各要素に3を加えるためにはどうすればよいでしょうか。以下のリストと、numpyのブロードキャスト機能を使ってください。

入力

```
sample_list = [1,2,3,4,5]
```

答えはAppendix 2

Chapter 5-3

Scipyを使った計算の応用

Keyword 線形補間、スプライン補間、interpolate、linalg、特異値分解、LU分解、コレスキー分解、数値積分、微分方程式、integrate、最適化、二分法、ブレント法、ニュートン法、optimize

ここでは科学計算で活用されるScipyの使い方について学びます。補間や行列計算、積分計算、最適化(線形計画法の一部)を扱っていきます。他には高速フーリエ変換、信号処理、画像処理も計算することができます。もし、これらのアプローチを取る機会があれば、ぜひScipyの使用を検討してみてください。なお、冒頭にも述べたように、これらの分野を全く学んでない方は、こんな方法があるのだなと思うだけでよいので、適宜飛ばしてください。
参考文献「A-10」や参考URL「B-8」を参考にしてください。

5-3-1 補間

まずは、補間計算から始めます。以下のコードを実行して、グラフを描画してみましょう。

入力

```
# xとして、linspaceで、開始が0、終了が10、項目が11つの等間隔数列を生成
x = np.linspace(0, 10, num=11, endpoint=True)
# yの値を生成
y = np.cos(-x**2/5.0)
plt.plot(x,y,'o')
plt.grid(True)
```

出力

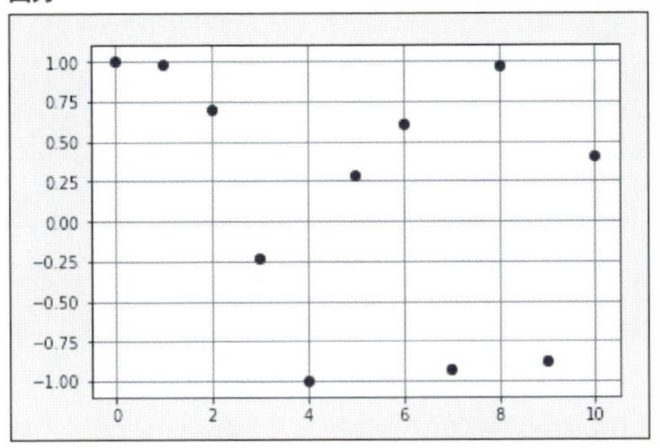

左から順に点をたどっていくと、これは何かの曲線を表しているようにも見えます(もちろん、コード見ればわかるように、cos関数を使って描いています。しかし今回はわからないということにしてください)。
このようなグラフにおいて、「xが4.5のとき」など、実点と実点の間にあるxに対応するyはどのような値になるのでしょうか？　これを考えるのが補間計算です。

5-3- 1-1 線形補間

Scipyでは、データ間の補間はinterp1dで計算できます。たとえば、以下では点と点の間を1次式でつないで補間（線形補間）しています。

入力

```
from scipy import interpolate

# 線形補間。interp1dのパラメータとして「linear」を指定する
f = interpolate.interp1d(x, y,'linear')
plt.plot(x,f(x),'-')
plt.grid(True)
```

出力

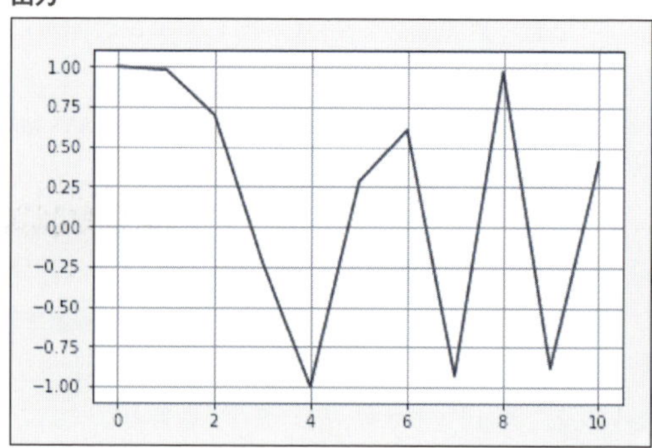

5-3- 1-2 スプライン3次補間

次に、スプライン3次補間も加えて、グラフを見てみましょう。スプライン3次補間は、点と点の間を3次の多項式で補間する手法です。

入力

```
# スプライン3次補間を計算してf2として追加する。パラメータに「cubic」を指定する
f2 = interpolate.interp1d(x, y,'cubic')

#曲線を出すために、xの値を細かくする。
xnew = np.linspace(0, 10, num=30, endpoint=True)

# グラフ化。fを直線で描き、f2を点線で描く
plt.plot(x, y, 'o', xnew, f(xnew), '-', xnew, f2(xnew), '--')

# 凡例
plt.legend(['data', 'linear', 'cubic'], loc='best')
plt.grid(True)
```

出力

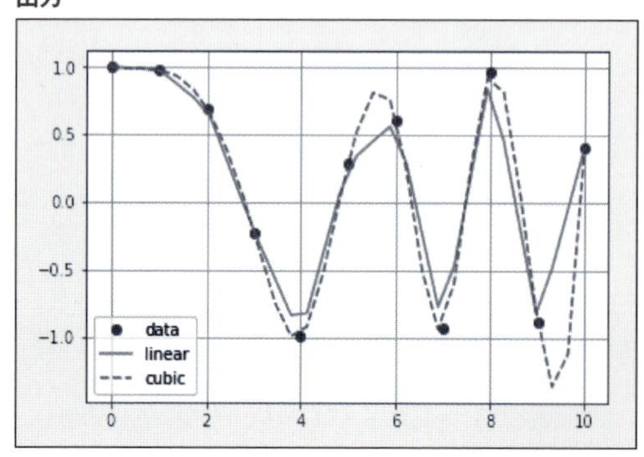

ただし、あくまでこの補間した曲線は現在のデータすべてを利用して曲線を引いており、これが新しい未知のデータに対して当てはまるとは限りません。

このことは後の機械学習の章で学んでいきます。参考URL「B-9」も参照してください。

Practice

【練習問題 5-10】

以下のデータに対して、線形補間の計算をして、グラフを描いてください。

入力

```
x = np.linspace(0, 10, num=11, endpoint=True)
y = np.sin(x**2/5.0)
plt.plot(x,y,'o')
plt.grid(True)
```

出力

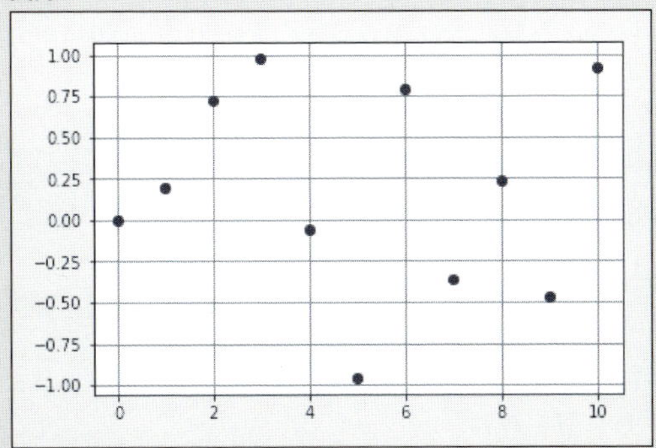

【練習問題 5-11】

2次元のスプライン補間（点と点の間を2次の多項式で補間する方法）を使って練習問題 5-10のグラフに書き込んでください（2次元のスプライン補間はパラメータをquadraticとします）。

【練習問題 5-12】

さらに、3次元のスプライン補間も加えてみましょう。

答えはAppendix 2

5-3- 2 線形代数：行列の分解

ここでは、行列計算の応用を扱っていきます。なお、ここは難しい項目になりますので、大学で線形代数をやっていない方は、スキップしても構いません。

5-3- 2-1 特異値分解

まずは**特異値分解**（**singular value decomposition**、**SVD**）から見ていきましょう。

ある行列 A に、別のある行列 x をかけたとき、もとの行列のちょうど λ 倍になるとき、x を固有ベクトル、λ を固有値と言います。これを式で表すと以下のようになります。

$$Ax = x \quad \text{(式5-3-1)}$$

固有値の計算は、行列 A が正方行列であることを前提としていますが、特異値分解はこの計算を正方行列ではない行列にも拡張したものと言えます。行列 A の特異値分解を式で表すと、

$$A = U \sum V^* \quad \text{(式5-3-2)}$$

となります。ここで、A は (m,n) 行列で、V は A^*A（*は共役転置行列を表す）の固有ベクトルを列ベクトルとして並べた行列、U は AA^* の固有ベクトルを列ベクトルとして並べた行列、$\sum$ は特異値を対角に並べた行列とします。
ここで、AA^* の固有値は $min(m,n)$ であり、それらの正の固有値を σ_i^2 とした時、固有値の平方根 σ_i を特異値といいます。
具体的に計算をすると以下になります。ちなみに、@は行列の積を簡素化するための演算子です（PythonやNumpyのバージョンによっては使えませんが、Jupyter Notebook上では大丈夫です）。

入力

```
# (2,5) 行列
A = np.array([[1,2,3,4,5],[6,7,8,9,10]])

# 特異値分解の関数linalg.svd
U, s, Vs = sp.linalg.svd(A)
m, n = A.shape

S = sp.linalg.diagsvd(s,m,n)

print('U.S.V* = \n',U@S@Vs)
```

出力

```
U.S.V* =
 [[ 1.  2.  3.  4.  5.]
 [ 6.  7.  8.  9. 10.]]
```

Point

ちなみに、この特異値分解は機械学習の章で学ぶリッジ回帰や主成分分析などと関係があります。さらに深層学習を学ぶ上でも行列分解は大事です。本書では、細かい計算は追いませんが、頭の片隅において置いてください。参考URL「B-10」もご覧ください。

5-3-2-2 LU分解

次は、**LU分解**です。A を正方行列として、$Ax = b$ を解く代わりに、$PLUx = b$ を解くことで、効率よく解を求めることができるというのがLU分解です。置換行列 P、対角成分がすべて1の下三角行列 L、上三角行列 U を $A = PLU$ となるようにおきます。具体的な計算は次のようになります。

入力

```
#データの準備
A = np.identity(5)
A[0,:] = 1
A[:,0] = 1
A[0,0] = 5
b = np.ones(5)

# 正方行列をLU分解する
(LU,piv) = sp.linalg.lu_factor(A)
```

出力

```
array([-3.,  4.,  4.,  4.,  4.])
```

```
L = np.identity(5) + np.tril(LU,-1)
U = np.triu(LU)
P = np.identity(5)[piv]

# 解を求める
x = sp.linalg.lu_solve((LU,piv),b)
x
```

5-3-2-3 コレスキー分解

次は、**コレスキー分解**です。行列Aがエルミート行列で正定値の場合に、下三角行列L、共役転置L^*の積$A=LL^*$に分解するのがコレスキー分解です。方程式は$LL^*x=b$となり、これを解きます。

入力

```
A = np.array([[7, -1, 0, 1],
              [-1, 9, -2, 2],
              [0, -2, 8, -3],
              [1, 2, -3, 10]])
b = np.array([5, 20, 0, 20])


L = sp.linalg.cholesky(A)

t = sp.linalg.solve(L.T.conj(), b)
x = sp.linalg.solve(L, t)

# 解答
print(x)
```

出力

```
[0.758 2.168 1.241 1.863]
```

入力

```
# 確認
np.dot(A,x)
```

出力

```
array([5.000e+00, 2.000e+01, 2.665e-15, 2.000e+01])
```

他には、QR分解等も可能です。ここでは割愛しますが、参考URL「B-11」などを参考にしてください。

以上でScipyを使った線形代数・行列の分解については終わりになります。
なお、行列分解の計算だけを見ていると何の役に立つのかイメージしにくいのですが、実務的には商品のリコメンデーションなどに応用されています(非負値行列因子分解：NMF: Non-negative Matrix Factorizationなど)。
購買データを扱う際、1つ1つの購買(バスケット、購買ユーザー)に対して、各購入商品のフラグ付けをして行列にすることが多いのですが、ほとんど疎(スパース)な状態で、そのまま集計・分析をするとあまり意味のある結果が出ないことが多いです。そのため、次元削減するのに行列の分解の結果が使われます。なお、これらに関連する参考書籍としては、参考文献「A-11」があります。
ちなみに、非負値行列因子分解は、ある行列Xを$X \fallingdotseq WH$と近似した時に、その近似後の行列W、Hの要素が全部正になるようにするもおのです。
以下の例はScikit-learnのdecompositionを使って計算しています。

入力

```
# NMFを使います
from sklearn.decomposition import NMF

# 分解対象行列
X = np.array([[1,1,1], [2,2,2],[3,3,3], [4,4,4]])

model = NMF(n_components=2, init='random', random_state=0)

W = model.fit_transform(X)
H = model.components_
W
```

出力

```
array([[0.425, 0.222],
       [0.698, 0.537],
       [0.039, 1.434],
       [2.377, 0.463]])
```

入力

```
H
```

出力

```
array([[1.281, 1.281, 1.282],
       [2.058, 2.058, 2.058]])
```

入力

```
np.dot(W, H) #W@Hでもよい
```

出力

```
array([[1., 1., 1.],
       [2., 2., 2.],
       [3., 3., 3.],
       [4., 4., 4.]])
```

Practice

【練習問題 5-13】

以下の行列に対して、特異値分解をしてください。

入力

```
B = np.array([[1,2,3],[4,5,6],[7,8,9],[10,11,12]])
B
```

出力

```
array([[ 1,  2,  3],
       [ 4,  5,  6],
       [ 7,  8,  9],
       [10, 11, 12]])
```

【練習問題 5-14】

以下の行列に対して、LU分解をして、$Ax = b$の方程式を解いてください。

入力

```
#データの準備
A = np.identity(3)
print(A)
A[0,:] = 1
A[:,0] = 1
A[0,0] = 3
b = np.ones(3)
print(A)
print(b)
```

出力

```
[[1. 0. 0.]
 [0. 1. 0.]
 [0. 0. 1.]]
[[3. 1. 1.]
 [1. 1. 0.]
 [1. 0. 1.]]
[1. 1. 1.]
```

答えはAppendix 2

5-3-3 積分と微分方程式

次に、積分計算や微分方程式を解く方法について説明します。

5-3-3-1 積分計算

まずは積分計算から始めます。Scipyを使えば、たとえば、次の(数値)積分を求めることができます。

$$\int_0^1 \frac{4}{1+x^2}dx \qquad (式5\text{-}3\text{-}3)$$

これは実際はπ(3.14..)に等しいですが、以下のコードで確かめていきましょう。積分計算は、integrate.quadを使います。

入力

```
# 積分計算
from scipy import integrate
import math
```

次に、いま提示した関数を次のように定義します。

入力

```
def calcPi(x):
    return 4/(1+x**2)
```

計算するためにはintegrate.quadを使います。integrate.quadの1つ目の引数には、積分したい関数を指定します。そして2つ目と3つ目の引数には、積分範囲を設定します。

入力

```
# 計算結果と推定誤差
integrate.quad(calcPi, 0, 1)
```

出力

```
(3.142, 0.000)
```

以下は同じ処理を無名関数を使って実行するものです。

入力

```
# 無名関数で書くことも可能
integrate.quad(lambda x: 4/(1+x**2), 0, 1)
```

出力

```
(3.142, 0.000)
```

どちらもほぼ3.14になっているのがわかると思います。

5-3-3-2 sin関数を求める例

もうひとつの例として、sin関数も求めてみましょう。

入力

```
from numpy import sin
integrate.quad(sin, 0, math.pi/1)
```

出力

```
(2.000, 0.000)
```

2重積分も計算できます。

$$\int_0^\infty \int_1^\infty \frac{\mathrm{e}^{-xt}}{t^n} dt dx \qquad \text{(式5-3-4)}$$

もちろんこれも手計算で実施可能で、$\frac{1}{n}$になりますが、integrate.dblquadを使って、確かめましょう。ただし、コンピューターの数値計算なので、前と同様に完全に一致することはなく、誤差が生じます。

入力

```
# 2重積分
def I(n):
    return integrate.dblquad(lambda t, x: np.exp(-x*t)/t**n, 0, np.inf, lambda x: 1, lambda x: np.inf)
print('n=1の時:',I(1))
print('n=2の時:',I(2))
print('n=3の時:',I(3))
print('n=4の時:',I(4))
```

出力

```
n=1の時: (1.0000000000048965, 6.360750360104306e-08)
n=2の時: (0.4999999999985751, 1.3894083651858995e-08)
n=3の時: (0.33333333325010883, 1.3888461883425516e-08)
n=4の時: (0.2500000000043577, 1.2983033469368098e-08)
```

5-3-3-3 微分方程式の計算

参考ですが、さらに、Scipyを使って微分方程式も計算できます。以下は、カオス理論で有名なローレンツ方程式です。

$$\begin{aligned} \frac{dx}{dt} &= -px + py \\ \frac{dy}{dt} &= -xz + rx - y \\ \frac{dz}{dt} &= xy - bz \end{aligned} \qquad \text{(式5-3-5)}$$

これらをpythonで表すと次のようになります。ここで、vはベクトルを表しており、ローレンツ方程式の x, y, z がそれぞれv[0], v[1], [v2]に対応しています。

入力

```
# モジュールの読み込み
import numpy as np
from scipy.integrate import odeint
import matplotlib.pyplot as plt
from mpl_toolkits.mplot3d import Axes3D

# ローレンツ方程式
def lorenz_func(v, t, p, r, b):
    return [-p*v[0]+p*v[1], -v[0]*v[2]+r*v[0]-v[1], v[0]*v[1]-b*v[2]]
```

続いて、lorenz_funcにローレンツが論文で与えたパラメータ$p=10$、$r=28$、$b=\frac{8}{3}$を代入して微分方程式を解いてグラフ化します。微分方程式はodeintで解くことができます。

入力

```
# パラメータの設定
p = 10
r = 28
b = 8/3
v0 = [0.1, 0.1, 0.1]
t = np.arange(0, 100, 0.01)

# 関数の呼び出し
v = odeint(lorenz_func, v0, t, args=(p, r, b))

# 可視化
fig = plt.figure()
ax = fig.gca(projection='3d')
ax.plot(v[:, 0], v[:, 1], v[:, 2])

# ラベルなど
plt.title('Lorenz')
plt.grid(True)
```

出力

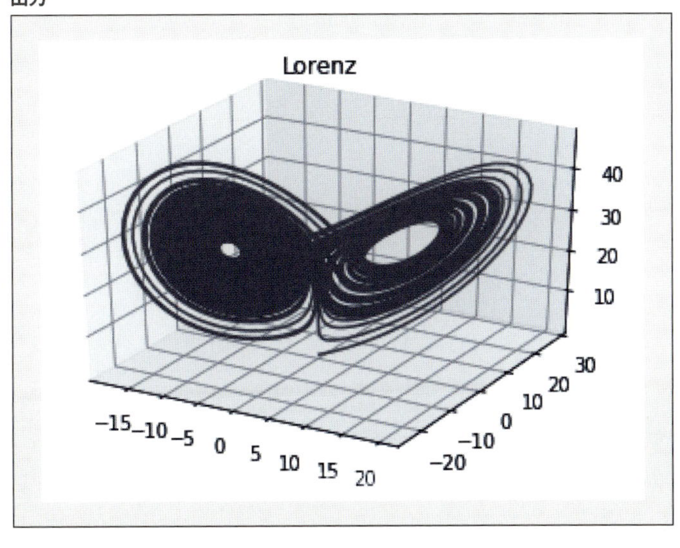

すると、解は三次元空間に不規則な軌跡を描くことがわかりました。

この節で行った内容については、参考URL「B-12」や「B-13」なども参考にしてください。

Practice

【練習問題 5-15】

以下の積分を求めてみましょう。

$$\int_0^2 (x+1)^2 dx \qquad \text{(式5-3-6)}$$

【練習問題 5-16】

cos関数の範囲$(0, \pi)$の積分を求めてみましょう。

答えはAppendix 2

5-3

5-3-4 最適化

最後に、最適化計算（線形計画法）のメソッドについて学びましょう。また、方程式の解を求める処理も紹介していきます。最適化計算は、optimizeを使いますのでインポートしています。

入力

```
from scipy.optimize import fsolve
```

5-3-4-1 2次関数の最適化

まずは、具体例として次の2次関数について、$f(x)$が0になるxを考えてみましょう。

もちろん、解の公式で解くことができますが、Scipyのoptimizeの使い方を覚えるために、optimizeを使って解いてみます。

$$f(x) = 2x^2 + 2x - 10 \qquad \text{(式5-3-7)}$$

該当の関数を以下のように定義します。

入力

```
def f(x):
    y = 2 * x**2 + 2 * x - 10
    return y
```

グラフ化してみましょう。

入力

```
# グラフ化してみる
x = np.linspace(-4,4)
plt.plot(x,f(x))
plt.plot(x,np.zeros(len(x)))
plt.grid(True)
```

出力

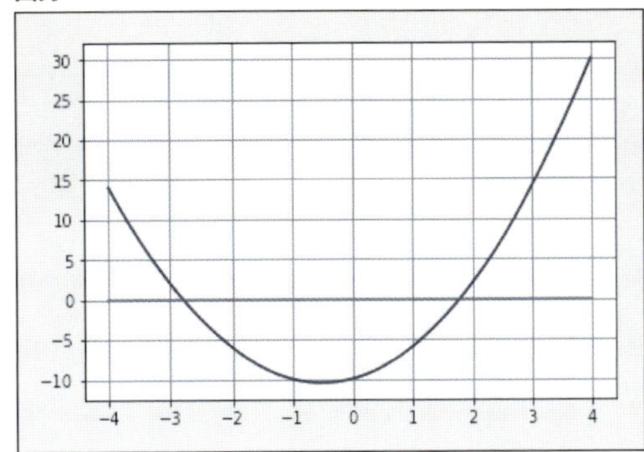

グラフから解は2と-3付近にあることがわかりますので、以下のような計算をさせると、解を算出してくれます。

入力

```
# x = 2 付近
x = fsolve(f,2)
print(x)
```

出力

```
[1.791]
```

入力

```
# x = -3 付近
x = fsolve(f,-3)
print(x)
```

出力

```
[-2.791]
```

5-3- 4-2 最適化問題を解く

では、次の最適化問題を考えてみましょう。式の中2行目にある $s.t.$ はsubject toのことです。

$$
\begin{aligned}
\min x_1 x_4(x_1 + x_2 + x_3) + x_3 \\
s.t.\ x_1 x_2 x_3 x_4 \geq 25 \\
1 \leq x_1, x_2, x_3, x_4 \leq 5 \\
x_0 = (1, 5, 5, 1) \\
40 - (x_1^2 + x_2^2 + x_3^2 + x_4^2) \geq 0
\end{aligned}
\quad \text{(式5-3-8)}
$$

上記は、min の後に書いてある関数を最小化するのですが、$s.t.$ の後に条件式がいくつか書いてあります。これらの条件のもとで、最小値を求めていきます。minimizeを使うため、次のようにインポートします。

```
from scipy.optimize import minimize
```

次に、目的となる関数

$$x_1x_4(x_1 + x_2 + x_3) + x_3 \quad (式5\text{-}3\text{-}9)$$

を下記のように定義します。

入力

```
# 目的となる関数
def objective(x):
    x1 = x[0]
    x2 = x[1]
    x3 = x[2]
    x4 = x[3]
    return x1*x4*(x1+x2+x3)+x3
```

5-3

次に、$s.t.$ 以下にある制約条件をそれぞれコーディングします。

入力

```
# 制約式その1
def constraint1(x):
    return x[0]*x[1]*x[2]*x[3]-25.0

# 制約式その2
def constraint2(x):
    sum_sq = 40
    for i in range(4):
        sum_sq = sum_sq - x[i]**2
    return sum_sq

# 初期値
x0 = [1,5,5,1]
print(objective(x0))
```

出力

```
16
```

minimizeを使うため、以下のように変数を作成します。typeがineqだったり、funがconstrain1だったりしますが、各パラメータは上の初めの式を見ながら意味を理解してください。

入力

```
b = (1.0,5.0)
bnds = (b,b,b,b)
con1 = {'type':'ineq','fun':constraint1}
con2 = {'type':'ineq','fun':constraint2}
cons = [con1,con2]
```

以上で準備が整ったので、最適化計算を実行します。

実行には、次のようにminimizeを使います。1つ目の引数には、対象となる関数を設定し、それ以降の引数で条件式等を設定します。なお、methodに指定している「SLSQP」はSequential Least SQuares Programmingの略で、逐次二次計画法という意味です。

入力

```
sol = minimize(objective,x0,method='SLSQP',bounds=bnds,constraints=cons)
print(sol)
```

出力

```
     fun: 17.01401724549506
     jac: array([14.572,  1.379,  2.379,  9.564])
 message: 'Optimization terminated successfully.'
    nfev: 30
     nit: 5
    njev: 5
  status: 0
 success: True
       x: array([1.   , 4.743, 3.821, 1.379])
```

5-3

以上の結果からわかるように、xが以下のような値をとるときに、関数は約17という最小値を取ることがわかりました。

入力

```
print('Y:',sol.fun)
print('X:',sol.x)
```

出力

```
Y: 17.01401724549506
X: [1.    4.743 3.821 1.379]
```

これで、Scipyの話は終了です。お疲れ様でした。これらの概念をはじめて見た方には難しかったかもしれませんが、この章で扱った計算以外にもたくさんの科学的な計算方法（fft、統計関数stats、デジタル信号のフィルタなど）があります。上記で紹介したサイトや、参考URL「B-14」もご覧ください。次の章では、Pandasを用いたデータハンドリングについてさらに学んでいきましょう。

Practice

【練習問題 5-17】

Sicpyを用いて、以下の関数が0となる解を求めましょう。

$$f(x) = 5x - 10 \quad \text{（式5-3-10）}$$

【練習問題 5-18】

同様に、以下の関数が0となる解を求めましょう。

$$f(x) = x^3 - 2x^2 - 11x + 12 \quad \text{（式5-3-11）}$$

答えはAppendix 2

Practice

5章 総合問題

【総合問題5-1　コレスキー分解】

右の行列に対して、コレスキー分解を活用して、$Ax = b$の方程式を解いてください。

入力

```
A = np.array([[5, 1, 0, 1],
              [1, 9, -5, 7],
              [0, -5, 8, -3],
              [1, 7, -3, 10]])
b = np.array([2, 10, 5, 10])
```

【総合問題5-2　積分】

$0 \leq x \leq 1$、$0 \leq y \leq 1-x$の三角領域で定義される以下の関数の積分値を求めてみましょう。

$$\int_0^1 \int_0^{1-x} 1/(\sqrt{(x+y)}(1+x+y)^2)dydx \quad \text{(式5-3-12)}$$

【総合問題5-3　最適化問題】

以下の最適化問題をSicpyを使って解いてみましょう。

$$\begin{aligned} min\ f(x) &= x^2 + 1 \\ s.t. x &\geq -1 \end{aligned} \quad \text{(式5-3-13)}$$

答えはAppendix 2

Chapter 6

Pandasを使ったデータ加工処理

6章では、2章で基礎を学んだPandasについて、さらに詳しく学んでいきます。Pandasは2章で学んだように、ある条件を満たすデータを抽出したり、操作するなど、さまざまな機能があります。さらに、特定の軸で集計したり、データ同士をつなげたり、欠けているデータを補ったり、時系列データを一括計算したり、複雑な処理も柔軟に行うことができます。Pandasは後半の章や、機械学習のモデルを適応させる前のいわゆる前処理でもよく使うことになりますので、この章はしっかりと学習してください。

Goal Pandasを使ったデータの抽出、操作、処理方法の知識を深める

Chapter 6-1

概要と事前準備

Keyword Pandas、データ加工処理、時系列データ

この章ではPandasを使ったデータ加工処理について、もう少し詳しく学んでいきます。Pandasは2章で学んだように、ある条件を満たすデータを抽出したり、操作したりするなど、さまざまな機能があります。

たとえば、全国の小学校で同じ算数のテストを実施したケースを考えてみます。それぞれの都道府県の最高点取得者だけを抜き出したいこともあるでしょうし、それぞれの都道府県の平均点を出したいこともあるでしょう。このように、さまざまな集計軸があります。さらに、都道府県×学校×クラスの3軸で平均値を算出したい場合や、さらに男女で計算したい場合など、軸が複数になっているケースもあります。Pandasを使えば、そのような集計をすることもできます。また、他のデータ（たとえば、国語の試験結果）とつなげたいときも、キー（各学生に与えられた一意となるデータなど）があれば、結合して1つのDataFrameオブジェクトにして、まとめて処理できます。

そのほか、時系列データを扱うときもPandasは役に立ちます。たとえば、ある店舗の日時の売上推移データを取り扱うときに、1週間や1か月ごとの平均値の推移を簡単に計算することができます。これらのプログラムをいちから記述するとなると大変ですが、Pandasではこのような計算も1～2行ほどのコードを書くだけで実行できます。さらに、データに欠損値や何か異常値が入っているとき、それらを何らかの方法で一括処理したい場合にも使えます。
もちろん、これらの処理は自分で、いちからPythonのプログラムを書くことで対応できますが、実装するのに時間がかかります。それに比べてPandasの機能を使えば、簡単に操作できます。また、機械学習のモデルを構築するときは、そのアルゴリズムが使えるようにデータを前処理する必要があります。たとえば、縦に並んでいたデータのカラムを横に並べたい場面などもあり、そういった操作もPandasなら簡単にできます。

上記のようなデータ操作をする場合、SQLやエクセルのピボットテーブルなどを使っても処理できますが、Pythonのプログラムだけで一貫してコーディングしたい場合はPandasを使うと便利です。
なおPandasには、グラフの描画機能もあり、ハンドリングしたデータをグラフとしてすぐに描画できます。データのグラフ化については7章で見ていくことにします。

6-1- 1 この章で使うライブラリのインポート

この章では、2章で紹介した各種ライブラリを使います。次のようにインポートしていることを前提として、以下、進めていきます。

入力

```
# 以下のライブラリを使うので、あらかじめ読み込んでおいてください
import numpy as np
import numpy.random as random
import scipy as sp
import pandas as pd
from pandas import Series, DataFrame

# 可視化ライブラリ
import matplotlib.pyplot as plt
import matplotlib as mpl
import seaborn as sns
%matplotlib inline

# 小数第3位まで表示
%precision 3
```

出力

```
'%.3f'
```

Chapter 6-2

Pandasの基本的なデータ操作

Keyword 階層型インデックス、内部結合、外部結合、縦結合、データのピボット操作、重複データ、マッピング、ビン分割、groupby

まずは、Pandasの基本的なデータ操作から始めます。

6-2-1 階層型インデックス

データを複数軸で集計したいとき、設定すると便利なのが**階層型インデックス**です。

2章でPandasのインデックスについて少し扱いましたが、インデックスとは索引やラベルのようなイメージです。2章では、1つのインデックスだけを扱いましたが、この章の冒頭で説明したように、複数の軸で階層的にインデックスを設定したいこともあります。階層的にインデックスを設定することで、階層ごとに集計が可能になり、便利です。

次に示すデータセットは、インデックスを2段構造で設定した例です。インデックスを設定するには、indexパラメータにその値を指定します。この例では、1階層目のインデックスとしてaとb、2階層目のインデックスとして1と2を設定しています。

また、列の側につけるカラムとして、1階層目にOsaka、Tokyo、Osaka、2階層目にBlue、Red、Redを設定しています。

入力

```
# 3列3行のデータを作成し、インデックスとカラムを設定
hier_df= DataFrame(
    np.arange(9).reshape((3,3)),
    index = [
        ['a','a','b'],
        [1,2,2]
    ],
    columns = [
        ['Osaka','Tokyo','Osaka'],
        ['Blue','Red','Red']
    ]
)
hier_df
```

出力

		Osaka	Tokyo	Osaka
		Blue	Red	Red
a	1	0	1	2
	2	3	4	5
b	2	6	7	8

これらのインデックスやカラムには、名前をつけることもできます。

入力

```
# indexに名前を付ける
hier_df.index.names =['key1','key2']
# カラムに名前を付ける
hier_df.columns.names =['city','color']
hier_df
```

出力

	city	Osaka	Tokyo	Osaka
	color	Blue	Red	Red
key1	key2			
a	1	0	1	2
	2	3	4	5
b	2	6	7	8

6-2-1-1 カラムの絞り込み

ここでたとえば、カラムのcityがOsakaのデータだけを見たいとしましょう。次のようにすると、グループの絞り込みができます。

入力

```
hier_df['Osaka']
```

出力

	color	Blue	Red
key1	key2		
a	1	0	2
	2	3	5
b	2	6	8

6-2-1-2 インデックスを軸にした集計

次はインデックスを軸にした集計の例です。以下の例は、key2を軸に合計を計算する例です。

入力

```
# 階層ごとの要約統計量：行合計
hier_df.sum(level = 'key2', axis = 0)
```

出力

city	Osaka	Tokyo	Osaka
color	Blue	Red	Red
key2			
1	0	1	2
2	9	11	13

同様にして、colorを軸に合計を計算する場合は、次のようにします。列方向に合計する場合は、axisパラメータを1に設定します。

入力

```
# 列合計
hier_df.sum(level = 'color', axis = 1)
```

出力

	color	Blue	Red
key1	key2		
a	1	0	3
	2	3	9
b	2	6	15

6-2-1-3 インデックスの要素の削除

あるインデックスを削除したい場合は、dropメソッドを使います。dropメソッドを使うと、インデックスの要素を削除できます。次の例では、key1のbを削除しています。

入力

```
hier_df.drop(['b'])
```

出力

	city	Osaka	Tokyo	Osaka
	color	Blue	Red	Red
key1	key2			
a	1	0	1	2
	2	3	4	5

Practice

【練習問題 6-1】

次のデータに対して、Kyotoの列だけ抜き出してみましょう。

入力

```
hier_df1 = DataFrame(
    np.arange(12).reshape((3,4)),
    index = [['c','d','d'],[1,2,1]],
    columns = [
        ['Kyoto','Nagoya','Hokkaido','Kyoto'],
        ['Yellow','Yellow','Red','Blue']
    ]
)

hier_df1.index.names = ['key1','key2']
hier_df1.columns.names = ['city','color']
hier_df1
```

出力

	city	Kyoto	Nagoya	Hokkaido	Kyoto
	color	Yellow	Yellow	Red	Blue
key1	key2				
c	1	0	1	2	3
d	2	4	5	6	7
	1	8	9	10	11

【練習問題 6-2】

練習問題 6-1のデータに対して、cityをまとめて列同士の平均値を出してください。

【練習問題 6-3】

練習問題 6-1のデータに対して、key2ごとに行の合計値を算出してみましょう。

答えはAppendix 2

6-2-2 データの結合

データの結合については2章で少し学びました。データを結合したいケースは多々あり、データをつなげることで集計がしやすくなったり、新しい軸における値がわかったりします。ぜひ、マスターしてください。

ただし、結合と言っても、さまざまなパターンがあります。以下でそれらを紹介していきます。
まずは、この節でサンプルとして使う結合の対象となるデータを準備します。ここでは次に提示するdata1(以下、データ1)とdata2(以下、データ2)の2つのデータを使います。

入力

```
# データ1の準備
data1 = {
    'id': ['100', '101', '102', '103', '104', '106', '108', '110', '111',' 113'],
    'city': ['Tokyo', 'Osaka', 'Kyoto', 'Hokkaido', 'Tokyo', 'Tokyo', 'Osaka', 'Kyoto', 'Hokkaido',
'Tokyo'],
    'birth_year': [1990, 1989, 1992, 1997, 1982, 1991, 1988, 1990, 1995, 1981],
    'name': ['Hiroshi', 'Akiko', 'Yuki', 'Satoru', 'Steeve', 'Mituru', 'Aoi', 'Tarou', 'Suguru','Mitsuo']
}
df1 = DataFrame(data1)
df1
```

出力

	id	city	birth_year	name
0	100	Tokyo	1990	Hiroshi
1	101	Osaka	1989	Akiko
2	102	Kyoto	1992	Yuki
3	103	Hokkaido	1997	Satoru
4	104	Tokyo	1982	Steeve
5	106	Tokyo	1991	Mituru
6	108	Osaka	1988	Aoi
7	110	Kyoto	1990	Tarou
8	111	Hokkaido	1995	Suguru
9	113	Tokyo	1981	Mitsuo

入力

```
# データ2の準備
data2 = {
    'id': ['100', '101', '102', '105', '107'],
    'math': [50, 43, 33, 76, 98],
    'english': [90, 30, 20, 50, 30],
    'sex': ['M','F','F','M','M'],
    'index_num': [0, 1, 2, 3, 4]
}
df2 = DataFrame(data2)
df2
```

出力

	id	math	english	sex	index_num
0	100	50	90	M	0
1	101	43	30	F	1
2	102	33	20	F	2
3	105	76	50	M	3
4	107	98	30	M	4

6-2- 2-1 結合

では、この2つのデータを結合する方法を見ていきましょう。データ1とデータ2を結合する方法は、次の4パターンが考えられます。

①**内部結合（INNER JOIN）**：両方にキーがあるときに結合します。
②**全結合（FULL JOIN）**：どちらかにキーがあるときに結合します。
③**左外部結合（LEFT JOIN）**：左側にあるデータのキーがある時に結合します。
④**右外部結合（RIGHT JOIN）**：右側にあるデータのキーがある時に結合します。

以下では主に、「内部結合」と「(左) 外部結合」を使います。この2つを理解しておいてください。

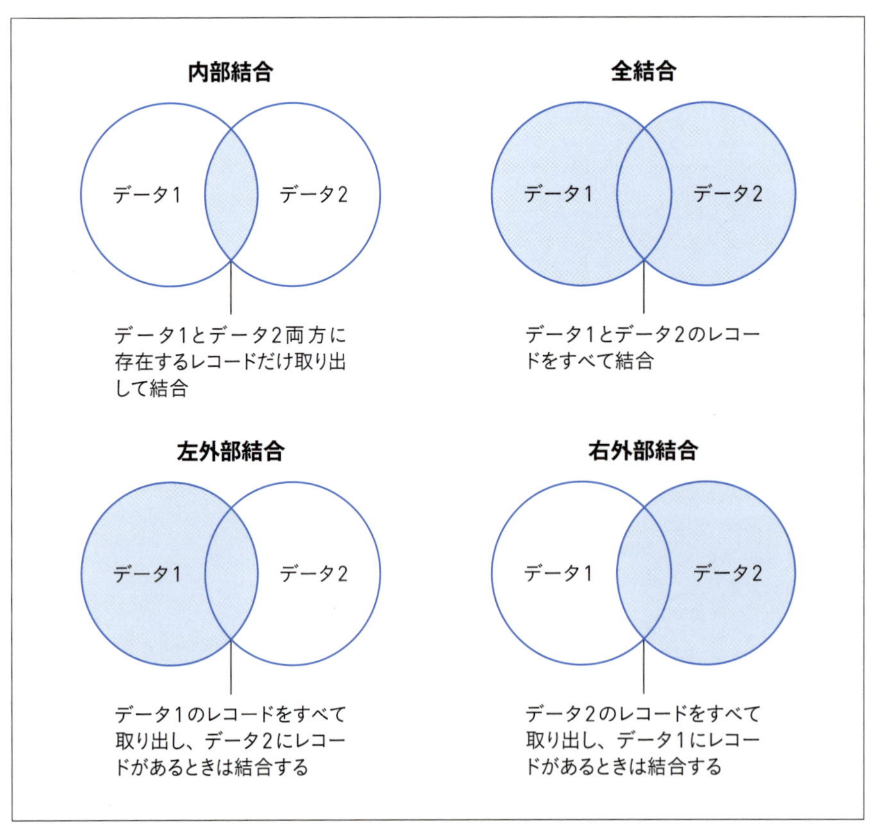

図：6-2-1　結合の4パターン

6-2-2-2 内部結合

mergeメソッドの結合方法のデフォルトは内部結合です。上記のデータ2つに対して、idをキーとして内部結合すると、以下のようになります。onパラメータでキーを指定します。

入力

```
# データのマージ（内部結合。キーは自動的に認識されるが、onで明示的に指定可能）
print('・結合テーブル')
pd.merge(df1, df2, on = 'id')
```

出力

・結合テーブル

	id	city	birth_year	name	math	english	sex	index_num
0	100	Tokyo	1990	Hiroshi	50	90	M	0
1	101	Osaka	1989	Akiko	43	30	F	1
2	102	Kyoto	1992	Yuki	33	20	F	2

idの値が両方のDataframeオブジェクトに存在するものみが表示されました。

6-2-2-3 全結合

次の例は、どちらのデータにも存在するデータで結合しています。これが全結合です。全結合ではhowパラメータにouterを指定します。結合する値がない場合は、NaNになります。

入力

```
# データのマージ（全結合）
pd.merge(df1, df2, how = 'outer')
```

出力

	id	city	birth_year	name	math	english	sex	index_num
0	100	Tokyo	1990.0	Hiroshi	50.0	90.0	M	0.0
1	101	Osaka	1989.0	Akiko	43.0	30.0	F	1.0
2	102	Kyoto	1992.0	Yuki	33.0	20.0	F	2.0
3	103	Hokkaido	1997.0	Satoru	NaN	NaN	NaN	NaN
4	104	Tokyo	1982.0	Steeve	NaN	NaN	NaN	NaN
5	106	Tokyo	1991.0	Mituru	NaN	NaN	NaN	NaN
6	108	Osaka	1988.0	Aoi	NaN	NaN	NaN	NaN
7	110	Kyoto	1990.0	Tarou	NaN	NaN	NaN	NaN
8	111	Hokkaido	1995.0	Suguru	NaN	NaN	NaN	NaN
9	113	Tokyo	1981.0	Mitsuo	NaN	NaN	NaN	NaN
10	105	NaN	NaN	NaN	76.0	50.0	M	3.0
11	107	NaN	NaN	NaN	98.0	30.0	M	4.0

なお、left_indexパラメータやright_onパラメータを使うと、キーをインデックスで指定して結合できます。次の例は、左側のデータのインデックスと、右側のデータのindex_numカラムをキーとして指定するものです。

入力

```
# index によるマージ
pd.merge(df1, df2, left_index = True, right_on = 'index_num')
```

出力

	id_x	city	birth_year	name	id_y	math	english	sex	index_num
0	100	Tokyo	1990	Hiroshi	100	50	90	M	0
1	101	Osaka	1989	Akiko	101	43	30	F	1
2	102	Kyoto	1992	Yuki	102	33	20	F	2
3	103	Hokkaido	1997	Satoru	105	76	50	M	3
4	104	Tokyo	1982	Steeve	107	98	30	M	4

6-2-2-4 左外部結合

左外部結合はhowパラメータにleftを指定します。次の例は、左側のテーブル（ひとつめの引数）に合わせて、Dataframeオブジェクトのデータを結合するものです。左側に対応するデータが右（ふたつめの引数）にない場合は、NaNになります。

入力

```
# データのマージ (left)
pd.merge(df1, df2, how = 'left')
```

出力

	id	city	birth_year	name	math	english	sex	index_num
0	100	Tokyo	1990	Hiroshi	50.0	90.0	M	0.0
1	101	Osaka	1989	Akiko	43.0	30.0	F	1.0
2	102	Kyoto	1992	Yuki	33.0	20.0	F	2.0
3	103	Hokkaido	1997	Satoru	NaN	NaN	NaN	NaN
4	104	Tokyo	1982	Steeve	NaN	NaN	NaN	NaN
5	106	Tokyo	1991	Mituru	NaN	NaN	NaN	NaN
6	108	Osaka	1988	Aoi	NaN	NaN	NaN	NaN
7	110	Kyoto	1990	Tarou	NaN	NaN	NaN	NaN
8	111	Hokkaido	1995	Suguru	NaN	NaN	NaN	NaN
9	113	Tokyo	1981	Mitsuo	NaN	NaN	NaN	NaN

6-2- 2-5 縦結合

これまでは、何らかのキーに紐付いてデータをマージしていましたが、concatメソッドを使うと、データを縦方向に積み上げられます。これを縦結合と言います。

入力

```
# データ3の準備
data3 = {
    'id': ['117', '118', '119', '120', '125'],
    'city': ['Chiba', 'Kanagawa', 'Tokyo', 'Fukuoka', 'Okinawa'],
    'birth_year': [1990, 1989, 1992, 1997, 1982],
    'name': ['Suguru', 'Kouichi', 'Satochi', 'Yukie', 'Akari']
}
df3 = DataFrame(data3)
df3
```

出力

	id	city	birth_year	name
0	117	Chiba	1990	Suguru
1	118	Kanagawa	1989	Kouichi
2	119	Tokyo	1992	Satochi
3	120	Fukuoka	1997	Yukie
4	125	Okinawa	1982	Akari

入力

```
# concat 縦結合
concat_data = pd.concat([df1,df3])
concat_data
```

出力

	id	city	birth_year	name
0	100	Tokyo	1990	Hiroshi
1	101	Osaka	1989	Akiko
2	102	Kyoto	1992	Yuki
3	103	Hokkaido	1997	Satoru
4	104	Tokyo	1982	Steeve
5	106	Tokyo	1991	Mituru
6	108	Osaka	1988	Aoi
7	110	Kyoto	1990	Tarou
8	111	Hokkaido	1995	Suguru
9	113	Tokyo	1981	Mitsuo
0	117	Chiba	1990	Suguru
1	118	Kanagawa	1989	Kouichi
2	119	Tokyo	1992	Satochi
3	120	Fukuoka	1997	Yukie
4	125	Okinawa	1982	Akari

Practice

【練習問題 6-4】

下記の2つのデータテーブルに対して、内部結合してみましょう。

入力

```
# データ4の準備
data4 = {
    'id': ['0', '1', '2', '3', '4', '6', '8', '11', '12', '13'],
    'city': ['Tokyo', 'Osaka', 'Kyoto', 'Hokkaido', 'Tokyo', 'Tokyo', 'Osaka', 'Kyoto',
'Hokkaido', 'Tokyo'],
    'birth_year': [1990, 1989, 1992, 1997, 1982, 1991, 1988, 1990, 1995, 1981],
    'name': ['Hiroshi', 'Akiko', 'Yuki', 'Satoru', 'Steeve', 'Mituru', 'Aoi', 'Tarou', 'Suguru',
'Mitsuo']
}
df4 = DataFrame(data4)
df4
```

出力

	id	city	birth_year	name
0	0	Tokyo	1990	Hiroshi
1	1	Osaka	1989	Akiko
2	2	Kyoto	1992	Yuki
3	3	Hokkaido	1997	Satoru
4	4	Tokyo	1982	Steeve
5	6	Tokyo	1991	Mituru
6	8	Osaka	1988	Aoi
7	11	Kyoto	1990	Tarou
8	12	Hokkaido	1995	Suguru
9	13	Tokyo	1981	Mitsuo

入力

```
# データ5の準備
data5 = {
    'id': ['0', '1', '3', '6', '8'],
    'math' : [20, 30, 50, 70, 90],
    'english': [30, 50, 50, 70, 20],
    'sex': ['M', 'F', 'F', 'M', 'M'],
    'index_num': [0, 1, 2, 3, 4]
}
df5 = DataFrame(data5)
df5
```

出力

	id	math	english	sex	index_num
0	0	20	30	M	0
1	1	30	50	F	1
2	3	50	50	F	2
3	6	70	70	M	3
4	8	90	20	M	4

【練習問題 6-5】

練習問題 6-4のデータを使って、df4をベースにdf5のテーブルを全結合してみましょう。

【練習問題 6-6】

練習問題 6-4のデータを使って、df4に対して、以下のデータを縦結合してみましょう。

入力

```
# データの準備
data6 = {
    'id': ['70', '80', '90', '120', '150'],
    'city': ['Chiba', 'Kanagawa', 'Tokyo', 'Fukuoka', 'Okinawa'],
    'birth_year': [1980, 1999, 1995, 1994, 1994],
    'name': ['Suguru', 'Kouichi', 'Satochi', 'Yukie', 'Akari']
}
df6 = DataFrame(data6)
```

答えはAppendix 2

6-2-3 データの操作と変換

次に、データの操作と変換（ピボット操作、データの重複があった場合の処理、マッピング、ビン分割など）について扱っていきましょう。

6-2-3-1 ピボット操作

まずは、データのピボット操作について学びます。ピボット操作とは、行を列に、列を行にする操作です。もう一度、これまで使ってきた階層テーブルhier_dfを例に考えます。

入力

```
# hier_dfを用意
hier_df= DataFrame(
    np.arange(9).reshape((3, 3)),
    index = [
        ['a', 'a', 'b'],
        [1, 2, 2]
    ],
    columns = [
        ['Osaka', 'Tokyo', 'Osaka'],
        ['Blue','Red','Red']
    ]
)
hier_df
```

出力

		Osaka	Tokyo	Osaka
		Blue	Red	Red
a	1	0	1	2
	2	3	4	5
b	2	6	7	8

次のようにstackメソッドを実行すると、行と列が入れ替わったDataFrameオブジェクトを再構成できます。

入力

```
# ピボット操作で「Blue、Red」の列を行に変更
hier_df.stack()
```

出力

			Osaka	Tokyo
a	1	Blue	0	NaN
		Red	2	1.0
	2	Blue	3	NaN
		Red	5	4.0
b	2	Blue	6	NaN
		Red	8	7.0

unstackメソッドを使うと、逆の操作が可能です。

入力

```
# unstackメソッドで、「Blue、Red」の行を列に変更
hier_df.stack().unstack()
```

出力

		Osaka		Tokyo	
		Blue	Red	Blue	Red
a	1	0	2	NaN	1.0
b	2	3	5	NaN	4.0
	2	6	8	NaN	7.0

上記のデータ操作では、列にあったものを行に持ってきたり、行であったものを列に持ってきたりしています。
これらのテクニックは、データのモデリング前の処理として使うことも多く便利ですので、ぜひ理解して使えるようしてください。

6-2-3-2 重複データの除去

次は、重複があるデータの処理です。データ分析をしていると、データに重複があることもありますし、自分で実際に集計等していて重複が混じることもあり、そのチェックをするという意味で重要です。
まず例として、重複があるデータを準備します。

入力

```
# 重複があるデータ
dupli_data = DataFrame({
        'col1': [1, 1, 2, 3, 4, 4, 6, 6],
        'col2': ['a', 'b', 'b', 'b', 'c', 'c', 'b', 'b']
})
print('・元のデータ')
dupli_data
```

出力

・元のデータ

	col1	col2
0	1	a
1	1	b
2	2	b
3	3	b
4	4	c
5	4	c
6	6	b
7	6	b

重複の判定にはduplicatedメソッドを使います。それぞれの行が確認され、重複があるときは、Trueとなります。ただし、重複のあるデータでも1回目ではFalseとなり、2回目からTrueになります。

入力

```
# 重複判定
dupli_data.duplicated()
```

出力

```
0    False
1    False
2    False
3    False
4    False
5     True
6    False
7     True
dtype: bool
```

drop_duplicatesメソッドを使うと、重複したデータを削除した結果のデータが返されます。

入力

```
# 重複削除
dupli_data.drop_duplicates()
```

出力

	col1	col2
0	1	a
1	1	b
2	2	b
3	3	b
4	4	c
6	6	b

6-2

6-2- 3-3 マッピング処理

次に、マッピング処理を説明します。これは、Excelのvlookup関数のような処理です。共通のキーとなるデータに対して、一方の（参照）テーブルからそのキーに対応するデータを引っ張ってくる機能です。以下は、都道府県名と地域名を対応付けた参照データです。

- Tokyo（東京）→Kanto（関東）
- Hokkaido（北海道）→Hokkaido（北海道）
- Osaka（大阪）→Kansai（関西）
- Kyoto（京都）→Kansai（関西）

まず次のように参照データを作ります。

入力

```
# 参照データ
city_map ={
    'Tokyo': 'Kanto',
    'Hokkaido': 'Hokkaido',
    'Osaka': 'Kansai',
    'Kyoto':'Kansai'
}
city_map
```

出力

```
{'Tokyo': 'Kanto',
'Hokkaido': 'Hokkaido',
'Osaka': 'Kansai',
'Kyoto': 'Kansai'}
```

次の例は、df1のcityカラムをベースとして、上の参照データcity_mapから対応する地域名データを持ってきて、新しく一番右にregionというカラムとして追加するものです。

入力

```
# 参照データを結合
# もし対応するデータがなかったら、NaNになる。
df1['region'] = df1['city'].map(city_map)
df1
```

出力

	id	city	birth_year	name	region
0	100	Tokyo	1990	Hiroshi	Kanto
1	101	Osaka	1989	Akiko	Kansai
2	102	Kyoto	1992	Yuki	Kansai
3	103	Hokkaido	1997	Satoru	Hokkaido
4	104	Tokyo	1982	Steeve	Kanto
5	106	Tokyo	1991	Mituru	Kanto
6	108	Osaka	1988	Aoi	Kansai
7	110	Kyoto	1990	Tarou	Kansai
8	111	Hokkaido	1995	Suguru	Hokkaido
9	113	Tokyo	1981	Mitsuo	Kanto

6-2- 3-4 無名関数とmapを組み合わせる

次は、1章で学んだ無名関数とmapを使って、カラムの中の一部のデータを取り出す処理をする例です。具体的には、birth_yearの上3桁を取得します。関数適応やループなどを使って要素を1つ1つ取り出して処理するより便利なので、まとめて処理したい場合は、このようなやり方を検討することをおすすめします。

入力

```
# birth_year の上3つの数字・文字を取り出す
df1['up_two_num'] = df1['birth_year'].map(lambda x: str(x)[0:3])
df1
```

出力

	id	city	birth_year	name	region	up_two_num
0	100	Tokyo	1990	Hiroshi	Kanto	199
1	101	Osaka	1989	Akiko	Kansai	198
2	102	Kyoto	1992	Yuki	Kansai	199
3	103	Hokkaido	1997	Satoru	Hokkaido	199
4	104	Tokyo	1982	Steeve	Kanto	198
5	106	Tokyo	1991	Mituru	Kanto	199
6	108	Osaka	1988	Aoi	Kansai	198
7	110	Kyoto	1990	Tarou	Kansai	199
8	111	Hokkaido	1995	Suguru	Hokkaido	199
9	113	Tokyo	1981	Mitsuo	Kanto	198

6-2- 3-5 ビン分割

最後にビン分割について説明します。これは、ある離散的な範囲にデータを分割して集計したい場合に、便利な機能です。具体的には、上のデータのbirth_yearに対して、5年区切りで集計をしたい場合など、ある特定の分割をして計算をしたいときに使います。

たとえば以下のように、1980、1985、1990、1995、2000のように5年単位でビン分割するためのリストを用意し、Pandasのcut関数を使うと、そのように分割できます。cut関数では、1つ目の引数に分割するデータ、2つ目の引数に分割する境界値を、それぞれ指定します。

入力

```
# 分割の粒度
birth_year_bins = [1980, 1985, 1990, 1995, 2000]

# ビン分割の実施
birth_year_cut_data = pd.cut(df1.birth_year, birth_year_bins)
birth_year_cut_data
```

出力

```
0    (1985, 1990]
1    (1985, 1990]
2    (1990, 1995]
3    (1995, 2000]
4    (1980, 1985]
5    (1990, 1995]
6    (1985, 1990]
7    (1985, 1990]
8    (1990, 1995]
9    (1980, 1985]
Name: birth_year, dtype: category
Categories (4, interval[int64]): [(1980, 1985] < (1985, 1990] < (1990, 1995] < (1995, 2000]]
```

なお、上記のプログラムでは、「1980～1985」の区切りの中には1980は含まれませんが、1985は含まれています。つまり、指定した基準は、「～より後で、～以前」という区切り方として使われます。この動作は、cut関数にleftオプションやrightオプションを指定することで変更できます。

上記の結果を使って、それぞれの数を集計したい場合は、value_counts関数を使います。

入力

```
# 集計結果
pd.value_counts(birth_year_cut_data)
```

出力

```
(1985, 1990]    4
(1990, 1995]    3
(1980, 1985]    2
(1995, 2000]    1
Name: birth_year, dtype: int64
```

labelsパラメータを指定することで、それぞれのビンに名前をつけることもできます。

入力

```
# 名前をつける
group_names = ['early1980s', 'late1980s', 'early1990s', 'late1990s']
birth_year_cut_data = pd.cut(df1.birth_year, birth_year_bins, labels = group_names)
pd.value_counts(birth_year_cut_data)
```

出力

```
late1980s     4
early1990s    3
early1980s    2
late1990s     1
Name: birth_year, dtype: int64
```

上記では、ビン分割のリストを用意しましたが、あらかじめ分割数を指定したい場合は、以下のように設定できます。なお、データによってはきれいに割り切れず小数点以下がでてくるので注意しましょう。

入力

```
# 数字で分割数指定可能。ここでは2つに分割
pd.cut(df1.birth_year, 2)
```

出力

```
0      (1989.0, 1997.0]
1    (1980.984, 1989.0]
2      (1989.0, 1997.0]
3      (1989.0, 1997.0]
4    (1980.984, 1989.0]
5      (1989.0, 1997.0]
6    (1980.984, 1989.0]
7      (1989.0, 1997.0]
8      (1989.0, 1997.0]
9    (1980.984, 1989.0]
Name: birth_year, dtype: category
Categories (2, interval[float64]): [(1980.984, 1989.0] < (1989.0, 1997.0]]
```

またqcut関数を使うと、分位点での分割もできます。qcut関数を使うことで、ほぼ同じサイズのビンを作成することができます。

入力

```
pd.value_counts(pd.qcut(df1.birth_year, 2))
```

出力

```
(1980.999, 1990.0]    6
(1990.0, 1997.0]      4
Name: birth_year, dtype: int64
```

ここでは対象としたデータが、1981、1982、1988、1989、1990、1990、1991、1992、1995、1997と、ちょうど中央値にあたる値が2つあるため、6つと4つで分割されました。

このビン分割、はじめ何に使うのかイメージがわきにくいかもしれませんが、具体的には、顧客の購買金額合計を分けて、それぞれの顧客層（優良顧客など）を分析したい場合など、マーケティング分析にも使えます。次の7章の総合問題演習で扱っていくことにしましょう。

Practice

【練習問題 6-7】

3章で使用した数学の成績を示すデータである「student-mat.csv」を読み込み、年齢（age）を2倍にしたカラムを末尾に追加してみましょう。

【練習問題 6-8】

練習問題 6-7と同じデータで、「absences」のカラムについて、以下の3つのビンに分けてそれぞれの人数を数えてみましょう。なお、cutのデフォルトの挙動は右側が閉区間です。今回は、cut関数に対してright=Falseのオプションを指定して、右側を開区間としてください。

入力

```
# 分割の粒度
absences_bins = [0,1,5,100]
```

【練習問題 6-9】

上記と同じデータで、「absences」のカラムについて、qcut関数を用いて3つのビンに分けてみましょう。

答えはAppendix 2

6-2- 4 データの集約とグループ演算

ここでは、あるカラムを軸にして集計する処理を学びます。

2章で少し扱いましたが、groupbyメソッドを使うことで、ある変数を軸として、その単位で集計処理をします。以前使ったdf1データを対象に、集約やグループ演算をしたいと思います。

入力

```
# データを用意（確認）、ただし、region付き
df1
```

出力

	id	city	birth_year	name	region	up_two_num
0	100	Tokyo	1990	Hiroshi	Kanto	199
1	101	Osaka	1989	Akiko	Kansai	198
2	102	Kyoto	1992	Yuki	Kansai	199
3	103	Hokkaido	1997	Satoru	Hokkaido	199
4	104	Tokyo	1982	Steeve	Kanto	198
5	106	Tokyo	1991	Mituru	Kanto	199

```
6    108       Osaka       1988        Aoi      Kansai         198
7    110       Kyoto       1990      Tarou      Kansai         199
8    111    Hokkaido       1995     Suguru    Hokkaido         199
9    113       Tokyo       1981     Mitsuo       Kanto         198
```

以下のようにgroupbyメソッドでグループ化してからsizeメソッドを使うと、それぞれのcityの値がいくつかあるのかを計算できます。

入力

```
# サイズ情報
df1.groupby('city').size()
```

出力

```
city
Hokkaido    2
Kyoto       2
Osaka       2
Tokyo       4
dtype: int64
```

次は、cityを軸として、birth_yearの平均値を算出する例です。

入力

```
# cityを軸に、birth_yearの平均値を求める
df1.groupby('city')['birth_year'].mean()
```

出力

```
city
Hokkaido    1996.0
Kyoto       1991.0
Osaka       1988.5
Tokyo       1986.0
Name: birth_year, dtype: float64
```

軸は複数設定することもできます。たとえば、region、cityを2軸として、birth_yearの平均値を求めると、次のようになります。

入力

```
df1.groupby(['region', 'city'])['birth_year'].mean()
```

出力

```
region    city
Hokkaido  Hokkaido    1996.0
Kansai    Kyoto       1991.0
          Osaka       1988.5
Kanto     Tokyo       1986.0
Name: birth_year, dtype: float64
```

なお、groupbyメソッドにas_index = Falseパラメータを設定すると、インデックスが設定されなくなります。そのままテーブルとして扱いたいときに便利です。

入力

```
df1.groupby(['region', 'city'], as_index = False)['birth_year'].mean()
```

出力

```
     region      city  birth_year
0  Hokkaido  Hokkaido      1996.0
1    Kansai     Kyoto      1991.0
2    Kansai     Osaka      1988.5
3     Kanto     Tokyo      1986.0
```

他にもgroupbyメソッドには、イテレータという、反復的に値を取り出す機能があり、次のように、結果の要素をPythonのforなどでループ処理できて便利です。

以下の例は、groupはregionの名前取り出し、subdfはそのregionのみの行をすべて抽出するというものです。

入力

```
for group, subdf in df1.groupby('region'):
    print('==========================================================')
    print('Region Name:{0}'.format(group))
    print(subdf)
```

出力

```
==========================================================
Region Name:Hokkaido
    id      city  birth_year    name    region up_two_num
3  103  Hokkaido        1997  Satoru  Hokkaido        199
8  111  Hokkaido        1995  Suguru  Hokkaido        199
==========================================================
Region Name:Kansai
    id   city  birth_year   name  region up_two_num
1  101  Osaka        1989  Akiko  Kansai        198
2  102  Kyoto        1992   Yuki  Kansai        199
6  108  Osaka        1988    Aoi  Kansai        198
7  110  Kyoto        1990  Tarou  Kansai        199
==========================================================
Region Name:Kanto
     id   city  birth_year     name region up_two_num
0   100  Tokyo        1990  Hiroshi  Kanto        199
4   104  Tokyo        1982   Steeve  Kanto        198
5   106  Tokyo        1991   Mituru  Kanto        199
9   113  Tokyo        1981   Mitsuo  Kanto        198
```

データに対して、複数の計算をまとめて行いたいときには、aggメソッドを使うと便利です。aggメソッドの引数には、実行したい関数名のリストを渡します。

以下は、カウント、平均、最大、最小を計算する例です。

なお、以下の例では、対象データとして3章で扱ったstudent-mat.csvを使って計算しています。このデータがあるファイルディレクトリに移動して、データを読み込んで実行してください。

入力

```
# 3章で用意したデータがあるpathに移動してください。例) cd <3章のデータがあるpath>
# 以下を実行
student_data_math = pd.read_csv('student-mat.csv', sep = ';')

# 列に複数の関数を適応
functions = ['count','mean','max','min']
grouped_student_math_data1 = student_data_math.groupby(['sex','address'])
grouped_student_math_data1['age','G1'].agg(functions)
```

出力

		age				G1			
		count	mean	max	min	count	mean	max	min
sex	address								
F	R	44	16.977273	19	15	44	10.295455	19	6
	U	164	16.664634	20	15	164	10.707317	18	4
M	R	44	17.113636	21	15	44	10.659091	18	3
	U	143	16.517483	22	15	143	11.405594	19	5

Practice

【練習問題 6-10】
練習問題 6-7で使用した「student-mat.csv」を使って、Pandasの集計処理をしてみましょう。まずは、学校(school)を軸にして、G1の平均点をそれぞれ求めてみましょう。

【練習問題 6-11】
練習問題 6-7で使用した「student-mat.csv」を使って、学校(school)と性別(sex)を軸にして、G1、G2、G3の平均点をそれぞれ求めてみましょう。

【練習問題 6-12】
練習問題 6-7で使用した「student-mat.csv」を使って、学校(school)と性別(sex)を軸にして、G1、G2、G3の最大値、最小値をまとめて算出してみましょう。

答えはAppendix 2

Chapter 6-3

欠損データと異常値の取り扱いの基礎

Keyword リストワイズ削除、ペアワイズ削除、平均値代入法、異常値、箱ひげ図、パーセンタイル、VaR (Value At Risk)

データを扱っていると必ずといっていいほど、欠損しているデータや異常値データの存在があります。この節では、基礎の基礎レベルで欠損データや異常データについての判定や扱い方について学ぶことにします。もっと深く学びたい方は、ぜひ参考文献「A-12」を読んでください。

6-3-1 欠損データの扱い方

まずは、欠損データの取り扱いについてです。データの欠損は、入力忘れ、無回答、システム上の問題などさまざまな要因があります。「ない」データについては、無視をするのがいいのか、除外をするのがいいのか、もっともらしい値を入れるのがいいのか、それが問題です。アプローチによっては、大きなバイアスのある結果を与え、誤った意思決定につながり、大きな損失につながる可能性もあります。慎重に扱っていきましょう。

この節では、次のようなデータをサンプルとして扱います。値をNaN (NA) にした部分が欠損データであるとして、以下、説明を続けます。

入力

```
# データの準備
import numpy as np
from numpy import nan as NA
import pandas as pd

df = pd.DataFrame(np.random.rand(10, 4))

# NAにする
df.iloc[1,0] = NA
df.iloc[2:3,2] = NA
df.iloc[5:,3] = NA
```

入力

```
df
```

出力

	0	1	2	3
0	0.485775	0.042397	0.539116	0.926647
1	NaN	0.470748	0.241323	0.103007
2	0.618467	0.910260	NaN	0.090963
3	0.319467	0.553239	0.057040	0.206173
4	0.888791	0.291158	0.775008	0.779764
5	0.034683	0.458730	0.632387	NaN
6	0.358828	0.230845	0.016502	NaN
7	0.461881	0.963180	0.937040	NaN
8	0.874005	0.825269	0.115018	NaN
9	0.271005	0.462655	0.799126	NaN

※以下、ランダム生成のため、紙面と実際は異なります

以下では、この擬似的な欠損データに対して、削除や0や直前の数字、平均値等で穴埋めをしていきます。本書では、これらの単純な方法のみ紹介しますが、他の方法として、最尤推定法で推定したり、回帰代入やScipyで実施したスプライン補間などもあります。注意が必要なのは、これらの方法がバイアスを生む可能性があることです。ここで紹介する方法がベストであるとはいえません。深く学びたい方はぜひ参考文献「A-12」などを読んで、欠損データを埋める方法への理解を深めてください。

6-3-1-1 リストワイズ削除

NaNがある行をすべて取り除くには、dropnaメソッドを使います。これを**リストワイズ削除**といいます。以下は、先ほどのデータにおいて、dropnaメソッドを適用し、すべてのカラムにデータがある行だけを抽出したものです。NaNがある行は除外されます。

入力

```
df.dropna()
```

出力

	0	1	2	3
0	0.485775	0.042397	0.539116	0.926647
3	0.319467	0.553239	0.057040	0.206173
4	0.888791	0.291158	0.775008	0.779764

6-3-1-2 ペアワイズ削除

この結果からわかるように、リストワイズ削除では元々10行あったデータが極端に少なくなって、データが全く使えないという状況が考えられます。このとき、欠損している列のデータを無視して、利用可能なデータのみ（例：列の0番目と1番目のみ存在）を使う方法があります。これを**ペアワイズ削除**といいます。ペアワイズ削除では、使いたい列を取り出してからdropnaメソッドを適用します。

入力

```
df[[0,1]].dropna()
```

出力

	0	1
0	0.485775	0.042397
2	0.618467	0.910260
3	0.319467	0.553239
4	0.888791	0.291158
5	0.034683	0.458730
6	0.358828	0.230845
7	0.461881	0.963180
8	0.874005	0.825269
9	0.271005	0.462655

6-3-1-3 fillnaで埋める

他の処理として、fillna（値）で、NaNになっている箇所をある値で埋める方法もあります。たとえばNaNを0として扱うケースです。次のようにfillna(0)とすると、NaNが0に置き変わります。

入力

```
df.fillna(0)
```

出力

	0	1	2	3
0	0.485775	0.042397	0.539116	0.926647
1	0.000000	0.470748	0.241323	0.103007
2	0.618467	0.910260	0.000000	0.090963
3	0.319467	0.553239	0.057040	0.206173
4	0.888791	0.291158	0.775008	0.779764
5	0.034683	0.458730	0.632387	0.000000
6	0.358828	0.230845	0.016502	0.000000
7	0.461881	0.963180	0.937040	0.000000
8	0.874005	0.825269	0.115018	0.000000
9	0.271005	0.462655	0.799126	0.000000

※以下、実際の出力には囲みはありません

6-3-1-4 前の値で埋める

ffillメソッドを適用すると、直前の行の値で埋めることができます。具体的には、2行1列目(インデックス「1」/カラム「0」の値)は先ほど

```
df.iloc[1,0] = NA
```

でNAにしましたが、直前の1行1列目の値は、0.485775でしたので、この値で埋めることができます。この処理は金融の時系列データの処理などで使うことができ、便利です。

入力

```
df.fillna(method = 'ffill')
```

出力

	0	1	2	3
0	0.485775	0.042397	0.539116	0.926647
1	0.485775	0.470748	0.241323	0.103007
2	0.618467	0.910260	0.241323	0.090963
3	0.319467	0.553239	0.057040	0.206173
4	0.888791	0.291158	0.775008	0.779764
5	0.034683	0.458730	0.632387	0.779764
6	0.358828	0.230845	0.016502	0.779764
7	0.461881	0.963180	0.937040	0.779764
8	0.874005	0.825269	0.115018	0.779764
9	0.271005	0.462655	0.799126	0.779764

6-3-1-5 平均値で埋める

他に、平均値で穴埋めする方法もあります。これを**平均値代入法**といい、meanメソッドを使います。なお、注意点として、時系列データを扱う際、この方法は未来情報を含むことがある(過去に欠損したデータを、未来のデータを使った平均値で埋める)ので、気を付けましょう。

入力

```
# 各カラムの平均値(確認用)
df.mean()
```

出力

```
0    0.479211
1    0.520848
2    0.456951
3    0.421311
dtype: float64
```

入力

```
# 平均値で埋める
df.fillna(df.mean())
```

出力

	0	1	2	3
0	0.485775	0.042397	0.539116	0.926647
1	0.479211	0.470748	0.241323	0.103007
2	0.618467	0.910260	0.456951	0.090963
3	0.319467	0.553239	0.057040	0.206173
4	0.888791	0.291158	0.775008	0.779764
5	0.034683	0.458730	0.632387	0.421311
6	0.358828	0.230845	0.016502	0.421311
7	0.461881	0.963180	0.937040	0.421311
8	0.874005	0.825269	0.115018	0.421311
9	0.271005	0.462655	0.799126	0.421311

他にも色々とオプションがあるので、?df.fillna等で調べてみてください。
欠損データについて、ここではサンプルデータにおいて、一定の値を機械的に置換しました。ただし、これらの方法はいつも使えるというわけではありません。データの状況、背景等を考え、適切に対処することが重要です。

6-3

Practice

【練習問題 6-13】

以下のデータに対して、1列でもNaNがある場合は削除し、その結果を表示してください。

入力

```
# データの準備
import numpy as np
from numpy import nan as NA
import pandas as pd

df2 = pd.DataFrame(np.random.rand(15,6))

# NAにする
df2.iloc[2,0] = NA
df2.iloc[5:8,2] = NA
df2.iloc[7:9,3] = NA
df2.iloc[10,5] = NA

df2
```

出力

	0	1	2	3	4	5
0	0.415247	0.550350	0.557778	0.383570	0.482254	0.142117
1	0.066697	0.908009	0.197264	0.227380	0.291084	0.305750
2	NaN	0.481305	0.963701	0.289538	0.662069	0.883058
3	0.469084	0.717253	0.467172	0.661786	0.539626	0.862264
4	0.314643	0.129364	0.291149	0.210694	0.891432	0.583443
5	0.672456	0.111327	NaN	0.197844	0.361385	0.703919
6	0.943599	0.047140	NaN	0.222312	0.270678	0.985113
7	0.172857	0.359706	NaN	NaN	0.559918	0.181495
8	0.650042	0.845300	NaN	NaN	0.706246	0.634860
9	0.696152	0.353721	0.999253	NaN	0.616951	0.278251
10	0.126199	0.791196	0.856410	0.959452	0.826969	NaN
11	0.700689	0.894851	0.918055	0.108752	0.502343	0.749123
12	0.393294	0.468172	0.711183	0.725584	0.355825	0.562409
13	0.403318	0.076329	0.642033	0.344418	0.453335	0.916017
14	0.898894	0.926813	0.620625	0.089307	0.362026	0.497475

※ランダム生成のため、紙面と実際は異なります

【練習問題 6-14】

練習問題6-13で準備したデータに対して、NaNを0で埋めてください。

【練習問題 6-15】

練習問題6-13で準備したデータに対して、NaNをそれぞれの列の平均値で埋めてください。

答えはAppendix 2

6-3- 2 異常データの扱い方

次は、異常値（外れ値）についてです。異常値データの扱いは、そのままにして何もしないのか、異常値を除去するか、もっともらしい値に入れかえて使うかが問題になります。
そもそも異常値とは一体何でしょうか。実は、統一的な見解というものはなく、そのデータを扱うアナリストや意思決定者が判断することもあります。ビジネスの現場では、不正アクセスのパターン（セキュリティ分野）や機械の故障、金融リスク管理（VaR）など、さまざまな分野で使われており、それぞれ色々な方法でアプローチされています。
異常値検出のアプローチには、単純に箱ひげ図などを書いて、あるパーセンタイル以上のデータを異常値としてみなす方法、正規分布を利用する方法、データの空間的な近さに基づく方法などがあります。他には以降の章で学ぶ機械学習（教師なし学習も含む）を用いた方法もあります。

ここでは特に練習問題はありませんが、興味のある方はぜひ巻末の参考文献「A-13」や参考URL「B-15」などで学んでください。
また、異常値の分野に関連して、極端な値を研究する極値統計学という分野もあります。データの中で大きな値をとる極値データの挙動について、さまざまな研究がなされており、稀ではありますがそれが起きれば非常に大きな影響を及ぼす現象（自然現象、災害など）を研究します。気象学だけではなく、ファイナンスや情報通信の分野でも応用されているので、興味のある方は参考文献「A-14」などを参照してみてください。

以上で、欠損値と異常値の扱いについてはこれで終わりになります。データ分析において、データの前処理が8割だとよく言われ、欠損データや異常値データには、たびたび遭遇します。また、世の中には実にさまざまな形式のデータが存在し、それらを整えるだけでも大変な作業です。ここで紹介したテクニックも重要ですが、それらに対してどのように対処していくのか戦略を立てることも重要です。参考文献「A-15」にも、ぜひ目を通してみてください。

Chapter 6-4

時系列データの取り扱いの基礎

Keyword リサンプリング、シフト、移動平均

最後にPandasを使った時系列データの取り扱いについて学びます。ここでは、サンプルとして為替の時系列データを扱います。あらかじめAppendixを参考にpandas-datareaderというライブラリをダウンロードしてインストールしてから進めてください。
インストールしたら、次のようにインポートしてください。

入力

```
import pandas_datareader.data as pdr
```


6-4-1 時系列データの処理と変換

ここでは、サンプルデータに含まれる2001/1/2から2016/12/30までのドル円の為替レートデータ(DEXJPUS)を使います。日ごとのレートデータで、欠損している日(休日など)もあります。

入力

```
start_date = '2001/1/2'
end_date = '2016/12/30'

fx_jpusdata = pdr.DataReader('DEXJPUS', 'fred', start_date, end_date)
```

headメソッドを使って、読み込んだfx_jpusdataの先頭5行を読み出します。

入力

```
fx_jpusdata.head()
```

出力

	DEXJPUS
DATE	
2001-01-02	114.73
2001-01-03	114.26
2001-01-04	115.47
2001-01-05	116.19
2001-01-08	115.97

サンプルには、15年分のデータがありますが、これをどう分析するかはそのビジネスニーズ次第です。たとえば、最後の2016年の4月のデータだけ欲しいこともありますし、月末のレートだけを見たいこともあります。さらに、上記では、2001/1/6はデータとしてありませんが、それを前日の値で埋めたいこともありますし、前の日と比べてどれだけレートが上がったのか調べたい場合もあるでしょう。これらのことはすべてPandasで簡単に計算することができます。

6-4-1-1 特定の年月のデータを参照する

まずは、特定の年月のデータを参照する方法です。2016年の4月のデータだけ見たい場合は、以下のように年月を指定します。

入力

```
fx_jpusdata['2016-04']
```

出力

DATE	DEXJPUS
2016-04-01	112.06
2016-04-04	111.18
2016-04-05	110.26
2016-04-06	109.63
2016-04-07	107.98
2016-04-08	108.36
2016-04-11	107.96
2016-04-12	108.54
2016-04-13	109.21
2016-04-14	109.20
2016-04-15	108.76
2016-04-18	108.85
2016-04-19	109.16
2016-04-20	109.51
2016-04-21	109.41
2016-04-22	111.50
2016-04-25	111.08
2016-04-26	111.23
2016-04-27	111.26
2016-04-28	108.55
2016-04-29	106.90

そのほか、特定の年や日にちにだけ抽出することもできます。次に、月末レートだけ取り出してみましょう。resampleメソッドの引数にMを指定することで、月ごとのデータを取り出し、lastメソッドで末尾のデータを取り出しています。具体的には、以下の結果をみるとわかる通り、1月、2月、3月…の月末のレートを取り出せます。

入力

```
fx_jpusdata.resample('M').last().head()
```

出力

DATE	DEXJPUS
2001-01-31	116.39
2001-02-28	117.28
2001-03-31	125.54
2001-04-30	123.57
2001-05-31	118.88

日付を取り出したい場合は「D」、年を取り出したい場合は「Y」を、それぞれ引数に指定します。このように、ある頻度のデータを、別の頻度のデータで取り出し直す処理をリサンプリングといいます。また、最後のデータではなく、その平均を計算したい場合はmeanメソッドを使うことで計算できます。他にもいろいろとパラメータを設定できるので、必要な処理があるときに、調べてみてください。

6-4-1-2 欠損がある場合の操作

次に、時系列データに欠損がある場合の処理をみていきます。欠損処理については、前の節でも扱った通り、さまざまな方法があります。先ほどのレートでは、2001/1/6がまずレコードとして存在していませんでしたが、日ごとにデータを用意したいときは、先ほどのリサンプリングを行います。具体的には、以下のようにします。

入力

```
fx_jpusdata.resample('D').last().head()
```

出力

DATE	DEXJPUS
2001-01-02	114.73
2001-01-03	114.26
2001-01-04	115.47
2001-01-05	116.19
2001-01-06	NaN

上記より、2001/1/6は空のままなので、前の日の値で埋める処理をします。ここでは、次に示すようにffillメソッドを使います。

入力

```
fx_jpusdata.resample('D').ffill().head()
```

出力

	DEXJPUS
DATE	
2001-01-02	114.73
2001-01-03	114.26
2001-01-04	115.47
2001-01-05	116.19
2001-01-06	116.19

6-4- 1-3 データをズラして比率を計算する

次に、前日とのレート比較をしたい場合を考えます。上の例でいうと、2001-01-02のレートは114.73で、2001-01-03のレートは114.26になり、その比率を計算することもできますが、それをすべての日付について適応させる処理をします。shiftメソッドを使うことで、インデックスは固定したまま、データだけをずらすことができます。以下はデータを1つあとにずらしており、2001-01-02のレートは114.73でしたが、2001-01-03のレートとして扱われるようになります。

入力

```
fx_jpusdata.shift(1).head()
```

出力

	DEXJPUS
DATE	
2001-01-02	NaN
2001-01-03	114.73
2001-01-04	114.26
2001-01-05	115.47
2001-01-08	116.19

このように加工すると、前日のレートと当日のレートの比率を一気に算出することができます。これがPandasを使うメリットです。なお、以下で2001-01-02がNaNになっているのは、その前日のデータがもともとないためです。

入力

```
fx_jpusdata_ratio = fx_jpusdata / fx_jpusdata.shift(1)
fx_jpusdata_ratio.head()
```

出力

	DEXJPUS
DATE	
2001-01-02	NaN
2001-01-03	0.995903
2001-01-04	1.010590
2001-01-05	1.006235
2001-01-08	0.998107

なお、差分や比率を取る方法については、diffやpct_changeなどもありますので、興味がある方は調べてみてください。

Let's Try

diffやpct_changeについて、それらの機能を調べて、使ってみましょう。

Practice

【練習問題 6-16】

「6-4-1」で読み込んだfx_jpusdataを使って、年ごとの平均値の推移データを作成してください。

答えはAppendix 2

6-4- 2 移動平均

次に、時系列のデータ処理でよく使われる移動平均の処理方法をみていきます。さきほど扱ったfx_jpusdataのデータについて、3日間の移動平均線を作成することを考えます。まず先頭から5行のデータを取り出してみます。

入力

```
fx_jpusdata.head()
```

出力

DATE	DEXJPUS
2001-01-02	114.73
2001-01-03	114.26
2001-01-04	115.47
2001-01-05	116.19
2001-01-08	115.97

結果を見るとわかるように、2001-01-04までのデータは、2001-01-02が114.73、2001-01-03が114.26、2001-01-04が115.47ですから、その平均を計算すると114.82です。

同様にして、2001-01-05、2001-01-06と続けて計算をしていきます。それにはPandasのrollingメソッドを使うと、簡単に計算できます。以下は、その3日間の移動平均を計算した結果です。rollingメソッドを実行した後に、meanメソッドを使って平均を計算しています。

入力

```
fx_jpusdata.rolling(3).mean().head()
```

出力

DATE	DEXJPUS
2001-01-02	NaN
2001-01-03	NaN
2001-01-04	114.820000
2001-01-05	115.306667
2001-01-08	115.876667

移動平均ではなく標準偏差の推移を算出したいのなら、meanメソッドの代わりにstdメソッドを使います。
以下は3日間の標準偏差の推移です。

入力

```
fx_jpusdata.rolling(3).std().head()
```

出力

	DEXJPUS
DATE	
2001-01-02	NaN
2001-01-03	NaN
2001-01-04	0.610000
2001-01-05	0.975312
2001-01-08	0.368963

rollingメソッドには、パラメータが他にもいろいろとありますので、必要に応じて調べて実行してみてください。

以上で、Pandasの章は終了です。一部、なかなかイメージを掴みにくい箇所もあったかもしれません。しかし、実際に「こんな感じでデータ加工や変換したいのになあ」と思ったときに、ここを参考にしてプログラミングをしてみてください。データ加工処理のニーズが出てきて、実際に使うことで一層理解が進む箇所かもしれません。ここで紹介したテクニックはほんの一部です。この他にも、さまざまなデータ処理・加工方法があるので、参考文献「A-10」などを読んで、手を動かして実行してみてください。

Let's Try

ここで扱った集計軸以外にも、対象データに対していろいろな軸で処理をしてみましょう。

Practice

【練習問題 6-17】

練習問題 6-16で使用したfx_jpusdataを使って、20日間の移動平均データを作成してください。ただしNaNは削除してください。なお、レコードとして存在しないデータであれば、特に補填する必要はありません。

答えはAppendix 2

Practice

6章 総合問題

【総合問題6-1　データ操作】

3章で使用した、数学の成績を示すデータである「student-mat.csv」を使って、以下の問いに答えてください。

1. 上記のデータに対して、年齢（age）×性別（sex）でG1の平均点を算出し、縦軸が年齢（age）、横軸が性別（sex）となるような表（テーブル）を作成しましょう。

2. 1.で表示した結果テーブルについて、NaNになっている行（レコード）をすべて削除した結果を表示しましょう。

答えはAppendix 2

Chapter 7

Matplotlibを使ったデータ可視化

この章では、2章で基礎を学んだMatplotlibについて、さらに深く学びます。2章では折れ線グラフやヒストグラムを扱いましたが、ここでは棒グラフや円グラフ、バブルチャートの作成方法について学びます。
そして、この章の最後に今までの総合問題として、時系列データの分析とマーケティングの分析の問題を用意しています。これまで学んだ手法を試せる機会ですので、ぜひチャレンジしてみてください。

Goal Matplotlibを使って、さまざまなデータを可視化することができる。この章の総合問題が解ける

Chapter 7-1

データの可視化

Keyword 可視化、Matplotlib

7-1-1 データの可視化について

2章の冒頭でも触れた通り、データを可視化することで、さまざまな示唆を得ることができます。単に数字をみているだけでは得られない発見もありますし、図にすることで、データに対する理解がより深まります。また、データ分析の結果を相手に説明する場合も、可視化は重要です。さまざまな数値を比較してそれらの数値だけ見せるよりは、それらを棒グラフや円グラフにして見せるほうが、相手にとっても理解がしやすいはずです。ここでは、データの可視化をするための手法や見せ方のポイントを紹介します。

7-1-2 この章で使うライブラリのインポート

この章では、2章で紹介した各種ライブラリを使います。次のようにインポートしていることを前提として、以下、進めていきます。

入力

```
# 以下のライブラリを使うので、あらかじめ読み込んでおいてください
import numpy as np
import numpy.random as random
import scipy as sp
import pandas as pd
from pandas import Series, DataFrame

# 可視化ライブラリ
import matplotlib.pyplot as plt
import matplotlib as mpl
import seaborn as sns
sns.set()
%matplotlib inline

# 小数第3位まで表示
%precision 3
```

出力

```
'%.3f'
```

Chapter 7-2

データ可視化の基礎

Keyword 棒グラフ、円グラフ、バブルチャート、積み上げグラフ

ここでは、データを可視化するMatplotlibについてもう少し詳しく学んでいきましょう。
これまで折れ線グラフ、ヒストグラムなどのグラフを使ってきました。ここでは、棒グラフや円グラフ、積み上げグラフなどについても紹介していきます。

7-2- 1 棒グラフ

まずは、棒グラフからです。これは、カテゴリーごと（地域別、部門別など）に数値を比較したいときに使います。棒グラフを表示するには、pyplotモジュールのbar関数を使います。棒にラベルを表示したいときは、xtick関数を使って以下のように指定します。
また、そのまま実行するとグラフが左に寄ってあまり見栄えが良くないので、グラフを中央に寄せるために、align = 'center'パラメータを指定するとよいでしょう。xのラベルやyのラベルの付け方は、2章で説明した通りです。

入力

```
# 表示するデータ
x = [1, 2, 3]
y = [10, 1, 4]

# グラフの大きさ指定
plt.figure(figsize = (10, 6))

plt.bar(x, y, align='center', width = 0.5)

# 棒グラフそれぞれのラベル
plt.xticks(x, ['A Class', 'B Class', 'C Class'])

# xとyのラベルを設定
plt.xlabel('Class')
plt.ylabel('Score')

# グリッドを表示
plt.grid(True)
```

出力

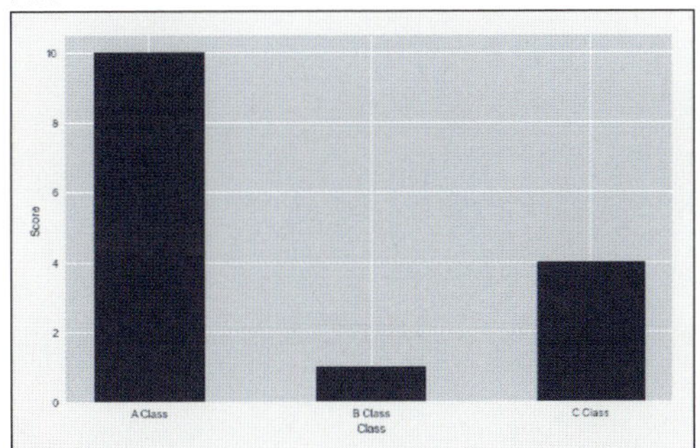

7-2- 1-1 横の棒グラフ

先ほどは縦の棒グラフでしたが、横にしたい場合は、barh関数を使います。なお、xの軸とyの軸が入れかわるので、ラベルを再設定しています。

入力

```
# 表示するデータ
x = [1, 2, 3]
y = [10, 1, 4]

# グラフの大きさ指定
plt.figure(figsize = (10, 6))

plt.barh(x, y, align = 'center')
plt.yticks(x, ['A Class','B Class','C Class'])
plt.ylabel('Class')
plt.xlabel('Score')
plt.grid(True)
```

出力

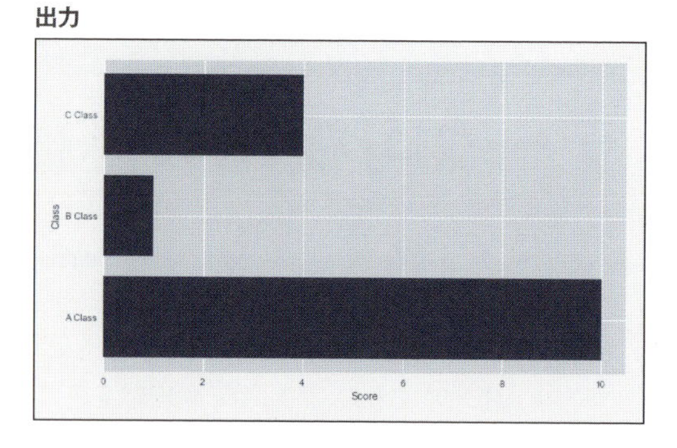

7-2- 1-2 複数のグラフを描く

次に複数の棒グラフを描き、それぞれ比較してみましょう。以下は、クラスごとに数学の一期目の成績と最終成績をそれぞれグラフ化し、比較できるようにしたものです。

入力

```
# データの準備
y1 = np.array([30, 10, 40])
y2 = np.array([10, 50, 90])

# X軸のデータ
x = np.arange(len(y1))

# グラフの幅
w = 0.4

# グラフの大きさ指定
plt.figure(figsize = (10, 6))

# グラフの描画。y2の方はグラフの幅の分、右にずらして描画する
plt.bar(x, y1, color = 'blue', width = w, label = 'Math first', align = 'center')
plt.bar(x + w, y2, color='green', width = w, label = 'Math final', align = 'center')

# 凡例を最適な位置に配置
plt.legend(loc = 'best')

plt.xticks(x + w / 2, ['Class A', 'Class B', 'Class C'])
plt.grid(True)
```

出力

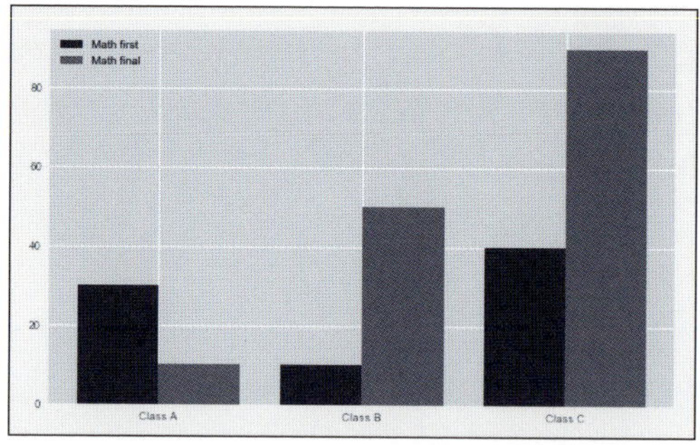

7-2- 1-3 積み上げ棒グラフ

次に示すのは、積み上げの棒グラフの例です。同じくbar関数を使っていますが、bottomパラメータの設定に注目してください。

上に積む方のグラフで、barのパラメータとしてbottom=＜下に積むグラフ＞を指定します。

入力

```
# データの準備
height1 = np.array([100, 200, 300, 400, 500])
height2 = np.array([1000, 800, 600, 400, 200])

# X軸
x = np.array([1, 2, 3, 4, 5])

# グラフの大きさ指定
plt.figure(figsize = (10, 6))

# グラフの描画
p1 = plt.bar(x, height1, color = 'blue')
p2 = plt.bar(x, height2, bottom = height1, color='lightblue')

# 凡例を表示
plt.legend((p1[0], p2[0]), ('Class 1', 'Class 2'))
```

出力

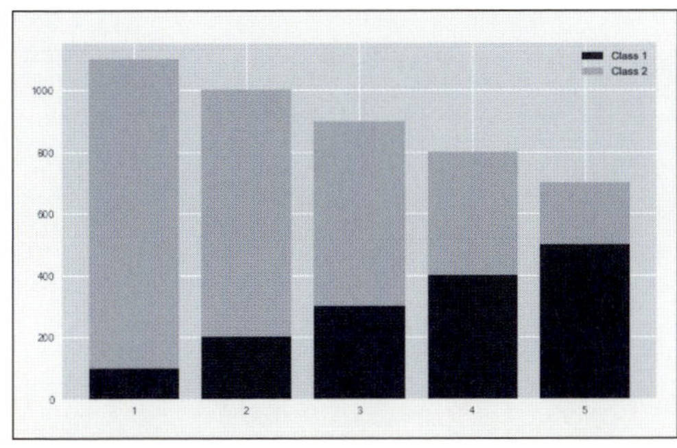

7-2-2 円グラフ

次に、円グラフの描き方を説明します。これは、全体的な割合が各々どれくらいあるのか見るときに使います。

7-2-2-1 一般的な円グラフ

円グラフを描くにはpie関数を使って、それぞれのサイズやラベル等を設定します。axis関数で円グラフを丸く表示するように調整します。autopctパラメータでそれぞれの割合を表示する書式を指定します。またexplodeパラメータを指定すると、特定のカテゴリーだけ、円グラフの全体から離す調整ができます（ここでは、Hogsだけ0.1に設定しています）。startangleパラメータは、各要素の出力を開始する角度を表します。
このパラメータを指定することで、出力開始位置を変更できます。「90」と指定すると上部中央が開始位置になり、反時計回りの方向に変更したい場合は正の値、時計回りに変更したい場合は負の値を指定します。

出力する向きはcounterclockパラメータで指定します。Trueまたは指定しない場合は時計回りに、Falseと指定すると反時計回りに出力されます。

入力

```
labels = ['Frogs', 'Hogs', 'Dogs', 'Logs']
sizes = [15, 30, 45, 10]
colors = ['yellowgreen', 'gold', 'lightskyblue', 'lightcoral']
explode = (0, 0.1, 0, 0)

# グラフの大きさ指定
plt.figure(figsize = (15, 6))

# グラフを表示
plt.pie(sizes, explode = explode, labels = labels, colors = colors,
        autopct = '%1.1f%%', shadow = True, startangle = 90)

# 円を丸く描画
plt.axis('equal')
```

出力

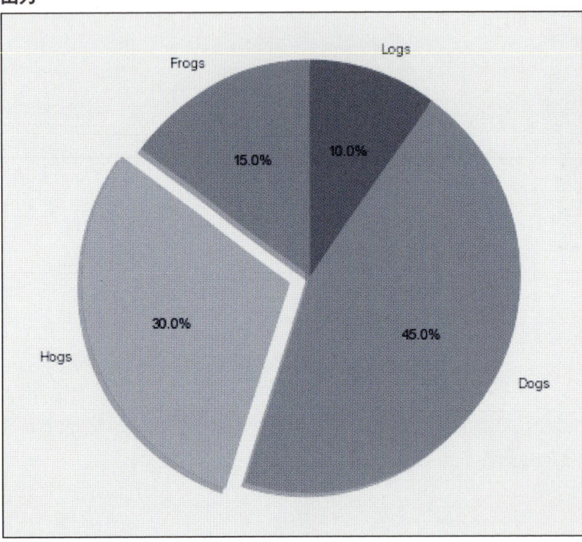

7-2-2-2 バブルチャート

次にscatter関数を使って、バブルチャートを作成してみます。

入力

```
N = 25

# X,Yデータをランダムに生成
x = np.random.rand(N)
y = np.random.rand(N)
```

```
# color番号
colors = np.random.rand(N)

# バブルの大きさをばらけさせる
area = 10 * np.pi * (15 * np.random.rand(N)) ** 2

# グラフの大きさ指定
plt.figure(figsize = (15, 6))

# グラフを描画
plt.scatter(x, y, s = area, c = colors, alpha = 0.5)
plt.grid(True)
```

出力

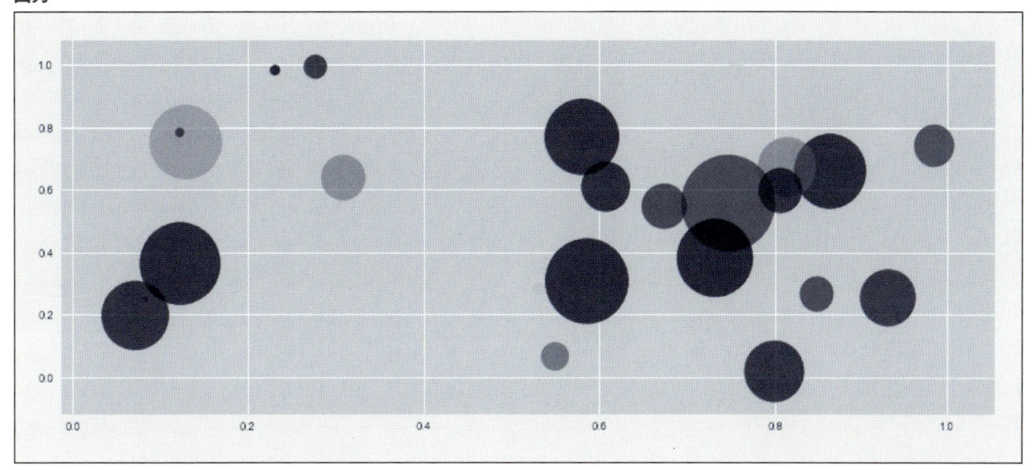

なお、Pandasにも可視化機能が備わっており、plotメソッドでグラフ化できます。たとえばデータの後に「.plot(kind='bar')」と記すと、縦の棒グラフが描けます。「kind='barh'」にすれば横の棒グラフ、「kind='pie'」にすれば円グラフとなります。必要なときに使ってください。

また本節の練習問題以外にも、以前扱ったデータを使って、色々とグラフ化できるので、実際にどのようなグラフができるか、作成してみましょう。

Let's Try

後述の練習問題以外にもデータを色々とグラフ化してみましょう。どのような目的を持って、どんなグラフを作成しますか?

これまでデータの可視化についてPythonの機能を紹介・実行してきました。しかし、データ分析やデータの可視化が注目されている現在、さまざまなデータ可視化ツール(Tableau 、Excel、PowerBIなど)があるため、ビジネスの現場ではそれらを使う場面が多くなっており、Pythonや他のプログラミング言語で可視化する機会は減っていきそうな雰囲気はあります。

しかし可視化レポートの自動化、アプリケーションとの連携、可視化の細かい設定などはプログラミングをした方が柔軟に対応できるケースもあります。そういった用途でデータの可視化を行うときはぜひ活用してください。

7-2

Practice

【練習問題 7-1】

3章で使った、数学の成績を示すデータである「student-mat.csv」を使って、学校を選んだ理由(reason)を円グラフ化して、それぞれの割合を出してください。

【練習問題 7-2】

練習問題7-1と同じデータで、higher(高い教育を受けたいかどうか。値はyesかno)を軸にして、それぞれの数学の最終成績G3の平均値を棒グラフで表示してください。ここから何か推測できることはありますか?

【練習問題 7-3】

上記と同じデータで、通学時間(traveltime)を軸にして、それぞれの数学の最終成績G3の平均値を横棒グラフで表示してください。何か推測できることはありますか?

答えはAppendix 2

Chapter 7-3

応用：金融データの可視化

Keyword ローソクチャート

ここでは、金融データの可視化について扱っていきます。ただし、応用範囲ですので、スキップしても問題ありません。練習問題もありません。

7-3-1 可視化する金融データ

この節では、次に示す金融データの可視化を考えます。

入力

```
# 日付データの設定。freq='T'で1分ごとにデータを生成する
idx = pd.date_range('2015/01/01', '2015/12/31 23:59', freq='T')

# 乱数の発生。1か-1を発生させる
dn = np.random.randint(2, size = len(idx)) * 2 - 1

# ランダムウォーク（ランダムに数値が増減するデータ）を作成
# np.cumprodは累積積を算出している（1番目の要素 * 2番目の要素 * 3番目の要素 * … と和が累積されていく）
rnd_walk = np.cumprod(np.exp(dn * 0.0002)) * 100

# resample('B')でデータを営業日単位でリサンプリング。
# ohlcメソッドで「open」「high」「low」「close」の4つのデータにする。
df = pd.Series(rnd_walk, index=idx).resample('B').ohlc()
```

そのままプロットすると、以下のようになります。なお、ここではPandasの可視化機能を使っています。数値はランダムに生成しているので、実際には紙面とは異なる形のグラフになります。

入力

```
df.plot(figsize = (15,6), legend = 'best', grid = True)
```

出力

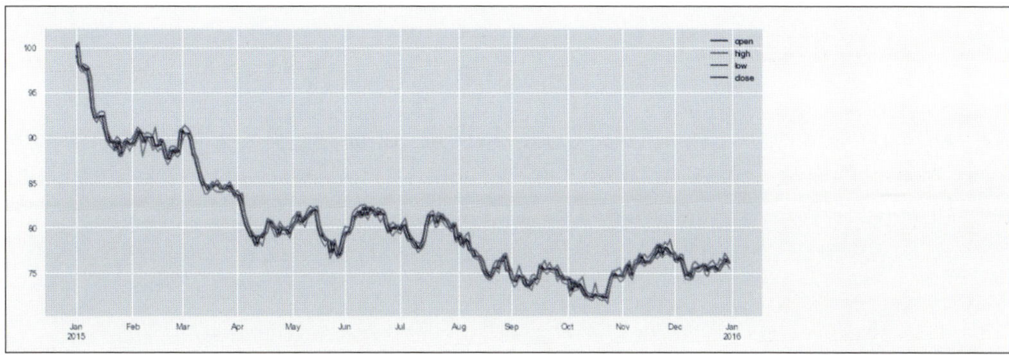

7-3- 2 ローソクチャートを表示するライブラリ

このグラフをローソクチャートとして表示してみましょう。そのためには、Plotlyライブラリが必要です。Appendix 1を参考にインストールしておいてください。

Plotlyライブラリのローソクチャート作成の機能を使えば、以下のように綺麗に表示することができます。インタラクティブにグラフをズームインすることもできますし、カーソルを載せると数字が表示され便利です。

入力

```
# plotly モジュールのインポート
from plotly.offline import init_notebook_mode, iplot
from plotly import figure_factory as FF

# Jupyter notebook用設定
init_notebook_mode(connected=True)

# ローソクチャートの設定
fig = FF.create_candlestick(df.open, df.high, df.low, df.close, dates = df.index)
iplot(fig)
```

出力

※ランダム生成のため、紙面と実際は異なります

参考文献「A-16」もご覧ください。PythonではなくJavaScriptのものもありますが、データを可視化するのに参考となります。『Pythonユーザのための Jupyter［実践］入門』はJupyter Notebookの使い方について詳しく記載があり、データの可視化についてのコンテンツが充実しています。

Chapter 7-4

応用：分析結果の見せ方を考えよう

Keyword 資料作成

これまでは、データ分析に必要なプログラミング技法を中心に、データ処理やそのテクニックについて学んできました。データの可視化についても、データを棒グラフにしたり、折れ線グラフにする方法、ラベルのつけ方など、テクニカルな解説が中心でした。自分自身の理解のために、探索的にデータをチェックするだけであれば、特に体裁は気にせず、デフォルトでグラフ表示される結果を見るだけでよいかもしれません。しかし、データ分析の結果を第三者に伝えるためには、その見せ方を工夫する必要があります。説明的分析ともいいますが、そのデータ分析結果を他人に伝える方法や、その資料作成の方法について、基本的なポイントを以下に記載します。

7-4-1 資料作成のポイントについて

データの分析結果の報告は、今の会社にいる上層部への報告、クライアントへの提案など、さまざまな場面があります。資料作成の方法には、以下で紹介する参考文献などたくさんありますが、次に示す点は、共通して大切です。

- 何のためにデータ分析をして、何を見せたいのかはっきりさせる
- そもそもその分析結果を誰に伝えるのか？　を考える
- いきなり資料の作成を開始しない、PowerPointを開かない、その前に考える
- その結果を見せることで、どんな具体的なアクションを促したいか？
- それをやることでどれだけ儲かるか？　コストが下がるのか？
- 何を話すのか、目次（アジェンダ）をはっきりさせる（全体像を見せる）
- 基本的に結論が先
- 情報を入れすぎない、無駄なものは削除
- 言いたいことを一言で＋下にその根拠となるデータ（表）の可視化
- ストーリーを考える

その他、第三者に説明するときに3Dのグラフはあまり使わないほうが良いなどのポイントなどもありますが、それも場面によるので、やはりその結果を誰に見せるのか考えることが大事です。

また、先ほども書いたように、データを可視化するのは、Excelや他のツール（Tableauなど）でも良いです。この書籍ではPythonを採用しているのでMatplotlibを使ってグラフ等を表示していますが、ビジネスの現場で無理してMatplotlibを使う必要はありません。データがそれほど大きくない場合、素早くデータを可視化するのにExcelは非常に優れています。ケースバイケースで判断して、ツールを選んでください。

短いですが、以上が資料作成の基本となる作法になります。本書では、これ以上詳しくは扱いません。

このテーマを深く学びたい方は、参考文献「A-17」を読んでみてください。なお、本書は資料作成を主テーマとした本ではないので、テクニカルな技術を身につけるという視点でこのまま解説をしていきます。

以上でデータ可視化の章は終了です。お疲れ様でした。

次の問題は、金融の時系列データとマーケティングの購買データに関する総合問題です。今まで学んだテクニックが活かせる問題です。一部、これまで扱わなかった処理方法もあるので、ヒントなど参考にして、調べながら取り組んでください。

初学者にはなかなかハードな問題かもしれませんが、これらの問題に取り組むことで、今まで学んだ技法が役に立つことを実感できるでしょう。

Practice

7章 総合問題

【総合問題7-1　時系列データ分析】

ここでは、本章で身に付けたPandasやScipyなどを使って、時系列データついて扱っていきましょう。

1. データの取得と確認 … 下記のサイトより、dow_jones_index.zipをダウンロードし、含まれているdow_jones_index.dataを使って、データを読み込み、はじめの5行を表示してください。またデータのそれぞれのカラム情報等を見て、NaNなどがあるか確認してください。

   https://archive.ics.uci.edu/ml/machine-learning-databases/00312/dow_jones_index.zip

2. データの加工 … カラムのopen、high、low、close等のデータは数字の前に$マークが付いているため、これを取り除いてください。また、日時をdate型で読み込んでいない場合は、date型に変換しましょう。

3. カラムのcloseについて、各stockごとの要約統計量を算出してください。

4. カラムのcloseについて、各stockの相関を算出する相関行列を出してください。また、Seabornのheatmap関数を使って、相関行列のヒートマップを描いてみましょう（ヒント：Pandasのcorrメソッドを使います）。

5. 4で算出した相関行列の中で一番相関係数が高いstockの組み合わせを抽出してください。さらに、その中でもっとも相関係数が高いペアを抜き出し、それぞれの時系列グラフを描いてください。

6. Pandasのrollingメソッド（窓関数）を使って、上記で使った各stockごとに、closeの過去5期（5週間）移動平均時系列データを計算してください。

7. Pandasのshiftメソッドを使って、上記で使ったstockごとに、closeの前期（1週前）との比の対数時系列データを計算してください。さらに、この中で、一番ボラティリティ（標準偏差）が一番大きいstockと小さいstockを抜き出し、その対数変化率グラフを書いてください。

※6、7について、196ページのコラムで補足しています。こちらもご覧ください。

【総合問題7-2　マーケティング分析】

次は、マーケティング分析でよく扱われる購買データです。一般ユーザーとは異なる法人の購買データですが、分析する軸は基本的に同じです。

1. 下記のURLよりデータをpandasで読み込んでください(件数50万以上のデータで比較的大きいため、少し時間がかかります)。

   http://archive.ics.uci.edu/ml/machine-learning-databases/00352/Online%20Retail.xlsx

   ※ヒント：pd.ExcelFileを使って、シートを.parse('Online Retail')で指定してください。

   また、今回の分析対象は、CustomerIDにデータが入っているレコードのみ対象にするため、そのための処理をしてください。さらに、カラムのInvoiceNoには数字の前にCがあるものはキャンセルのため、このデータを取り除いてください。他にもデータとして取り除く必要なものがあれば、適宜処理してください。以下、このデータをベースに分析していきます。

2. このデータのカラムには、購買日時や商品名、数量、回数、購買者のIDなどがあります。ここで、購買者(CustomerID)のユニーク数、バスケット数(InvoiceNoのユニーク数)、商品の種類(StockCodeベースとDescriptionベースのユニーク数)を求めてください。

3. このデータのカラムには、Countryがあります。このカラムを軸に、それぞれの国の購買合計金額(単位あたりの金額×数量の合計)を求め、降順にならべて、上位5つの国の結果を表示してください。

4. **3**の上位5つの国について、それぞれの国の商品売り上げ(合計金額)の月別の時系列推移をグラフにしてください。ここで、グラフは分けて表示してください。

5. **3**の上位5つの国について、それぞれの国における商品の売り上げトップ5の商品を抽出してください。また、それらを国ごとに円グラフにしてください。なお、商品は「Description」ベースで集計してください。

Column

移動平均時系列データと対数時系列データ

時系列データ$(\cdots, y_{t-1}, y_t, y_{t+1}, \cdots)$の過去n期の移動平均データとは、過去5期のデータの平均、つまり以下を意味します。

$$ma_t = \sum_{s=t-n+1}^{t} \frac{y_s}{n} \qquad \text{(式 7-4-1)}$$

時系列データ$(\cdots, y_{t-1}, y_t, y_{t+1}, \cdots)$の前期（1週前）との比の対数時系列データとは、$\log \frac{y_t}{y_{t-1}}$から成るデータのことです。増減率$r_t = \frac{y_t - y_{t-1}}{y_t}$が小さいとき、$r_t \approx \log \frac{y_t}{y_{t-1}}$の関係が成り立ちます。これは、$x$が十分小さいときに成り立つ、$\log(1+x) \approx x$から導かれます。増減率データ$(r_1, \cdots, r_N)$のボラティリティとは、標準偏差

$$\sqrt{\frac{1}{N}\sum_{t=1}^{N}(r_t - \frac{1}{N}\sum_{t=1}^{N} r_t)^2} \qquad \text{(式 7-4-2)}$$

のことで、価格変動の大きさを示す指標として利用されます。

Chapter 8

機械学習の基礎（教師あり学習）

8章からは、機械学習について解説していきます。機械学習は、何かしらの目的を達成するための知識や行動を、データを読み込ませることで機械に獲得させるための技術です。機械学習は大きく、教師あり学習、教師なし学習、強化学習に分けられ、8章では、教師あり学習の具体的手法について学びます。この章を通し、機械学習の考え方とモデル構築の基本作法を理解し、正しく実行できるようになりましょう。

Goal 機械学習の体系と概要を学び、教師あり学習のモデル（重回帰分析、ロジスティック回帰分析、、リッジ回帰、ラッソ回帰、決定木、k-NN、SVM）を使ってモデル構築や評価を正しく実行できるようになる

Chapter 8-1

機械学習の全体像

Keyword 機械学習、教師あり学習、教師なし学習、強化学習、目的変数、説明変数、回帰、分類、クラスタリング、主成分分析、マーケットバスケット分析、動的計画法、モンテカルロ法、TD学習

この章では、教師あり学習の具体的手法について学びます。教師あり学習は、機械学習の中で最もビジネス活用が進んでいる技術です。この章を通し、機械学習の考え方とモデル構築の基本作法を理解し、正しく実行できるようになりましょう。教師あり学習の話に入る前に、教師なし学習なども含めて、まずは、機械学習の全体像を俯瞰してみましょう。

8-1-1 機械学習とは

機械学習（machine learning）は、何かしらの目的を達成するための知識や行動を、データを読み込ませることで機械に獲得させるための技術です。機械学習は大きく、**教師あり学習**（supervised learning）、**教師なし学習**（unsupervised learning）、**強化学習**（reinforcement learning）に分けられます。この分け方以外にも、教師あり学習と教師なし学習の2つに分けたり、これらの3つに、さらに半教師あり学習を加えて4つに分けることもあります。

8-1-1-1 教師あり学習と教師なし学習

機械に読み込ませて知識や行動を獲得させるために使うデータのことを訓練データと言います。教師あり学習と教師なし学習の違いは、訓練データに、目的変数や説明変数（後述）があるかどうかです。端的に言うと、正解のデータがあってそれを与えるのが教師あり学習、そうでないのが教師なし学習です。

①教師あり学習

説明変数（Xとします）から目的変数（Yとします）を予測するモデルを求める手法です。訓練データには目的変数や説明変数があり、モデルに訓練データの説明変数を入力し、そのモデルからの出力が訓練データの目的変数に近づくようにモデルのパラメータを調整することで学習していきます。この章で詳しく説明します。
たとえば、メールのタイトルや内容（説明変数）からスパムか否か（目的変数）を識別したい、株の売買状況（説明変数）から株価（目的変数）を予測したいときなどに使われます。

②教師なし学習

入力データそのものに着目し、データに潜むパターンや示唆を見いだす手法です。訓練データに目的変数（Y）はありません。多数のデータをいくつかの類似グループに分けるクラスタリングや、データ次元（変数の数）を、元のデータの情報を失わないようにより少数の次元に縮約する主成分分析（PCA：Principle Component Analysis）などの手法があります。データに解釈を与える探索的分析やデータの次元圧縮（dimentional reduction）などに使われます。こちらは次の章で詳しく説明します。なお、次元圧縮は教師あり学習もありますが、次の章で扱うのは教師なし学習の次元圧縮です。

以下は、教師あり学習と教師なし学習のイメージです。

左図が教師あり学習です。あらかじめラベル付け（以下は丸とバツ）がされていて、丸とバツに分けたいという目的があります。たとえば、x1とx2の2つの軸を持つデータが新たに与えられ、それが丸なのかバツなのかを予測します。

右図が教師なし学習です。ラベル付けはされておらず、与えられたデータから示唆（「以下の青い丸に囲まれているグループが2つできそうだ」といった見識）を見つけ出そうとします。

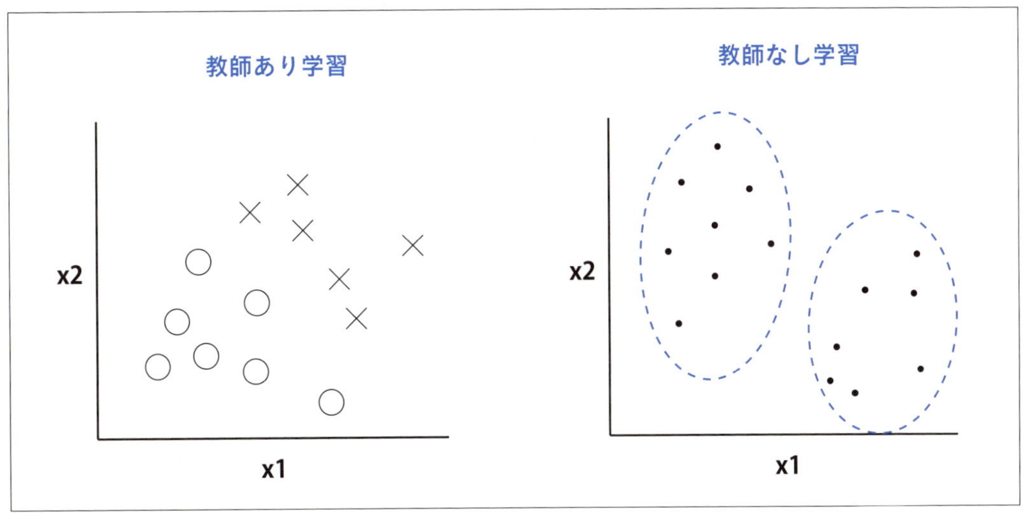

図8-1-1　教師あり学習と教師なし学習のイメージ

8-1- 1-2 強化学習

強化学習は、プログラム（機械）の一連の行動の結果に対して報酬を与えることで、機械に実現させたい行動ルールを獲得させようとする手法です。教師あり学習では1つ1つの行動に正解データを付与する必要がありますが、たとえば対戦相手のいるゲームなど相互作用的な環境下で行動ルールを獲得する必要がある場合、すべての局面に対して正解データを付与することは困難です。

そのため、一連の行動の結果に基づく報酬によって行動ルールを獲得させようとする強化学習は、教師あり学習では表現困難なケースを扱える学習方式として、近年注目を集めています。

8-1- 1-3 機械学習を適用するにあたって

本書では、与えられたデータに対して機械学習を適用するところから始めますが、実際のデータ分析の現場においては、「基本統計量を取得する」「ヒストグラムや散布図を作成する」など、データの基本的な観察と理解を怠らないようにしましょう。データの品質は機械学習のアウトプットの品質にも大きな影響を与えるためです。また、そのような一連の確認作業からデータ上の有益な気付きを得られることもあります。機械学習を使うことを目的とせず、あくまで1つの手段であることを留意しておきましょう。

Point

現場でデータ分析をするときは、機械学習を適応する前に、基本統計量や散布図を作成し、データの傾向や全体像を抑えましょう。

機械学習の入門者には、参考文献「A-18」や参考URL「B-16」が参考になるでしょう。
ビジネス的な視点で機械学習を活かすことを学ぶには参考文献「A-19」などが参考になります。

また、1冊の専門書で機械学習のモデルや実装に関する情報をすべて記載するのは無理なので、何かわからないこと(パラメータの設定など)があった場合、大事になるのは公式ドキュメント(参考URL「B-18」)に戻ることです。公式ドキュメントはぎっしり書いてあってなかなか読み切れるものではないですが、モデルの細かなパラメータ等の説明がありますので、確実です。

Point
機械学習等のモデルでパラメータやモデルの特性などわからないことがあれば、まずは公式ドキュメントを調べましょう。

8-1- 2 教師あり学習

教師あり学習は、訓練データを与えて、そこに含まれるある変数を予測するためのモデルを構築する手法です。先に説明したとおり、訓練データの中で予測したい変数のことを**目的変数**(他には正解データ、応答変数、ターゲット変数、従属変数などとも呼ばれます)、目的変数を説明するための変数のことを**説明変数**と言います(他には特徴量、予測変数、独立変数などとも呼ばれます)。

$y = f(x)$という関数があるとすると、yが目的変数、xが説明変数、関数$f(x)$がモデルです。たとえば、ある消費財ブランドの購買者が、将来ブランド非購買になるか否か(目的変数)を予測したいときは、過去のさまざまなデータ(顧客属性、購買頻度、関連ブランドの購入有無など)を説明変数として扱います。

8-1- 2-1 教師あり学習の手法

教師あり学習は目的変数のデータ形式によって、2つの種類に分類できます。目的変数が株価など数値を取る場合を**回帰**(**regression**)、「男性・女性」「幼児・小学生・学生・大人」などのカテゴリになる場合を**分類**(**classification**)といいます。たとえば先ほどのブランド非購買になるか否かのケースは、「購入する」か「購入しないか」の2つのカテゴリに分ける分類タスクです。

教師あり学習のアルゴリズム(手法)には、**重回帰**(**multiple linear regression**)、**ロジスティック回帰**(**logistic regression**)、**k近傍法**(**k-Nearest Neighbors**)、**決定木**(**Decision Tree**)、**サポートベクターマシン**(**Support Vector Machine**)、**ランダムフォレスト**(**Random Forest**)、**勾配ブースティング**(**Gradient Boosting**)等があります。これらの手法は、回帰で使われるときもあれば、分類で使われるときもあるので、注意しましょう。
ちなみに、ロジスティック回帰は回帰という名前がついていますが、分類の用途で使われます。決定木は分類で使われる場合は分類木といい、回帰の場合は回帰木といいます。後に個別に説明します。
どの手法を選択するのかは、求めるモデルの性能で決めるのが基本です。しかし学習結果の解釈性(interpretability/解釈しやすさ)を優先したい場合は重回帰、ロジスティック回帰、決定木などの比較的シンプルな手法を意図的に採用することもあります。サポートベクターマシンなどは説明がしにくく、非専門家が1回聞いてすぐに理解できる手法ではないためです(機械学習で「決定木」は理解しやすいという記載もありますが、非専門家にとっては必ずしもわかりやすい概念ではないことを留意しておきましょう)。解釈性を優先すべき局面なのか、解釈よりも精度を追求すべき局面なのかについて、ケースバイケースで判断するようにしましょう。

8-1-3 教師なし学習

教師なし学習は目的変数がなく入力データそのものに注目した学習で、データに潜むパターンや示唆を見出そうとするものです。

8-1-3-1 教師なし学習の手法

教師なし学習の代表的な手法が、多数のデータをいくつかの類似のグループに分ける**クラスタリング**(**clustering**)です。たとえば、ある消費者がどのような嗜好グループに分かれるかといったマーケティング分析などに使われます。
クラスタリングは、データそのものの特徴を探す手法であることから、探索的なデータ分析手法とも位置づけられます。
クラスタリング結果に基づき対象データをグルーピングをしたら終わりではなく、そこに解釈を与えそれがビジネスなどの現場感覚とズレていないかを確認することは重要です。探索的なデータ分析では完全な自動化は難しく、人の判断が重要な役割を担うことを留意しましょう。
教師なし学習にはほかにも、**主成分分析**(**Principle Component Analysis**)や**マーケットバスケット分析**(**Market Basket Analysis**)などがあります。主成分分析は、多数の変数をそれらの情報を失わないように縮約して、変数を減らす分析手法です。マーケットバスケット分析はPOS(Point of Sales)といわれる購買データ等の分析に使われ、ある商品Aを買っている人は高い確率である商品Bも買っている、といったアソシエーションルール(関連性の強い事象の組み合わせのこと)を求めてくれる分析手法です。

参考文献「A-20」に挙げている書籍では、教師あり学習を「目的志向的データマイニング」、教師なし学習を「探索的データマイニング」と大別しており、ビジネスの現場でどのように機械学習やデータマイニングが使われているかを学ぶことができます。ビジネス視点から本書の理解を更に深めたい方にはオススメです。なお、参考文献「A-20」のうち上2つは翻訳本で原書の一部分がカットされていますので、英語が読める方は原書が良いでしょう。

8-1-4 強化学習

強化学習は、ある報酬を最大化するために何をすべきかの行動ルールを、機械に学習させるための技術です。報酬は機械の一連の行動の結果に対し目的と整合するように設計します。つまり望ましい結果には高い報酬を、望ましくない結果には低い報酬を与えるようにします。教師あり学習のように1つ1つの行動に対する正解データは与えられず、その代わりどのような行動を取ったら最終的により大きな報酬を得られるかを見つけ出そうとします。強化学習では、機械(エージェント)が存在する環境や他のエージェントとの相互作用の中で学習が進みます。

実例で言うとたとえば、「赤ちゃん(エージェント)は歩き方を教わっていないのに自分がおかれている環境の中から試行錯誤しながら歩けるようになる」「自動車(エージェント)が他の自動車(他のエージェント)と衝突することなく走行できるようになる」などが、強化学習の例となります。

8-1-4-1 強化学習の手法

強化学習ではエージェントが探索的に行動し、環境との相互作用の中から学習が進むため、探索と知識利用のジレンマ(Exploration-Exploitation Dilemma)をどのように扱うかが重要なテーマです。これは、過去の行動から学んだ結果を踏まえて「一番良い行動」を取っていたら新しい行動を見つけられなくなるし(知識に偏る)、「もっと良い行動」を求めて新しい行動ばかりしていると過去の経験を活かせない(探索に偏る)ので、探索と知識利用のバランスをどうとるかが大切、ということです。

強化学習のアプローチには動的計画法、モンテカルロ法やTD学習などがあります。動的計画法は明示的な知識があることを前提としますが、モンテカルロ法は環境における完全な知識を必要とせず経験のみを必要とする方法です。なお本書では、強化学習については以上の概念の紹介までとします。さらに学習を深めたい方は、上記までに登場した用語を参考に、参考文献「A-21」や参考URL「B-17」のOpenAIのサイトなどを参照してください。

8-1-5 この章で使うライブラリのインポート

この章では、2章で紹介した各種ライブラリのほか、機械学習ライブラリのScikit-learnを使います。Appendix 1を見てAnacondaをインストールされた人は、このライブラリが入っていますので、特に何もインストールする必要はありません。Scikit-learnは、3章で単回帰分析の際にも使いました。上記でも紹介しましたが、参考URL「B-18」のScikit-learnの公式ドキュメントには、詳細な仕様や使い方が記されているので、参考にしてください。Scikit-learnのライブラリには、機械学習用のクラスだけでなくサンプルデータもいくつか含まれています。

この章では、次のようにインポートしていることを前提として進めていきます。

入力

```
# データ加工・処理・分析ライブラリ
import numpy as np
import numpy.random as random
import scipy as sp
from pandas import Series, DataFrame
import pandas as pd

# 可視化ライブラリ
import matplotlib.pyplot as plt
import matplotlib as mpl
import seaborn as sns
%matplotlib inline

# 機械学習ライブラリ
import sklearn

# 小数第3位まで表示
%precision 3
```

出力

```
'%.3f'
```

Chapter 8-2

重回帰

Keyword 目的変数、説明変数、多重共線性、変数選択法

教師あり学習の1つ目として、まずは、**重回帰**(**multiple lienar regression**)について学びます。3章で扱った単回帰では目的変数に対して説明変数は1つでした。この考え方を拡張し、説明変数が1つではなく複数ある場合を扱うのが重回帰です。重回帰によって、各説明変数の係数(回帰係数)が推定され予測値を計算できます。回帰係数は予測値と目的変数の二乗誤差が最小になるように推定されます。以下が重回帰の図解です。

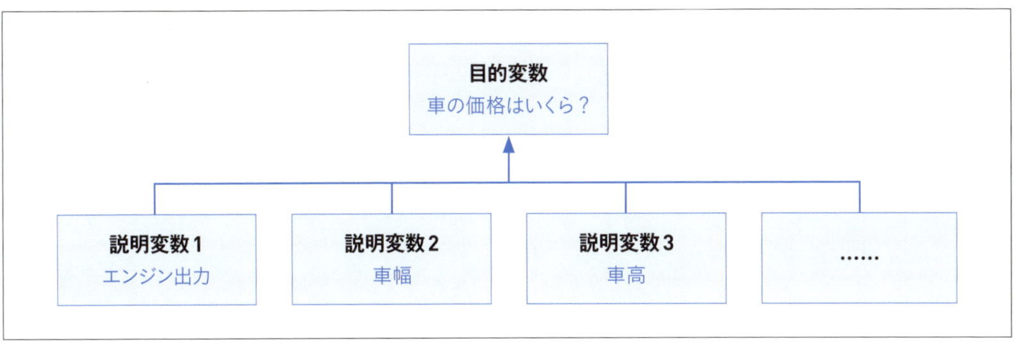

図8-2-1 重回帰では説明変数が複数ある

8-2-1 自動車価格データの取り込み

それでは、実際にやってみましょう。ここでは、自動車の価格とそれらの属性(自動車の大きさなど)データがあるとき、その属性から自動車価格を予測するモデルを重回帰を使って構築してみましょう。
データは、次のURLで公開されているものを利用します。

http://archive.ics.uci.edu/ml/machine-learning-databases/autos/imports-85.data

入力

```
# インポート
import requests, zipfile
import io

# 自動車価格データを取得
url = 'http://archive.ics.uci.edu/ml/machine-learning-databases/autos/imports-85.data'
res = requests.get(url).content

# 取得したデータをDataFrameオブジェクトとして読み込み
auto = pd.read_csv(io.StringIO(res.decode('utf-8')), header=None)

# データの列にラベルを設定
auto.columns =['symboling','normalized-losses','make','fuel-type' ,'aspiration','num-of-doors',
```

```
                    body-style','drive-wheels','engine-location','wheel-base','length','width','height',
                    'curb-weight','engine-type','num-of-cylinders','engine-size','fuel-system','bore',
                    'stroke','compression-ratio','horsepower','peak-rpm','city-mpg','highway-mpg','price']
```

上記のプログラムを実行すると、変数autoにPandasのDataFrameオブジェクトとして、自動車価格データが設定されます。実際に、どのようなデータなのか確認してみましょう。

入力

```
print('自動車データの形式:{}'.format(auto.shape))
```

出力

```
自動車データの形式:(205, 26)
```

205行、26列のデータであることが分かります。

続いて次のようにhead()メソッドで、最初の5行を表示してみます。

入力

```
auto.head()
```

出力

	symboling	normalized-losses	make	fuel-type	aspiration	num-of-doors	body-style
0	3	?	alfa-romero	gas	std	two	convertible
1	3	?	alfa-romero	gas	std	two	convertible
2	1	?	alfa-romero	gas	std	two	hatchback
3	2	164	audi	gas	std	four	sedan
4	2	164	audi	gas	std	four	sedan

5 rows × 26 columns

drive-wheels	engine-location	wheel-base	...	engine-size	fuel-system	bore	stroke
rwd	front	88.6	...	130	mpfi	3.47	2.68
rwd	front	88.6	...	130	mpfi	3.47	2.68
rwd	front	94.5	...	152	mpfi	2.68	3.47
fwd	front	99.8	...	109	mpfi	3.19	3.40
4wd	front	99.4	...	136	mpfi	3.19	3.40

compression-ratio	horsepower	peak-rpm	city-mpg	highway-mpg	price
9.0	111	5000	21	27	13495
9.0	111	5000	21	27	16500
9.0	154	5000	19	26	16500
10.0	102	5500	24	30	13950
8.0	115	5500	18	22	17450

このデータにおいて、自動車の価格はpriceに設定されています。ここでは自動車の属性から価格を予測するモデルを作ろうとしているのですから、price以外の値からpriceを予測するモデルを作るというのが課題となります。

すべての説明変数からpriceを予測するのは複雑なので、ここでは、horsepower、width、heightの3つの説明変数だけを使うものとします。つまり、horsepower、width、heightという説明変数からpriceという目的変数を予測するというモデルを作成していくものとします。

8-2- 2 データの整理

入力データには不適切なものが含まれていることがあります。そこでまずは、データの内容を確認して適切なデータとして整理します。

8-2- 2-1 不適切なデータの除去

先ほどhead()を使ってデータを確認しましたが、このとき、データの中に?のあることに気づきます。多くの機械学習のアルゴリズムは、数値型データしか扱えないため、このような?などの非数値データを含む変数に対しては、それを取り除く前処理が必要です。

今回の目的はhorsepower、width、heightからpriceを予測することなので、これらの変数に?データがあれば削除します。具体的には、?データを欠損値に変換をした上で欠損値を含む行を除外します。扱おうとしているhorsepower、width、height、priceの4つ変数に?データが、どれだけ含まれているのかは、次のプログラムで確認できます。

入力

```
# それぞれのカラムに ? が何個あるかカウント
auto = auto[['price','horsepower','width','height']]
auto.isin(['?']).sum()
```

出力

```
price         4
horsepower    2
width         0
height        0
dtype: int64
```

priceとhorsepowerに?データが混入していることがわかるので、6章で学んだPandasのテクニックを使って除外します。次のようにすると?がある行が除去されます。実行すると、行数が減っていることが確認できます。

入力

```
#  ? をNaNに置換して、NaNがある行を削除
auto = auto.replace('?', np.nan).dropna()
print('自動車データの形式:{}'.format(auto.shape))
```

出力

```
自動車データの形式:(199, 4)
```

8-2- 2-2 型の変換

ここでデータの型を確認しておきましょう。次のようにして確認します。

入力

```
print('データ型の確認 (型変換前) \n{}\n'.format(auto.dtypes))
```

出力

```
データ型の確認 (型変換前)
price          object
horsepower     object
width         float64
height        float64
dtype: object
```

確認するとpriceとhorsepowerが数値型ではないことがわかります。そこでto_numericを使って数値型に変換しておきます。

入力

```
auto = auto.assign(price=pd.to_numeric(auto.price))
auto = auto.assign(horsepower=pd.to_numeric(auto.horsepower))
print('データ型の確認（型変換後）\n{}'.format(auto.dtypes))
```

出力

```
データ型の確認（型変換後）
price           int64
horsepower      int64
width         float64
height        float64
dtype: object
```

8-2- 2-3 相関の確認

以上の操作で、説明変数、目的変数のすべての行は、欠損が無くかつ数値型のデータ形式に加工されました。
続けて各変数の相関を確認します。次のようにcorrを使うと、相関を確認できます。

入力

```
auto.corr()
```

出力

	price	horsepower	width	height
price	1.000000	0.810533	0.753871	0.134990
horsepower	0.810533	1.000000	0.615315	-0.087407
width	0.753871	0.615315	1.000000	0.309223
height	0.134990	-0.087407	0.309223	1.000000

priceが今回の目的変数なので、それ以外の3変数に注目をすると、widthとhorsepowerの相関が0.6程度と、やや高いことに気づきます。なぜこのような確認をしているかというと、相関の高い変数を同時に重回帰の説明変数とすると、**多重共線性（multi-collinearity）**が生じる可能性があるからです。
多重共線性とは変数間の高い相関のために回帰係数の分散が大きくなり、係数の有意性が失われてしまう現象です。このような現象を回避すべく、通常、重回帰のモデル構築においては、相関の高い変数群からは代表となる変数だけをモデルに使用します。しかしここでは実験なのでそこまで厳密に考えず、widthとhorsepowerの両方を、heightと一緒に残してモデル構築を進めることとします。

8-2- 3 モデル構築と評価

データが揃ったのでモデルを構築してみましょう。重回帰のモデルを作り、その性能を調べるプログラムは下記のようになります。
下記のプログラムでは、説明変数をX、目的変数をyに設定しています。

機械学習のモデル構築では、「モデル構築に使用する訓練データ」を使って学習させてモデルを構築し、そのモデルに訓練データとは別の「テストデータ」を入れて、テストデータに対して、どの程度の精度が得られるのかを確認することで性能を調べるのが一般的です。そこで以下では、Scikit-learnのmodel_selectionモジュールのtrain_test_split関数を使い、訓練データとテストデータに分けています。
この関数はデータをランダムに2つに分ける関数です。どのような割合で分類するのかはtest_sizeで決めます。ここではtest_sizeを0.5にしているので半分ずつに分かれます（たとえば、0.4にすると4対6に分けることもできます）。

random_stateは乱数の生成を制御するものです。ここではrandom_stateを0に設定しています。このようにrandom_stateを固定する（この場合は0に設定する）と、何度実行しても、同じように分離されます。もし任意の値を指定しないと、実行のたびに、ある行が訓練データに分類されたりテストデータに分類されたりとまちまちになるので、結果が一定となりません。ですからモデル性能の実証段階では、random_stateを固定して再現性を持たせることは、とても重要です。

重回帰のモデル構築は、LinearRegressionクラスを使って行います。「model = LinearRegression()」でインスタンスを作成して、訓練データを「model.fit(X_train,y_train)」のように読み込ませると学習が完了します。学習したら、決定係数や回帰係数、切片を確認できます。決定係数とは、目的変数によって予測された値が、実際の目的変数の値とどのくらい近いかを示す値です。3章で学びました。

機械学習の目的は高い汎化性能の獲得（構築したモデルによって、未知データでも適切に予測できること）ですから、訓練データへのあてはまりを追求すれば良いモデルになりそうですが、実際はそうではなく、訓練データに対する精度は良いがテストデータに対する精度が低くなるということがしばしば起きます。このことを**過学習**（**overfitting**）もしくは**過剰学習**と呼び、モデル構築の段階において最も注意を要する検証事項となります。

決定係数はscoreメソッドで取得できます。

入力

```
# データ分割（訓練データとテストデータ）のためのインポート
from sklearn.model_selection import train_test_split

# 重回帰のモデル構築のためのインポート
from sklearn.linear_model import LinearRegression

 # 目的変数にpriceを指定、説明変数にそれ以外を指定
X = auto.drop('price', axis=1)
y = auto['price']

# 訓練データとテストデータに分ける
X_train, X_test, y_train, y_test = train_test_split(X, y, test_size=0.5, random_state=0)

# 重回帰クラスの初期化と学習
model = LinearRegression()
model.fit(X_train,y_train)

# 決定係数を表示
print('決定係数(train):{:.3f}'.format(model.score(X_train,y_train)))
print('決定係数(test):{:.3f}'.format(model.score(X_test,y_test)))

# 回帰係数と切片を表示
print('\n回帰係数\n{}'.format(pd.Series(model.coef_, index=X.columns)))
print('切片: {:.3f}'.format(model.intercept_))
```

出力

```
決定係数(train):0.733
決定係数(test):0.737

回帰係数
horsepower      81.651078
width         1829.174506
height         229.510077
dtype: float64
切片: -128409.046
```

8-2

上記の結果では、train（訓練データ）で0.733、test（テストデータ）で0.737とわかります。訓練時スコアとテスト時のスコアが近いことから、このモデルは過学習に陥ってはいないと判断できます。

8-2- 4 モデル構築とモデル評価の流れのまとめ

以上が重回帰によるモデル構築とモデル評価の流れです。以下で学ぶ決定木やSVMなども基本的に同じ流れで実行していきます。つまり、以下の流れがモデル構築とモデル評価の基本であることを押さえましょう。

- **Step1.** 各種モデル構築のためのクラスのインスタンス化：`model = LinearRegression()`
- **Step2.** データを説明変数と目的変数に分ける：Xとy
- **Step3.** 訓練データとテストデータに分ける：`train_test_split(X, y, test_size=0.5, random_state=0)`
- **Step4.** 訓練データによるあてはめ（学習）：`model.fit(X_train, y_train)`
- **Step5.** モデルの汎化性能をテストデータで確かめる：`model.score(X_test, y_test)`

ここでは、モデル構築の際、使用する説明変数としてhorsepower、width、heightの3つを恣意的に選択しましたが、統計的に選択する方法もいくつかあります。具体的には、**変数増加法（前進的選択法）**、**変数減少法（後退的選択法）**、**ステップワイズ法**などで、選択するための規準も、RMSE（Root Mean Squared Error）、赤池情報量規準（AIC）、ベイズ情報量規準（BIC）などがあります。これらも絶対的にこの方法が有効というものではなく、モデルの汎化性能であったりビジネスドメイン知識なども考慮され選択されます。上記方法についての詳細は本書では割愛しますので、さらに学習を深めたい方は調べてみてください。

8-2

Let's Try

変数増加法、変数減少法、ステップワイズ法について調べてみましょう。

Practice

【練習問題 8-1】

「8-2-1」で利用した自動車価格データを利用します。このデータに対して、目的変数をpriceとし、説明変数にlengthとengine-sizeを使って重回帰のモデル構築をしてみましょう。このときtrain_test_splitを使って訓練データとテストデータが半分になるように分けてモデルを構築し、テストデータを使って、モデルのスコアを求めてください。train_test_splitを実行する際には、random_stateオプションを0に設定してください。

答えはAppendix 2

Let's Try

練習問題 8-1のデータに対して、目的変数は同じpriceで、上記とは別の説明変数を使って重回帰のモデル構築をしてみましょう。異なる説明変数を使うことで、モデルの結果がどのように変わったでしょうか。またその原因を考察してみましょう。

Chapter 8-3

ロジスティック回帰

Keyword ロジスティック回帰、交差エントロピー誤差関数、オッズ比

先に見てきたとおり、重回帰モデルは説明変数が複数ある回帰モデルで、目的変数は数値でした。このような変数を数値変数と言います。

本節で学ぶ**ロジスティック回帰**（**logistic regression**）は目的変数が数値ではなく、たとえば、ある商品を買うか買わないか、ある会社が倒産するかしないかといった、カテゴリのデータを扱うアルゴリズムです。このようにカテゴリの形になっている変数をカテゴリ変数と言います。

データサンプルが、あるカテゴリに属するかどうかの確率を計算するタスクを分類（classification）といい、そのためのアルゴリズムの1つがロジスティック回帰です。

回帰という名前がついていますが、分類を扱うアルゴリズムですので注意しましょう（また、2分類だけではなく3分類以上についても使えます）。目的変数が数値の時と違い、分類タスクでは以下の目的関数が最小になるように学習します。この目的関数を**交差エントロピー誤差関数**（**cross-entropy error function**）と言い、正解カテゴリを予測できる確率が高くなるほど値が小さくなります。

8-3-1 ロジスティック回帰の例

それでは具体的にロジスティック回帰の実行例を見ていきましょう。ここでは、年齢や性別、職業などの個人に関するデータから、その人の収入が50K（5万ドル）を超えるかどうかを予測するためのモデルを構築してみましょう。元となるデータは、次のURLで取得できるものとします。

http://archive.ics.uci.edu/ml/machine-learning-databases/adult/adult.data

まずは次のようにデータを取得し、カラム名を設定します。データは32561行15例で構成されており、欠損値はありません。head()を使ってデータの先頭を見ると、wrokclassやeducationなどのカテゴリ変数とageやeducation_numなどの数値変数が混在したデータセットであるとわかります。

入力

```
# データを取得
url = 'http://archive.ics.uci.edu/ml/machine-learning-databases/adult/adult.data'
res = requests.get(url).content

# 取得したデータをDataFrameオブジェクトとして読み込み
adult = pd.read_csv(io.StringIO(res.decode('utf-8')), header=None)

# データの列にラベルを設定
adult.columns =['age','workclass','fnlwgt','education','education-num','marital-status',
                'occupation','relationship','race','sex','capital-gain',
                'capital-loss','hours-per-week',
                'native-country','flg-50K']
```

```
# データの形式と欠損数を出力
print('データの形式:{}'.format(adult.shape))
print('欠損の数:{}'.format(adult.isnull().sum().sum()))

# データの先頭5行を出力
adult.head()
```

出力

```
データの形式:(32561, 15)
欠損の数:0
```

	age	workclass	fnlwgt	education	education-num	marital-status
0	39	State-gov	77516	Bachelors	13	Never-married
1	50	Self-emp-not-inc	83311	Bachelors	13	Married-civ-spouse
2	38	Private	215646	HS-grad	9	Divorced
3	53	Private	234721	11th	7	Married-civ-spouse
4	28	Private	338409	Bachelors	13	Married-civ-spouse

occupation	relationship	race	sex	capital-gain	capital-loss	hours-per-week
Adm-clerical	Not-in-family	White	Male	2174	0	40
Exec-managerial	Husband	White	Male	0	0	13
Handlers-cleaners	Not-in-family	White	Male	0	0	40
Handlers-cleaners	Husband	Black	Male	0	0	40
Prof-specialty	Wife	Black	Female	0	0	40

native-country	flg-50K
United-States	<=50K
United-States	<=50K
United-States	<=50K
United-States	<=50K
Cuba	<=50K

8-3- 2 データの整理

このデータセットにおいて、収入が50Kを超えるかどうかを示す目的変数はflg-50Kです。データの値は「<=50K」と「>50K」で、このままでは扱いにくいので、0または1のフラグが入った変数に変換します。まずは、「<=50K」と「>50K」の行が、それぞれいくつあるかを確認してみます。

入力

```
adult.groupby('flg-50K').size()
```

出力

```
flg-50K
 <=50K    24720
 >50K      7841
dtype: int64
```

「<=50K」が24,720行、「>50K」が7,841行であることが分かります。

次に、「fin_flg」というカラムを追加して、「>50K」である行には1、それ以外は0とフラグ立てをします。フラグ立てには1章で登場したlambdaやmapを使います。変換したら、念のため上の集計結果と同じであることをチェックします。

入力

```
# 「fin_flg」カラムを追加し、もし「flg-50K」カラムの値が「>50K」だったら1、そうでなければ0をセットする
adult['fin_flg'] = adult['flg-50K'].map(lambda x: 1 if x ==' >50K' else 0)
adult.groupby('fin_flg').size()
```

出力

```
fin_flg
0    24720
1     7841
dtype: int64
```

「<=50K」と「>50K」の行数が、「0」と「1」の行数と一致したのでうまくいったことが分かります。

8-3- 3 モデル構築と評価

いよいよロジスティク回帰のモデル構築です。説明変数として、数値変数のage、fnlwgt、education-num、capital-gain、capital-lossを使うことにします。目的変数は、先ほど「1」と「0」のフラグを立てたfin_flgです。
ロジスティック回帰のモデル構築にはLogisticRegressionクラスを使います。訓練データとテストデータに分けたり、scoreメソッドで評価したりする方法は、重回帰のときと同じです。

入力

```
from sklearn.linear_model import LogisticRegression
from sklearn.model_selection import train_test_split

# 説明変数と目的変数の設定
X = adult[['age','fnlwgt','education-num','capital-gain','capital-loss']]
y = adult['fin_flg']

# 訓練データとテストデータに分ける
X_train, X_test, y_train, y_test = train_test_split(X, y, test_size=0.5, random_state=0)

# ロジスティック回帰クラスの初期化と学習
model = LogisticRegression()
model.fit(X_train,y_train)

print('正解率(train):{:.3f}'.format(model.score(X_train, y_train)))
print('正解率(test):{:.3f}'.format(model.score(X_test, y_test)))
```

出力

```
正解率(train):0.796
正解率(test):0.797
```

上記の結果から、訓練データとテストデータともに約79%の正解率であり、過学習は起きていないと判断できます。

学習済みモデルの各変数(age、fnlwgt、education-num、capital-gain、capital-loss)の係数を、coef_属性を取得することで確認してみます。

入力

```
model.coef_
```

出力

```
array([[-4.510e-03, -5.717e-06, -1.082e-03,  3.159e-04,  7.230e-04]])
```

また、それぞれのオッズ比は以下のように算出できます。オッズ比とは、それぞれの係数が1増加したとき、正解率にどの程度影響があるかを示す指標です。

入力

```
model.coef_
```

出力

```
array([[-4.510e-03, -5.717e-06, -1.082e-03,  3.159e-04,  7.230e-04]])
```

8-3

8-3- 4 スケーリングによる予測精度の向上

ここで予測精度を上げるためのアプローチの1つであるスケーリングについて紹介します。このモデルではage、fnlwgt、education-num、capital-gain、capital-losの5つの説明変数を使っていますが、それぞれの単位や大きさは異なっています。このままだとモデルの学習が値の大きな変数に引っ張られ値の小さな変数の影響が小さくなる懸念があります。

そこでそうならないようにするため、説明変数の標準化を実施します。標準化とはスケーリングの一種で、データの各値から変数列の平均を引き、標準偏差で割ります。こうすることで変数間の単位が消え数値の大小と意味するところが合致します(値が0ならそれは平均値、1なら1標準偏差だけ平均値より大きい値とわかります)。データを標準化するにはStandardScalerクラスを使います。

入力

```
# 標準化のためのクラスをインポート
from sklearn.preprocessing import StandardScaler
from sklearn.model_selection import train_test_split

# Xとyを設定
X = adult[['age','fnlwgt','education-num','capital-gain','capital-loss']]
y = adult['fin_flg']

# 訓練データとテストデータに分ける
X_train, X_test, y_train, y_test = train_test_split(X, y, test_size=0.5, random_state=0)
```

```
# 標準化処理
sc = StandardScaler()
sc.fit(X_train)
X_train_std = sc.transform(X_train)
X_test_std = sc.transform(X_test)

# ロジスティック回帰クラスの初期化と学習
model = LogisticRegression()
model.fit(X_train_std,y_train)

# 正解率の表示
print('正解率(train):{:.3f}'.format(model.score(X_train_std, y_train)))
print('正解率(test):{:.3f}'.format(model.score(X_test_std, y_test)))
```

出力

```
正解率(train):0.811
正解率(test):0.810
```

上記の結果を見るとわかるように、標準化しない場合に比べて正解率が上昇しています。このように説明変数の尺度を揃えることで、機械学習のアルゴリズムをよりうまく動作させられます。標準化処理で留意しておきたいポイントは、訓練データの平均値と標準偏差を使用している点です。テスト用データは将来手に入るであろう未知データという位置づけですから、そのデータを使って標準化することはできません。

Practice

【練習問題 8-2】

sklearn.datasetsモジュールのload_breast_cancer関数を使って乳がんデータを読み込んで、目的変数をcancer.target、cancer.dataを説明変数として、ロジスティック回帰で予測モデルを構築してください。この時、訓練データとテストデータに分けるtrain_test_split(random_state=0)を使って、テストデータにおけるスコアを求めてください。

【練習問題 8-3】

練習問題 8-2と同じ設定で、同じデータに対して、特徴量を標準化してモデル構築してみてください。その上で、上記の結果と比較してください。

答えはAppendix 2

Chapter 8-4

正則化項のある回帰：ラッソ回帰、リッジ回帰

Keyword 正則化、ラッソ回帰、リッジ回帰

次にラッソ回帰とリッジ回帰を説明します。これらは入力が少し動いたときに出力が大きく変化する場面において、重回帰のモデルに比べて過学習が起こりにくいという特徴があります。

8-4-1 ラッソ回帰、リッジ回帰の特徴

重回帰では、予測値と目的変数の二乗誤差を最小にするように回帰係数を推定します。それに対して、ラッソ回帰やリッジ回帰には、二乗誤差を小さくしようとする以外に、回帰係数自体が大きくなることを避ける仕掛けがあります。一般的に、回帰係数が大きいモデルはインプットの少しの動きでアウトプットが大きく動くようになります。つまり、入出力関係が敏感または複雑なモデルになります。このようなモデルは、訓練データには当てはまるが未知のデータには当てはまらない、過学習を引き起こすリスクが高まります。そこで回帰係数を推定する際、モデルの複雑さを表す項を損失関数（cost function）に追加し、それを含め誤差を最小化するように回帰係数を推定しようとしたものがラッソ回帰、およびリッジ回帰なのです。

具体的には、ラッソ回帰やリッジ回帰では、回帰係数を推定する際の損失関数を式8-4-1のように定義します。このときの第二項を正則化項と言います。$q=1$の時はラッソ回帰、$q=2$の時はリッジ回帰と呼びます（M：変数の数、w：重み付けまたは係数、λ：正則化パラメータ）。正則化項はモデルの複雑さを抑える役割を持った項です。**正則化（regularization）**とは、より一般的に、モデルの複雑さを低減するための工夫全般を指す用語です。

$$\sum_{i=1}^{n}(y_i - f(x_i))^2 + \lambda\sum_{j=1}^{M}|w_j|^q \qquad \text{（式8-4-1）}$$

この式の定義から、変数の数Mを増やせば増やすほど、重みも増やせば増やすほど損失関数の第二項の値が大きくなり、それがペナルティとなることがわかると思います。重回帰が、投入する説明変数の数を分析者側で調整することによってモデルの複雑性を調整するのに対し、ラッソ回帰、リッジ回帰はパラメータ自体の大きさをモデル自身が小さく抑えることによってモデルの複雑性を調整してくれます。訓練スコアとテストスコアに乖離がある場合、正則化項のあるアルゴリズムを使用することで汎化性能を改善できる可能性があるということです。ちなみに、Scikit-learnのロジスティック回帰はデフォルトで$q=2$の正則化項が損失関数に含まれていますが、従来のモデル名と別の名前は付けられていません。

8-4- 2 重回帰とリッジ回帰の比較

先程の重回帰で使った自動車価格のデータ（auto）を使ってリッジ回帰モデルを作り、重回帰とリッジ回帰の結果の差を確認してみましょう。ここで使うデータの先頭5行を表示してみます。

入力

```
auto.head()
```

出力

	price	horsepower	width	height
0	13495	111	64.1	48.8
1	16500	111	64.1	48.8
2	16500	154	65.5	52.4
3	13950	102	66.2	54.3
4	17450	115	66.4	54.3

sklearn.linear_modelモジュールのRidgeクラスを使うと、リッジ回帰モデルを構築できます。

次のプログラムは、LinearRegressionクラスを使った重回帰モデル（linear）とRidgeクラスを使ったリッジ回帰モデル（ridge）を作り、その結果を比較するものです。

入力

```
# リッジ回帰用のクラス
from sklearn.linear_model import Ridge
from sklearn.model_selection import train_test_split

# 訓練データとテストデータに分割
X = auto.drop('price', axis=1)
y = auto['price']
X_train, X_test, y_train, y_test = train_test_split(X, y, test_size=0.5, random_state=0)

# モデルの構築と評価
linear = LinearRegression()
ridge = Ridge(random_state=0)

for model in [linear, ridge]:
    model.fit(X_train,y_train)
    print('{}(train):{:.6f}'.format(model.__class__.__name__ , model.score(X_train,y_train)))
    print('{}(test):{:.6f}'.format(model.__class__.__name__ , model.score(X_test,y_test)))
```

どちらも性能は極めて近いですが、傾向として、訓練データにおいては重回帰の正解率が高く、テストデータにおいてそれが逆転しているのは、正則化項による効果と推察されます。

出力

```
LinearRegression(train):0.733358
LinearRegression(test):0.737069
Ridge(train):0.733355
Ridge(test):0.737768
```

Practice

【練習問題 8-4】

練習問題 8-1で用いたデータに対してラッソ回帰を評価してください。sklearn_linearモジュールのLassoクラスを使います。なお、Lassoクラスにはパラメータ設定し、変更できるので調べてみてください。具体的には以下の公式ドキュメントをみてください。

https://scikit-learn.org/stable/modules/generated/sklearn.linear_model.Lasso.html#sklearn.linear_model.Lasso

答えはAppendix 2

Chapter 8-5

決定木

Keyword 決定木、不純度、エントロピー、情報利得

この節では**決定木**（**Decision Tree**）によるモデル構築方法を学びます。決定木は、ある目的に到達するためにデータの各属性の条件分岐を繰り返してクラス分けする方法です。目的変数がカテゴリの場合は**分類木**、数値の場合は**回帰木**と呼びます。

8-5-1 キノコデータセット

決定木の例として、次のURLから入手できるキノコのデータセットを使います。キノコには毒キノコとそうでないもの（食用キノコ）があります。

http://archive.ics.uci.edu/ml/machine-learning-databases/mushroom/agaricus-lepiota.data

ここでの目的は、与えられたキノコが毒キノコか否かを見分けることです。キノコの説明変数はカサの形、匂い、ヒダの大きさや色など計20種類以上あります。これら説明変数を用いて、たとえば、かさの形が円錐形かそうでないか、ヒダの色が黒色なのか赤色なのか、その大きさは大きいのか小さいのかというように条件分岐をしていき、最終的にそのキノコが毒キノコなのか否かを見分けようと試みるとします。この例では、毒キノコか否かというように、目的変数がカテゴリ変数であるので分類木の例ということになります。
このように、ある目的（毒キノコか否かなど）に到達するために、データの各属性の条件分岐を繰り返してカテゴリ分けするというのが決定木の手法です。目的に辿りつく、さまざまなルートがあり、それがツリー形式で表現されるため決定木という名前が付けられています。
まずは、キノコデータセットを読み込んで、その先頭を表示することで、データを確認しましょう。

入力

```
# データを取得
url = 'http://archive.ics.uci.edu/ml/machine-learning-databases/mushroom/agaricus-lepiota.data'
res = requests.get(url).content

# 取得したデータをDataFrameオブジェクトとして読み込み
mushroom = pd.read_csv(io.StringIO(res.decode('utf-8')), header=None)

# データの列にラベルを設定
mushroom.columns =['classes','cap_shape','cap_surface','cap_color','odor','bruises',
                   'gill_attachment','gill_spacing','gill_size','gill_color','stalk_shape',
                   'stalk_root','stalk_surface_above_ring','stalk_surface_below_ring',
                   'stalk_color_above_ring','stalk_color_below_ring','veil_type','veil_color',
                   'ring_number','ring_type','spore_print_color','population','habitat']

# 先頭5行を表示
mushroom.head()
```

出力

	classes	cap_shape	cap_surface	cap_color	odor	bruises	gill_attachment	gill_spacing
0	p	x	s	n	t	p	f	c
1	e	x	s	y	t	a	f	c
2	e	b	s	w	t	l	f	c
3	p	x	y	w	t	p	f	c
4	e	x	s	g	f	n	f	w

5 rows × 23 columns

gill_spacing	gill_size	gill_color	...	stalk_surface_below_ring	stalk_color_above_ring
c	n	k	...	s	w
c	b	k	...	s	w
c	b	n	...	s	w
c	n	n	...	s	w
w	b	k	...	s	w

stalk_color_below_ring	veil_type	veil_color	ring_number	ring_type	spore_print_color	population
w	p	w	o	p	k	s
w	p	w	o	p	n	n
w	p	w	o	p	n	n
w	p	w	o	p	k	s
w	p	w	o	e	n	a

habitat
u
g
m
u
g

それぞれの変数の内容は、以下URLにて確認できます。

http://archive.ics.uci.edu/ml/machine-learning-databases/mushroom/agaricus-lepiota.names

1	**cap-shape**	カサの形(bell=b, conical=c, convex=x, flat=f, knobbed=k, sunken=s)
2	**cap-surface**	カサの表面(fibrous=f, grooves=g, scaly=y, smooth=s)
3	**cap-color**	カサの色(brown=n, buff=b, cinnamon=c, gray=g, green=r, pink=p, purple=u, red=e,white=w, yellow=y)
4	**bruises?**	(bruises=t, no=f)
5	**odor**	臭い(almond=a, anise=l, creosote=c, fishy=y, foul=f, musty=m, none=n,pungent=p, spicy=s)
6	**gill-attachment**	ひだがあるか(attached=a, descending=d, free=f, notched=n)
7	**gill-spacing**	ひだの間隔(close=c, crowded=w, distant=d)
8	**gill-size**	ひだの大きさ(broad=b, narrow=n)
9	**gill-color**	ひだの色(black=k, brown=n, buff=b, chocolate=h, gray=g, green=r, orange=o,pink=p, purple=u, red=e, =w, yellow=y)

10	stalk-shape	柄の形 (enlarging=e, tapering=t)
11	stalk-root	柄の根本 (bulbous=b, club=c, cup=u, equal=e, rhizomorphs=z, rooted=r, missing=?)
12	stalk-surface-above-ring	円座より上の柄の形状 (fibrous=f, scaly=y, silky=k, smooth=s)
13	stalk-surface-below-ring	円座より下の柄の形状 (fibrous=f, scaly=y, silky=k, smooth=s)
14	stalk-color-above-ring	円座より上の柄の色 (brown=n, buff=b, cinnamon=c, gray=g, orange=o, pink=p, red=e, white=w,yellow=y)
15	stalk-color-below-ring	円座より下の柄の色 (brown=n, buff=b, cinnamon=c, gray=g, orange=o, pink=p, red=e, white=w, yellow=y)
16	veil-type	被膜の種類 (partial=p, universal=u)
17	veil-color	被膜の色 (brown=n, orange=o, white=w, yellow=y)
18	ring-number	円座の数 (none=n, one=o, two=t)
19	ring-type	円座の種類 (cobwebby=c, evanescent=e, flaring=f, large=l, none=n, pendant=p,sheathing=s, zone=z)
20	spore-print-color	胞子紋の色 (black=k, brown=n, buff=b, chocolate=h, green=r, orange=o, purple=u, white=w, yellow=y)
21	population	生え方 (abundant=a, clustered=c, numerous=n, scattered=s, several=v, solitary=y)
22	habitat	生息地 (grasses=g, leaves=l, meadows=m, paths=p, urban=u, waste=w, woods=d)

目的変数はclassesです。これがpの場合は毒キノコ、eの場合は食用であることを示します。1つの行が1つのキノコの情報で、属性（cap_shapeやcap_surfaceなど）がそれぞれ付いています。たとえば、1つ目の行のキノコはclassesがpなので毒キノコで、cap_shape（カサの形）はx（convex/饅頭型）になっています。

8-5

また下記のプログラムを実行することで、データは8124行、23列で構成され、欠損値はないことがわかります。

入力

```
print('データの形式:{}'.format(mushroom.shape))
print('欠損の数:{}'.format(mushroom.isnull().sum().sum()))
```

出力

```
データの形式:(8124, 23)
欠損の数:0
```

8-5- 2 データの整理

たくさんの説明変数がありますが、以下では話を簡単にするため、説明変数をgill_color（ひだの色）、gill_attachment（ひだの付き方）、odor（匂い）、cap_color（かさの色）の4つに限定することにします。これらのデータは、上記表示の通り、たとえばgill_colorはblackのときはk、brownのときはnといったカテゴリ変数となっています。決定木で扱う変数は、説明変数、目的変数、数値型でなければなりませんので、このようなカテゴリ変数は数値変数に変換しなければなりません。

そこでカテゴリ変数をダミー変数化することとします。ダミー変数化するというのは、たとえば性別変数の列にmaleかfemaleの値が入っている場合、性別の列をmale列とfemale列の2列に分けて表現することを言います。より具合的には、性別の値がmaleであった場合はmale列を1、female列を0にすることです（他にone-hot化する、one-hotエンコーディングを施すなどとも言います）。Pandasのget_dummies関数を用いると、ダミー変数化できます。

入力

```
mushroom_dummy = pd.get_dummies(mushroom[['gill_color','gill_attachment','odor','cap_color']])
mushroom_dummy.head()
```

出力

	gill_color_b	gill_color_e	gill_color_g	gill_color_h	gill_color_k	gill_color_n
0	0	0	0	0	1	0
1	0	0	0	0	1	0
2	0	0	0	0	0	1
3	0	0	0	0	0	1
4	0	0	0	0	1	0

5 rows × 26 columns

gill_color_o	gill_color_p	gill_color_r	gill_color_u	...	cap_color_b	cap_color_c	cap_color_e
0	0	0	0	...	0	0	0
0	0	0	0	...	0	0	0
0	0	0	0	...	0	0	0
0	0	0	0	...	0	0	0
0	0	0	0	...	0	0	0

cap_color_g	cap_color_n	cap_color_p	cap_color_r	cap_color_u	cap_color_w	cap_color_y
0	1	0	0	0	0	0
0	0	0	0	0	0	1
0	0	0	0	0	1	0
0	0	0	0	0	1	0
1	0	0	0	0	0	0

上記の通り変換後のデータは、元の変数名と値の組み合わせになります。たとえば、gill_color_kに1が立っていたら、gill_colorがkであったことを意味します。ダミー変数化はこのようにカテゴリ変数をフラグ化（数量化）したいときに使える最もシンプルな方法です。

次に目的変数であるclassesについても新しい変数flgに変換しておきます。カテゴリを表す目的変数であっても、入力データ形式が数値である必要があるためです。行っている処理はclasses変数の値がpの場合は1、そうでない場合は0として（lambda関数の部分）、新しい変数flgを追加しています。そしてmap関数を使うことでその処理をすべての要素（セル）に適用しています。ここまでで目的変数を0/1の数値型で表現し直し、カテゴリ変数の特徴量もダミー変数化したので、決定木（アルゴリズム）に入力することができるようになりました。

入力

```
# 目的変数もフラグ化（0/1化）する
mushroom_dummy['flg'] = mushroom['classes'].map(lambda x: 1 if x =='p' else 0)
```

8-5- 3 エントロピー：不純度の指標

決定木のモデル構築の前に、決定木の作られ方をカテゴリ識別の不純度（impurity）という視点から見ることとします。不純度とは、毒キノコか否かの識別の状態を表す指標で、不純度が高いとはカテゴリ識別ができていない状態を意味します。たとえば、cap_colorがcであるかそうでないかのTRUE（1）or FALSE（0）でデータを分けるとして、その時にそれぞれ毒キノコがどれくらいあるのかをクロス集計してみます。下記表は行がcap_colorがcであるか（1）、そうでないか（0）、列が毒フラグflgが立っているか（1）、そうでないか（0）のクロス集計結果です。

入力

```
mushroom_dummy.groupby(['cap_color_c', 'flg'])['flg'].count().unstack()
```

出力

flg cap_color_c	0	1
0	4176	3904
1	32	12

上表より、cap_colorがc（cap_color_cが1）であれば、毒（flgが1）の数が12個で、毒でない（flgが0）数が32個であることがわかります。
そしてcap_colorがcでなければ（cap_color_cが0）、毒（flgが1）の数が3904個で、毒でない（flgが0）数が4176個とわかります。
この結果をみると、cap_colorがcであるか否かの情報は、毒キノコを見分けるのにあまり役に立たなそうです。なぜなら、どちらを選んでも毒キノコが一定の割合で含まれているからです。
一方、別の変数gill_colorがbであるかそうでないかのTRUE（1）or FALSE（0）で分けた場合のクロス集計結果は以下となります。

入力

```
mushroom_dummy.groupby(['gill_color_b', 'flg'])['flg'].count().unstack()
```

出力

flg gill_color_b	0	1
0	4208.0	2188.0
1	NaN	1728.0

上表より、gill_colorがb（gill_color_bが1）であれば、毒（flgが1）の数が1728個で、毒でない（flgが0）数が0個（ないのでNaN）であることが分かります。
そしてgill_colorがbでなければ（gill_color_bが0）、毒（flgが1）の数が2188個で、毒でない（flgが0）数が4208個とわかります。
先程の分岐条件と比べると、gill_colorがbであるか否かの分岐条件の方が、識別能力の高い（不純度の低い識別状態を導く）有益な条件だとわかります。

ここでは2つの変数の例（cap_color_cとgill_color_b）で考えましたが、他にもさまざまな変数があり、それぞれに対して上のような条件分岐を考えることができます。このように決定木とは、多数の変数の中でどの変数から最も有益な条件分岐を得られるかを見分けてくれるアルゴリズムで、その分岐条件の優劣を決める際に不純度が使われています。そして、その不純度の指標としてよく使われるものに**エントロピー（entropy）**があります。エントロピーの定義は以下の式$H(S)$で与えられます。Sはデータの集合、nはカテゴリの数、pは各カテゴリに属するデータサンプルの割合です。

$$H(S) = -\sum_{i=1}^{n}(p_i \log_2 p_i) \qquad \text{(式8-5-1)}$$

今回の例ではカテゴリは2つ（毒キノコか否か）で、毒キノコでない割合がp1、毒キノコである割合がp2となります。ここで1つ目の例として、ある分岐条件によって毒キノコも食用キノコも等しい割合で入っている状態を考えます。$p1 = p2 = 0.5$となるので、エントロピーは上の式から以下のように計算できます。なお、底が2のログ関数（np.log2）を使っています。

入力

```
- (0.5 * np.log2(0.5) + 0.5 * np.log2(0.5))
```

出力

```
1.0
```

上記より、エントロピーが1.0になることが確認されました。実は、データとしての乱雑さが最大となる場合、エントロピーは1.0となります。毒キノコもそうでないキノコも等しい割合（0.5）で含まれているので、全く識別ができていない状態ということです。次に、毒キノコでない割合p1=0.001、毒キノコである割合がp2=0.999の場合を考えてみます。

入力

```
- (0.001 * np.log2(0.001) + 0.999 * np.log2(0.999))
```

出力

```
0.011407757737461138
```

上記の通り、エントロピーは0に近い値になっているのがわかります。この状態は、ほぼデータは毒キノコと特定できているのでエンロトピーは小さくなっているのです。まとめると、エントロピーは1.0に近いと識別ができていない状態、0.0に近ければ識別がよくできている状態と言えるのです。なお、今回の例では、カテゴリは2分類のため$p1 = 1 - p2$という関係式ができるため、エントロピーの式は以下のように表せます。

入力

```
def calc_entropy(p):
    return - (p * np.log2(p) + (1 - p) *  np.log2(1 - p) )
```

pは確率で0から1までの値を取るので、このpとエントロピーの式をグラフで表すと以下のようになります。エントロピーは最大で1、最小で0となることが確認できます。

入力

```
# pの値を0.001から0.999まで0.01刻みで動かす
p = np.arange(0.001, 0.999, 0.01)

# グラフ化
plt.plot(p, calc_entropy(p))
plt.xlabel('prob')
plt.ylabel('entropy')
plt.grid(True)
```

出力

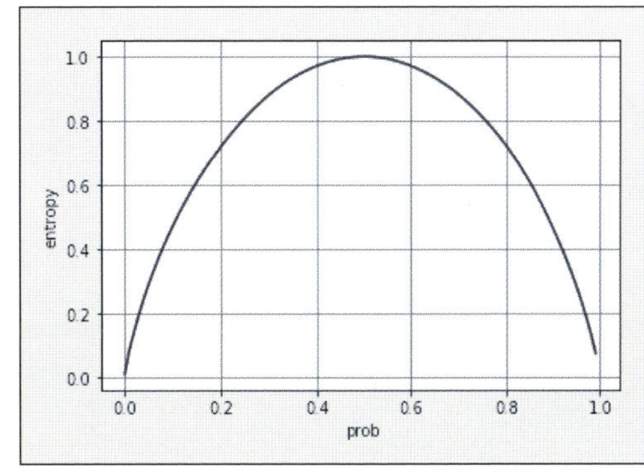

ここまでの説明で、エントロピーが識別の不純度を表すということを説明しました。先ほどのキノコのデータでエントロピーを計算してみましょう。扱っているデータセットは合計で8124行ありました。目的変数flgがカテゴリを表すので、そのデータをカウントします。

入力

```
mushroom_dummy.groupby('flg')['flg'].count()
```

出力

```
flg
0    4208
1    3916
Name: flg, dtype: int64
```

上記より、毒でないキノコ(0)は4208個、毒キノコ(1)は3916個とわかります。よって毒キノコでない割合は0.518(=4208/8124)、毒キノコである割合は0.482(=3916/8124)となるので、エントロピーの初期値は以下の通り、0.999であることがわかります。

入力

```
entropy_init = - (0.518 * np.log2(0.518) + 0.482 * np.log2(0.482))
print('毒キノコデータのエントロピーの初期値: {:.3f}'.format(entropy_init))
```

出力

```
毒キノコデータのエントロピーの初期値: 0.999
```

8-5

8-5-4 情報利得：分岐条件の有益さを測る

エントロピーは1に近いほど識別がされていない状態、0に近いほど識別がよくされている状態でした。次に考えるべきことは、どの説明変数を分岐に用いたら不純度(キノコデータでは初期時点で0.999)をより小さくできるのかということです。そこで押さえるべき概念が**情報利得**(**information gain**)です。情報利得とは、ある変数を使ってデータ分割するとき、そのデータ分割前後でどれだけエントロピーが減少したかを表す指標です。先程と同様、cap_color_cとgill_color_bの2つの変数を使い、どちらの変数が分岐条件として有益なのかを情報利得を用いて示します。
まず、cap_colorがcであるか否かの2つのグループに分岐し、それぞれにおける毒キノコ割合を計算しエントロピーを計算してみます。

入力

```
mushroom_dummy.groupby(['cap_color_c', 'flg'])['flg'].count().unstack()
```

出力

flg	0	1
cap_color_c		
0	4176	3904
1	32	12

入力

```
# cap_colorがcでない場合のエントロピー
p1 = 4176 / (4176 + 3904)
p2 = 1 - p1
entropy_c0 = -(p1*np.log2(p1)+p2*np.log2(p2))
print('entropy_c0: {:.3f}'.format(entropy_c0))
```

出力

```
entropy_c0: 0.999
```

入力

```
# cap_colorがcである場合のエントロピー
p1 = 32/(32+12)
p2 = 1 - p1
entropy_c1 = -(p1*np.log2(p1)+p2*np.log2(p2))
print('entropy_c1: {:.3f}'.format(entropy_c1))
```

出力

```
entropy_c1: 0.845
```

分割する前の全体のエントロピーは0.999でした。ここで分割する前のデータを親データセット、分割したデータを子のデータセットと呼ぶとした場合、情報利得を「親データセットのエントロピー $-\sum$ {(子データセットのサイズ/親データセットのサイズ)×子のデータセットのエントロピー}」と定義します。この値が大きければ大きいほど、分割前後でエントロピーの低下が大きいため、より有益な分岐条件であるとわかるのです。実際に、$p1 * np.log2(p1)$ {(子データセットのサイズ/親データセットのサイズ)×子のデータセットのエントロピー}の部分を計算すると、次のようになります。

入力

```
entropy_after = (4176+3904)/8124*entropy_c0 + (32+12)/8124*entropy_c1
print('データ分割後の平均エントロピー : {:.3f}'.format(entropy_after))
```

出力

```
データ分割後の平均エントロピー : 0.998
```

この結果、情報利得はデータ分割前後のエントロピーの差として、以下の通り0.001であることが確認でき、あまりエントロピーが減少していないことがわかります。cap_colorがcかどうかはそれほど有益な分岐条件ではなさそうということを定量的に表現できました。

入力

```
print('変数cap_colorの分割によって得られる情報利得: {:.3f}'.format(entropy_init - entropy_after))
```

出力

```
変数cap_colorの分割によって得られる情報利得: 0.001
```

一方、gill_colorがbであるかどうかの情報利得を計算すると、以下の通り0.269となります。上記の分岐条件よりもエントロピーを大きく低下させられる、より有益な分岐条件とわかります。下記で一点留意されたいのは、gill_colorがbである場合のエントロピーの計算です。エントロピーの定義は、厳密には空ではないカテゴリについて計算するという条件があります。gill_colorがbである場合、flg変数が0となるサンプルはありませんから、エントロピー計算の$\sum$に$p1 * np.log2(p1)$を含めていません。

入力

```
mushroom_dummy.groupby(['gill_color_b', 'flg'])['flg'].count().unstack()
```

出力

flg	0	1
gill_color_b		
0	4208.0	2188.0
1	NaN	1728.0

入力

```
# gill_colorがbでない場合のエントロピー
p1 = 4208/(4208+2188)
p2 = 1 - p1
entropy_b0 = - (p1*np.log2(p1) + p2*np.log2(p2))

# gill_colorがbである場合のエントロピー
p1 = 0/(0+1728)
p2 = 1 - p1
entropy_b1 = - (p2*np.log2(p2))

entropy_after = (4208+2188)/8124*entropy_b0 + (0+1728)/8124*entropy_b1
print('変数gill_colorの分割によって得られる情報利得: {:.3f}'.format(entropy_init - entropy_after))
```

出力

```
変数gill_colorの分割によって得られる情報利得: 0.269
```

以上で決定木の生成プロセス（条件分岐の優劣の決め方）を確認しました。情報利得が一番大きい分岐条件でデータを分割し、更に分割先でも同様に情報利得を最大とする分岐条件を探索してくれるのが決定木の動作イメージです。これまで不純度を表す指標としてエントロピーを紹介しましたが、他にも**ジニ不純度**（**Gini impurity**）、**分類誤差**（**classification error**）などがあります。ジニ不純度は、確率・統計の総合問題で出てきたジニ係数と関わりがあります。本書では詳細は割愛しますので、興味がある方は調べてみてください。

Let's Try

ジニ不純度、分類誤差（誤分類率）について調べてみましょう。それぞれどんな指標でしょうか。また決定木のモデルを構築するときに反映させるには、どうすればいいでしょうか。

なお前節（「8-4 正則化項のある回帰：ラッソ回帰、リッジ回帰」）において、モデルの複雑さについて言及しましたが、決定木の場合のモデルの複雑さは分岐数で決定されます。多くの分岐を許容するほど複雑なモデルになること覚えておきましょう。

8-5- 5 決定木のモデル構築

決定木の動きを理解したところで、決定木のモデル構築をしていきましょう。
sklearn.treeモジュールのDecisionTreeClassifierクラスを使うことで、決定木モデルを構築できます。下記のプログラムではDescriptionTreeClasifierクラスを使う際、パラメータのcriteroinに'entropy'を指定することで、分岐条件の指標としてエントロピーを設定しています。

入力

```
from sklearn.tree import  DecisionTreeClassifier
from sklearn.model_selection import train_test_split

# データ分割
X = mushroom_dummy.drop('flg', axis=1)
y = mushroom_dummy['flg']
X_train, X_test, y_train, y_test = train_test_split(X, y, random_state=0)

# 決定木クラスの初期化と学習
model = DecisionTreeClassifier(criterion='entropy', max_depth=5, random_state=0)
model.fit(X_train,y_train)

print('正解率(train):{:.3f}'.format(model.score(X_train, y_train)))
print('正解率(test):{:.3f}'.format(model.score(X_test, y_test)))
```

出力

```
正解率(train):0.883
正解率(test):0.894
```

結果はテストデータで89%ほどの正解率です。決定木の分岐数決定のパラメータにmax_depthがあり、上記では5にしています。深ければ当然、条件分岐数の上限も増えます。正解率を高めるべくより複雑なモデルにしたい場合は深い木を作ればよいでしょう（ただし、あまり深い木を作ると過学習の危険性が増すので注意しましょう）。また決定木は、モデルを構築する際に他のモデルでは必須となる標準化処理をしなくても結果は変わりません。

なお参考ですが、以下のように決定木の結果を可視化できます（このプログラムを実行するにはpydotplusとgraphvizのパッケージをインストールしておく必要がありますが、環境の設定が難しいため、本書では割愛します。）。
下記の可視化した結果を見るとわかるように、条件分岐が繰り返され、2分木の形になっていることがわかります。木に書かれている四角形は上から読みます。一番上の変数（$X[0]$、ここでは説明変数の1番目のカラムのgill_color_b）が0.5より大きいときには右のFalseに進み、その子データセットのサンプル数は1302になり、エントロピーは0になっています。これはgill_color_bのフラグが1（$X[0] <= 0.5$ はFalseになる）のときは、毒キノコになるという分岐に相当します。

入力

```
# 参考プログラム
# pydotplusやgraphvizをインストールする必要があります（本書ではインストールの解説は行っていません）
from sklearn import tree
import pydotplus
```

```
from sklearn.externals.six import StringIO
from IPython.display import Image

dot_data = StringIO()
tree.export_graphviz(model, out_file=dot_data)
graph = pydotplus.graph_from_dot_data(dot_data.getvalue())
Image(graph.create_png())
```

出力

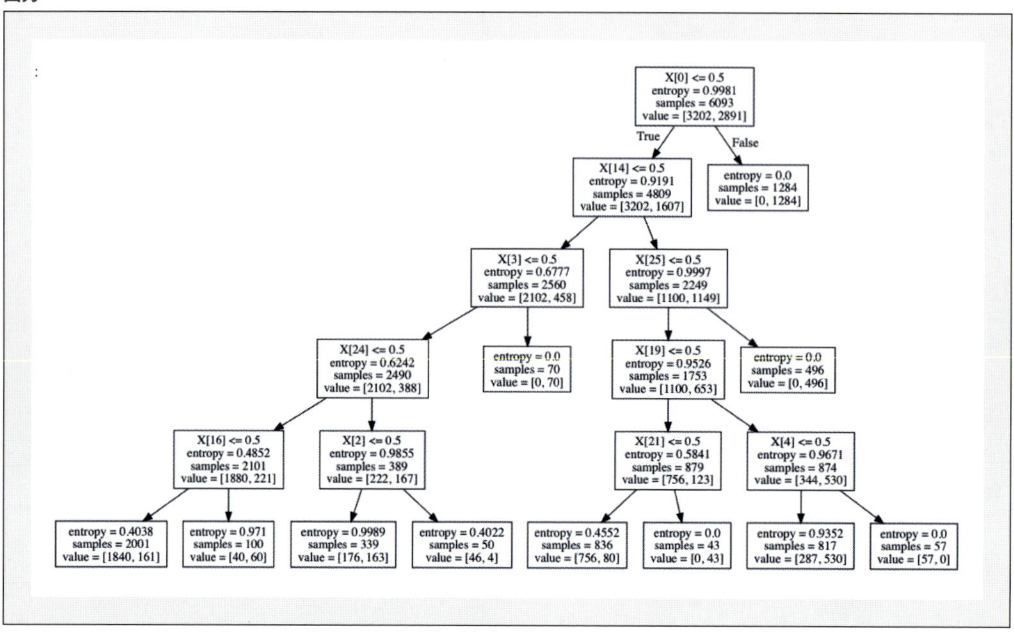

※pydotplusやgraphvizをインストールして実行した場合の結果です

参考文献「A-19」の『戦略的データサイエンス入門 ―ビジネスに活かすコンセプトとテクニック』は、この決定木を説明するのに、参考にした書籍です。他の項目でも紹介しましたが、わかりやすく書いてあるので、オススメです。

Practice

【練習問題 8-5】

sklearn.datasetsモジュールのload_breast_cancer関数から乳がんデータを読み込み、目的変数をcancer.target、説明変数をcancer.dataとして、決定木のモデルを構築し、訓練スコアとテストスコアを確認してください。また、木の深さなどのパラメータを変更し結果を比較してみてください。

答えはAppendix 2

Chapter 8-6

k-NN(k近傍法)

Keyword k-NN、怠惰学習、memory-based learning

本節では、**k-NN(k-Nearest Neighbor:k近傍法)**について学びます。たとえば、あるグループAとグループBがあり、その人たちの属性がわかっているとして、どちらのグループに属するか分からない新しい人が来たケースを考えます。
ここでその人がAとBのどちらのグループに属するか考える際、その人と属性が近いk人を選び、その人たちがグループAに多いのかそれともグループBに多いのかを調べて、多い方を新しい人のグループにするというのがk-NNによる分類方法です。k-NNのkは決定に利用する人数に相当します。k-NNはlazy learningやmemory-based learningとも言われ、訓練データをそのまま覚えておき、推論時に予測結果が計算されます(実質的な学習が推論時まで持ち越されるため、遅延学習とも呼ばれる)。

右図は、k-NNのイメージです。丸がグループA、四角がグループBとして、三角がどちらのグループか判断するケースを表しています。$k=3$の場合、グループAが2名、グループBが1名なので、三角の人はグループAに属すると判断されます。kを増やし$k=7$とした場合は、グループAが3名、グループBが4名なので、三角の人はグループBに属すると判断されます。このようにkの値によって結果が変わるので注意しましょう。
なおk-NNは、マーケティングの世界ではLook-Alikeモデルとも言われ、属性が似ている人たちを集めて判断して、それぞれの属性に合ったアプローチを仕掛けていく際に活用されます。
k-NNは回帰にも分類にも使えます。

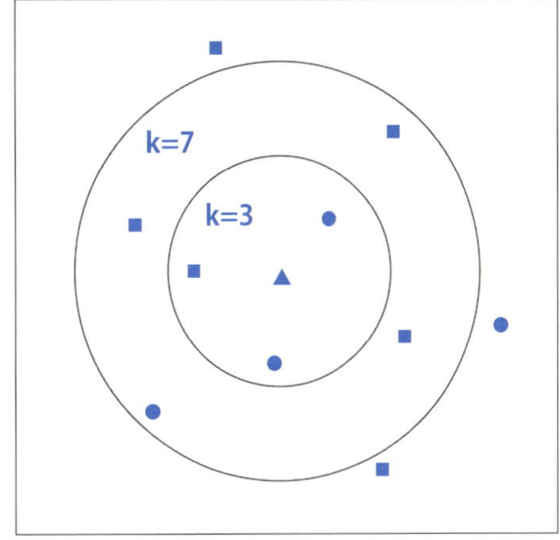

図8-6-1　k-NNのイメージ

8-6-1 k-NNのモデル構築

それでは、k-NNを使ってモデル構築をしていきましょう。sklearn.neighborsモジュールのKNeighborsClassifierクラスを使います。データ例としては乳がんに関するデータセットを使います。乳がんに関するデータセットはload_breast_cancer関数で取得できます。

ここではkを1から20まで変化させ、訓練データとテストデータの正解率の変化を見ています。kが小さい時は正解率に乖離がありますが、6〜8あたりで訓練とテストの正解率が近くなります。それ以上増やしてもモデル精度に大きな変化は見られません。精度に改善が見られない場合、あまりkを大きくする必要はないので、本ケースにおいては6〜8程度に設定しておくのが良さそうです。
なお、以下は分類タスクにおけるモデル構築の例ですが、回帰の場合はKNeighborsRegressorクラスを使います。

入力

```
# データやモデルを構築するためのライブラリ等のインポート
from sklearn.datasets import load_breast_cancer
from sklearn.neighbors import  KNeighborsClassifier
from sklearn.model_selection import train_test_split

# データセットの読み込み
cancer = load_breast_cancer()

# 訓練データとテストデータに分ける
# stratifyは層化別抽出
X_train, X_test, y_train, y_test = train_test_split(
    cancer.data, cancer.target, stratify = cancer.target, random_state=0)

# グラフ描画用のリストを用意
training_accuracy = []
test_accuracy =[]

# 学習
for n_neighbors in range(1,21):
    model = KNeighborsClassifier(n_neighbors=n_neighbors)
    model.fit(X_train,y_train)
    training_accuracy.append(model.score(X_train, y_train))
    test_accuracy.append(model.score(X_test, y_test))

# グラフを描画
plt.plot(range(1,21), training_accuracy, label='Training')
plt.plot(range(1,21), test_accuracy, label='Test')
plt.ylabel('Accuracy')
plt.xlabel('n_neighbors')
plt.legend()
```

出力

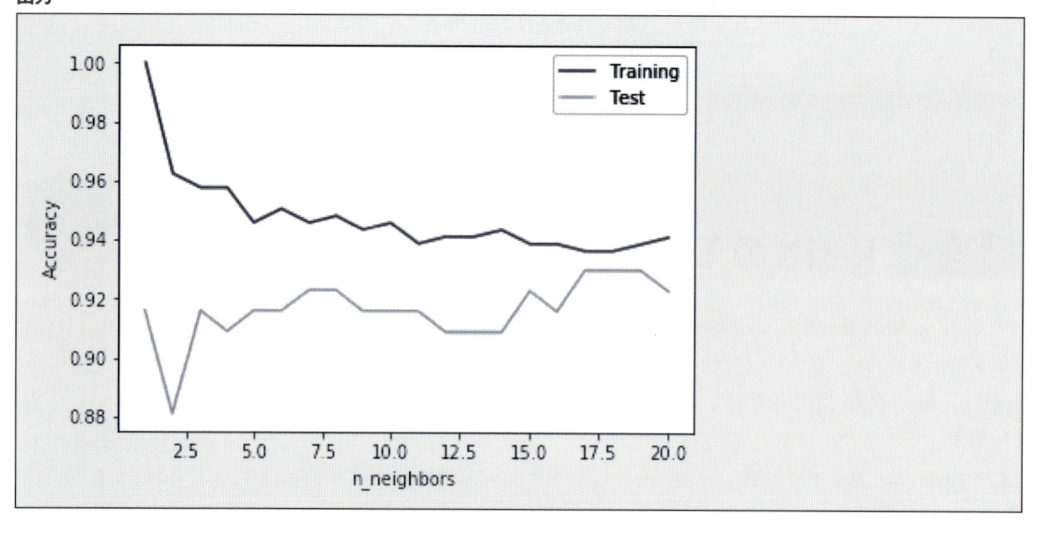

Let's Try

k-NNの回帰はどのように計算されるか調査してみましょう。

Practice

【練習問題 8-6】

「8-5　決定木」で扱ったキノコのデータに対してk-NNを使ってモデル構築して検証してみましょう。kパラメータを変更しながら実行してください。

【練習問題 8-7】

3章で使った学生のテスト結果のデータ(student-mat.csv)を用いて、目的変数をG3、説明変数を以下で定義するX(学生の属性データを使用)として、k-NNのkパラメータを変えながら、どのkが最適か考えてみましょう。
目的変数は数値型での回帰となるので、KNeighborsRegressorを使ってください。回帰の場合、出力される値は近傍のk個のデータの平均になります。

入力

```
student = pd.read_csv('student-mat.csv', sep=';')
X = student.loc[:, ['age','Medu','Fedu','traveltime','studytime'
                              ,'failures','famrel','freetime','goout','Dalc','Walc'
                              ,'absences','G1','G2']].values
```

答えはAppendix 2

Chapter 8-7 サポートベクターマシン

Keyword サポートクター、マージン

サポートベクターマシン(Support Vector Machine : SVM)は、カテゴリを識別する境界線を、マージンが最大になるように引く手法です。たとえば右図のような2つのグループを分ける境界線を引くとすると、線の引き方は色々とあるのですが、それぞれのグループの中で最も境界線に近い点(サポートベクター)との距離(マージン)が最大化するように線を引くのがサポートベクターマシンです。厳密には、元データを更なる高次元空間へ変換した後、境界線を学習するのですが、本書では詳細は割愛します。

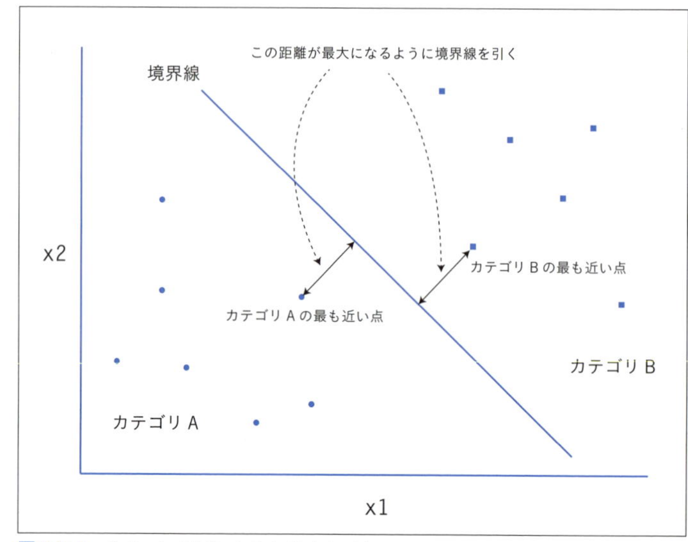

図8-7-1 サポートベクターマシンのイメージ

8-7-1 サポートベクターマシンのモデル構築

サポートベクターマシンを使ってモデルを構築してみましょう。サポートベクターマシンはsklearn.svmモジュールのLinearSVCクラスを使います。ここではデータ例として、k-NNのモデル構築で使ったのと同じ乳がんに関するデータセットを使います。

入力

```
# SVMのライブラリ
from sklearn.svm import LinearSVC

# 訓練データとテストデータを分けるライブラリ
from sklearn.model_selection import train_test_split

# データの読み込み
cancer = load_breast_cancer()

# 訓練データとテストデータに分ける
X_train, X_test, y_train, y_test = train_test_split(
    cancer.data, cancer.target, stratify = cancer.target, random_state=0)
```

```
# クラスの初期化と学習
model = LinearSVC()
model.fit(X_train,y_train)

# 訓練データとテストデータのスコア
print('正解率(train):{:.3f}'.format(model.score(X_train, y_train)))
print('正解率(test):{:.3f}'.format(model.score(X_test, y_test)))
```

出力

```
正解率(train):0.932
正解率(test):0.930
```

サポートベクターマシンでは、標準化するとスコアが改善されることがあります。実際にやってみると改善していることがわかります。

入力

```
# データの読み込み
cancer = load_breast_cancer()

# 訓練データとテストデータに分ける
X_train, X_test, y_train, y_test = train_test_split(
    cancer.data, cancer.target, stratify = cancer.target, random_state=0)

# 標準化
sc = StandardScaler()
sc.fit(X_train)
X_train_std = sc.transform(X_train)
X_test_std = sc.transform(X_test)

# クラスの初期化と学習
model = LinearSVC()
model.fit(X_train_std,y_train)

# 訓練データとテストデータのスコア
print('正解率(train):{:.3f}'.format(model.score(X_train_std, y_train)))
print('正解率(test):{:.3f}'.format(model.score(X_test_std, y_test)))
```

出力

```
正解率(train):0.993
正解率(test):0.951
```

Let's Try

サポートベクターマシンで回帰を実施する(連続変数を予測する)場合は、どのクラスでモデル構築できるか調べてみましょう。

以上で、教師あり学習の各種モデル構築の方法の説明は終わりです。それぞれの手法についてのモデル構築の流れと、機械学習モデルの評価の考え方(訓練データに使わないデータで評価する)についての理解を確認しましょう。

Practice

【練習問題 8-8】

8章で使った乳がんデータセットについて、sklearn.svmモジュールのSVCクラスを使って、cancer.targetを予測するモデルを構築しましょう。model = SVC(kernel='rbf', random_state=0, C=2)としてみてください。モデルを構築したら、訓練データとテストデータに分けて標準化し、スコアを確認してください。

答えはAppendix 2

Practice

8章 総合問題

【総合問題8-1　教師あり学習の用語（1）】

教師あり学習に関する用語について、それぞれの役割や意味について述べてください。どのような場面で使いますか？インターネットや参考文献等を使って調べてみてください。

・回帰
・分類
・教師あり学習
・重回帰分析
・ロジスティック回帰分析
・正則化
・リッジ回帰
・ラッソ回帰
・決定木
・エントロピー
・情報利得
・k-NN法
・SVM
・ノーフリーランチ

【総合問題8-2　決定木】

sklearn.datasetsモジュールのload_iris関数を使ってアヤメの花のデータセットを読み込み、目的変数をiris.target、説明変数をiris.dataとして、決定木のモデルを使って予測と検証を実施してください。

【総合問題8-3　ノーフリーランチ】

これまで数学の成績データや乳がんデータなど、さまざまなデータを扱ってきました。これらのデータに対して、ロジスティック回帰分析やSVMなど今まで学んだモデルを試し、どれが一番スコアが高いかを確認しましょう。データによって、一番良いスコアが出るモデルは異なりますが、その特徴はどんなものか、考察してください。これをノーフリーランチといい、どんなデータに対しても、一番良いモデルになるモデルはないということを意味します。

答えはAppendix 2

Chapter 9

機械学習の基礎（教師なし学習）

9章では、教師なし学習の具体的手法について学びます。教師なし学習は、8章で説明したとおり、目的変数がない学習モデルです。本章では「クラスタリング」と「主成分分析」、「マーケットバスケット分析」について学びます。この章を通し、教師なし学習の多様な活用イメージと実行方法を理解しましょう。

Goal 教師なし学習のモデル（クラスタリング、主成分分析、マーケットバスケット分析）を使ってモデル構築や評価を正しく実行できるようになる

Chapter 9-1

教師なし学習

Keyword クラスタリング、主成分分析、マーケットバスケット分析、アソシエーションルール

教師なし学習は、8章で説明したとおり、目的変数がない学習モデルです。より良いモデル構築のため教師あり学習と併用されたり、データに潜む構造やインサイト（示唆）発見のための探索的分析手法として活用されています。本章を通し、教師なし学習の多様な活用イメージと実行方法を理解しましょう。

9-1-1 教師なしモデルの種類

教師なしモデルには、主に次のようなものがあり、本章でその実行方法と考え方を学びます。

クラスタリング

多数のデータをいくつかの類似グループに分類する手法です。具体的には、マーケティングのアプローチで、顧客のセグメンテーション（顧客を分類すること）やターゲティング（対象を絞り込む方法）するときなどに使います。

主成分分析

変数が多い場合に使う次元圧縮の手法です。元々のデータがもつ情報をなるべく減らさずに、変数の数を減らしたい場合に使います。なおここでは、教師なし学習の次元圧縮について学びます。

マーケットバスケット分析（アソシエーションルール）

スーパーマーケットやコンビニ、Webサイトでの買い物の分析によく使われて、商品を買うときの組み合わせで、どれが多いかなど分析をします。

9-1-2 この章で使うライブラリのインポート

この章では、機械学習のScikit-learnをはじめ、前章まで使用した同じライブラリを使います。以下のようにインポートしていることを前提として進めていきます。

入力

```
# データ加工・処理・分析ライブラリ
import numpy as np
import numpy.random as random
import scipy as sp
from pandas import Series, DataFrame
import pandas as pd

# 可視化ライブラリ
import matplotlib.pyplot as plt
import matplotlib as mpl
import seaborn as sns
%matplotlib inline

# 機械学習ライブラリ
import sklearn

# 小数第3位まで表示
%precision 3
```

出力

```
'%.3f'
```

9-1

Chapter 9-2

クラスタリング

Keyword クラスタリング、k-means、k-means++、エルボー法、シルエット係数、非階層型クラスタリング、階層型クラスタリング、ハードクラスタリング、ソフトクラスタリング

本節ではまず、教師なし学習の一つであるクラスタリングについて学びます。クラスタリングが扱うデータは、教師あり学習とは異なり目的変数を含みません。つまり、クラスタリングは目的変数と説明変数の関係性を表現しようとするモデル構築ではなく、データそのものに着目しそこに隠れた構造やインサイトを見つけ出すためのモデル構築と位置付けられます。そのためクラスタリングは、分析者自身が取り扱うデータの特徴を把握するための、探索的分析の第一歩として採用されることがあります。

9-2-1 k-means法

クラスタリングの目的は、与えられたデータを類似性の高いグループに分けることです。クラスターとは「集団」や「群れ」という意味です。
たとえば車体形状などを持った自動車のデータ群をクラスタリングすると、軽自動車とトラックはその車体形状が違うので、異なる特徴を持った別々のクラスターに分割されるといったイメージです。
クラスタリングで最も広く使われている手法は**k-means法**と呼ばれるものです。以下の図は、ある属性データ（収入、借入）をk-means法でクラスタリングした結果、顧客が3つのグループに分かれたところを示したものです。人間には自明に思えるこのようなデータのグループ化ですが、k-means法では以下の手順で実現します。

- **step1.** 入力データをプロットする。
- **step2.** ランダムに3つの点をプロットする。
- **step3.** 各ランダム点を、クラスター1、クラスター2、クラスター3の重心点とラベリングする。
- **step4.** 入力データの各点について、3つの重心点の中で最も近いものを選び、その番号を自身の所属クラスター番号とする。
- **step5.** すべての入力データについてクラスター番号が決まった後、それぞれのクラスターの重心（平均）を計算する。

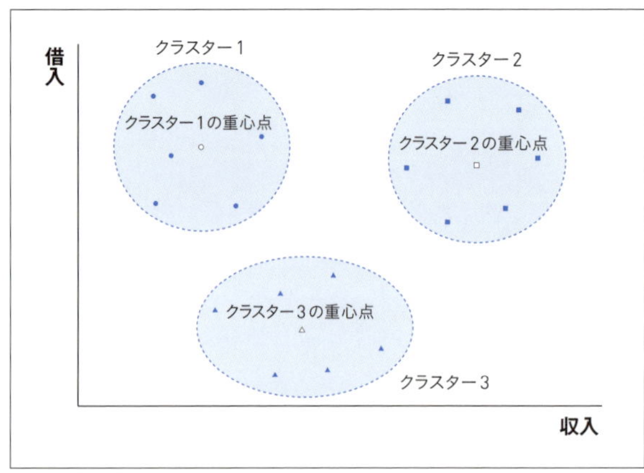

図9-2-1　k-means法のイメージ

- **step6.** step5で求めた3つの重心を新しいクラスターの重心点とする。
- **step7.** step4からstep6を繰り返す。ただし、繰り返し上限回数に達するか、または重心の移動距離が十分に小さくなったら終了とする。

Scikit-learnでk-meansを実行するには、sklearn.clusterモジュールのKMeansクラスを使います。KMeansクラスの初期化パラメータ(init='random')を省略すると**k-means++**になります。

k-means++は、k-meansの初期重心点をなるべく広げて取るように工夫した手法で、k-meansよりも安定的な結果が得られます。k-meansは先述の通り、ランダムに初期の重心点を配置するので、その影響で初期位置に偏りが生じる可能性があり、その解決を試みたのがk-means++です。

他にも重心を平均(centroid)でなく、中央値(medoid)とする**k-medoids法**があります。平均は実在しないデータになりますが、このk-medoids法は中央値のため、重心位置が架空の数値をとる可能性を防げます。また外れ値による影響が少ないこともこの方法のメリットです。

Let's Try

k-means、k-means++、k-medoidsについて調べてみましょう。それぞれのメリット、デメリットや実行方法など調べてみましょう。

9-2-2 k-means法でクラスタリングする

ここでは、Scikit-learnを用いたk-means法でクラスタリングしてみます。

9-2-2-1 訓練データの作成

訓練データはsklearn.datasetsモジュールのmake_blobs関数を使って作成するものとします。make_blobs関数は縦軸と横軸に各々標準偏差1.0の正規分布に従う乱数を生成する関数で、主にクラスタリング用のサンプルデータ生成に使われます。

以下の例ではrandom_stateとして10を指定しています。これは乱数を生成するためのシード(初期値)です。値を変えるとデータの分布状況が実行のたびに変わります。make_blobs関数は、とくに引数を与えなければ、-10から+10の範囲でランダムに2次元座標を選び、そこを中心に乱数の組を100個生成します。

最後に、生成した乱数をMatplotlibを使ってグラフ化しています。

入力

```
# k-means法を使うためのインポート
from sklearn.cluster import KMeans

# データ取得のためのインポート
from sklearn.datasets import make_blobs

# サンプルデータ生成
# 注意：make_blobsは2つの値を返すため、
一方は使用しない「 _ 」で受け取る
X, _ = make_blobs(random_state=10)

# グラフを描画
# colorのオプションで色付けができる
plt.scatter(X[:,0],X[:,1],color='black')
```

出力

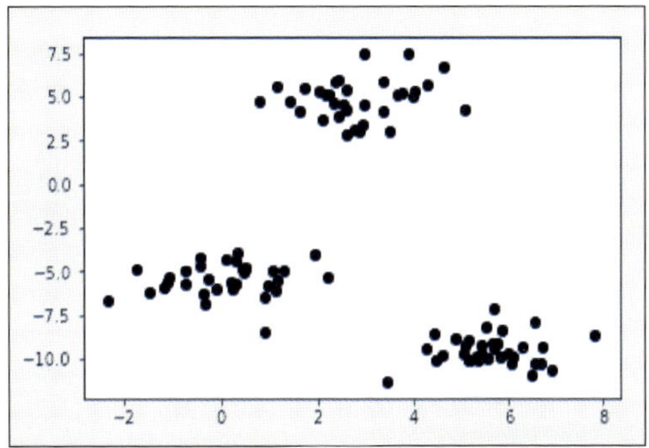

9-2- 2-2 KMeansクラスを使ったクラスタリング

k-meansモデルを使って学習し、クラスタリングした結果のそれぞれにクラスター番号を付与するプログラムは、次のようになります。クラスター番号は0から始まる整数となります。

まず、KMeansクラスを初期化しオブジェクトを作成します。パラメータはinit='random'、n_clusters=3と設定しています。initは初期化の方法です。このようにrandomを設定するとk-means++ではなくk-means法となります。n_clustersにはクラスター数を設定します。
KMeansクラスのオブジェクトを作ったらfitメソッドを実行します。するとクラスターの重心が計算され、predictメソッドを実行することでクラスター番号が予測されます。fitとpredictを一連の処理として実行するfit_predictメソッドもありますが、基本的に構築したモデルを保存する可能性のある場合は、fitメソッドを単独で実施するのがよいでしょう。

入力

```
# KMeans クラスの初期化
kmeans = KMeans(init='random',n_clusters=3)

# クラスターの重心を計算
kmeans.fit(X)

# クラスター番号を予測
y_pred = kmeans.predict(X)
```

9-2- 2-3 結果の確認

k-meansの学習結果をグラフ化し確認してみましょう。グラフには6章で学んだPandasのテクニックを使います。まず、concatでデータを結合します。x座標、y座標、クラスター番号のデータを順に横に結合するためaxis=1と指定します。

グラフ化は、クラスター番号ごとにデータを取り出し、色を指定して図示しています。k-means法によって、私たちが期待する通りの3つのグループにデータを分けられていることが確認できます。

入力

```
# concat でデータを横に結合 (axis=1 を指定)
merge_data = pd.concat([pd.DataFrame(X[:,0]), pd.DataFrame(X[:,1]), pd.DataFrame(y_pred)], axis=1)

# 上記のデータにて、X 軸を feature1、Y 軸を feature2、クラスター番号を cluster と列名指定
merge_data.columns = ['feature1','feature2','cluster']

# クラスタリング結果のグラフ化
ax = None
colors = ['blue', 'red', 'green']
for i, data in merge_data.groupby('cluster'):
    ax = data.plot.scatter(x='feature1', y='feature2', color=colors[i],
                                           label=f'cluster{i}', ax=ax)
```

出力

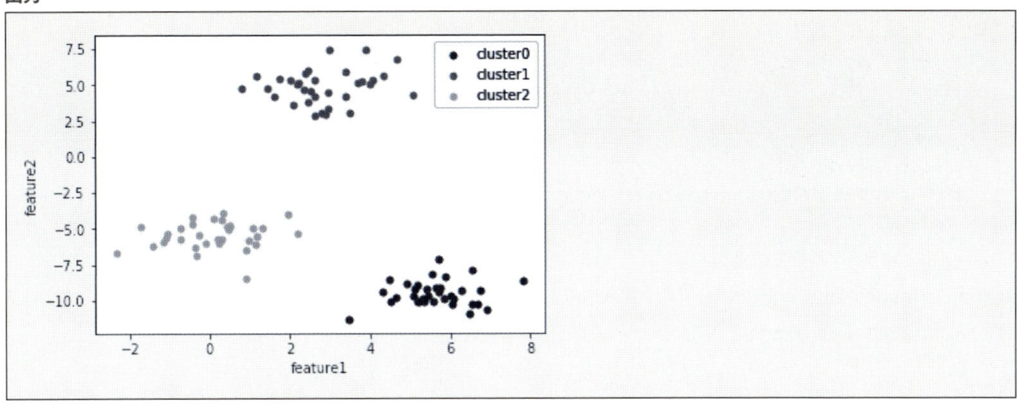

9-2-3 金融マーケティングデータをクラスタリングする

さてここからは、クラスタリング結果の活用イメージを深めるため、金融マーケティングデータを使ってクラスタリングを実行し、その結果を詳しくみていきましょう。

9-2-3-1 分析要求

データはある金融機関のデータで、顧客が定期預金口座開設の申し込みをしたか否かの変数を含んでいます。その他の変数にはキャンペーンの実施状況、顧客の属性情報などの情報が含まれています。このデータをクライアントから受け取り、「そもそも私たちにどのような顧客がいるのかわからないので分析してほしい」という分析要求を提示されたと仮定しましょう。
教師あり学習のアプローチで考えるならば、定期預金口座開設の申し込みをしたか否かを目的変数にしてモデルを構築したいところですが、クライアントの分析要求は必ずしも目的変数を特定したものではありません。データ分析の現場では目的変数が定まらないということは珍しくなく、分析者自身がデータ理解を深めるための第一歩として教師なし学習(クラスタリング)を採用することがあります。

9-2-3-2 分析対象データのダウンロードと読み込み

ここで対象とするデータは下記のURLで配布されている学習用のデータで、それに含まれるbank-full.csvファイルとします。

http://archive.ics.uci.edu/ml/machine-learning-databases/00222/bank.zip

まずはこのデータをダウンロードして展開します。3章でも同じ方法でダウンロード、ZIPファイルの解凍などを実施しました。

入力

```
# webからデータを取得したり、zipファイルを扱うためのライブラリをインポート
import requests, zipfile
```

```
import io

# データがあるurl の指定
zip_file_url = 'http://archive.ics.uci.edu/ml/machine-learning-databases/00222/bank.zip'

# データを取得して展開する
r = requests.get(zip_file_url, stream=True)
z = zipfile.ZipFile(io.BytesIO(r.content))
z.extractall()
```

対象データはbank-full.csvのため、それを読み込みます。区切り記号はseqパラメータで設定しています。先頭から5行をheadで表示すると次のようになります。

入力

```
#対象データを読み込み
bank= pd.read_csv('bank-full.csv', sep=';')

# 先頭の5行を表示
bank.head()
```

出力

	age	job	marital	education	default	balance	housing	loan	contact	day
0	58	management	married	tertiary	no	2143	yes	no	unknown	5
1	44	technician	single	secondary	no	29	yes	no	unknown	5
2	33	entrepreneur	married	secondary	no	2	yes	yes	unknown	5
3	47	blue-collar	married	unknown	no	1506	yes	no	unknown	5
4	33	unknown	single	unknown	no	1	no	no	unknown	5

month	duration	campaign	pdays	previous	poutcome	y
may	261	1	-1	0	unknown	no
may	151	1	-1	0	unknown	no
may	76	1	-1	0	unknown	no
may	92	1	-1	0	unknown	no
may	198	1	-1	0	unknown	no

データの意味は、zipファイルに含まれているbank-names.txtに記載されています。以下に、その一部を抜粋します。Input variablesが説明変数、Output variableが目的変数ですが、ここでは目的変数を予測するかどうかは意識しないでおきましょう。ageなどの連続変数の他に、jobやeducationといったカテゴリ変数が存在していることがわかります。

-Input variables:

bank client data:		
1	**age**	年齢(numeric)
2	**job**	職種 (categorical: "admin.","unknown","unemployed","management","housemaid","entrepreneur","student","blue-collar","self-employed","retired","technician","services")
3	**marital**	既婚か (categorical: "married","divorced","single"; note: "divorced" means divorced or widowed)
4	**education**	教育 (categorical: "unknown","secondary","primary","tertiary")

5	default	債務不履行があったか(binary: "yes","no")
6	balance	年間平均残高(ユーロ)(numeric)
7	housing	住宅ローンがあるか(binary: "yes","no")
8	loan	個人ローンがあるか(binary: "yes","no")

related with the last contact of the current campaign:		
9	contact	連絡方法(categorical: "unknown","telephone","cellular")
10	day	最終連絡日(numeric)
11	month	最終連絡月(categorical: "jan", "feb", "mar", ..., "nov", "dec")
12	duration	最終連絡時の長さ(numeric)

other attributes:		
13	campaign	このキャンペーンで何度連絡を取ったか(numeric, includes last contact)
14	pdays	このキャンペーンを含め前の連絡からどのくらい経過したか(numeric, -1 means client was not previously contacted)
15	previous	このキャンペーンより前に何度連絡したか(numeric)
16	poutcome	前のキャンペーンでの結果(categorical: "unknown","other","failure","success")

-Output variable:

desired target		
17	y	定額預金があるか(binary: "yes","no")

9-2- 3-3 データの整理と標準化

データのレコード数や変数の数、欠損データを確認しておきましょう。下記のプログラムを実行することで、データは45,211行17列とわかります。また、欠損データはないことがわかります。

入力

```
print('データ形式(X,y):{}'.format(bank.shape))
print('欠損データの数:{}'.format(bank.isnull().sum().sum()))
```

出力

```
データ形式(X,y):(45211, 17)
欠損データの数:0
```

ここでは話を簡単にするため、分析対象の変数をage(年齢)、balance(年間平均残高)、campaign(今回のキャンペーンでのコンタクト回数)、previous(以前のキャンペーンでのコンタクト回数)に限定することにします。

これらの変数は、それぞれ単位が異なるので、教師あり学習でも行った標準化を前処理として行います。こうすることで値の大きな変数にクラスタリングの学習が引っ張られずに済みます。

入力

```
from sklearn.preprocessing import StandardScaler

# データの列の絞り込み
bank_sub = bank[['age','balance','campaign','previous']]

# 標準化
sc = StandardScaler()
sc.fit(bank_sub)
bank_sub_std = sc.transform(bank_sub)
bank_sub.info()
```

出力

```
<class 'pandas.core.frame.DataFrame'>
RangeIndex: 45211 entries, 0 to 45210
Data columns (total 4 columns):
age         45211 non-null int64
balance     45211 non-null int64
campaign    45211 non-null int64
previous    45211 non-null int64
dtypes: int64(4)
memory usage: 1.4 MB
```

9-2- 3-4 クラスタリング処理

データを標準化したら、k-meansでクラスタリング処理を実行します。ここではクラスター数を6としました。この数を決める方法ついては後程説明します。クラスタリング処理を終えたら、kmeansオブジェクトのlabels_属性から、各データの所属クラスター番号を配列で取得できます。

以下のプログラムではpandasのSeriesオブジェクトに変換してクラスター別のデータ件数を集計し、クラスター構成を棒グラフで表示しています。

入力

```
# KMeans クラスの初期化
kmeans = KMeans(init='random', n_clusters=6, random_state=0)

# クラスターの重心を計算
kmeans.fit(bank_sub_std)

# クラスター番号を pandas の Series オブジェクトに変換
labels = pd.Series(kmeans.labels_, name='cluster_number')

# クラスター番号と件数を表示
print(labels.value_counts(sort=False))

# グラフを描画
ax = labels.value_counts(sort=False).plot(kind='bar')
ax.set_xlabel('cluster number')
ax.set_ylabel('count')
```

出力

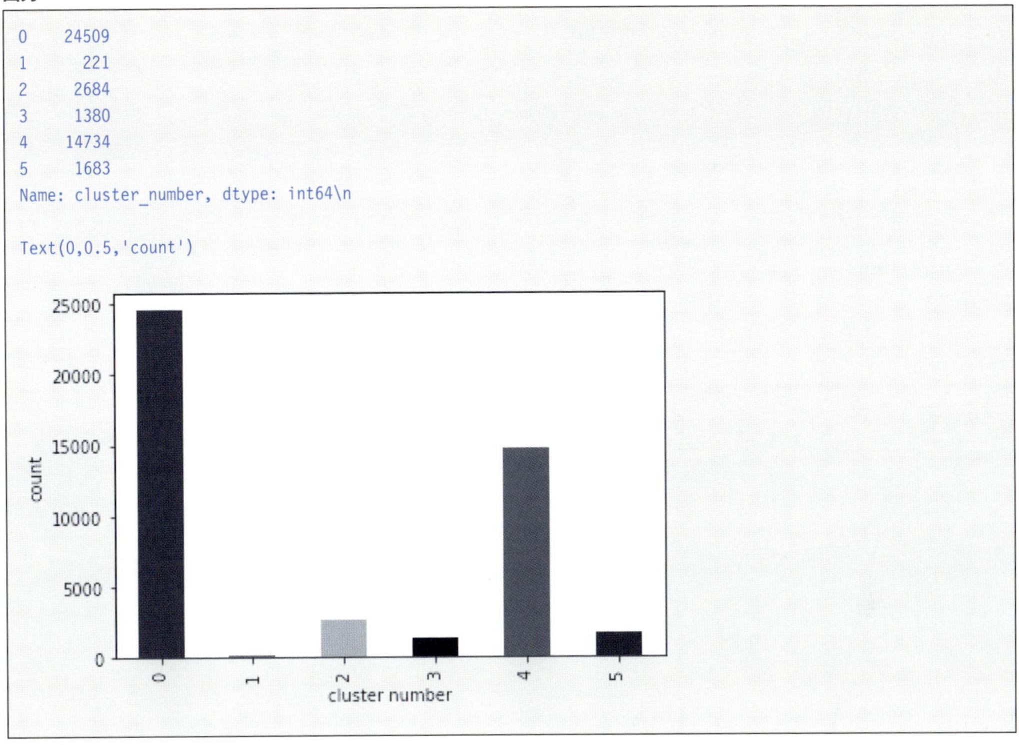

上記の結果を見ると、クラスター0やクラスター4にいるグループが比較的多いということがわかります。

9-2-4 エルボー法によるクラスター数の推定

ここではクラスター数を6と決め打ちしましたが、クラスター数を事前に見積もる方法の1つとして**エルボー法**があります。エルボー法はクラスターの重心点とクラスター所属の各点の距離の総和に着目します。クラスター数が1つから適切な数まで増える過程では、各点がより近いクラスター重心に所属できるようになるので、この総和は相応に減少することが期待できます。
一方、いったん適切な数を超えて、さらにクラスター数が増える過程では、この総和の減少度合いが低下すると予想されます。このように、クラスター数の増加に伴う重心点と各点の距離の総和の減少度合いの変わり目に着目して、適切なクラスター数を決めようと判断しようとするのがエルボー法です。

まずは、「9-2-2-1」の最初にmake_blobs関数で生成したデータXに対してエルボー法を試します。距離の総和はKMeansオブジェクトのinertia_属性で取得できます。クラスター数1から10までの距離の総和を求めてグラフにしたのが、次の図です。
結果を見るとわかるように、クラスター数が3を超えると、縦軸の減少幅が急速に低下しています。ですから、適切なクラスター数は3であると推定できます。このように距離の総和を見ると、理想的なクラスター数を境に縦軸低下の傾きが変化します。この形状がエルボー(肘)のように見えることからエルボー法と名付けられました。

入力

```
# エルボー方による推定。クラスター数を1から10に増やして、それぞれの距離の総和を求める
dist_list =[]
for i in range(1,10):
    kmeans= KMeans(n_clusters=i, init='random', random_state=0)
    kmeans.fit(X)
    dist_list.append(kmeans.inertia_)

# グラフを表示
plt.plot(range(1,10), dist_list,marker='+')
plt.xlabel('Number of clusters')
plt.ylabel('Distortion')
```

出力

```
Text(0,0.5,'Distortion')
```

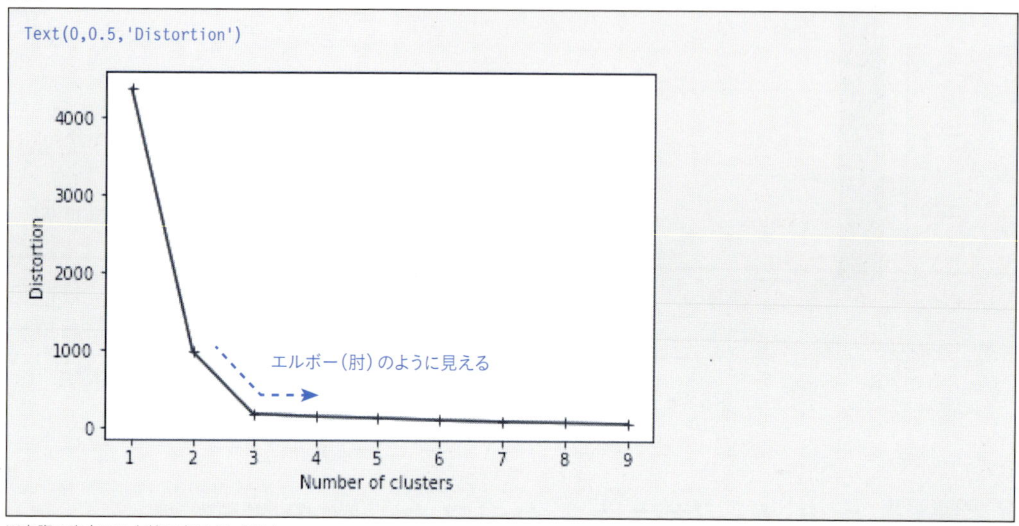

※実際の出力には点線は表示されません

エルボー法の仕組みが分かったところで、金融期間のマーケティングデータに対してもエルボー法を試してみましょう。ここではクラスター数1から20までの距離の総和をグラフにしてみました。

入力

```
# エルボー方による推定。クラスター数を1から20に増やして、それぞれの距離の総和を求める
dist_list =[]
for i in range(1,20):
    kmeans= KMeans(n_clusters=i, init='random', random_state=0)
    kmeans.fit(bank_sub_std)
    dist_list.append(kmeans.inertia_)

# グラフを表示
plt.plot(range(1,20), dist_list,marker='+')
plt.xlabel('Number of clusters')
plt.ylabel('Distortion')
```

出力

```
Text(0,0.5,'Distortion')
```

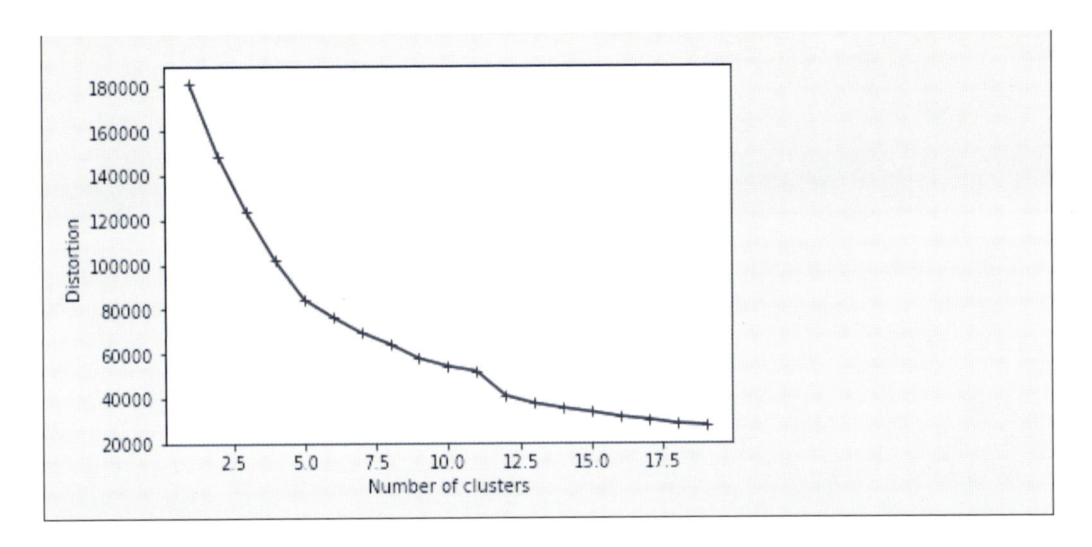

先のmake_blobs関数の結果に対して実施したほど明らかではありませんが、クラスター数が5～6付近で減少幅がやや低下していることがわかります。もしエルボー法で傾向が見られない場合は、**シルエット係数**の算出など、その他のクラスター数判断のための方法を試す、分析領域の固有知識に基づき分析対象変数を変更し、再度エルボー法にかける、またはデータの概要把握と割り切り解釈可能な範囲のクラスター数で処理を進めるなどしましょう。

Let's Try

シルエット係数について調べてみましょう。

9-2- 5 クラスタリング結果の解釈

k-means法によるクラスタリングの実行方法は以上です。ここからはクラスタリングの処理結果を利用したデータの解釈を試みたいと思います。まず金融マーケティングデータの元データに対して、先程得たクラスタリング結果を紐付けます。これによりデータの一番右にcluster_numberという変数が追加されました。これが分類されたクラスターの番号となります。

入力

```
# 金融機関のデータにクラスター番号のデータを結合
bank_with_cluster = pd.concat([bank, labels], axis=1)

# 先頭の5行を表示
bank_with_cluster.head()
```

出力

	age	job	marital	education	default	balance	housing	loan	contact
0	58	management	married	tertiary	no	2143	yes	no	unknown
1	44	technician	single	secondary	no	29	yes	no	unknown
2	33	entrepreneur	married	secondary	no	2	yes	yes	unknown
3	47	blue-collar	married	unknown	no	1506	yes	no	unknown
4	33	unknown	single	unknown	no	1	no	no	unknown

day	month	duration	campaign	pdays	previous	poutcome	y	cluster_number
5	may	261	1	-1	0	unknown	no	4
5	may	151	1	-1	0	unknown	no	4
5	may	76	1	-1	0	unknown	no	0
5	may	92	1	-1	0	unknown	no	4
5	may	198	1	-1	0	unknown	no	0

次に、クラスター別の年齢層を確認してみます。それには6章で学んだビン分割とピボットの機能を使います。軸はクラスター番号（cluster_number）と年齢（age）です。年齢は15歳から5歳区切りを基本に、最後は65歳以上100歳未満で区切ってみます。

入力

```
# 分割のための区切りを設定
bins = [15,20,25,30,35,40,45,50,55,60,65,100]

# 上の区切りをもとに金融機関のデータを分割し、qcut_age変数に各データの年齢層を設定
qcut_age = pd.cut(bank_with_cluster.age, bins, right=False)

# クラスタ番号と年齢層を結合
df = pd.concat([bank_with_cluster.cluster_number, qcut_age], axis=1)

# クラスタ番号と年齢層を軸に集計し、年齢層を列に設定
cross_cluster_age = df.groupby(['cluster_number', 'age']).size().unstack().fillna(0)
cross_cluster_age
```

出力

age cluster_number	[15, 20)	[20, 25)	[25, 30)	[30, 35)	[35, 40)	[40, 45)	[45, 50)	[50, 55)
0	45.0	711.0	4024.0	8492.0	7146.0	4091.0	0.0	0.0
1	0.0	3.0	10.0	37.0	25.0	26.0	27.0	30.0
2	0.0	14.0	152.0	497.0	517.0	460.0	375.0	306.0
3	0.0	20.0	132.0	327.0	308.0	187.0	146.0	117.0
4	0.0	0.0	0.0	0.0	0.0	1155.0	4701.0	3885.0
5	2.0	14.0	146.0	387.0	353.0	266.0	221.0	150.0

[55, 60)	[60, 65)	[65, 100)
0.0	0.0	0.0
38.0	11.0	14.0
263.0	63.0	37.0
71.0	38.0	34.0
3436.0	838.0	719.0
114.0	24.0	6.0

以下は、それぞれの年齢区切りで何人いるかカウントしています。

入力

```
# 分割したデータ数をカウント
hist_age = pd.value_counts(qcut_age)
hist_age
```

出力

```
[30, 35)      9740
[35, 40)      8349
[40, 45)      6185
[45, 50)      5470
[50, 55)      4488
[25, 30)      4464
[55, 60)      3922
[60, 65)       974
[65, 100)      810
[20, 25)       762
[15, 20)        47
Name: age, dtype: int64
```

数値だけではわかりにくいので、クラスター内の年齢層割合を計算してグラフ化してみましょう。このような場面では、割合が多いほど濃くなるヒートマップを使ってグラフ化すると便利です。ヒートマップは可視化ライブラリのseabornのheatmap関数を使います。なお、applyとlambdaを使って、その年齢層の割合を計算しています。

入力

```
sns.heatmap(cross_cluster_age.apply(lambda x : x/x.sum(), axis=1), cmap='Blues')
```

出力

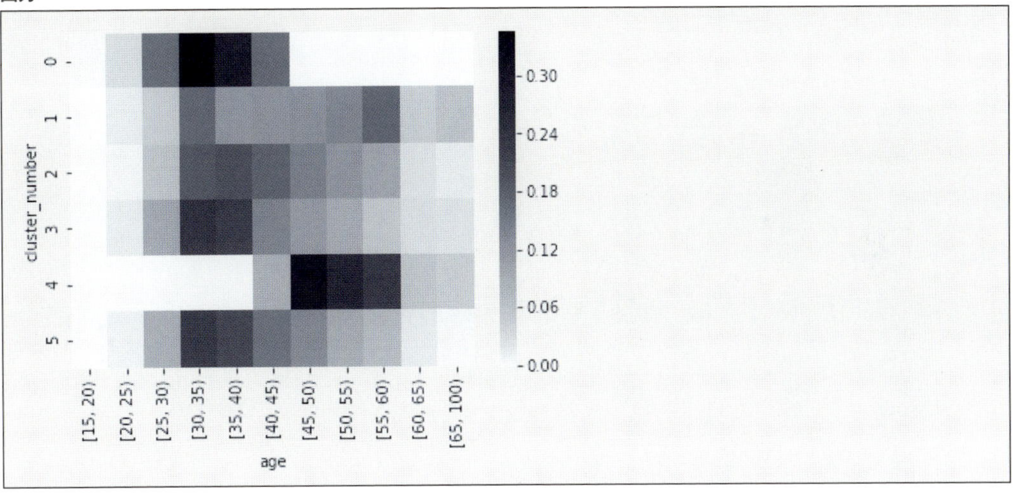

上のヒートマップから、クラスター番号0では年齢層が30～40歳の割合が高い一方、クラスター番号4は45～60歳の割合が高くなっていることなどが確認できます。この結果から、この2つのクラスターは年齢に偏りを持ったクラスターと言えそうです。

同様に、職業を示す変数jobについても見てみましょう。jobはageと異なりカテゴリ変数です。まずは集計してみます。クラスター番号によっては、人数が0の職業もあるため、NaNを0に置き換えています。

入力

```
cross_cluster_job = bank_with_cluster.groupby(['cluster_number', 'job']).size().unstack().fillna(0)
cross_cluster_job
```

出力

job cluster_number	admin.	blue-collar	entrepreneur	housemaid	management	retired	self-employed	services	student	technician	unemployed	unknown
0	3097	5610	728	426	5130	57	852	2564	813	4459	698	75
1	15	12	19	7	91	24	11	9	3	21	6	3
2	219	459	91	70	788	111	130	189	48	460	99	20
3	196	244	42	22	332	53	41	112	52	250	31	5
4	1467	3040	543	675	2732	1984	479	1124	4	2084	439	163
5	177	367	64	40	385	35	66	156	18	323	30	22

次に上記のヒートマップを描画してみます。

入力

```
sns.heatmap(cross_cluster_job.apply(lambda x : x/x.sum(), axis=1),cmap='Reds')
```

出力

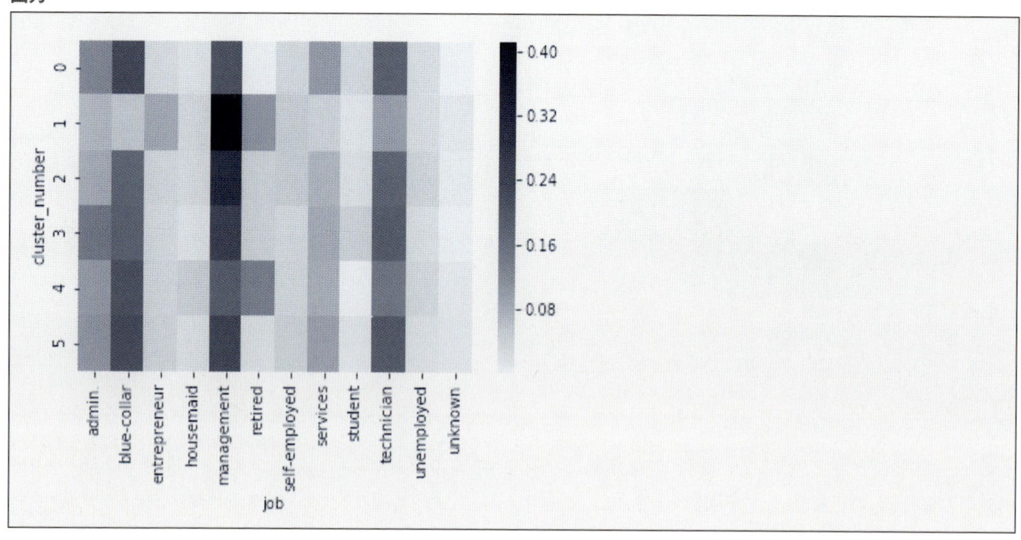

上のヒートマップから、クラスター番号1では特にマネジメント層の割合が高いこと、クラスター番号0ではブルーカラー割合がやや高いことがわかります。

これまでの結果から、クラスター番号0は年齢層は30～40歳割合が高く、ブルーカラーの人がやや多いグループ、というふうに解釈できそうです。実務においては、より多くの次元を調査することになるでしょう。ただし、むやみに集計と可視化を繰り返すのではなく、分析の結果からどのようなアクションを計画しているかなども考慮し、分析計画を練ると良いでしょう。

以上簡単ではありますが、クラスタリング結果に解釈を与える流れの紹介を終えます。

9-2-6 k-means法以外の手法

最後に、クラスタリング手法の体系化について補足します。本章で学んだk-means法は**非階層型**といわれるクラスタリング手法に属していますが、それとは別に**階層型**のクラスタリング（hierarchical clustering）に属する手法があります。Scikit-learnではsklearn.clusterモジュールのAgglomerativeClusteringクラスで実行できます。系統樹図（デンドログラム：dendrogram）といった用語と合わせて調べるとよいでしょう。

また、クラスタリング手法の他の分け方に**ソフトクラスタリング**があります。k-means法は**ハードクラスタリング**に分類され、それぞれのデータに対してクラスター番号は一意に決まりましたが、ソフトクラスタリングでは各クラスターへの所属確率が計算できます。たとえば、クラスター1に所属する確率は70%で、クラスター2に所属する確率は30%という感じです。
顧客の趣味嗜好のクラスタリングは、ハードクラスタリングよりもソフトクラスタリングの方が理に適っているかもしれません。目的により使い分けましょう。ソフトクラスタリングは、sklearn.mixtureモジュールのGaussianMixtureクラスなどで実行できます。

Let's Try

上の階層型、非階層型のクラスタリングについて調べてみましょう。また、ソフトクラスタリングやハードクラスタリングの違いやそのアプローチについて調べて、代表的な手法の実行方法を確認しましょう。

Practice

【練習問題 9-1】
sklearn.datasetsモジュールのmake_blobs関数を使い、random_state=52（特に数字に意味はありません）にしてデータを生成しグラフ化してみましょう。そこからクラスタリングをしてください。いくつのグループに分けますか。また分けた後は、クラスター番号がわかるように色分けして、グラフ化してください。

答えはAppendix 2

Let's Try

「9-2-3-3」で扱ったデータbank_sub_stdに対して、クラスター数を4にしてk-meansを実行した場合、どのような結果になるでしょうか。練習問題 9-1と同様に、クラスター番号を取得した後、それぞれのクラスターについて分析して特徴を読み取りましょう。またクラスター数を8にした場合はどうでしょうか。さらに、age、balance、campaign、previous以外の変数を選んだ場合はどうでしょうか。

Chapter 9-3

主成分分析

Keyword PCA、固有値、固有ベクトル、次元削減、線形判別分析

本節では、主成分分析（principle component analysis、PCA）について学びます。これまで見てきた通り、データには多くの変数があります。先ほどの金融マーケティングデータにも職業や年齢などさまざまな変数がありました。説明変数と目的変数との関係性を1つ1つ見ていくことも大切ですが、説明変数の数が多くなれば、その理解にも限界がきてしまいます。

主成分分析は、元データの持つ情報をできるだけ失わずに変数の数を圧縮することができるため、探索的分析の前処理や予測モデル構築時の前処理として広く使われています。なお、今回扱う主成分分析は教師なし学習の次元圧縮で、教師あり学習の次元圧縮（線形判別分析など）もありますので、興味のある方は調べてください。

9-3-1 主成分分析を試す

簡単なサンプルデータを用いて、主成分分析がどのようなものなのかを見ていきましょう。次に示すプログラムは、RandomStateオブジェクトを使って、2変数のデータセットを生成し、各変数について標準化したものをプロットしたものです。

まずは、np.Random.RandomState(1)としてシード（乱数の初期値）を1に設定したRandomStateオブジェクトを作成しています。

次に、このrand関数とrandn関数を使って、2つの乱数を生成しています。変数間の相関係数は0.889とかなり強い相関のある変数同士であること、また標準化しているのでどちらの変数も平均が0、分散が1であることに注目してください。なお、この相関係数が高い理由を知りたい方はダウンロード付録を参考にしてください。

入力

```
from sklearn.preprocessing import StandardScaler

# RandomStateオブジェクトを作成
sample = np.random.RandomState(1)

# 2つの乱数を生成
X = np.dot(sample.rand(2, 2), sample.randn(2, 200)).T

# 標準化
sc = StandardScaler()
X_std = sc.fit_transform(X)

# 相関係数の算出とグラフ化
print('相関係数{:.3f}:'.format(sp.stats.pearsonr(X_std[:, 0], X_std[:, 1])[0]))
plt.scatter(X_std[:, 0], X_std[:, 1])
```

出力

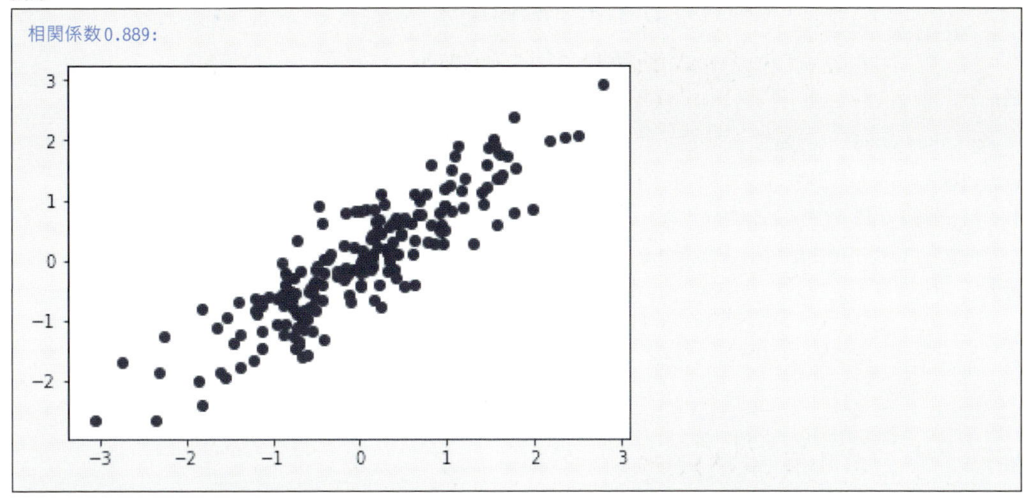

9-3- 1-1 主成分分析の実行

主成分分析はsklearn.decompositionモジュールのPCAクラスを使うと実行できます。オブジェクトの初期化の際、変数を何次元まで圧縮したいか、つまり、抽出したい主成分の数をn_componentsとして指定します。通常は元ある変数よりも小さい値を設定します（30変数を5変数に減らす、等）が、ここでは元データと同じ2と設定します。fitメソッドを実行することで、主成分の抽出に必要な情報が学習されます（具合的には、固有値と固有ベクトルが計算されます）。

入力

```
# インポート
from sklearn.decomposition import PCA

# 主成分分析
pca = PCA(n_components=2)
pca.fit(X_std)
```

出力

```
PCA(copy=True, iterated_power='auto', n_components=2, random_state=None,
  svd_solver='auto', tol=0.0, whiten=False)
```

9-3- 1-2 学習結果の確認

PCAオブジェクトの学習結果を確認しましょう。

以下では、components_属性、explained_variacne_属性、explained_variance_ratio_属性を確認します。

①components_属性

components_属性は固有ベクトルと呼ばれるもので、主成分分析により発見された新しい特徴空間の軸の向きを表し、結果は以下になります。ベクトルの[-0.707,-0.707]が第1主成分、[-0.707,0.707]が第2主成分の向きになります。

入力

```
print(pca.components_)
```

出力

```
[[-0.707 -0.707]
 [-0.707  0.707]]
```

②explained_variance_属性

explained_variance_属性は各主成分の分散を表します。以下を見ると、今回抽出された2つの主成分の分散が、それぞれ1.889と0.111であることがわかります。ここで分散の総和が2.0となるのは偶然ではなく、(標準化された)変数が元来有していた分散の総和と、主成分の分散の総和は一致します。つまり、分散(情報)は維持されているということです。

入力

```
print('各主成分の分散:{}'.format(pca.explained_variance_))
```

出力

```
各主成分の分散:[1.899 0.111]
```

③explained_variance_ratio_属性

explained_variance_ratio_属性は、各主成分が持つ分散の比率です。最初の0.945は1.889/(1.889+0.111)によって得られ、第1主成分で元のデータの94.5%の情報を保持していると読めます。

入力

```
print('各主成分の分散割合:{}'.format(pca.explained_variance_ratio_))
```

出力

```
各主成分の分散割合:[0.945 0.055]
```

数字だけではわかりにくいので図示してみましょう。次の出力の矢印が主成分分析によって得られた新しい特徴空間の軸の方向です。分散が最大の方向に第1主成分が定まり、第2主成分とのベクトルに対して、お互いに直交していることがわかります。ベクトルの[-0.707,-0.707]が第1主成分、[-0.707,0.707]が第2主成分の向きでしたので、それが以下のグラフからわかります。

入力

```
# パラメータ設定
arrowprops=dict(arrowstyle='->',
                linewidth=2,
                shrinkA=0, shrinkB=0)

# 矢印を描くための関数
def draw_vector(v0, v1):
    plt.gca().annotate('', v1, v0, arrowprops=arrowprops)

# 元のデータをプロット
plt.scatter(X_std[:, 0], X_std[:, 1], alpha=0.2)
```

```
# 主成分分析の2軸を矢印で表示する
for length, vector in zip(pca.explained_variance_, pca.components_):
    v = vector * 3 * np.sqrt(length)
    draw_vector(pca.mean_, pca.mean_ + v)

plt.axis('equal');
```

出力

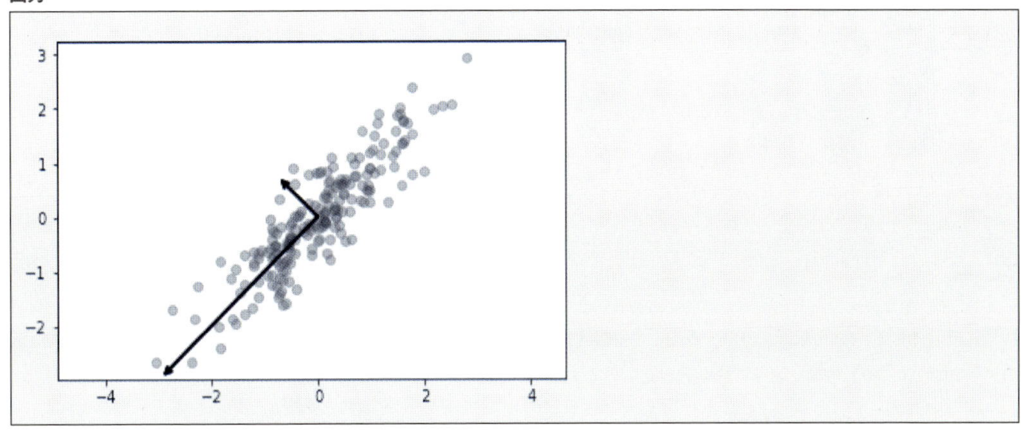

主成分分析については、参考書籍「A-22」「A-23」および参考URL「B-19」(A-22の英語オンライン版英語)、「B-20」も参考になります。

図を見て分かる通り、元の散布図に対して分散が最大になる方向のベクトルが第1主成分です。そしてその次に分散が大きい方向のベクトルが第2主成分です。第1主成分と第2主成分は直交します。

ここで元の値の各点から第1主成分に垂線を下ろした点を考えます。すると元々は2変数あった値を第1主成分の軸上にマッピングでき、1変数に次元削除できます。次のような図が参考になり、たとえば $(x1,y1)$ の点は、$a1$ だけになって、次元数が2から1に削減されています。

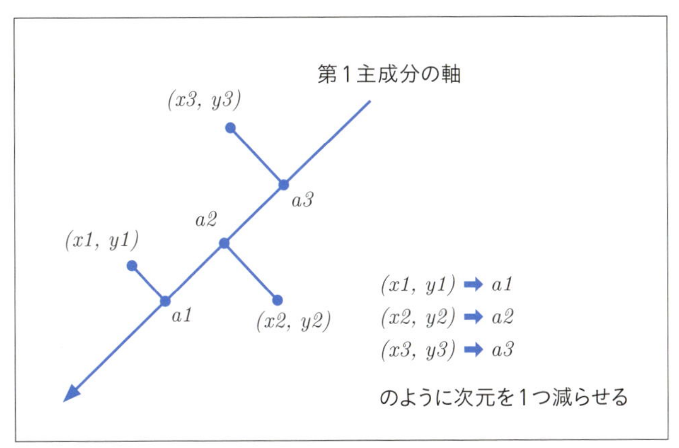

図9-3-1

詳細は省きますが、主成分の計算には固有ベクトルが使われています。下図の通り、元データが固有ベクトルによって行列変換されています。

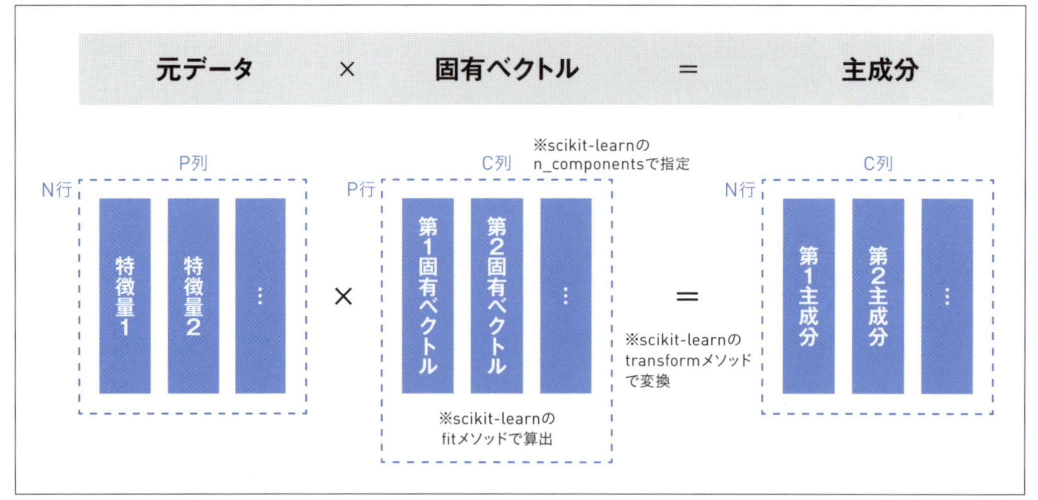

図9-3-2

最後に補足として、次元削減のイメージをもう少し理解するために、以下の例も見ておきましょう。以下は3Dで見たときのグラフで、プロット位置によって色を分けたものです。

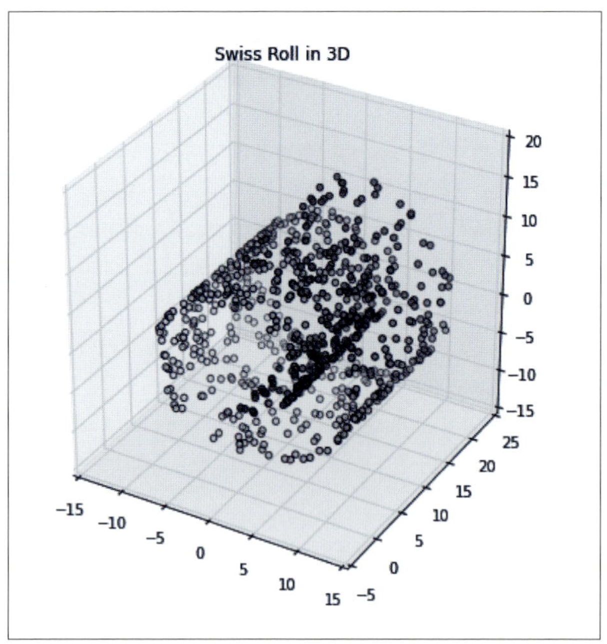

図9-3-3　http://sebastianraschka.com/Articles/2014_kernel_pca.html より引用

この3次元のデータを、主成分分析を使って2次元に落とすと以下のようになります。横軸PC1が第1主成分、縦軸PC2が第2主成分の値です。3次元の時のデータ構造が残されているだけではなく、元々あった位置も反映されていることが色の連なりからわかります。このように主成分分析は、元の情報を残しつつ次元を落とすという処理を行ってくれるのです。

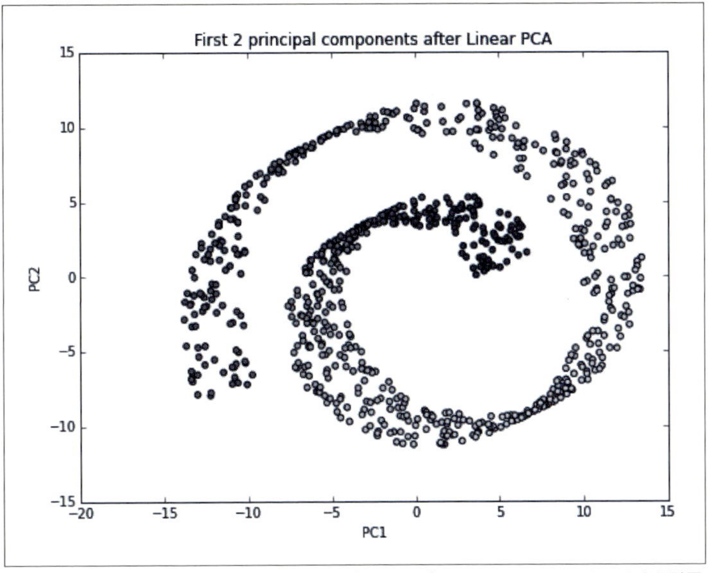

図9-3-4　http://sebastianraschka.com/Articles/2014_kernel_pca.html より引用

9-3- 2 主成分分析の実例

主成分分析の実行方法と処理イメージについての説明は以上です。ではこの主成分分析を使って次元を圧縮することがどのような場面で役に立つのか、具体的に見ていきましょう。ここでは乳がんデータを使って、主成分分析の意義を確認します。

乳がんデータは、sklearn.datasetsのload_breast_cancer関数を使って読み込めます。以下に示すのは、データを実際に読み込み、目的変数（cancer.target）の値が「malignant（悪性）」か「benign（良性）」によって、各説明変数の分布を可視化したものです。

ほとんどのヒストグラムについて、malignantとbenignのデータが重なっており、このままだと悪性か良性かを見分けるためにどこに境界線を引いていいのかの判断は難しそうです。

入力

```
# 乳がんデータを読み込むためのインポート
from sklearn.datasets import load_breast_cancer

# 乳がんデータの取得
cancer = load_breast_cancer()

# データをmalignant（悪性）かbenign（良性）に分けるためのフィルター処理
# malignant（悪性）はcancer.targetが0
malignant = cancer.data[cancer.target==0]

# benign（良性）はcancer.targetが0
benign = cancer.data[cancer.target==1]

# malignant（悪性）がブルー、benign（良性）がオレンジのヒストグラム
# 各図は、各々の説明変数（mean radiusなど）と目的変数との関係を示したヒストグラム
```

9-3

```
fig, axes = plt.subplots(6,5,figsize=(20,20))
ax = axes.ravel()
for i in range(30):
    _,bins = np.histogram(cancer.data[:,i], bins=50)
    ax[i].hist(malignant[:,i], bins, alpha=.5)
    ax[i].hist(benign[:,i], bins, alpha=.5)
    ax[i].set_title(cancer.feature_names[i])
    ax[i].set_yticks(())

# ラベルの設定
ax[0].set_ylabel('Count')
ax[0].legend(['malignant','benign'],loc='best')
fig.tight_layout()
```

出力

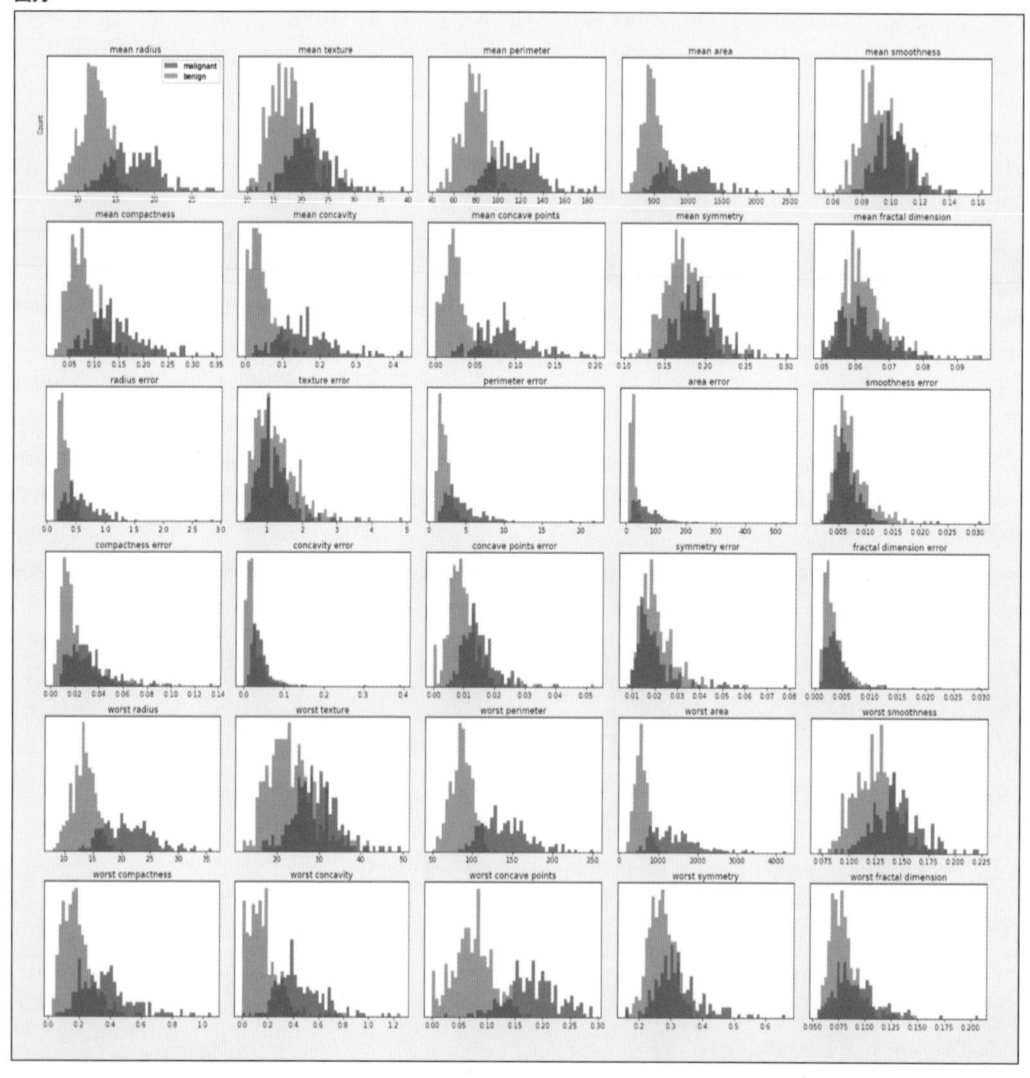

ここで主成分分析を使い、これら20以上ある変数の次元を削減してみます。具体的には、説明変数となるデータを標準化し、主成分分析を行います。抽出する主成分の数（n_component）は2とします。

下記のプログラムを実行してexplained_variance_ratio_属性の値を確認すると、変数の数は2つに減るものの、元の情報の約63%（=0.443+0.19）が、第1主成分と第2主成分に凝縮されていることがわかります。

入力

```
# 標準化
sc = StandardScaler()
X_std = sc.fit_transform(cancer.data)

# 主成分分析
pca = PCA(n_components=2)
pca.fit(X_std)
X_pca = pca.transform(X_std)

# 表示
print('X_pca shape:{}'.format(X_pca.shape))
print('Explained variance ratio:{}'.format(pca.explained_variance_ratio_))
```

出力

```
X_pca shape:(569, 2)
Explained variance ratio:[0.443 0.19 ]
```

上の「X_pca shape:(569, 2)」は、主成分分析をした後のデータが、569行2列（2変数）になったことを表しています。2変数となったのは、主成分の数を2に設定したためです。

このように次元を低くしたデータを可視化してみます。まずは可視化準備のため、第1主成分と第2主成分のデータに、説明変数に対応する目的変数を紐付け、そののち良性データと悪性データに分離します。

入力

```
# 列にラベルをつける、1つ目が第1主成分、2つ目が第2主成分
X_pca = pd.DataFrame(X_pca, columns=['pc1','pc2'])

# 上のデータに、目的変数（cancer.target）を紐づける、横に結合
X_pca = pd.concat([X_pca, pd.DataFrame(cancer.target, columns=['target'])], axis=1)

# 悪性、良性を分ける
pca_malignant = X_pca[X_pca['target']==0]
pca_benign = X_pca[X_pca['target']==1]
```

さてこのデータをプロットしてみるとどうなるでしょうか。以下が結果です。malignant（悪性）を薄い青、benign（良性）を濃い青でプロットしています。悪性と良性の境界線が見えると思います。

入力

```
# 悪性をプロット
ax = pca_malignant.plot.scatter(x='pc1', y='pc2', color='red', label='malignant');

# 良性をプロット
pca_benign.plot.scatter(x='pc1', y='pc2', color='blue', label='benign', ax=ax);
```

出力

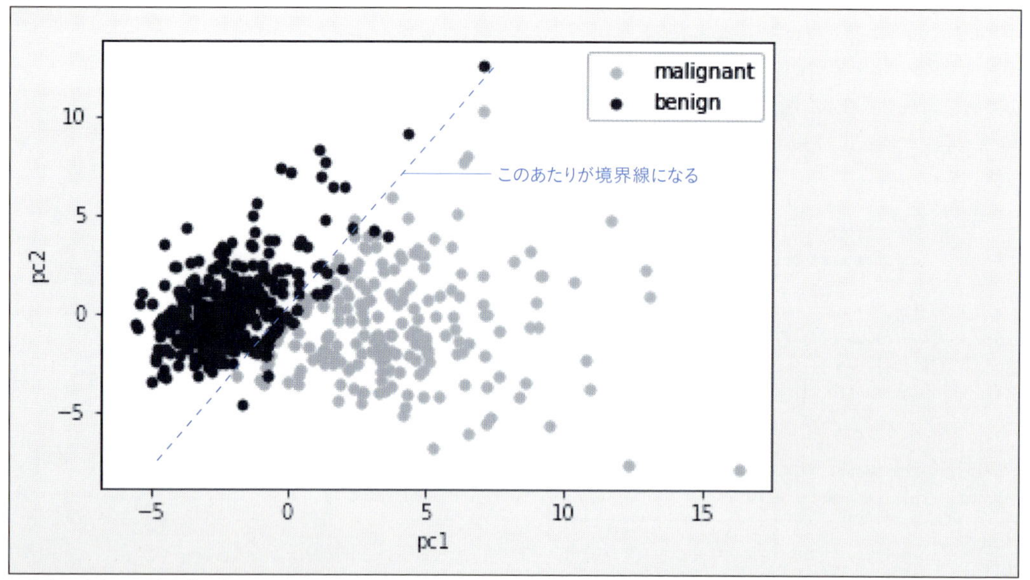

※実際の出力には境界線は表示されません

このグラフを見る限り、本ケースにおいては、わずか2つの主成分で目的変数のクラスをほぼ分離できることがわかりました。変数が多くどの変数を分析に活用すべきかわからない場合などは、このように主成分分析を行い、(1) 各主成分と目的変数の関係を明らかにする、(2) 各主成分と元変数の関係から元変数と目的変数の関係を解釈する、などと進めるとデータ理解が進むでしょう。

また主成分分析は、予測モデルを構築する際に変数の数を減らしたい場合（次元削減）にも活用できることを覚えておくと良いでしょう。

9-3

Practice

【練習問題 9-2】

sklearn.datasetsモジュールのload_iris関数を使ってアヤメのデータを読み込み、iris.dataを対象に主成分分析を行ってください。ただし、抽出する主成分の数は2とします。さらに第2主成分までのデータと目的変数（iris.target）との関係性をグラフ化などし考察してください。

答えはAppendix 2

Chapter 9-4

マーケットバスケット分析とアソシエーションルール

Keyword アソシエーションルール、支持度、確信度、リフト値

本節では、教師なし学習の一つである**マーケットバスケット分析**(**Market Basket Analysis**)を学びます。

9-4-1 マーケットバスケット分析とは

マーケットバスケット分析とは、商品Aを購入するなら商品Bを購入するというように、商品購入の際の関連性を分析するものです。スーパーなどのレジを通過するバスケットを分析の基本単位としていたことから、このように呼ばれています。バスケット分析やアソシエーション分析とも呼ばれます。

マーケットバスケット分析の結果得られた、「商品Aを購入する人には商品Bも売れる」といった商品間の併売に関するルールのことを**アソシエーションルール**(**Association Rule**)と言います。

よく取り上げられるルールに、ビールとオムツの例があります。オムツを買う父親にはビールを併売しやすい傾向があるという話で、意外な組み合わせであったことから都市伝説的に語り継がれています。

消費者に対して、どのような商品を併売しやすいかは、消費財メーカーや小売業において関心の高いテーマなので、アソシエーションルールの中でも有益なルールは、マーケティングキャンペーンの設計やシンプルな推奨システムの中などで使われています。本節では、**支持度**(**support**)、**確信度**(**confidence**)、**リフト値**(**lift**)といった、アソシエーションルールの有益さを測る基礎的な指標を紹介します。

9-4-2 マーケットバスケット分析のためのサンプルデータを読み込む

以下では、7章の総合問題でも扱った購買履歴データを使って、マーケットバスケット分析を具体的に説明していきます。扱うデータは、以下URLからダウンロードできるOnline Retail.xlsxというファイルです。ダウンロードして、Jupyter Notebookのファイルと同じ階層に配置してください(下記にアクセスするとダウンロードされます。また、Linuxなどの環境の場合は、wget等を使って取得しても大丈夫です)。

http://archive.ics.uci.edu/ml/machine-learning-databases/00352/Online%20Retail.xlsx

購買履歴データはトランザクションデータ※1と言われるデータの一種です。そこでその略称のtransという変数名で読み込むことにします。headを使って先頭の5レコードを表示したものが、下記の実行例です。

※1 購買履歴データにおけるInvoiceNoは請求書番号のようなもので、同じInvoiceNoのものは1つの請求書に掲載された明細という意味です。つまり同じInvoiceNoの商品は、その取引でまとめて購入されたという意味になります。同じInvoiceNoのものの1セットが、1取引、すなわちトランザクションです。

他、環境によっては、xlrdのモジュールを用意する必要があるので、pip3 install xlrdで実行してインストールしてください。

入力

```
trans = pd.read_excel('Online Retail.xlsx', sheet_name='Online Retail')
trans.head()
```

出力

	InvoiceNo	StockCode	Description	Quantity	InvoiceDate
0	536365	85123A	WHITE HANGING HEART T-LIGHT HOLDER	6	2010-12-01 08:26:00
1	536365	71053	WHITE METAL LANTERN	6	2010-12-01 08:26:00
2	536365	84406B	CREAM CUPID HEARTS COAT HANGER	8	2010-12-01 08:26:00
3	536365	84029G	KNITTED UNION FLAG HOT WATER BOTTLE	6	2010-12-01 08:26:00
4	536365	84029E	RED WOOLLY HOTTIE WHITE HEART.	6	2010-12-01 08:26:00

UnitPrice	CustomerID	Country
2.55	17850.0	United Kingdom
3.39	17850.0	United Kingdom
2.75	17850.0	United Kingdom
3.39	17850.0	United Kingdom
3.39	17850.0	United Kingdom

9-4- 2-1 データの整理と確認

この購買履歴データにおいて請求書番号を示すIncoiceNoの先頭の1文字は、そのトランザクションの状態を示しています。「5」が通常のデータ、「C」がキャンセル、「A」が不明なデータです。まずは次のようにInoivceNoの先頭1文字を別のcancel_flgという変数として追加します。追加したら、それぞれのcancel_flgごとのレコード数を数えて集計します。実務において集計条件は、分析目的とデータマネジメント状態に大きく依存するので、十分に確認するようにしましょう。

入力

```
# InoivceNoの先頭1文字をcancel_flgとして追加
trans['cancel_flg'] = trans.InvoiceNo.map(lambda x:str(x)[0])

# cancel_flgでグルーピングして集計
trans.groupby('cancel_flg').size()
```

出力

```
cancel_flg
5    532618
A         3
C      9288
dtype: int64
```

以下、通常のデータである「5」であり、かつ、CustomerIDが欠損していないデータだけを扱うことにします。これらのデータに絞り込むため、次のようにします。もしこの処理がわからない場合は、7章のPandasの章を復習したり、検索エンジンなどで「Pandas　フィルター」などで検索してみましょう。

入力

```
trans = trans[(trans.cancel_flg == '5') & (trans.CustomerID.notnull())]
```

9-4- 3 アソシエーションルール

データの準備ができたところで、アソシエーションルールについて説明します。まずは、購買回数トップ5の製品番号を確認しておきましょう。製品番号はstockCode列に格納されています。

PandasのSeriesオブジェクトが持つvalue_countsメソッドを使うと、それぞれの内容別のレコード件数がデフォルトでは降順で得られます。そこでheadを使って、上位5件を表示すると、次のようになります。

入力

```
# StockCodeごとに件数を数え、上位5件を表示
trans['StockCode'].value_counts().head(5)
```

出力

```
85123A    2035
22423     1724
85099B    1618
84879     1408
47566     1397
Name: StockCode, dtype: int64
```

以下では上記のトップ5の商品のうち、第1位の「85123A」と第3位の「85099B」に関して、アソシエーションルールとその支持度、確信度、リフトについて説明していきます。

9-4- 3-1 支持度(support)

アソシエーションルールの支持度とは、ある商品(ここでは85123A)と別の商品(85099B)が併売されたバスケットの数(InvoiceNoの数)、または全体に占める割合です。

以下で、商品85123Aを購入するなら商品85099Bする、というアソシエーションルールの支持度を計算してみます。

まず、トランザクションデータ(すべての購入データ)に登場するバスケットの数(InvoiceNoの数)をカウントします。

最初に、すべてのInvoiceNoをtrans_allとして抽出します。

集合型とすることで、InvoiceNoを重複のない状態で保持できます。

次に両商品を含むバスケットをtrans_abとして抽出します。そのためには、各々の商品を含むInvoiceNoを同様に抽出し(下記ではtrans_aならびにtrans_b)、それらの積集合をとります。

なお、setは集合を扱うときに使い、重複のない要素をもつ順序なしのコレクションオブジェクトです。積集合は、両方に共通するものを取り出すことで、setでは「&」を使います。

入力

```
# すべてのInvoiceNoをtrans_allとして抽出
trans_all = set(trans.InvoiceNo)

# 商品85123Aを購入したデータをtrans_aとする
trans_a = set(trans[trans['StockCode']=='85123A'].InvoiceNo)
print(len(trans_a))

# 商品85099Bを購入したデータをtrans_bとする
```

```
trans_b = set(trans[trans['StockCode']=='85099B'].InvoiceNo)
print(len(trans_b))

# 商品85123Aおよび85099Bを購入したデータをtrans_abとする
trans_ab = trans_a&trans_b
print(len(trans_ab))
```

出力

```
1978
1600
252
```

ルールの支持度は、ルールに含まれる両商品を含むバスケットの数、または全体に占める割合です。そこで、次のようにして計算できます。

入力

```
# trans_ab の、両商品を含むバスケットの数を表示
print('両商品を含むバスケットの数:{}'.format(len(trans_ab)))
print('両商品を含むバスケットの全体に占める割合:{:.3f}'.format(len(trans_ab)/len(trans_all)))
```

出力

```
両商品を含むバスケットの数:252
両商品を含むバスケットの全体に占める割合:0.014
```

0.014という数字がでていますが、これが高いか低いかは相対的な比較になりますので、一概にはいえません。
一般的に支持度の小さいルールは有用性も低いことが多いことから、支持度は足切り基準として使われたりします。
また支持度はルールの支持度だけではなく、ルールを構成する商品に対する支持度を計算することもあります。

たとえば商品85123Aの支持度は、以下のように計算できます。ルールの支持度が必要なのか、ルールを構成する商品の支持度が必要なのか、分析目的を明確にした上で求めるようにしましょう。

入力

```
print('商品85123Aのバスケットの数:{}'.format(len(trans_a)))
print('商品85123Aを含むバスケットの全体に占める割合:{:.3f}'.format(len(trans_a)/len(trans_all)))
```

出力

```
商品85123Aのバスケットの数:1978
商品85123Aを含むバスケットの全体に占める割合:0.107
```

9-4- 3-2 確信度（confidence）

確信度とは、ある商品Aの購入数をベースに、その商品Aとある商品Bの組み合わせ購買がどれくらいの割合であるのかを表します。商品85123Aを購入するなら商品85099Bも購入する、というルールの確信度は、次のように計算できます。

入力

```
print('確信度:{:.3f}'.format(len(trans_ab)/len(trans_a)))
```

出力

```
確信度:0.127
```

逆に、商品85099Bを購入するなら商品85123Aする、というルールの確信度は以下のようになります。

入力

```
print('確信度:{:.3f}'.format(len(trans_ab)/len(trans_b)))
```

出力

```
確信度:0.158
```

確信度が高いと商品間の併売が見込めるため、クロスセル(他の商品などを併せて購入してもらうこと)をさせたい場合は確信度の高い商品の中からオファー商品を決定するなどの場面で活用されます。ただし、確信度の絶対値だけでは併売傾向の判断を誤ることがあるため、次のリフト値も合わせて見るのが普通です。

9-4-3-3 リフト値(lift)

商品Aを購入するなら商品Bを購入するというアソシエーションルールにおいて、そのリフト値とは、ルールの確信度(%)を商品Bの支持度(%)で割った値のことです。
つまり、全体のバスケットに占める商品Bの購買率に対する、商品Aを購買したときの商品Bの購買率の比率がリフト値です。当然、リフト値が1.0よりも大きければ併売しやすい商品になりますし、1.0よりも小さければ併売しにくい商品と解釈できます。商品85123Aを購入するなら商品85099Bも購入する、というルールのリフト値は以下のように求められます。

入力

```
# 全体のバスケットに占める商品Bの購買率を計算
support_b = len(trans_b) / len(trans_all)

# 商品Aを購買したときの商品Bの購買率を計算
confidence = len(trans_ab) / len(trans_a)

# リスト値を計算
lift = confidence / support_b
print('lift:{:.3f}'.format(lift))
```

出力

```
lift:1.476
```

確信度が高い数値でもリフト値が1.0を下回る場合は、顧客への商品推奨の根拠としては不適切かもしれません。分析の目的に照らし、確信度とリフト値を組み合わせて使うなどしましょう。

以上で、バスケット分析についての説明を終えます。今回は集計対象となったデータ全体に対してアソシエーションルールを抽出しましたが、店舗エリア別、店舗タイプ別、顧客クラスター別などにルールを抽出すると、より有用性の高いルールが抽出できるかもしれないことを覚えておきましょう。

Let's Try

「9-4 マーケットバスケット分析とアソシエーションルール」で用いた購買履歴データを使って、その他、任意の商品の組み合わせについて、支持度、確信度、リフト値を算出してみましょう。

9-4

Practice

9章 総合問題

【総合問題9-1　アソシエーションルール】

「マーケットバスケット分析とアソシエーションルール」で用いた購買履歴データを使って、どの商品とどの商品の組み合わせの支持度が一番高いですか？ ただし、レコード数が1,000より多い商品（StockCode）を対象に計算してください。

ヒント：商品の組み合わせを抽出するときは、itertoolsモジュールが便利です。この使い方などがわからない場合は、「Python itertools」で検索しましょう。

答えはAppendix 2

Chapter 10

モデルの検証方法とチューニング方法

教師あり学習によって構築されるモデルは、未知のデータに適用したときに、モデル構築者の期待する性能を発揮することが重要です。10章では、この未知データに対するモデル性能（汎化性能）を評価するためのモデルの検証方法を学びます。さらに、そもそものモデルの汎化性能を向上させるためのアプローチについても学びます。

Goal モデル構築時の注意点や評価方法を学び、評価指標を計算することができる。複数のモデルを組み合わせるアンサンブル学習を理解し、代表的手法を使えるようになる

Chapter 10-1

モデルの評価と精度を上げる方法とは

Keyword 過学習(過剰学習)、ホールドアウト法、交差検証法、k分割交差検証法、混同行列、ROC曲線、アンサンブル学習

機械学習は、モデルの選び方やパラメータの値、学習させるデータ数などによって、その結果が大きく異なる可能性があります。そのため、精度を高めるためにはモデル性能の正しい測定とチューニングが欠かせません。そこでこの章ではモデルの良し悪しを正しく評価する方法と、モデルのチューニング方法を説明します。

10-1-1 機械学習の課題とアプローチ

機械学習には、さまざまな課題があります。この章では、その課題とアプローチについて説明をします。

10-1-1-1 ①新しいデータに適合できない場合

モデルの作り方や学習のさせかたによっては、現在のデータにあてはまりすぎて、新しいデータでは良い結果が得られないことがあります。このような状態を**オーバーフィッティング(過学習、もしくは過剰学習)**といいます。それを防ぐために、あらかじめテスト用にデータを抜き出しておく**ホールドアウト法**や**交差検証法**があり、その実行方法を学びます。

10-1-1-2 ②モデルの良さの判定する指標や方法とは

モデルの良さを測定するには実はさまざまな指標があります。今まで正解率など、特定指標のみでモデルの予測精度や良さという話をしてきましたが、そもそもモデルに期待する精度とは何かを考えることも重要です。単にある指標の数値が良かったからといって手放しで喜んでいいわけではありません。本章では、予測精度を測るための概念として**混同行列**や**ROC曲線**を紹介し、分類・回帰に関するさまざまな評価指標を学びます。

10-1-1-3 ③精度が高いモデルを作成するには

8章では、決定木やロジスティック回帰など、さまざまな教師あり学習の予測モデルを個別に学びました。これらのモデルを単独で使うのではなく、複数のモデルを組み合わせる**アンサンブル学習**と呼ばれる方法もあります。アンサンブル学習では、個々の学習結果を組み合わせて、複数の結果で予測します。具体的な手法として、**バギング**、**ブースティング**などがあります。これらの方法を使うことで、モデルの精度を高めることが可能になります。

10-1-2 この章で使うライブラリのインポート

この章では、2章で紹介した各種ライブラリのほか、機械学習ライブラリのScikit-learnを使います。次のようにインポートしていることを前提として進めていきます。

入力

```
# データ加工・処理・分析ライブラリ
import numpy as np
import numpy.random as random
import scipy as sp
from pandas import Series,DataFrame
import pandas as pd

# 可視化ライブラリ
import matplotlib.pyplot as plt
import matplotlib as mpl
import seaborn as sns
%matplotlib inline
sns.set()

# 機械学習ライブラリ
import sklearn

# 小数第3位まで表示
%precision 3
```

出力

```
'%.3f'
```

10-1

Chapter 10-2

モデルの評価とパフォーマンスチューニング

Keyword 過学習（過剰学習）、ホールドアウト法、交差検証法、k分割交差検証法、ハイパーパラメータ、SVC、LinerSVC、グリッドサーチ、ランダムサーチ、バイアスとバリアンスのトレードオフ、特徴量エンジニアリング、特徴選択、特徴抽出、プロファイリングモデル、予測モデル

8章では、データを学習用とテスト用に分けてモデルを構築・検証しました。このようにモデルの学習に使用しないデータを準備し、モデル性能を確認するという手順はとても大切です。なぜなら、機械学習モデルは、現在保有しているデータに対して高い説明力を持つためだけではなく、将来発生するであろう未知のデータに対しても、同様に高い予測性能（汎化性能）を発揮することが期待されるからです。
先に述べたように、学習に用いたデータには当てはまるが、未知のデータには当てはまらない状態をオーバーフィッティング（過学習、もしくは過剰学習）といいます。本節では、オーバーフィッティングが生じていないか、またモデルの汎化性能がどの程度かを評価するためのモデル評価について学びます。

この節では、**ホールドアウト法**（holdout method）と**交差検証法**（cross validation）を扱います。交差検証法については、**k分割交差検証**（k-fold法）と**1個抜き交差検証**（leave-one-out）を紹介します。また汎化性能を高めるための特徴量の扱い方や、アルゴリズムが固有に持つパラメータのチューニング方法についても学びます。前者は**特徴量エンジニアリング**（feature engineering）や**次元削減**（dimension reduction）、後者は**ハイパーパラメータチューニング**（hyperparameter tuning）と呼ばれる技術領域です。

10-2-1 ホールドアウト法と交差検証法

ホールドアウト法（holdout method）とは、8章の教師あり学習のモデル構築ですでにやってきたように、データを学習データとテストデータの2つにランダムに分割し、学習用データでモデルを構築し、その後、テスト用データでモデルを検証する方法です。
教師あり学習モデルでは、高い汎化性能の獲得が期待されます。そこで学習データを既知のデータとみなし、テストデータを未知のデータとみなすことで、その未知のデータにおける性能を評価するというのがホールドアウト法です。ホールドアウト法は非常にシンプルですが、データ数が十分大きい時には、モデルの評価方法として実用的に使えます。しかしデータ数が限られるときは、2つの問題が生じます。ひとつは、ランダムに分割された特定のテストデータによっては、たまたま高く評価されてしまう問題です。もうひとつは、限られたデータを学習用とテスト用に分割するため、学習データ数が削られ、肝心の学習が十分に進まないという問題です。
そこで、限られたデータを最大限に活用しようと考案されたのが**交差検証法**（cross validation）です。これはデータの役割を学習用と検証用に交差させる検証法です。交差検証法の代表的な手法に**k分割交差検証**（k-fold cross validation）があります。この手法では、データをk個のブロックにランダムに分割します。そして、k個のうち1つのブロックを検証用、残りのk-1個を学習用として活用します。

k分割交差検証のイメージは下図の通りです。ここでは $k=5$ の場合を例示しています。データはまず、ランダムに5個のデータグループに分割されます。そのうち4個のグループを学習用、残りの1個を検証用として使います。これを5パターン繰り返して、それぞれのパターンでモデル評価値を取得します。

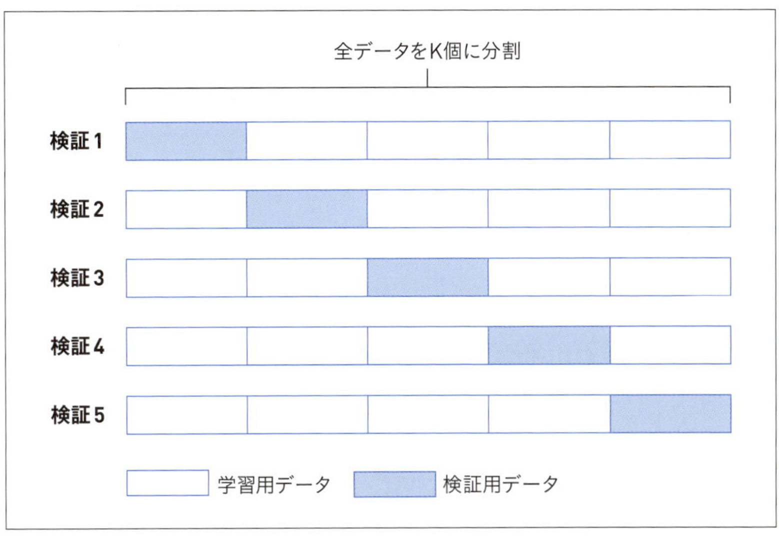

図10-2-1　k分割交差検証のイメージ

k分割交差検証では、検証用に使うブロックはkパターンあるので、たまたまある検証用データで評価が高まるという問題を低減できます。またkパターン繰り返しているので、検証用データを除外することなく手元データを一通り学習に反映させているのも、ホールドアウト法に比べて優れている点です。

k分割交差検証の応用として、**1個抜き交差検証（leave-one-out）**があります。これはk分割交差検証のkをデータサンプル数と同数に設定する点が特徴です。k分割交差検証と同様、1つを検証データ、残りを学習データとして、kパターン繰り返すもので、かなりデータが少ない場合はこの手法を使うことがあります。

10-2-1-1 k分割交差検証の実例

実際にk分割交差検証をやってみましょう。ここでは8章で学んだ決定木を使って、k分割交差検証をしてみます。扱うデータは乳がんデータ（cancerデータ）とします。k分割交差検証の結果は`sklearn.model_selection`モジュールの`cross_val_score`関数で求められます。この関数のパラメータは、先頭から順に、アルゴリズム（ここでは決定木を使用し、分岐条件の指標としてエントロピーを設定）、説明変数、目的変数、分割数（k）です。

分割数（k）を意味する最後のパラメータは「cv=5」と設定しています。これにより、戻り値のscores配列には、5つのスコア（正解率）が含まれます。これを表示したものが、出力の1行目の「Cross validation scores」です。

出力の1行目では、モデルを総合評価するため、ここではその5つのスコアの平均値と標準偏差を計算しています。基本的に、平均スコアの高いモデルを採用しますが、標準偏差が大きいときは、平均スコアから標準偏差を引いたスコアでモデルを選択してもよいでしょう。

入力

```
# 必要なライブラリ等のインポート
from sklearn.datasets import load_breast_cancer
from sklearn.tree import  DecisionTreeClassifier
from sklearn.model_selection import cross_val_score

# 乳がんのデータを読み込み
cancer = load_breast_cancer()

# 決定木クラスの初期化
tree = DecisionTreeClassifier(criterion='entropy', max_depth=3, random_state=0)

# k分割交差検証の実行
scores = cross_val_score(tree, cancer.data, cancer.target, cv=5)

# 結果の表示
print('Cross validation scores: {}'.format(scores))
print('Cross validation scores: {:.3f}+-{:.3f}'.format(scores.mean(), scores.std()))
```

出力

```
Cross validation scores: [0.904 0.913 0.956 0.938 0.956]
Cross validation scores: 0.933+-0.021
```

Practice

【練習問題 10-1】

乳がんデータに対して、決定木以外のモデル（ロジスティック回帰分析など）を構築し、各モデルの評価スコアをk分割交差検証により取得しましょう。

答えはAppendix 2

10-2

10-2-2 パフォーマンスチューニング：ハイパーパラメータチューニング

本節では、そもそものモデルの汎化性能を向上させるための手法、具合的には、アルゴリズムが固有に持つハイパーパラメータのチューニング手法である、**グリッドサーチ**（**grid search**）について学びます。

8章で学んだように、各アルゴリズムは固有のパラメータを持っています。これは、回帰係数のような、損失関数を最小化する際に推定されるパラメータではなく、あらかじめ人が実装の都合上決めたもので、**ハイパーパラメータ**といって区別します。

決定木であれば木の深さ、リッジ回帰であれば正則化の強さを決めるパラメータなどがハイパーパラメータです。グリッドサーチは、注目するいくつかのハイパーパラメータのすべての組み合わせについて交差検証を行い、最も性能の高いパラメータの組み合わせを探索してベストモデルの学習をするものです。

10-2-2-1 グリッドサーチする

すぐあとに説明するように、グリッドサーチはScikit-learnに含まれているグリッドサーチ用のクラスを使うことで簡単に使えますが、まずは、考え方を理解するため、こうしたクラスを用いないプログラムを示します。
ここではグリッドサーチ法を用いて、サポートベクターマシンの最適なパラメータを求めてみます。サポートベクターマシンには、ハイパーパラメータとしてgammaとCがあります。今回はこの2つのパラメータを変化させて、それぞれ作成したモデルの評価をしてみます。なお、他のモデルについてもいえますが、パラメータはいくつかあり、詳細を知りたい方は、公式のサイト参考URL「B-18」を調べてみてください。

以下のプログラムは、np.logspace(-3, 2, num=6)の間、繰り返し試行してモデルを作り、もっとも高いスコアを持つときのgammaとCの組み合わせを求めるものです。logspaceは、対数（底を省略したときは底は10）で指定した範囲の値を配列として生成します。この例では、10の-3乗から10の2乗の範囲を6等分した配列——具体的には、[0.001, 0.01, 0.1, 1, 10, 100]だけ繰り返します。すなわちgammaとCを、この配列の組み合わせで試行してモデルを評価します。モデルの評価にはホールドアウト法を用いました。
実行すると、ベストスコアと、そのベストスコアのときのgammaとCが表示されます。またパラメータごとのスコアのヒートアップも表示されるようにしてあります。
8章ではサポートベクターマシンの1つであるLinearSVCを使いましたが、ここではSVCを使います。同じサポートベクターマシンですが、興味ある方は違いを調べてみてください。

入力

```
# インポート
from sklearn.svm import SVC
from sklearn.model_selection import train_test_split

# 乳がんのデータを読み込み
cancer = load_breast_cancer()

# 訓練データとテストデータに分ける
X_train, X_test, y_train, y_test = train_test_split(cancer.data,
                                                    cancer.target,
                                                    stratify = cancer.target,
                                                    random_state=0)

# ハイパーパラメータのすべての組み合わせでモデルを構築・検証
scores = {}
for gamma in np.logspace(-3, 2, num=6):
    for C in np.logspace(-3, 2, num=6):
        svm = SVC(gamma=gamma, C=C)
        svm.fit(X_train,y_train)
        scores[(gamma, C)] = svm.score(X_test, y_test)

# 検証結果をscoresに格納
scores = pd.Series(scores)

# 表示
print('ベストスコア:{:.2f}'.format(scores.max()))
print('その時のパラメータ(gamma, C):{}'.format(scores.idxmax()))

# ヒートマップを表示。縦軸にgamma、横軸にCを表示
sns.heatmap(scores.unstack())
```

出力

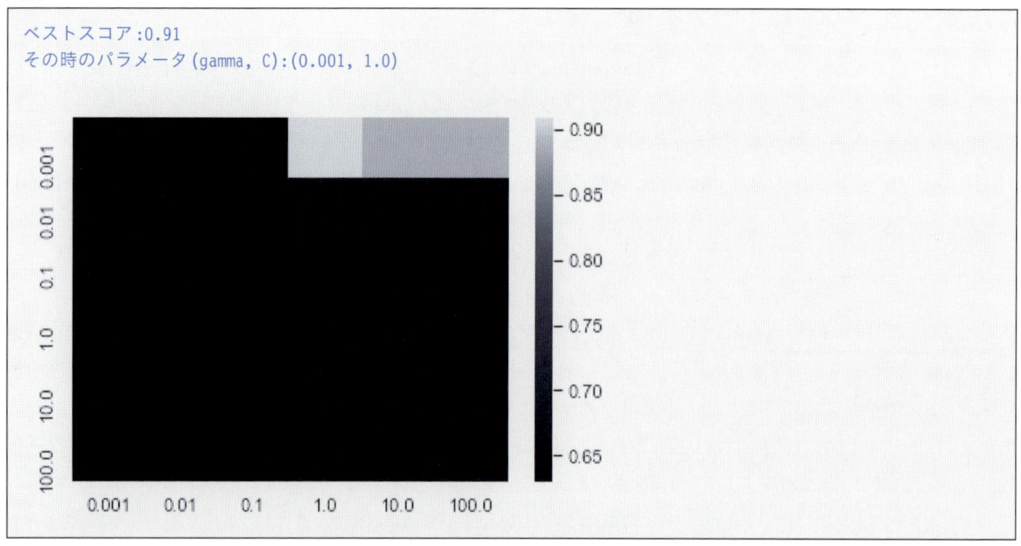

この結果から、ベストスコアは0.91、その時のパラメータは、gammaが0.001、Cが1.0であることがわかります。

10-2-2-2 モジュールの関数を使ってグリッドサーチする

グリッドサーチの仕組みが分かったところで、sklearn.model_selectionモジュールのGridSearchCVクラスを用いて、同等の処理をする方法を説明します。プログラムは、次に示す通りです。

モデル評価用にテストデータを分離するところまでは先程と同様です。違うのは、学習用データをGridSearchCVクラスのfitメソッドに与えるところです。こうすることで、ハイパーパラメータの組み合わせについてモデルの評価が行われるだけでなく、ベストモデルの構築まで終了します。ベストモデルを実現するパラメータの組み合わせや評価結果は、属性値から取得できます。

ここで留意したいのは、GridSearchCVクラスのfitメソッドの実行時に行われるモデルの評価は、デフォルトではk分割交差検証（厳密にはその改良版）が使われるという点です。そのためGridSearchCVクラスには初期化パラメータcvがあり、ここではcv=5と設定しました。

入力

```
# インポート
from sklearn.model_selection import GridSearchCV
from sklearn.svm import SVC

# 乳がんのデータを読み込み
cancer = load_breast_cancer()

# 訓練データとテストデータに分ける
X_train, X_test, y_train, y_test = train_test_split(cancer.data,
                                                    cancer.target,
                                                    stratify = cancer.target,
                                                    random_state=0)
# GridSearchCV クラスに与えるパラメータを準備
param_grid = { 'C': np.logspace(-3, 2, num=6)
```

```
                ,'gamma':np.logspace(-3, 2, num=6)}

# GridSearchCVクラスの初期化
gs = GridSearchCV(estimator=SVC(),
                  param_grid=param_grid,
                  cv=5)

# ハイパーパラメータの組み合わせの検証とベストモデルの構築
gs.fit(X_train,y_train)

# 表示
print('Best cross validation score:{:.3f}'.format(gs.best_score_))
print('Best parameters:{}'.format(gs.best_params_))
print('Test score:{:.3f}'.format(gs.score(X_test,y_test)))
```

出力

```
Best cross validation score:0.930
Best parameters:{'C': 1.0, 'gamma': 0.001}
Test score:0.909
```

3行の出力結果を見ると、上から順に、グリッドサーチによって見つけられたモデルの評価スコア(0.93)、それを与えるハイパーパラメータの組み合わせ、テスト用データにおける評価スコア(0.909)がわかります。

グリッドサーチによって見つけられたモデルの評価スコアとは、ここでは学習用データのk分割交差検証によって得られた評価スコアを意味しますが、これとテスト用データのスコアが近いことから、過学習は生じていないと考えられます。

Scikit-learnではグリッドサーチの他にランダムサーチも用意されています。詳しくはsklearn.model_selectionモジュールのRandomizedSearchCVクラスの使い方を参照してください。また、よりスマートなパラメータ探索としてSMBO(sequential model-based optimization)アプローチもあります。

Let's Try

ランダムサーチやHyperoptについて調べてみましょう。

Practice

【練習問題 10-2】

8章などで使用している乳がんデータに対して、決定木を使ってグリッドサーチと交差検証を実施してください。なお、決定木のパラメータは、木の深さとリーフに含まれるべき最小サンプル数、具体的には、param_grid = {'max_depth': [2, 3, 4, 5], 'min_samples_leaf': [2, 3, 4, 5]}と設定してください。

答えはAppendix 2

10-2-3 パフォーマンスチューニング：特徴量の扱い

本節では、モデルのパフォーマンスチューニングを考える上で重要となる**特徴量**(**feature**)の扱いについて、以下2つの視点に立って説明します。

- 学習不足の場合(underfitting)
- 過学習の場合(overfitting)

Point

なお、ここで説明していることは、「バイアスとバリアンスのトレードオフ」というタイトルなどで他の専門書で紹介されていますので、さらに詳細について知りたい方は、これらのキーワードで調べてみるのもよいでしょう。

10-2-3-1 学習不足の場合

モデルが過学習はしてないが精度も低い場合、つまり、そもそもの汎化性能が低いケース(underfitting)では、一般的に、特徴量を増やせないかを検討します。具体的には、新しくデータを収集し全く新しい特徴量を追加する、特徴量の計算期間にバリエーションを持たせる、特徴量同士の比率を追加するなどの工夫を凝らすということです。その他、データを水増しする方法などもありますので、興味ある方は調べてみてください。

10-2-3-2 過学習の場合

過学習が疑われる場合は、上記の学習不足の場合とは逆に、特徴量の数を減らすことを検討するのが一般的です。データ数に対して特徴量の数が多いと汎化誤差の上限が高まるためです。これを次元の呪いと言います。
特徴量の数を削ることを**次元削減**(**dimension reduction**)と呼びます。次元削減は2つに分類されます。1つは特徴量のサブセットを選択する**特徴選択**(**feature selection**)、もう1つは元の特徴空間軸を別の空間軸に変換する**特徴抽出**(**feature extraction**)です。9章で学んだ主成分分析(PCA)はこの特徴抽出の基本的手法として広く知られています。前者の特徴選択については、本書では詳細割愛しますが、sklearn.model_selectionモジュールのRFEクラスやRFECVクラスで実行することができます。
どのような特徴量を生成するかを検討することを**特徴量エンジニアリング**(**feature engineering**)と言います。
特徴量エンジニアリングは画像、音声、自然言語、購買履歴などの構造データ、株価などの時系列データといったデータ構造別や、金融、医療、小売、マーケティング、人事、広告、製造といった業種ごとに知見が蓄積されています。現場に蓄積された知見の反映も大切にしましょう。また、次元削減についてはモデルの解釈が優先される場合は特徴選択を基本とするのがよいでしょう。参考文献「A-22」も参考にしてください。

10-2- 4 モデルの種類

本節ではモデルの種類について説明します。これまではモデル構築の対象となるデータの背景、特にデータ生成期間について、特段の注意を払ってきませんでした。教師あり学習のモデル構築のためには、当然、説明変数と目的変数を準備する必要がありますが、実はこれら変数の定義期間の違いで、モデルの種類を分けることができます。たとえば、参考文献「A-25」に挙げている書籍では、モデルを**プロファイリングモデル**と**予測モデル**の2つに分けています。
プロファイリングモデルは、説明変数と目的変数とで、それぞれ同じ期間のデータで生成するモデルです。たとえば、セールスマンを昨年度の営業成績上位10%とその他の2つに分け、同期間におけるセールスマンごとの各種アクティビティを説明変数とするといったようなケースです。

一方、予測モデルは、説明変数と目的変数で期間が異なるもので、説明変数は目的変数よりも前の期間から生成されたデータを利用してモデル構築するのが普通です。たとえば、社員の入社から12ヶ月間の各種アクティビティを説明変数とし、入社後13〜18ヶ月における退職有無を目的変数などとします。セールス&マーケティングや人事領域におけるさまざまな予測モデル、優良顧客化予測、ブランド購買離反者予測、ブランドスイッチャー予測、新規商品購買者予測、退職者予測、ハイパフォーマー予測などは、基本的には予測モデル型として説明変数と目的変数が設計されます。

その他、予測モデルとしては、株価の予測などのアプローチにも使います。目的変数は未来の情報ですので、モデル構築時の説明変数にその未来情報を入れて予測しても、意味がないので注意しましょう。
同じ機械学習のアルゴリズムであっても、分析の目的が対象データの探索的理解なのか予測モデル構築なのかで、準備すべきデータの生成が変わることを理解しましょう。

Chapter 10-3

モデルの評価指標

Keyword 混同行列、正解率、適合率、再現率、調和平均、F1スコア、ROC曲線、AUC、MSE、MAE、MedAE、R2スコア

次は、モデルを評価する指標について考えます。モデル性能の評価はさまざまな評価指標によって定義できます。本節では、主に分類モデルの評価指標について学びます。具体的には、**適合率**(**precision**)、**再現率**(**recall**)、**F1スコア**(**F1-measure**)、**AUC**(**Area Under Curve**)について学びます。また、これらの評価指標を理解するために不可欠な**混同行列**(**confusion matrix**)と**ROC**(**Receiver operating characteristic**:**受信者動作特性**)**曲線**についても学びます。最後に、回帰アルゴリズムの評価指標について簡単に紹介します。

10-3-1 分類モデルの評価:混同行列と関連指標

モデルの評価については、これまで主に正解率に主眼をおいてきましたが、モデルの性能を測る指標は正解率の他にもさまざまなものが存在します。それらの指標を理解するため、まずは**混同行列**(**confusion matrix**)を紹介します。
混同行列は分類モデルの評価を考える際の基本となる行列で、モデルの予測値と観測値の関係を表したものです。具体的には以下の図のように4つの区分を持ちます。予測値の正例(positive)、負例(negative)が列に、観測値の正例、負例が行に並んでいます。予測値の値が「positive」または「negative」の名称の元となり、観測値との整合性からtrueまたはfalseに分けられています。

	正例(予測)	負例(予測)
正例(実績)	True positive(TP)	False negative(FN)
負例(実績)	False positive(FP)	True negative(TN)

たとえば、予測が正例で実績でも正例ならばTrue positiveになり、予測が負例で実績でも負例ならばTrue negativeになります。この2つのケースは私たちの予測がうまくいったケースとなります。他の場合(False positiveやFalse negative)はうまくいかなかったケースになります。
これだけではわかりにくいので、次に実例をみていきます。

10-3-1-1 混同行列の実例

8章、9章で扱った乳がんデータ(cancerデータ)を使って、混同行列の取得方法を説明します。まずは次のように、サポートベクターマシンとして分類モデルを構築します。この分類モデルは、乳がんであるグループか、そうでないグループかを「0」(malignant/悪性)か「1」(benign/良性)のどちらかの値で返します。なお、0と1は単なるラベルで、数字の大きさに意味はありません。

入力

```
# インポート
from sklearn.svm import SVC

# 乳がんのデータを読み込み
cancer = load_breast_cancer()

# 訓練データとテストデータに分ける
X_train, X_test, y_train, y_test = train_test_split(cancer.data,
                                                    cancer.target,
                                                    stratify=cancer.target,
                                                    random_state=66)
# クラスの初期化と学習
model = SVC(gamma=0.001,C=1)
model.fit(X_train,y_train)

# 表示
print('{} train score: {:.3f}'.format(model.__class__.__name__, model.score(X_train,y_train)))
print('{} test score: {:.3f}'.format(model.__class__.__name__ , model.score(X_test,y_test)))
```

出力

```
SVC train score: 0.979
SVC test score: 0.909
```

続いて混同行列を取得していきます。混合行列は、sklearn.metricsモジュールのconfusion_matrix関数で取得できます。出力される数値の並びは先の図で記した通り、列に予測値（y_pred）、行に観測値（y_test）が、負例・正例の順に並びます。

入力

```
# インポート
from sklearn.metrics import confusion_matrix

# テストデータを使って予測値を算出
y_pred = model.predict(X_test)

m = confusion_matrix(y_test, y_pred)
print('Confution matrix:\n{}'.format(m))
```

出力

```
Confution matrix:
[[48  5]
 [ 8 82]]
```

これを表にすると以下のようになります。

	予測(0)	**予測**(1)
観測(0)	48	5
観測(1)	8	82

以下、この混同行列を使って、**正解率**（**accuracy**）、**適合率**（**precision**）、**再現率**（**recall**）、**F1スコア**（**f1 score**）ついて説明します。

10-3-1-2 正解率

正解率は、全体に対して予測が当たった割合です。これまで正解率はScikit-learnの各クラスのscoreメソッドを使って計算してきましたが、混同行列を使うと以下のように計算できます。scoreメソッドの結果と同じ値になっていることを確認しましょう。

入力

```
accuracy = (m[0, 0] + m[1, 1]) / m.sum()
print('正解率:{:.3f}'.format(accuracy))
```

出力

```
正解率:0.909
```

計算式から分かる通り、目的変数を0と予測して観測値が0であった数（48）と、1と予測して観測値が1であった数（82）の合計（48+82=130）を、行列全体の数（143）で割った値になっています。全体として、どれだけ1と0を正確に予測できているかを見る指標が正解率です。

10-3-1-3 適合率、再現率、F1スコア

適合率、再現率は、異なる視点からモデルの評価を可能にします。

適合率は、1と予測した中で実際にどれだけ1であったかの割合です。異常検知システムがアラートを出した回数のうち、実際に異常であった割合などを想像してください。上の例だと1と予測したのは5+82=87で、その中で観測値も1であった数は82なので、82/87で約0.943になります。

再現率は、実際は1のデータのうち正しく1と予測できた割合です。たとえば、病気の診断システムで再現率100%といった場合は、実際の病気データについてすべて病気であると予測できている状態です。上の例だと1と観測したのは8+82=90で、その中での予測値は82なので、82/90で約0.911になります。

F1スコアは適合率と再現率の調和平均です。適合率を優先すべきか、再現率を優先すべきかが決まっていない時点で、モデルを総合的に評価する場合などに使われます。なお、調和平均は2/（1/0.943+1/0.911）で、約0.927になります。なお、調和平均については、統計学の専門書のはじめの方に説明があると思いますので、詳細を知りたい方は調べてみてください。

以上の3指標の算出を混同行列の要素を使って表現すると以下のようになります。

入力

```
# 適合率の計算
precision = (m[1,1])/m[:, 1].sum()

# 再現率の計算
recall = (m[1,1])/m[1, :].sum()

# F1スコアの計算
f1 = 2 * (precision * recall)/(precision + recall)

print('適合率:{:.3f}'.format(precision))
print('再現率:{:.3f}'.format(recall))
print('F1値:{:.3f}'.format(f1))
```

出力

```
適合率:0.943
再現率:0.911
F1値:0.927
```

これらの値は、Scikit-learnの関数を使って求めることもでき、そのほうが簡単です。上記の計算は概念を理解してもらうために1つ1つ計算しましたが、慣れたら以下のようにコーディングしてください。上記と数値が一致していることを確認してください。

入力

```
from sklearn.metrics import precision_score, recall_score, f1_score

print('適合率:{:.3f}'.format(precision_score(y_test, y_pred)))
print('再現率:{:.3f}'.format(recall_score(y_test, y_pred)))
print('F1値:{:.3f}'.format(f1_score(y_test, y_pred)))
```

出力

```
適合率:0.943
再現率:0.911
F1値:0.927
```

Practice

【練習問題 10-3】

練習問題13-2で使用した乳がんデータに対して、サポートベクターマシン以外のモデル(ロジスティック回帰分析など)を構築し、混同行列を作ってください。また、テストデータにおける正解率、適合率、再現率、F1値の値をScikit-learnの関数を使って取得して下さい。

答えはAppendix 2

10-3

10-3-2 分類モデルの評価:ROC曲線とAUC

前節で学んだ混同行列は、予測結果が正例と負例にラベル付けされていることを前提としますが、モデルの評価時点において、予測ラベルを分ける閾値が事前に決定できるとは限りません。つまり、分類モデルが出力する(予測ラベルではなく)予測確率の値そのものと観測値(1か0か)との関係から、モデルの性能を評価したい場合があり、そのような場合、本節で学ぶ**ROC曲線**と**AUC**が役に立ちます。

10-3-2-1 ROC曲線

ROC曲線は、縦軸に**真陽性率**(**tpr:true positive rate**)、横軸に**偽陽性率**(**fpr:false positive rate**)の値をプロットした曲線です。

真陽性率とは、実際の正例のうちどれだけを正例と予測できたかの割合（再現率と同じ）、偽陽性率とは、実際は負例のうち正例と予測されてしまった割合です。予測確率を予測ラベルに変換する際の閾値を0.0と1.0の間で徐々に変化させ、真陽性率と偽陽性率の関係をプロットすることでROC曲線を描きます。

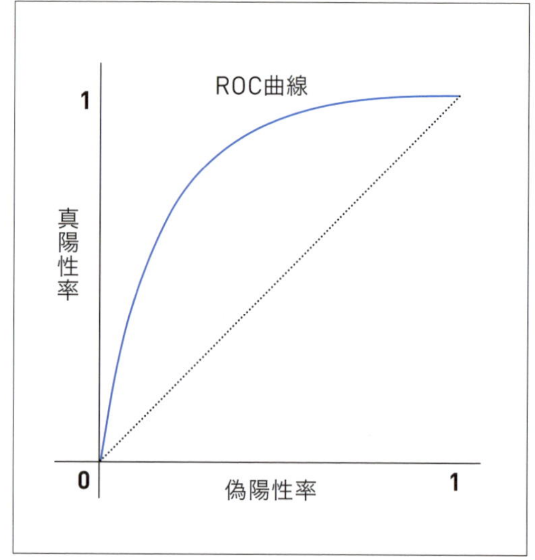

図10-3-1

予測確率を閾値で分けて予測ラベルを作る

閾値を変化させてROC曲線を描くとはどういうことか理解するため、乳がんデータを使って確認してみましょう。次のプログラムは、ロジスティック回帰モデルを扱うLogisticRegressionクラスのpredict_probaメソッドを使って、がんが悪性（malignant：0）か良性（benign：1）かの予測確率を取得するものです。predict_probaメソッドの出力は0か1かのラベルではなく、各クラスに分類される予測確率の配列です。ここでは、悪性（malignant：0）を正例、良性（benign：1）を負例として考えます。

入力

```
# インポート
from sklearn.linear_model import LogisticRegression

# 乳がんのデータを読み込み
cancer = load_breast_cancer()

# 訓練データとテストデータに分ける
X_train, X_test, y_train, y_test = train_test_split(cancer.data,
                                                    cancer.target,
                                                    stratify = cancer.target,
                                                    random_state=66)
# LogisticRegressionクラスの初期化と学習
model = LogisticRegression(random_state=0)
model.fit(X_train, y_train)

# テスト用データの予測確率を計算
results = pd.DataFrame(model.predict_proba(X_test), columns=cancer.target_names)

# 先頭の5行を表示
results.head()
```

出力

	malignant	benign
0	0.003754	0.996246
1	0.000525	0.999475
2	0.027703	0.972297
3	0.007188	0.992812
4	0.003222	0.996778

予測確率から予測ラベル分け（「malignant：0」か「benign：1」）するには、単純に50%（0.5）を閾値として、それを超えるかどうかで判断できそうですが、実際はモデルの使用目的、正例の自然発生率などを考慮して閾値を設定します。閾値を変えれば、当然、良性（正例）と予測されるサンプルの数も変わるので、正解率、適合率、再現率も変わります。たとえば、以下のように、閾値を0.4、0.3、0.15、0.05と4パターンの場合を考えてみます。現在、正例である良性（benign）クラスの予測確率に注目します。以下では、良性の予測確率が閾値を超えていたら1、そうでなければ0となるフラグ変数を作成しています。

入力

```
# 良性 (benign) クラスの予測確率が0.4、0.3、0.15、0.05以上なら、それぞれの列に1を設定する
for threshold in [0.4, 0.3, 0.15, 0.05]:
    results[f'flag_{threshold}'] = results['benign'].map(lambda x: 1 if x > threshold else 0)

# 先頭の10行を表示
results.head(10)
```

出力

	malignant	benign	flag_0.4	flag_0.3	flag_0.15	flag_0.05
0	0.003754	0.996246	1	1	1	1
1	0.000525	0.999475	1	1	1	1
2	0.027703	0.972297	1	1	1	1
3	0.007188	0.992812	1	1	1	1
4	0.003222	0.996778	1	1	1	1
5	0.008857	0.991143	1	1	1	1
6	0.006012	0.993988	1	1	1	1
7	0.003220	0.996780	1	1	1	1
8	0.917849	0.082151	0	0	0	1
9	0.817335	0.182665	0	0	1	1

上記の9行目や10行目（インデックス8と9の行）を見ると、予測確率とフラグの関係が理解しやすいと思います。このように、予測確率と閾値から予測フラグを立てることで、観測値との混同行列が作成可能となり、偽陽性率と真陽性率の値を（閾値ごとに）算出できます。

ROC曲線をプロットする

上記閾値の4パターンだけではROC曲線のごく一部しか表現できないため、以下では、閾値を0.01から0.99の間で50通りとして、偽陽性率と真陽性率をプロットしてみます。labelsで取得している結果が、上記で確認した予測フラグです。

入力

```
# 閾値を0.01から0.99の間で50通りとして、偽陽性率と真陽性率を計算
rates = {}
for threshold in np.linspace(0.01, 0.99, num=50):
    labels = results['benign'].map(lambda x: 1 if x > threshold else 0)
    m = confusion_matrix(y_test, labels)
    rates[threshold] = {'false positive rate': m[0,1] / m[0, :].sum(),
                        'true positive rate': m[1,1] / m[1, :].sum()}

# 横軸をfalse positive rate、縦軸をtrue positive rateとしてプロット
pd.DataFrame(rates).T.plot.scatter('false positive rate', 'true positive rate')
```

出力

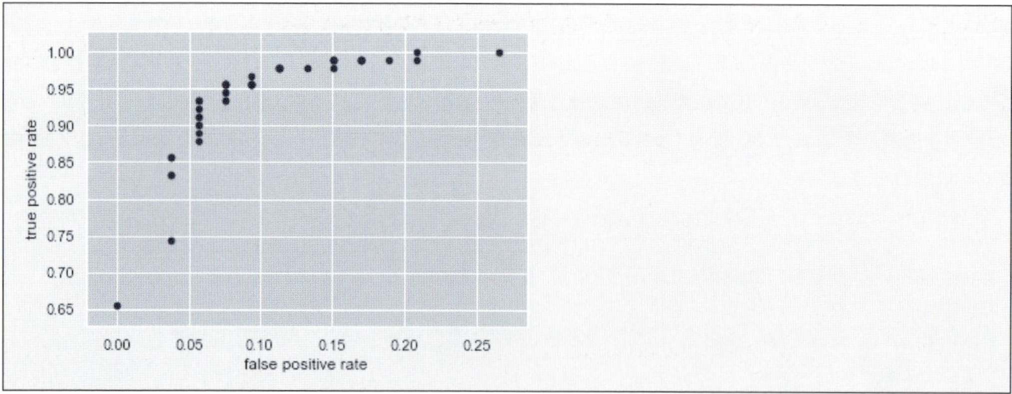

10-3-2-2 ROC曲線とAUC

上ではROC曲線を理解するために、直接プロットしましたが、Scikit-learnのクラスを使っても描画できます。具体的には、sklearn.metricsモジュールのroc_curve関数を使います。

ここでは同じく乳がんデータを使ってサポートベクターマシンのモデルを構築し、予想確率（y_pred）を得ます。

入力

```
# インポート
from sklearn import svm
from sklearn.metrics import roc_curve, auc

# 乳がんのデータを読み込み
cancer = load_breast_cancer()

# 訓練データとテストデータに分ける
X_train, X_test, y_train, y_test = train_test_split(
    cancer.data, cancer.target, test_size=0.5, random_state=66)

# SVCによる予測確率の取得
model = svm.SVC(kernel='linear', probability=True, random_state=0)
model.fit(X_train, y_train)

# 予測確率を取得
y_pred = model.predict_proba(X_test)[:,1]
```

予測確率（y_pred）を得たら観測値（y_test）と共にsklearn.metricsモジュールのroc_curve関数に与えます。すると、偽陽性率（fprとする）と真陽性率（tprとする）の各配列を戻り値として取得できるので、それを描画します。実際の計算と描画は次の段落で行います。

AUCの計算

ではROC曲線を計算し、ここではさらにAUCも計算してみます。AUCの値はsklearn.metricsモジュールのauc関数にfprとtprをこの順に与えると取得できます。

ROC曲線は、AUC計算で使ったfprとtprの各配列を使って描画します。実線の下の面積がAUCに相当します。ここでは予測スコアがランダムな場合のROC曲線も合わせて描画しています。点線がそれに相当します。

入力

```
# 偽陽性率と真陽性率の算出
fpr, tpr, thresholds = roc_curve(y_test, y_pred)

# AUCの算出
auc = auc(fpr, tpr)

# ROC曲線の描画
plt.plot(fpr, tpr, color='red', label='ROC curve (area = %.3f)' % auc)
plt.plot([0, 1], [0, 1], color='black', linestyle='--')

plt.xlim([0.0, 1.0])
plt.ylim([0.0, 1.05])
plt.xlabel('False positive rate')
plt.ylabel('True positive rate')
plt.title('Receiver operating characteristic')
plt.legend(loc=\"best\")
```

出力

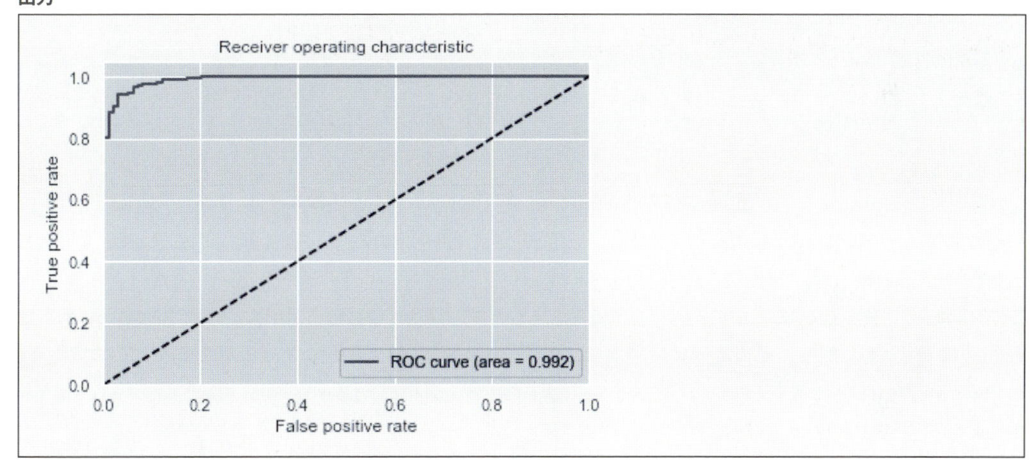

10-3- 2-3 理想的なROC曲線とAUC

ROC曲線の形状は、閾値を(1.0を超える値から)徐々に小さくしたとき、原点から真陽性率だけが上昇するのが理想です。つまり、原点から座標 (0,1) に向けて垂直移動し、その後、座標 (1,1) に水平移動するものが最適理想曲線となります。逆に、予測確率がランダムな場合、真陽性率も偽陽性率も等しく上昇することが期待されるので、ROC曲線は原点から傾き1の直線となります。機械学習によって構築されたモデルは、通常、ランダムな場合と最適理想曲線の間にプロットされ、より膨らみを持つことが期待されます。

AUCはROC曲線の形状に基づくモデルの評価指標のことで、ROC曲線と横軸で囲まれる面積の値です。つまり、最適理想曲線では1.0、予測確率がランダムな場合は0.5となります。
上記より、本ケースのAUCは0.992であることから、ランダムと比べると、かなり高い性能を有したモデルであると確認できます。ROC曲線やAUCについては参考文献「A-24」や「A-25」の『Fundamentals of Machine Learning for Predictive Data Analytics: Algorithms, Worked Examples, and Case Studies (MIT Press)』などが参考になりますので、余裕がある方は読んでみてください。

混同行列の作成、ROC曲線の形状比較、そして適合率、再現率、F1スコア、AUCの大小比較は、モデル選択をする際の基礎的な根拠となります。ただし、あくまでもそれは選択候補のモデル間に、相対的な順番を与えるものに過ぎませんから、モデルを活用したときに得られたであろうビジネス成果との関係を理解することなく、単なる数値追求だけとなることは避けるよう留意しましょう。

10-3- 2-4 不均衡データ下におけるAUCの活用

最後に、AUC活用の意義を補足します。10-3-2の冒頭では、閾値が不明瞭な段階では混同行列が一意に定まらない点を指摘しました。

AUCを活用すると、不均衡データ(imbalanced data)にも対応できます。たとえば、あるスーパーで商品Aを買う人が全体の5%だったとします。予測モデルを構築し、予測確率上位5人が商品Aを買うと予測フラグ立てしたとしましょう。このとき、買うと予測された5人(フラグ1が立っている人)のいずれも正解ではなかった(未購買であった)とします。混同行列に当てはめると以下のようなケースです。全体を100人としています。

	予測(0)	予測(1)
観測(0)	90	5
観測(1)	5	0

この場合、適合率は0%ですが、正解率は90%となります。もしモデルの精度を正解率だけでみると、90%の正解率は一見良さそうなモデルに見えてしまいます。しかし、予測したい人は買う人ですから、適合率0%のモデルは、意味のあるモデル構築の結果とは言えません。

この例のように「買う人が100人中5人」といった、それぞれのクラスのサンプル数に偏りがある状況下では、正解率は好ましい指標とは言えません。その点、AUCであれば、各クラスのサンプル数の偏りは、fpr(偽陽性率)とtpr(真陽性率)の分母として使われるため吸収されます。つまり、AUCは不均衡データ下におけるモデルの評価時にも耐えられる指標と言えます。

10-3

Practice

【練習問題 10-4】

8章、9章の練習問題で使用したアヤメのデータ(iris)に対して、目的変数をiris.targetとしたSVCを用いた多クラス分類のモデルを作り、そのROC曲線とAUCを計算してください。多クラス分類のモデルを作るには、sklearn.multiclassモジュールのOneVsRestClassifierクラスを用いてください。

答えはAppendix 2

10-3- 3 回帰モデルの評価指標

前節までは分類モデルの評価指標について学びましたが、本節では回帰モデルの評価指標について紹介します。

回帰モデルは訓練データの目的変数が株価や物件価格などの数値であるため、比較的直感的な指標でモデルを評価することができます。主な評価指標は、以下の通りです。

10-3-3-1 平均二乗誤差（Mean Squared Error：MSE）

予測値と正解の差（残差）の二乗をサンプルごとに足し上げたものを残差平方和（sum of squared errors：SSE）と言います。そしてそれを最後にサンプル数で割ることで得られるものが平均二乗誤差MSEです。MSEはシンプルでわかりやすい指標のため、さまざまなアルゴリズムの性能評価に使用されます。

10-3-3-2 平均絶対誤差（Mean Absolute Error：MAE）

残差の絶対値をサンプルごとに足し上げ、最後にサンプル数で割ることで得られるのが平均絶対誤差MAEです。MSEと比べ残差が二乗されていない分、（予測の）外れ値の影響を受けにくいという特徴があります。

10-3-3-3 Median Absolute Error（MedAE）

残差の絶対値の中央値がMedAEです。MAEよりもさらに外れ値に堅牢（ロバスト）な評価指標です。

10-3-3-4 決定係数（R2）

決定係数R^2は、検証データの平均値で予測をした場合の残差平方和SST（sum of squared total）と、モデルの残差平方和SSE（sum of squared errors）の比率で、$R^2 = 1 - SSE/SST$と定義されます。平均値予測という最もナイーブな予測に対して二乗誤差をどれだけ削れたかを示す指標で、誤差をすべてなくせば1.0、平均値予測と同等で0.0になります。R^2の範囲は、通常0～1の値を取りますが、負になる可能性があることに留意しましょう。

10-3-3-5 回帰モデル評価の実例

それでは回帰用のサンプルデータセットであるHousingデータセットを使って、回帰モデルの評価指標の取得方法を見ていきましょう。

Housingデータセットは、ボストン近郊地域に関するエリア属性（犯罪発生率や低所得者の割合など）と住宅価格の中央値（MEDV）を変数として持っています。データの先頭5行を表示した結果は、次の通りです。

入力

```
# インポート
from sklearn.datasets import load_boston

# Housingデータセットを読み込み
boston = load_boston()

# DataFrameにデータを格納
X = pd.DataFrame(boston.data, columns=boston.feature_names)

# 住宅価格の中央値（MEDV）のデータを用意
y = pd.Series(boston.target, name='MEDV')

# Xとyを結合して先頭の5行を表示
X.join(y).head()
```

出力

	CRIM	ZN	INDUS	CHAS	NOX	RM	AGE	DIS	RAD	TAX
0	0.00632	18.0	2.31	0.0	0.538	6.575	65.2	4.0900	1.0	296.0
1	0.02731	0.0	7.07	0.0	0.469	6.421	78.9	4.9671	2.0	242.0
2	0.02729	0.0	7.07	0.0	0.469	7.185	61.1	4.9671	2.0	242.0
3	0.03237	0.0	2.18	0.0	0.458	6.998	45.8	6.0622	3.0	222.0
4	0.06905	0.0	2.18	0.0	0.458	7.147	54.2	6.0622	3.0	222.0

PTRATIO	B	LSTAT	MEDV
15.3	396.90	4.98	24.0
17.8	396.90	9.14	21.6
17.8	392.83	4.03	34.7
18.7	394.63	2.94	33.4
18.7	396.90	5.33	36.2

以下では、このMEDVを目的変数として「重回帰モデル（LinearRegression）」「リッジ回帰モデル（Ridge）」「決定木（回帰木）モデル（DecisionTreeRegressor）」「線形サポートベクター回帰（LinearSVR）」でモデルを構築し、それぞれのモデルに対してMAE、MSE、MedAE、R2の各評価値を算出するプログラムです。評価にはホールドアウト法を採用しました。

入力

```
# インポート
from sklearn.preprocessing import StandardScaler
from sklearn.model_selection import cross_val_score
from sklearn.linear_model import LinearRegression, Ridge
from sklearn.tree import DecisionTreeRegressor
from sklearn.svm import LinearSVR
from sklearn.metrics import mean_squared_error, mean_absolute_error, median_absolute_error, r2_score

# 訓練データとテストデータに分ける
X_train, X_test, y_train, y_test = train_test_split(X, y, test_size=0.5, random_state=0)

# 標準化処理
sc = StandardScaler()
sc.fit(X_train)
X_train = sc.transform(X_train)
X_test = sc.transform(X_test)

# モデルの設定
models = {
    'LinearRegression': LinearRegression(),
    'Ridge': Ridge(random_state=0),
    'DecisionTreeRegressor': DecisionTreeRegressor(random_state=0),
    'LinearSVR': LinearSVR(random_state=0)
}

# 評価値の計算
scores = {}
for model_name, model in models.items():
    model.fit(X_train, y_train)
    scores[(model_name, 'MSE')] = mean_squared_error(y_test, model.predict(X_test))
    scores[(model_name, 'MAE')] = mean_absolute_error(y_test, model.predict(X_test))
    scores[(model_name, 'MedAE')] = median_absolute_error(y_test, model.predict(X_test))
```

10-3

```
    scores[(model_name, 'R2')] = r2_score(y_test, model.predict(X_test))

# 表示
pd.Series(scores).unstack()
```

出力

	MAE	MSE	MedAE	R2
DecisionTreeRegressor	3.054150	24.556877	2.100000	0.676096
LinearRegression	3.627793	25.301662	2.903830	0.666272
LinearSVR	3.278936	26.818784	2.077575	0.646261
Ridge	3.618201	25.282890	2.930524	0.666520

上記の結果より、決定木モデルは、R2が一番高く、MAEやMSEも一番低くなっており、良いモデルのようです。

なお上記では、ホールドアウト法において評価指標を取得していますが、もちろん交差検証においても各評価指標を取得することができます。k分割交差検証の場合は、それを行うためのcross_val_score関数にある引数scoringを設定することで戻り値を変更できます。詳しくはScikit-learnの公式ドキュメントを確認してください。

Chapter 10-4

アンサンブル学習

Keyword バギング、復元抽出、ブートストラップ、ブースティング、アダブースト、ランダムフォレスト、勾配ブースティング、変数の重要度、Partial Dependence Plots

8章では、教師あり学習のさまざまなアルゴリズム（決定木、ロジスティック回帰、サポートベクターマシンなど）を個別に学びましたが、ここでは複数のモデルを組み合わせて予測する**アンサンブル学習**（**ensemble learning**）について学びます。具体的には**バギング**（**bagging**）、**ブースティング**（**boosting**）について学びます。またバギングとブースティングの中でも代表的なアルゴリズムとして**ランダムフォレスト**（**Random Forest**）と**勾配ブースティング**（**Gradient Boosting**）について学びます。

個別のアルゴリズムのチューニングでは突破できない性能を、アンサンブル学習では実現できる可能性があります。精度追求が重要な局面においてアンサンブル学習は重要な1つのオプションとなり得ます。アンサンブル学習のたとえとして、「3人寄れば文殊の知恵」ということがよく言われます。

10-4-1 バギング

バギング（**bootstrap aggregating: bagging**）は、まず元の学習データ（n行）からランダムにn行のデータを復元抽出（重複を許して抽出）し、新しい学習データを作成するということを繰り返します（ブートストラップと言います）。

そして、その取り出したデータそれぞれに対して、一つ一つモデルを作成し、モデルの結果を集約して予測をします。結果の集約は分類であれば多数決、回帰であれば平均値を取るなどします。元の学習データと少しずつ異なる学習データに対してモデルが構築されるので、モデルが過学習傾向にある時、バギングによって汎化性能を向上させられる可能性があります。以下の図がイメージしやすいです。なお、学習器とは、今まで扱ってきたk-NNなどになります。

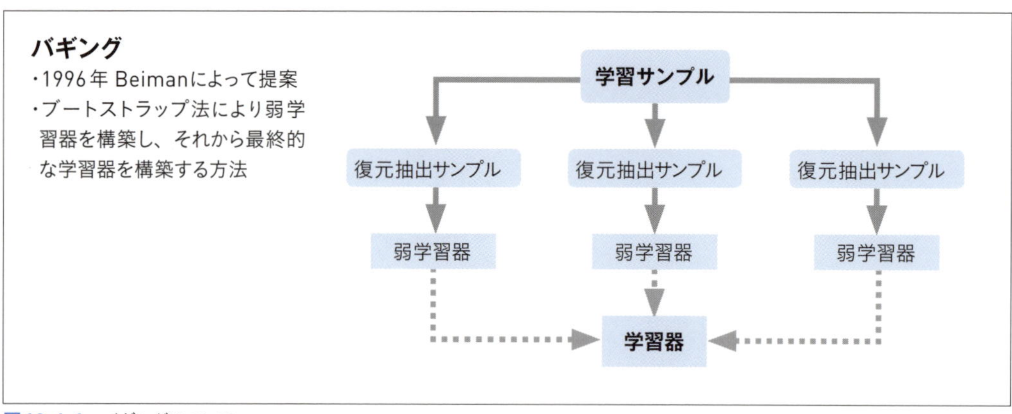

図10-4-1 バギングについて
https://image.slidesharecdn.com/random-120310022555-phpapp02/95/-14-728.jpg?cb=1331347003より引用・編集

10-4 1-1 バギングの実例

以下がバギングの実行例になります。乳がんのデータを使ってk-NNモデルでバギングしてモデルを構築する例です。sklearn.ensembleモジュールのBaggingClassifierクラスを使っています。なお、回帰用のクラスもあるので、そちらについてはScikit-learnの公式ドキュメントを確認ください。

入力

```
# インポート
from sklearn.ensemble import BaggingClassifier
from sklearn.neighbors import KNeighborsClassifier
from sklearn.model_selection import train_test_split

# 乳がんのデータを読み込み
cancer = load_breast_cancer()

# 訓練データとテストデータに分ける
X_train, X_test, y_train, y_test = train_test_split(
    cancer.data, cancer.target, stratify = cancer.target, random_state=66)

# k-NNモデルとそのバギングの設定
models = {
    'kNN': KNeighborsClassifier(),
    'bagging': BaggingClassifier(KNeighborsClassifier(), n_estimators=100, random_state=0)
}

# モデル構築
scores = {}
for model_name, model in models.items():
    model.fit(X_train, y_train)
    scores[(model_name, 'train_score')] = model.score(X_train, y_train)
    scores[(model_name, 'test_score')] = model.score(X_test, y_test)

# 結果を表示
pd.Series(scores).unstack()
```

出力

	test_score	train_score
bagging	0.937063	0.950704
kNN	0.923077	0.948357

上記では引数n_estimatorsを100として、k-NNのモデルを100個でバギングしています。訓練スコア（train_score）の値はほぼ同等ですが、テストスコア（test_score）の値が上昇していることを確認できます。

BaggingClassifierクラスは他にmax_samples（デフォルトは1.0）、max_features（デフォルトは1.0）というパラメータを持ちます。前者はブートストラップをする時に元のデータの何割抽出するかを指定します。0.5とすれば元の訓練データが100件あれば50件の標本が抽出されます。後者は説明変数をどの程度サンプリングするかの指定で、0.5とすれば全変数のうちの半分でモデルが学習されます。

元のモデルが過学習しているときは、手元のデータをそのまますべて使わないようにし、説明変数に（標本ごとに）多様性を与えるようにすることで、有効な過学習対策になる可能性があることを覚えておきましょう。

Let's Try

BaggingClassifierのパラメータについて調べてみましょう。

Practice

【練習問題 10-5】

アヤメのデータセットを対象にバギングを使って、目的変数(iris.target)を予測するモデルを構築し検証しましょう。また、パラメータとして何を調整しますか。調べて実行してみましょう。

答えはAppendix 2

10-4-2 ブースティング

前節のバギングでは、ブートストラップによって抽出された複数の標本に対して(個別に)複数のモデルが構築されます。一方、本節で学ぶブースティング(boosting)は、学習データもモデルも逐次的に生成・構築されていきます。

もう少し詳細に述べると、まずオリジナルの学習データに対し最初のモデルが構築されます。この時点で予測と正解を比較して合致しているサンプル、外しているサンプルを把握します。そして外したサンプルが、次のモデル構築の段階で重視されるように新しい学習データが生成されます。このようなステップが繰り返される過程でモデルも逐次的に複数構築されるのです。最後に、それらの予測値を組み合わせることで汎化性能の向上が図られます。なお、ブースティングは学習不足(underfitting)傾向の時に効果的な手法と言われています。

下記に、参考図を載せます。順番に(逐次的に)モデルを構築しているイメージです。

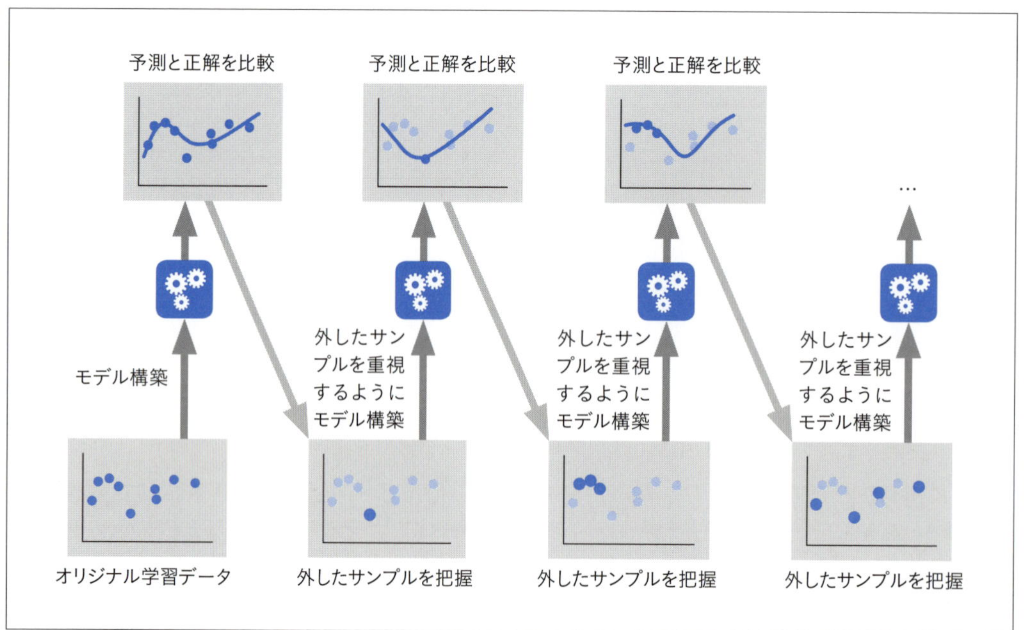

図10-4-2 ブースティングのモデル構築
https://cdn-ak.f.st-hatena.com/images/fotolife/S/St_Hakky/20170728/20170728171209.jpg より引用・編集

10-4 2-1 ブースティングの実例

ブースティングの実例を示します。決定木モデル（DecisionTreeRegressor）をブースティングするものです。ブースティングには、sklearn.ensembleモジュールのAdaBoostRegressorクラスの使います。ブースティングのアルゴリズムには、他にLPBoost、BrownBoost、LogitBoostなどがありますので、興味のある方は「ブースティング」やこれらのキーワードで調べてみてください。

入力

```
# インポート
from sklearn.tree import DecisionTreeRegressor
from sklearn.ensemble import AdaBoostRegressor

# housingデータを読み込み
boston = load_boston()
X_train, X_test, y_train, y_test = train_test_split(
    boston.data, boston.target, random_state=66)

# 決定木とAdaBoostRegressorのパラメータ設定
models = {
    'tree': DecisionTreeRegressor(random_state=0),
    'AdaBoost': AdaBoostRegressor(DecisionTreeRegressor(), random_state=0)
}

# モデル構築
scores = {}
for model_name, model in models.items():
    model.fit(X_train, y_train)
    scores[(model_name, 'train_score')] = model.score(X_train, y_train)
    scores[(model_name, 'test_score')] = model.score(X_test, y_test)

# 結果を表示
pd.Series(scores).unstack()
```

出力

	test_score	train_score
AdaBoost	0.923301	0.99944
tree	0.687582	1.00000

決定木を単体で使う場合のテストスコアは約0.687止まりですが、AdaBoostRegressorクラスを使ったアンサンブル学習に切り替えるとテストスコアが約0.923と大きく向上していることがわかります。このようにアンサンブル学習は精度追求局面においては大変強力なオプションになり得ることを覚えておきましょう。
ただし今回のアダブーストの結果は、やや過学習傾向にある点（学習データとテストデータとのスコアにやや乖離がある）は留意すべきでしょう。

Let's Try

AdaBoostRegressorのパラメータについて調べてみましょう。上の過学習を防ぐために、どうやってパラメータを設定しますか。

Practice

【練習問題 10-6】
アヤメのデータセットを対象にブースティング（AdaBoostRegressorクラス）を使って、目的変数（iris.target）を予測するモデルを構築し検証しましょう。また、パラメータとして何を調整しますか。調べて実行してみましょう。

答えはAppendix 2

10-4-3 ランダムフォレスト、勾配ブースティング

本節では、バギングとブースティングの中でも代表的なものである**ランダムフォレスト**（**Random Forest**）と**勾配ブースティング**（**Gradient Boosting**）の使い方を紹介します。いずれも、ベースとしているアルゴリズムは決定木です。
アンサンブル学習を手軽に実行する場合、上記のいずれかのアルゴリズムが採用されるケースが多いです。機械学習の初学者であれば、考え方を前述の「10-3-1」と「10-3-2」で理解し、実際のモデル構築はこれらアルゴリズムで行うというスタートが良いと思われます。
またモデル結果の解釈性が優先される場合は、ロジスティック回帰や決定木など、よりシンプルなモデルを採用した方が良い局面もあることは留意しておきましょう。

10-4 3-1 ランダムフォレストと勾配ブースティングの実例

実際にランダムフォレストと勾配ブースティングを使ったプログラム例を見てみましょう。データはHousingデータを使いました。

入力

```
# インポート
from sklearn.ensemble import RandomForestRegressor, GradientBoostingRegressor

# Housingデータを読み込み
boston = load_boston()

# 訓練データとテストデータに分ける
X_train, X_test, y_train, y_test = train_test_split(
    boston.data, boston.target, random_state=66)

# ランダムフォレストと勾配ブースティングのパラメータ設定
models = {
    'RandomForest': RandomForestRegressor(random_state=0),
    'GradientBoost': GradientBoostingRegressor(random_state=0)
}

# モデル構築
scores = {}
for model_name, model in models.items():
    model.fit(X_train, y_train)
    scores[(model_name, 'train_score')] = model.score(X_train, y_train)
    scores[(model_name, 'test_score')] = model.score(X_test, y_test)
```

```
# 結果を表示
pd.Series(scores).unstack()
```

出力

	test_score	train_score
GradientBoost	0.921616	0.976947
RandomForest	0.844031	0.969487

10-4 3-2 変数の重要度

上記の結果から、Housingデータに対しては、勾配ブースティングの性能が高そうであることがわかります。

先に、アンサンブル学習のモデルの解釈性（の低さ）について言及しましたが、モデル構築の中でどの変数が重要な役割を担ったかを定量的に把握することができます。具体的には各オブジェクトが持つfeature_importances_属性にアクセスすることで、**変数の重要度（feature importance）**を取得することができます。実際に取得すると、次のようになります。

入力

```
# feature_importmnces属性を取得
s = pd.Series(models['RandomForest'].feature_importances_,
              index=boston.feature_names)

# 取得した値を降順に表示
s.sort_values(ascending=False).plot.bar(color='C0')
```

出力

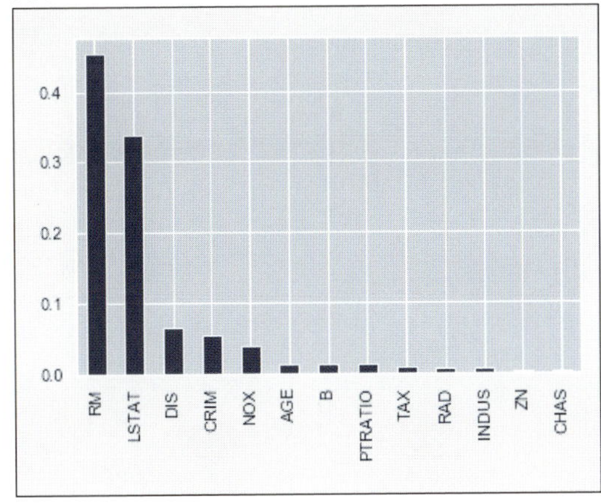

変数の重要度は、8章で登場した情報利得をベースに計算されています。そのため変数の重要度を見ても回帰係数のような解釈は困難です。ただし、相対的な大小関係から、どの変数がモデル構築において重要であったかは示してくれますし、この変数が効果的であろうという直感と整合的な結果になることも少なくありませんから、確認する癖を付けておくことは大切です。

また、重要変数に絞り、説明変数と目的変数の関係を深堀りすれば、それがなぜモデル構築に役立ったか考察することもできます。

本書では割愛しますが、Partial Dependence Plots（PDP）という、説明変数の大小と予測値の大小関係性を図解してくれる関数も存在します。Scikit-learnではplot_partial_dependence関数が用意されていますので、さらに理解を深めたい方は公式ドキュメント（参考URL「B-14」）を参照ください。

10-4-4 今後の学習に向けて

最後に、今後の学習のための参考書を紹介します。具体的な書籍情報は「A-25」にまとめています。後半は少し難易度がある機械学習の本で、より理論的な知識や実装を身につけたい方にオススメです。ある程度数学的なバックグランドも必要ですが、本書を読み終えた後であれば大丈夫だと思います。

「A-25」はどちらかというと比較的数式が多く、あまりビジネス的な視点では多くは書かれていません。「A-26」の参考文献は、ビジネスでデータサイエンスを活かす視点で記載されていますので、ぜひ参考にしてください。

Practice

【練習問題 10-7】

アヤメのデータを対象にランダムフォレストと勾配ブースティングを使って、目的変数(iris.target)を予測するモデルを構築し検証しましょう。また、パラメータとして何を調整しますか。調べて実行してみましょう。

答えはAppendix 2

Practice

10章 総合問題

【総合問題10-1　教師あり学習の用語(2)】

以下の用語について、それぞれの役割やその意味について述べてください。

- 過学習
- ホールドアウト法
- 交差検証法
- グリッドサーチ
- 特徴量
- 特徴選択
- 特徴抽出
- 混同行列
- ROC曲線
- 適合率
- 再現率
- 正解率
- F1スコア
- 真陽性率(True Positive Rate)
- 偽陽性率(False Positive Rate)
- AUC
- ブートストラップ法
- アンサンブル学習
- バギング
- ブースティング
- ランダムフォレスト

【総合問題10-2　交差検証】

乳がんデータセットを使って、予測モデル(ロジスティック回帰、SVM、決定木、k-NN、ランダムフォレスト、勾配ブースティング)を構築し交差検証(5分割)により、どのモデルが一番良いか確認してください。

答えはAppendix 2

Chapter 11

総合演習問題

いよいよ最後の章になりました。この章では、総合問題演習に取り組んでもらいます。今までに習ったデータサイエンスに関する色々な手法（データの読み込み、加工、機械学習のモデリング、検証など）が身に付いているかどうか確認するために、ぜひ取り組んでみてください。解答はAppendix 2にあります。

Goal 問題解決に必要な手法を探し当て、適切に使用することができる

Chapter 11-1
総合演習問題

入力

```
# 以下は必要なライブラリのため、あらかじめ読み込んでおいてください。
import numpy as np
import numpy.random as random
import scipy as sp
from pandas import Series,DataFrame
import pandas as pd
import time

# 可視化ライブラリ
import matplotlib.pyplot as plt
import matplotlib as mpl
import seaborn as sns
%matplotlib inline

# 機械学習ライブラリ
import sklearn

# 小数第3位まで表示
%precision 3
```

出力

```
'%.3f'
```

11-1- 1 総合演習問題(1)

Keyword **教師あり学習、画像認識、複数カテゴリーの分類、混同行列**

Scikit-learnのsklearn.datasetsパッケージに入っている手書き数字のデータセットを下記のように読み込み、各数字(0~9)を予測するモデルを構築しましょう。このデータは、手書きの数字で、0から9までの画像データです。以下の実装では、データを読み込み、サンプルとなる数字の画像データを表示しています。
数字のラベル(目的変数)がdigits.targetで、そのデータの特徴量(説明変数)はdigits.dataです。ここで、このデータをテストデータと学習データに分けてモデルを構築し、混同行列の結果を表示させてください。その際、何度実行しても同じように分離されるようにtrain_test_splitのパラメータでrandom_state=0と設定してください。
また、いくつかモデルを作成し、比較してみてください。どのモデルを使いますか。

入力

```
# 分析対象データ
from sklearn.datasets import load_digits

digits = load_digits()

# 画像の表示
plt.figure(figsize=(20,5))
for label, img in zip(digits.target[:10], digits.images[:10]):
    plt.subplot(1,10,label+1)
    plt.axis('off')
    plt.imshow(img,cmap=plt.cm.gray_r,interpolation='nearest')
    plt.title('Number:{0}'.format(label))
```

出力

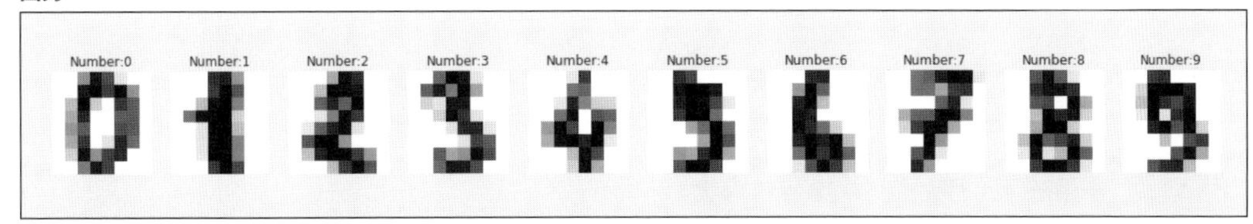

11-1-2 総合演習問題(2)

Keyword **教師あり学習、回帰、複数モデルの比較**

以下のデータを読み込み、アワビの年齢を予測するモデルを構築してみましょう。目的変数は、「Rings」になります。英語ですが参考URL「B-26」に参考情報を挙げてあります。

http://archive.ics.uci.edu/ml/machine-learning-databases/abalone/abalone.data

11-1-3 総合演習問題(3)

Keyword **教師あり学習、分類、マーケティング分析、検証、混同行列、正解率、適合率、再現率、F1スコア、ROC曲線、AUC**

9章で扱った、以下の金融機関のデータ(bank-full.csv)を読み込んで、後の問いに答えてください。

http://archive.ics.uci.edu/ml/machine-learning-databases/00222/bank.zip

【問題1】

数値データ(age,balance,day,duration,campaign,pdays,previous)における基本統計量(レコード数、最大値、最小値、標準偏差など)を算出してください。

【問題2】

データのjob、marital、education、default、housing、loanのそれぞれについて、預金を申し込む人、申し込まない人の人数を算出してください。

【問題3】

y(預金を申し込む、申し込まない)を目的変数として、予測モデルを構築してください。モデルは複数(ロジスティック回帰、SVM、決定木、k-NN、ランダムフォレストなど)を試してください。ただし、テスト用にデータはあらかじめ抜いてください(その際、train_test_splitのパラメータはrandom_state=0で設定してください)。

そして、それぞれのモデルの検証をしましょう。各モデルのテストデータにおける正解率、適合率、再現率、F1スコア、混同行列を表示してください。どのモデルを使いますか。

【問題4】

問題3で選択したモデルについて、ROC曲線を描いて、AUCを算出し、比較できるようにしてください。

11-1-4 総合演習問題(4)

Keyword **教師あり学習、教師なし学習、ハイブリッドアプローチ**

8章で扱ったload_breast_cancerを使って、さらに予測精度(正解率)を上げるモデルを作成してみましょう。テスト用にデータはあらかじめ抜いて検証してください。その際、train_test_splitのパラメータをrandom_state=0に設定してください。以下のようになります。

入力

```
# 前回の解答
# 標準化のためのモジュール
from sklearn.preprocessing import StandardScaler

# ロジスティック回帰
from sklearn.linear_model import LogisticRegression
from sklearn.metrics import confusion_matrix

from sklearn.model_selection import train_test_split
from sklearn.datasets import load_breast_cancer

cancer = load_breast_cancer()
X_train, X_test, y_train, y_test = train_test_split(
    cancer.data, cancer.target, stratify = cancer.target, random_state=0)


# 標準化
sc = StandardScaler()
sc.fit(X_train)
X_train_std = sc.transform(X_train)
X_test_std = sc.transform(X_test)

from sklearn.metrics import confusion_matrix
```

```
model = LogisticRegression()
clf = model.fit(X_train_std,y_train)
print("train:",clf.__class__.__name__ ,clf.score(X_train_std,y_train))
print("test:",clf.__class__.__name__ , clf.score(X_test_std,y_test))

pred_y = clf.predict(X_test_std)
confusion_m = confusion_matrix(y_test,pred_y)

print("Confution matrix:\n{}".format(confusion_m))
```

出力

```
train: LogisticRegression 0.990610328638
test: LogisticRegression 0.958041958042
Confution matrix:
[[50  3]
 [ 3 87]]
```

データを標準化して、単純にモデルを当てはめるとテストデータで正解率95.8%でした。この結果を上回る方法を考えてみてください。

11-1-5 総合演習問題 (5)

Keyword 時系列データ、欠損データの補完、シフト、ヒストグラム、教師あり学習

以下のように、2001年1月2日から2016年12月30日までの為替データ（ドル/円レートのJPYUSDとユーロ/ドルレートのUSDEUR）を読み込み、問いに答えてください。なお、DEXJPUSとDEXUSEUがそれぞれJPYUSDとUSDEURに想定しています。

Appendix 1を参考に、pandas-datareaderをインストールしておいてください。そして、以下で、対象となる期間の為替データを読み込みます。

入力

```
import pandas_datareader.data as pdr

start_date = '2001-01-02'
end_date = '2016-12-30'

fx_jpusdata = pdr.DataReader("DEXJPUS","fred",start_date,end_date)
fx_useudata = pdr.DataReader("DEXUSEU","fred",start_date,end_date)
```

【問題1】

読み込んだデータには、祝日や休日等による欠損（NaN）があります。その補完処理をするために、直近の前の日におけるデータで補完してください。ただし年月のデータがない場合もありますので、その場合、今回は無視してください（改めて日付データを作成して、分析をすることも可能ですが、今回はこのアプローチはとりません）。

【問題2】

上記のデータで、各統計量の確認と時系列のグラフ化をしてください。

【問題3】

当日と前日における差分をとり、それぞれの変化率（当日-前日）/前日のデータをヒストグラムで表示してください。

【問題4】

将来の価格（例：次の日）を予測するモデルを構築してみましょう。具体的には、2016年11月を訓練データとして、当日の価格を目的変数として、前日、前々日、3日前の価格データを使ってモデル（線形回帰）を構築し、2016年12月をテストデータとして、検証してください。また、他の月や年で実施すると、どんな結果になりますか。

11-1-6 総合演習問題（6）

Keyword **時系列データ、回帰分析**

以下の米国の旅客飛行機のフライトデータ」を取得し、読み込んで以下の問いに答えてください。ただし、今回は1980年代を分析対象とします（PCのスペックが高い方は、すべてのデータを対象にしてください）。

http://stat-computing.org/dataexpo/2009/the-data.html

データの取得は、以下のスクリプトを参考に、実装と実行をしてください。なお、シェルスクリプトはLinuxやmacOSの環境の方のみで、Windowsの方はその下のようなスクリプトで圧縮ファイルをダウンロードして解凍してください。なお、データのダウンロードに時間がかかりますので、注意しましょう。

ダウンロード用シェルスクリプト（Linux&macOS）

```
#参考シェルスクリプト：

#!/bin/sh

for year in {1987..1999} ; do
    echo \$year
    wget http://stat-computing.org/dataexpo/2009/${year}.csv.bz2
    bzip2 -d ${year}.csv.bz2
done
```

Point

シェルスクリプトを実行する場合は別ファイルとして、「ファイル名.sh」の形式で保存し、実行する場合は、「bash ファイル名.sh」で実行します。もしくは、ターミナルを使って専用のディレクトリなどを作って、スクリプトを実行して、データを取得してください。

入力（Windows）

```
import urllib.request
```

```
for year in range(1987,2000):
    url = 'http://stat-computing.org/dataexpo/2009/'
    savename = str(year) + '.csv.bz2'
    #ダウンロード
    urllib.request.urlretrieve(url + savename, savename)
    print('{}年のファイルを保存しました'.format(year))
```

【問題1】

データを読み込んだ後は、年(Year)×月(Month)の平均遅延時間(DepDelay)を算出してください。何かわかることはありますか。

【問題2】

【問題1】で算出したデータについて、1月から12月までの結果を時系列の折れ線グラフにしてください。その時、年ごとに比較できるように、1つのグラフにまとめてください。ですので、1987年から1989年までのデータについて、それぞれの時系列グラフが並ぶイメージです。

【問題3】

各航空会社(UniqueCarrier)ごとの平均遅延時間を算出してください。また、出発地(Origin)、目的地(Dest)を軸にして、平均遅延時間を算出してください。

【問題4】

遅延時間を予測するための予測モデルを構築します。目的変数をDepDelay、説明変数をArrDelayとDistanceにして、モデルを構築しましょう。

11-1-7 参考：今後のデータ分析に向けて

以下は参考ですが、次のようなオープンデータを使って、データ分析に取り組んでみましょう。課題は明確になっていませんが、その課題を見つけることもデータ分析では大事です。

- どのデータを分析対象にしますか？ また、どんなことを目的にデータを分析しますか？どんなことをゴールにしますか？
- 分析対象となるデータに何か特徴や傾向はありますか？ 簡易集計してみましょう。そこからどんな仮設を立てますか？
- 目的や仮説等が明確になったら、どんな風にアプローチしますか？ 実装して、検証してください。
- 分析に明るくない人たち(中学校までの数学しかわからないと想定)に今回の分析結果を報告するとして、どのような報告書(グラフやインサイトなど含む)を作成しますか？

なお、課題を特定していくことの重要性については、参考書籍「A-35」も参考になりますので、興味のある方は読んでみてください。

データソースサンプル

- **UCI DATA**

  http://archive.ics.uci.edu/ml/

● **Bay Area Bike Share**

http://www.bayareabikeshare.com/open-data

● **movielens**

http://grouplens.org/datasets/movielens/

● **MLDATA**

http://mldata.org/

● **Churn Data Set (provided by IBM)**

https://community.watsonanalytics.com/wp-content/uploads/2015/03/WA_Fn-UseC_-Telco-Customer-Churn.csv

● **Netflix Prize Data Set**

http://academictorrents.com/details/9b13183dc4d60676b773c9e2cd6de5e5542cee9a

上記のほかにも、Kaggleなどのデータサイエンスのコンテストなどがありますので、スキルを上げていきたい方はチャレンジしてみてください。課題を提出するまでにいたらなくとも、Discussionなどで色々な人が自分たちの手法やアプローチを紹介したりしていますので、データ分析を学ぶ上でとても参考になります。

Appendix

本書の環境構築方法
練習問題の解答
参考文献・参考URL

Appendix 1

本書の環境構築について

ここでは、本書で紹介するデータサイエンスの教材を使うための環境セットアップについて説明をします。データ分析やプログラミングは手を動かすことがとても大事なので、本書のコードをみるだけではなく、ぜひ環境を準備して、実行しながら学んでください。

A-1- 1 Anacondaについて

本書では主にPythonを使っていきますので、Pythonと必要なライブラリ（NumpyやScipyなど）を用意します。また、サンプルファイルはJupyter Notebook形式ですので、それを実行する環境も用意していきます。これらを1つ1つダウンロードしてセットアップすることも可能ですが、とても時間がかかります。ここでは、Anacondaを使って、必要なものを一気にダウンロードすることにします。Anacondaとは、データサイエンスに必要なPythonのモジュールやライブラリを含んだパッケージです。このAnacondaをダウンロードしてセットアップすることで、データサイエンスに必要なものが一気に準備できますので、とても便利です。

A-1- 2 Anacondaのパッケージをダウンロードする

まず、Anacondaのパッケージをダウンロードするため以下のURLにアクセスしてください。

https://www.anaconda.com/

画面の右上にDownloadsボタンがありますので、そこをクリックしてください。

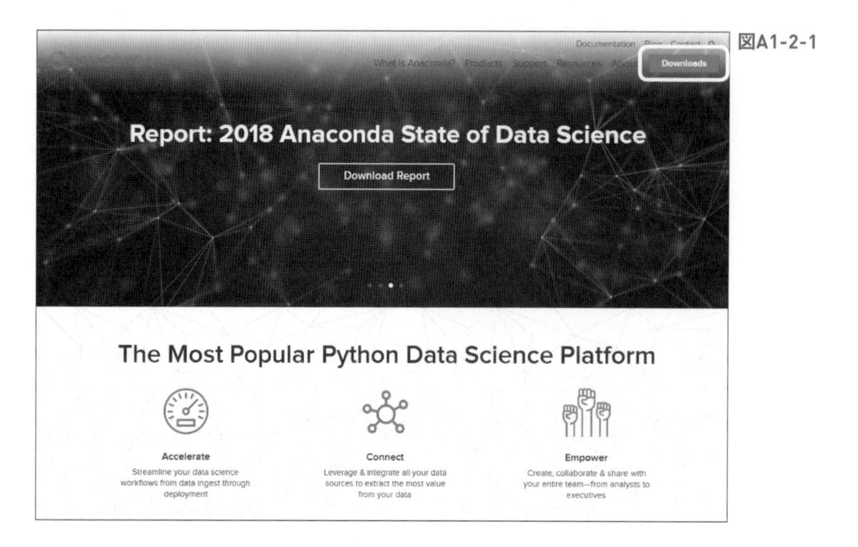

図A1-2-1

次の画面ではOSを選択します。使っているOSによってダウンロードするものが異なるので、OSに応じて選択してください。

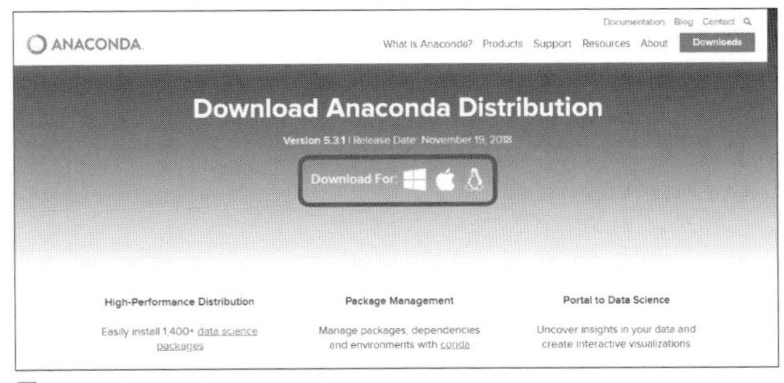

図A1-2-2

次の画面では、Pythonのバージョンを選択します。「Python 3.x version」と「Python 2.7 version」がありますが、「Python 3.x version」をダウンロードしてください。数年前はPython 2.7を使うことが推奨されていることが多かったのですが、最近はバージョン3に対応しているモジュールやライブラリが多くなりましたので、本書ではPythonの3バージョンを使います。

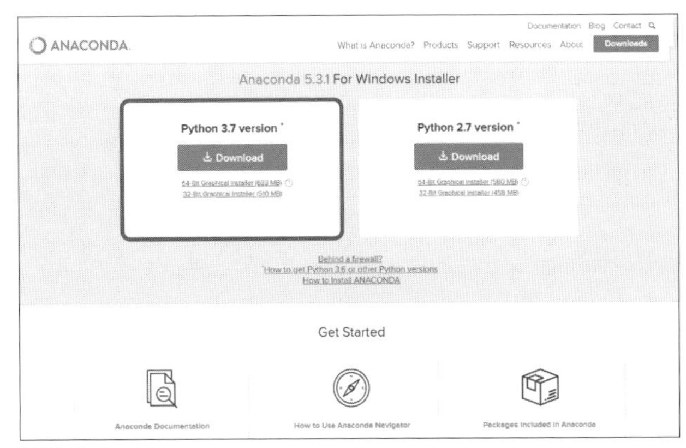

図A1-2-3

A-1- 3 Anacondaをインストールする

次に、Anadondaのインストールをします。なお、使っているOS（WindowsとmacOS、Linux）によって、手順が異なりますので、使っているOSに沿って進めてください。

A-1- 3-1 Windowsの場合

Step 1

Windowsの場合は、とても簡単に環境が構築できます。

前述の手順でAnacondaのパッケージをダウンロードしたら、ダブルクリックして実行します。以下のような画面が表示されますので、表示内容に従って進めます。

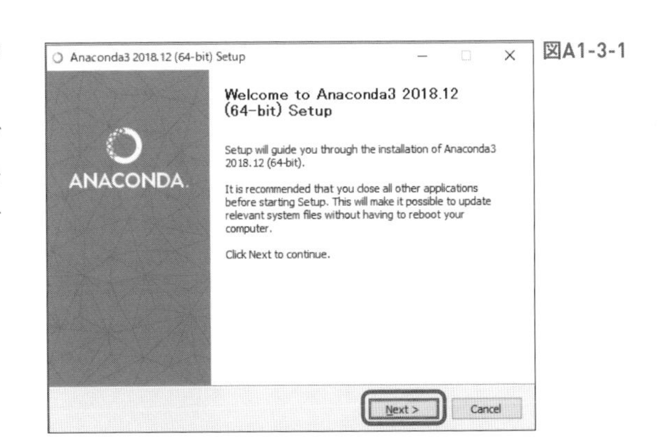

図A1-3-1

Step 2

途中、以下のような画面でインストール先を選択します。特に希望がなければ初期設定のままで構いません。また、ここで表示されるインストール先をメモしておいてください。のちほど使用します。

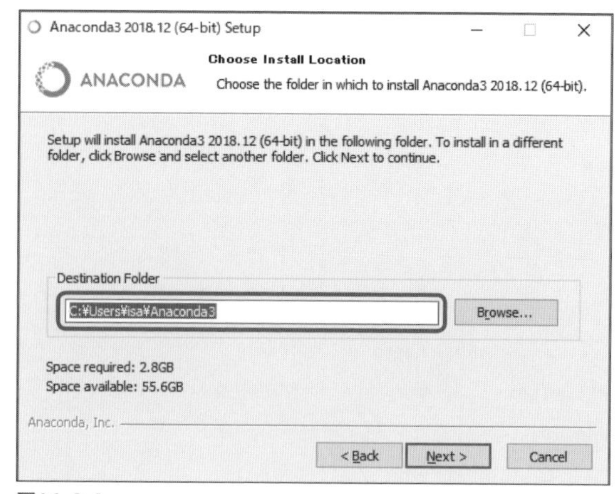

図A1-3-2

Step 3

また、以下のような画面が表示されたら、下のチェックボックスにのみチェックを入れて進めます。

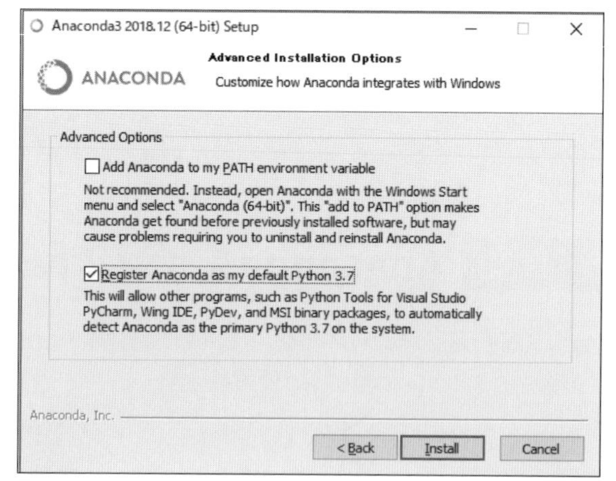

図A1-3-3

Step 4

インストールが完了したら、環境変数の登録を行います。画面左下のスタートボタンの右横にある検索ボックスで「kannkyo」(または「環境変数」)と入力して、表示された「環境変数を編集」を選びます。

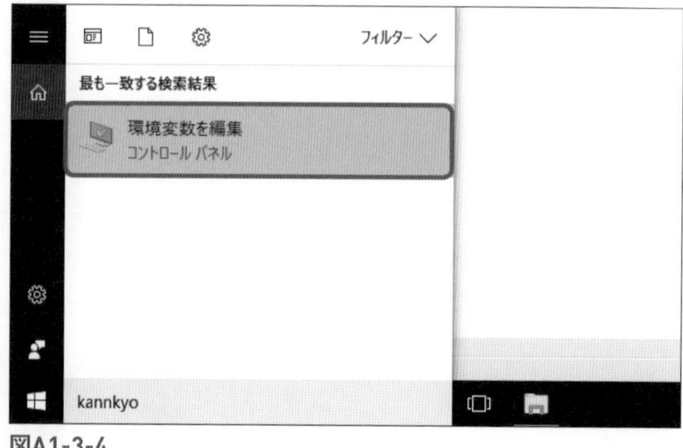

図A1-3-4

Step 5

開いた「環境変数」の画面でPATHを登録します。上部の「＜ユーザー名＞のユーザー環境変数」で「Path」をクリックし「編集」ボタンを押します。

図A1-3-5

Step 6

そして、「環境変数名の編集」画面で、「新規」をクリックして、以下の2つを登録します。

- 上の「Step 2」の手順でメモしたAnacondaのインストールフォルダ
- Anacondaのインストールフォルダの後ろに「\Scripts」を付けたもの

登録したら、それぞれを選択して「上へ」ボタンを押し、画面の上部に移動します。そして［OK］をクリックして画面を閉じます。

図A1-3-6

Step 7

そうしたら、Jupyter Noterbookを起動してみましょう。画面左下の「スタートメニュー」から「Anaconda3 (64-bit) → Jupyter Notebook」と選択すれば、Jupyter Notebookがブラウザで立ち上がります。

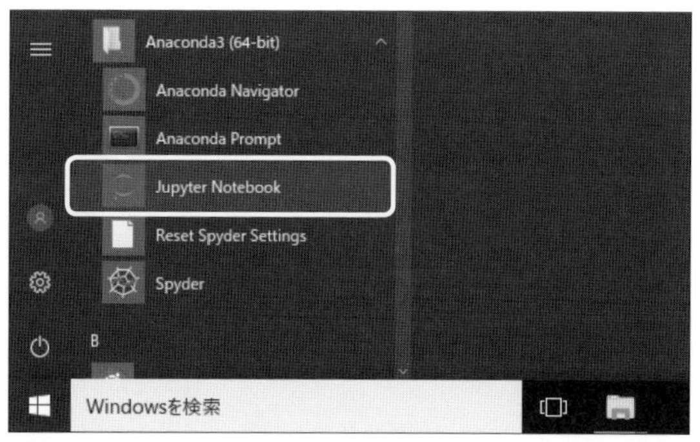

図A1-3-7

Step 8

すると、Webブラウザで以下のようなJupyter Notebookの画面が表示され、作業フォルダの内容が表示されます。
初期設定の作業フォルダは、Windows 10では「C:\Users\<ユーザー名>」です。ここに本書のサンプルファイルを配置してください。

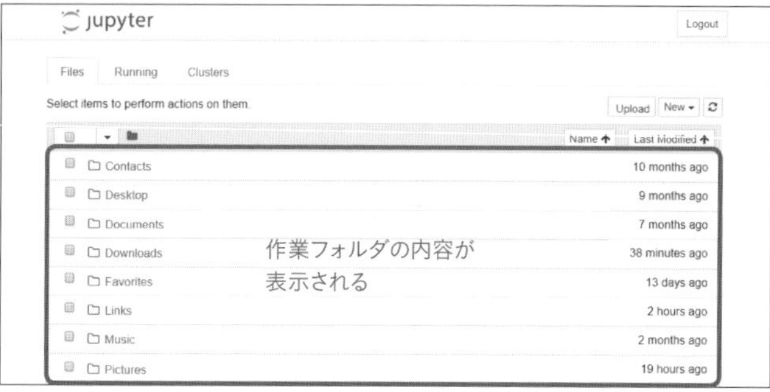

図A1-3-8

Step 9

以下では「DataScience」というフォルダを作成し、中にサンプルファイルを配置しました。ファイルをダブルクリックすると立ち上がり、本書の内容を実行できるようになります。

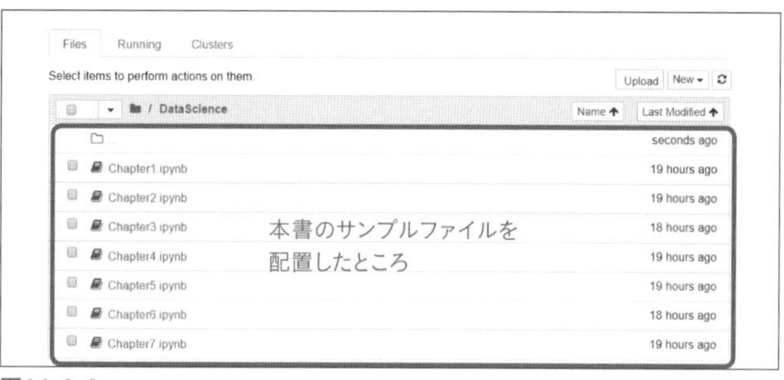

図A1-3-9

Point

新規にNotebookを作成する場合は、画面右上の［New］ボタンをクリックし、［Python 3］をクリックします。

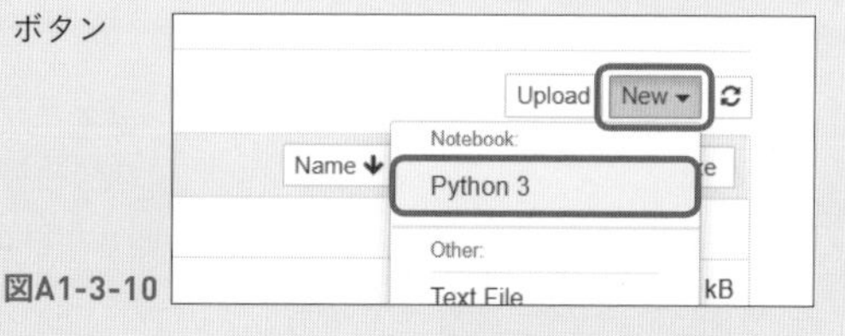

図A1-3-10

A-1- 3-3 macOSの場合

Windowsと手順はほぼ同様です。ダウンロードしたパッケージをダブルクリックするとインストールが始まりますので、画面に沿って進めます。

図A1-3-11

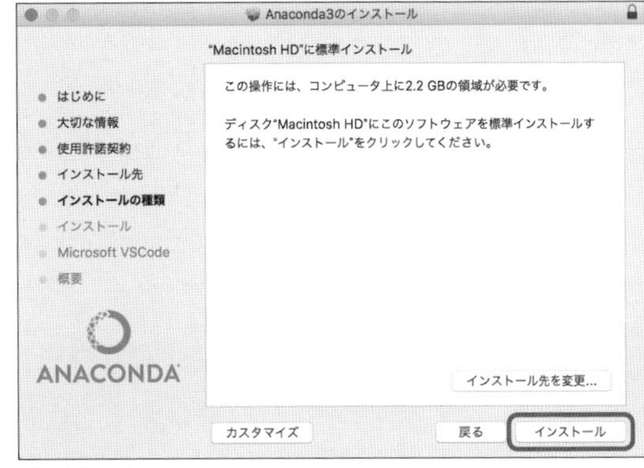

図A1-3-12

PATHは自動で登録されるので、別途作業は必要ありません。インストールが終わったら、ターミナルを起動して、

ターミナル

```
$ jupyter notebook
```

と入力します。するとWebブラウザでJupyter Notebookが起動します。macOSでは「<ハードディスク>\ユーザ\<ユーザー名>」が作業ディレクトリとして表示されますので、ここに本書のサンプルファイルを配置して使ってください。

A-1- 3-4 Linuxの場合

Anacondaのパッケージをダウンロードした後、ターミナルを開いて、ダウンロードしたファイルがある場所へ移動してください。移動するときは、以下のコマンドを実行してください。

ターミナル

```
$ cd <ダウンロードしたファイルがあるディレクトリ名>
```

移動した後は、まずchmodコマンドで実行権限を付与します。

ターミナル

```
$ chmod u+x <ダウンロードしたファイル名>
```

続いて以下を実行します。

ターミナル

```
$ bash <ダウンロードしたファイル名>
```

そうするとインストールが始まりますので、画面の表示に従って進めてください。
途中で、「Do you wish the installer to prepend the Anaconda3 install location to PATH in your <ディレクトリ>/.bashrc?」と聞かれたら「yes」と入力して進めます。

インストールできたら、一度パソコンを再起動してから、改めてターミナルで以下のように入力するとJupyter Notebookが起動します。

ターミナル

```
$ jupyter notebook
```

A-1-4 pandas-datareader およびPlotlyのインストール

Anacondaをインストールすれば、本書のコンテンツはほとんど実行できますが、以下のように、いくつかAnacondaに含まれていないライブラリ、または追加で準備が必要なライブラリ等も本書では扱っています。

- **pandas-datareader**（6章で使用）
- **Plotly**（7章で使用）

pandas-datareader および Plotlyについては、同じような方法でインストールできます。

まずWindowsでは、画面左下のスタートボタンの右横にある検索ボックスで「cmd」と入力して、表示された「コマンドプロンプト」を選択して、コマンドプロンプトを起動します。
macOSおよびLinuxでは、ターミナルを起動します。そして、以下のように入力します。

【pandas-datareaderをインストールする場合】

ターミナル

```
$ pip install pandas-datareader
```

【Plotlyをインストールする場合】

ターミナル

```
$ pip install Plotly
```

Point

なお、新規のNotebookを作成するときには、右上の「New」ボタンをクリックして、「Python 3」をクリックします。

Appendix

Appendix 2

練習問題解答

A-2- 1 Chapter1 練習問題

【練習問題1-1】

入力（解答例1）

```
sampl_str = "Data Science"

for i in range(0,len(sampl_str)):
    print(sampl_str[i])
```

出力

```
D
a
t
a

S
c
i
e
n
c
e
```

入力（解答例2）

```
for i in sampl_str:
    print(i)
```

出力

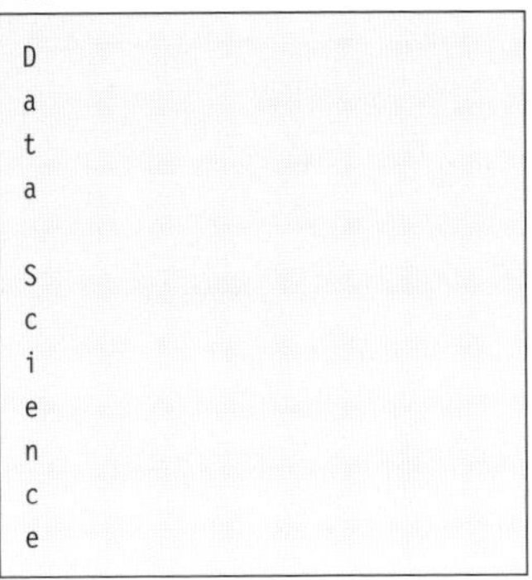

```
D
a
t
a

S
c
i
e
n
c
e
```

入力（解答例3：改行したくない場合）

```
for i in sampl_str:
    print(i,end = " ")
```

出力

```
D a t a   S c i e n c e
```

【練習問題1-2】

入力(解答例1：普通の方法)

```
s = 0
for x in range(1,51):
    s += x
    # s = s + xでも可
print(s)
```

出力

```
1275
```

入力(解答例2：sumを使う方法)

```
print(sum(range(1,51)))
```

出力

```
1275
```

入力(解答例3：forを使う方法)

```
print(sum(x for x in range(1,51)))
```

出力

```
1275
```

A2-2- 1-1 総合問題解答

【総合問題1-1　素数判定】1.

入力

```
n_list = range(2, 10 + 1)

for i in range(2, int(10 ** 0.5) + 1):
    # 2, 3, ... と順に割り切れるかを調べていく
    n_list = [x for x in n_list if (x == i or x % i != 0)]

for j in n_list:
    print(j)
```

出力

```
2
3
5
7
```

【総合問題1-1　素数判定】2.

入力

```
# 関数の定義
def calc_prime_num(N):
    n_list = range(2, N + 1)

    for i in range(2, int(N ** 0.5) + 1):
        # 2, 3, ... と順に割り切れるかを調べていく
        n_list = [x for x in n_list if (x == i or x % i != 0)]

    for j in n_list:
        print(j)

# 計算実行
calc_prime_num(10)
```

出力

```
2
3
5
7
```

Appendix

A-2- 2 Chapter2 練習問題

以下のライブラリを使うので、あらかじめ読み込んでおいてください。

入力

```
import numpy as np
import numpy.random as random
import scipy as sp
import pandas as pd
from pandas import Series, DataFrame

# 可視化ライブラリ
import matplotlib.pyplot as plt
import matplotlib as mpl
import seaborn as sns
%matplotlib inline

# 小数第３位まで表示
%precision 3
```

出力

```
'%.3f'
```

【練習問題2-1】

入力

```
numpy_sample_data = np.array([i for i in range(1,51)])
print(numpy_sample_data.sum())
```

出力

```
1275
```

【練習問題2-2】

入力

```
# seedを設定することで乱数を固定化することができる
random.seed(0)

# 標準正規分布（平均0、分散1の正規分布）の乱数を10個発生
norm_random_sample_data = random.randn(10)

print("最小値：",norm_random_sample_data.min())
print("最大値：",norm_random_sample_data.max())
print("合計：",norm_random_sample_data.sum())
```

出力

```
最小値： -0.977277879876
最大値： 2.2408931992
合計： 7.38023170729
```

【練習問題2-3】

入力

```
m =  np.ones((5,5),dtype='i') * 3
print(m.dot(m))
```

出力

```
[[45 45 45 45 45]
 [45 45 45 45 45]
 [45 45 45 45 45]
 [45 45 45 45 45]
 [45 45 45 45 45]]
```

【練習問題 2-4】

入力

```
a = np.array([[1,2,3],[1,3,2],[3,1,2]])
print(np.linalg.det(a))
```

出力

```
-12.0
```

【練習問題 2-5】

入力

```
import scipy.linalg as linalg

a = np.array([[1,2,3],[1,3,2],[3,1,2]])

# 逆行列
print("逆行列")
print(linalg.inv(a))

# 固有値と固有ベクトル
eig_value, eig_vector = linalg.eig(a)

print("固有値")
print(eig_value)
print("固有ベクトル")
print(eig_vector)
```

出力

```
逆行列
[[-0.333  0.083  0.417]
 [-0.333  0.583 -0.083]
 [ 0.667 -0.417 -0.083]]
固有値
[ 6.000+0.j -1.414+0.j  1.414+0.j]
固有ベクトル
[[-0.577 -0.722  0.16 ]
 [-0.577 -0.143 -0.811]
 [-0.577  0.677  0.563]]
```

【練習問題 2-6】

入力

```
from scipy.optimize import newton

# 関数の定義
def sample_function1(x):
    return (x**3 + 2*x + 1)

# 計算実行
print(newton(sample_function1,0))

# 確認
print(sample_function1(newton(sample_function1,0)))
```

出力

```
-0.4533976515164037
1.1102230246251565e-16
```

【練習問題 2-7】

入力

```
attri_data1 = {
        'ID':['1','2','3','4','5']
        ,'Sex':['F','F','M','M','F']
        ,'Money':[1000,2000,500,300,700]
        ,'Name':['Saito','Horie','Kondo','Kawada','Matsubara']
}
```

```
attri_data_frame1 = DataFrame(attri_data1)

# ここから解答
attri_data_frame1[attri_data_frame1.Money>=500]
```

出力

	ID	Money	Name	Sex
0	1	1000	Saito	F
1	2	2000	Horie	F
2	3	500	Kondo	M
4	5	700	Matsubara	F

【練習問題2-8】

入力

```
attri_data_frame1.groupby("Sex")["Money"].mean()
```

出力

```
Sex
F    1233.333333
M     400.000000
Name: Money, dtype: float64
```

【練習問題2-9】

入力

```
attri_data2 = {
        'ID':['3','4','7']
        ,'Math':[60,30,40]
        ,'English':[80,20,30]
}

attri_data_frame2 = DataFrame(attri_data2)
# ここから解答
merge_data = attri_data_frame1.merge(attri_data_frame2)
merge_data.mean()
```

出力

```
ID          17.0
Money      400.0
English     50.0
Math        45.0
dtype: float64
```

【練習問題2-10】

入力

```
x = np.linspace(-10, 10,100)
plt.plot(x, 5*x + 3)
plt.xlabel("X value")
plt.ylabel("Y value")
plt.grid(True)
```

出力

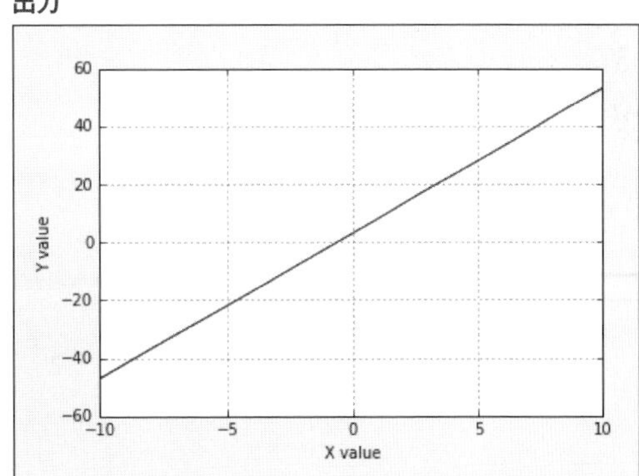

【練習問題2-11】

入力

```
x = np.linspace(-10, 10,100)
plt.plot(x, np.sin(x))
plt.plot(x, np.cos(x))

plt.grid(True)
```

出力

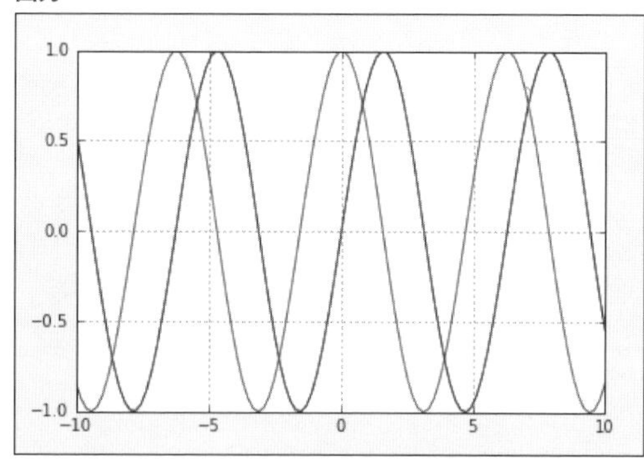

【練習問題2-12】

入力（1,000個の一様乱数を2組発生させるプログラム）

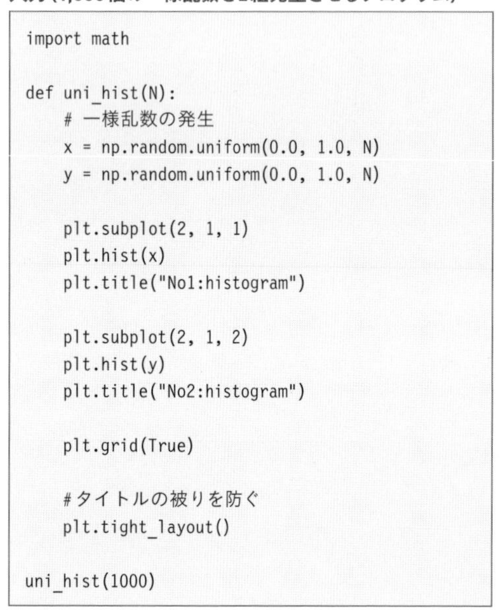

```
import math

def uni_hist(N):
    # 一様乱数の発生
    x = np.random.uniform(0.0, 1.0, N)
    y = np.random.uniform(0.0, 1.0, N)

    plt.subplot(2, 1, 1)
    plt.hist(x)
    plt.title("No1:histogram")

    plt.subplot(2, 1, 2)
    plt.hist(y)
    plt.title("No2:histogram")

    plt.grid(True)

    #タイトルの被りを防ぐ
    plt.tight_layout()

uni_hist(1000)
```

出力

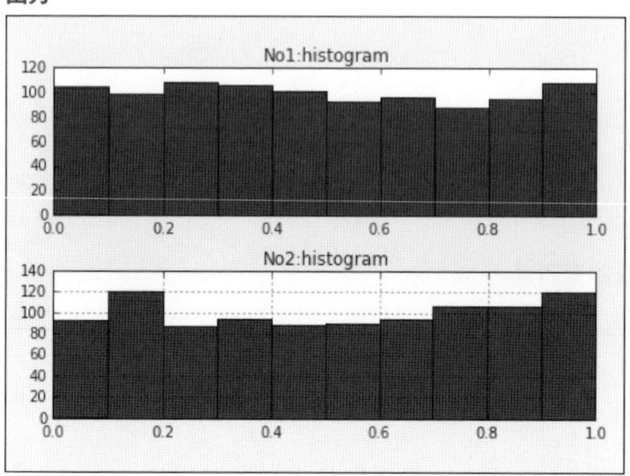

入力（100個の一様乱数を2組発生させるプログラム）

```
# N=100
uni_hist(100)
```

出力

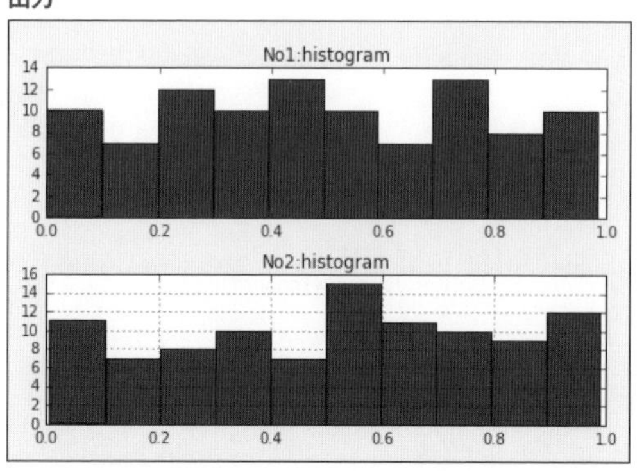

入力(10,000個の一様乱数を2組発生させるプログラム)

```
# N = 10000
uni_hist(10000)
```

出力

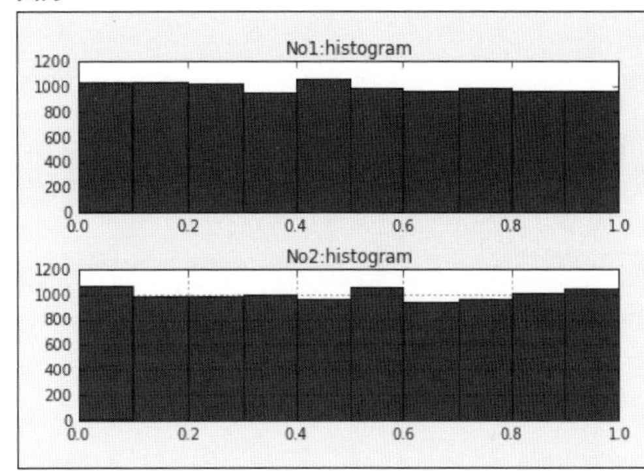

なお、2組の一様乱数は、Nが大きくなるにつれ、棒グラフにばらつきがなくなり、一定になっているのがわかります。

A-2- 2-1 総合問題解答

【総合問題2-1 モンテカルロ法】 1.

入力

```
import math

N = 10000

# 一様乱数の発生
x = np.random.uniform(0.0, 1.0, N)
y = np.random.uniform(0.0, 1.0, N)
```

【総合問題2-1 モンテカルロ法】 2.

入力

```
# 円の中に入ったxとy
inside_x = []
inside_y = []

# 円の外に出たxとy
outside_x = []
outside_y = []

count_inside = 0
for count in range(0, N):
    d = math.hypot(x[count],y[count])
    if d < 1:
        count_inside += 1
        # 円の内部に入った時のxとyの組み合わせ
        # appendはリストに要素を追加するメソッド
        inside_x.append(x[count])
        inside_y.append(y[count])
    else:
        # 円の外に出た時のxとyの組み合わせ
        outside_x.append(x[count])
        outside_y.append(y[count])

print("円の内部に入った数:",count_inside)
```

出力

```
円の内部に入った数: 7891
```

入力（さらに図にする場合）

```
# 図のサイズ
plt.figure(figsize=(5,5))

# 円を描くためのデータ
circle_x = np.arange(0,1,0.001)
circle_y = np.sqrt(1- circle_x * circle_x)

# 円を描く
plt.plot(circle_x, circle_y)

# 円の中に入っているのが、red
plt.scatter(inside_x,inside_y,color="r")
# 円の外に出たのが、blue
plt.scatter(outside_x,outside_y,color="b")

plt.xlabel("x")
plt.ylabel("y")
plt.grid(True)
```

出力

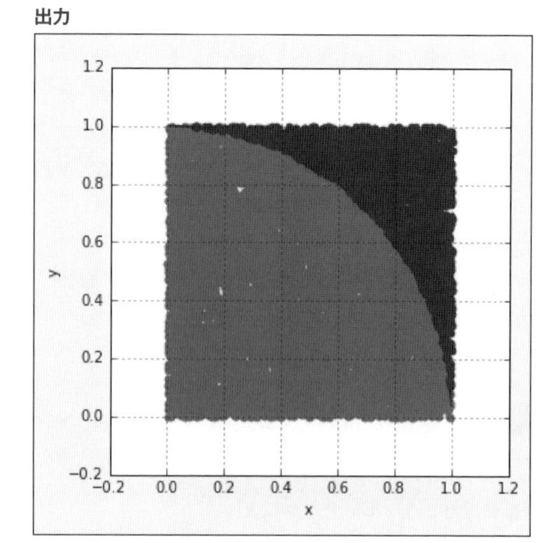

【総合問題2-1　モンテカルロ法】 3.

入力

```
print ("円周率の近似値:",4.0 * count_inside / N)
```

出力

```
円周率の近似値: 3.1564
```

A-2- 3 Chapter3 練習問題

以下のライブラリを使うので、あらかじめ読み込んでおいてください。

入力

```
import numpy as np
import numpy.random as random
import scipy as sp
import pandas as pd
from pandas import Series, DataFrame

# 可視化ライブラリ
import matplotlib.pyplot as plt
import matplotlib as mpl
import seaborn as sns
sns.set()
%matplotlib inline

# 小数第3位まで表示
%precision 3
```

出力

```
'%.3f'
```

【練習問題3-1】

入力

```
# cd ./chap3 などのコマンドで、studet-por.csvやstudent-mat.csvのあるディレクトリに移動してから以下を実行
student_data_por = pd.read_csv('student-por.csv', sep=';')
student_data_por.describe()
```

出力

	age	Medu	Fedu	traveltime	studytime	failures	famrel	freetime	goout	Dalc	Walc	health	absences	G1	G2	G3
count	649.000000	649.000000	649.000000	649.000000	649.000000	649.000000	649.000000	649.000000	649.000000	649.000000	649.000000	649.000000	649.000000	649.000000	649.000000	649.000000
mean	16.744222	2.514638	2.306626	1.568567	1.930663	0.221880	3.930663	3.180277	3.184900	1.502311	2.280431	3.536210	3.659476	11.399076	11.570108	11.906009
std	1.218138	1.134552	1.099931	0.748660	0.829510	0.593235	0.955717	1.051093	1.175766	0.924834	1.284380	1.446259	4.640759	2.745265	2.913639	3.230656
min	15.000000	0.000000	0.000000	1.000000	1.000000	0.000000	1.000000	1.000000	1.000000	1.000000	1.000000	1.000000	0.000000	0.000000	0.000000	0.000000
25%	16.000000	2.000000	1.000000	1.000000	1.000000	0.000000	4.000000	3.000000	2.000000	1.000000	1.000000	2.000000	0.000000	10.000000	10.000000	10.000000
50%	17.000000	2.000000	2.000000	1.000000	2.000000	0.000000	4.000000	3.000000	3.000000	1.000000	2.000000	4.000000	2.000000	11.000000	11.000000	12.000000
75%	18.000000	4.000000	3.000000	2.000000	2.000000	0.000000	5.000000	4.000000	4.000000	2.000000	3.000000	5.000000	6.000000	13.000000	13.000000	14.000000
max	22.000000	4.000000	4.000000	4.000000	4.000000	3.000000	5.000000	5.000000	5.000000	5.000000	5.000000	5.000000	32.000000	19.000000	19.000000	19.000000

【練習問題3-2】

入力

```
student_data_math = pd.read_csv('student-mat.csv', sep=';')

student_data_merge = pd.merge(student_data_math
                              , student_data_por
                              , on=['school', 'sex', 'age', 'address', 'famsize', 'Pstatus', 'Medu'
                                    , 'Fedu', 'Mjob', 'Fjob', 'reason', 'nursery', 'internet']
                              , suffixes=('_math', '_por'))
student_data_merge.describe()
```


Appendix

出力

	age	Medu	Fedu	traveltime_math	studytime_math	failures_math
count	382.000000	382.000000	382.000000	382.000000	382.000000	382.000000
mean	16.586387	2.806283	2.565445	1.442408	2.034031	0.290576
std	1.173470	1.086381	1.096240	0.695378	0.845798	0.729481
min	15.000000	0.000000	0.000000	1.000000	1.000000	0.000000
25%	16.000000	2.000000	2.000000	1.000000	1.000000	0.000000
50%	17.000000	3.000000	3.000000	1.000000	2.000000	0.000000
75%	17.000000	4.000000	4.000000	2.000000	2.000000	0.000000
max	22.000000	4.000000	4.000000	4.000000	4.000000	3.000000

8 rows × 29 columns

famrel_math	freetime_math	goout_math	Dalc_math	...	famrel_por	freetime_por	goout_por
382.000000	382.000000	382.000000	382.000000	...	382.000000	382.000000	382.000000
3.939791	3.222513	3.112565	1.473822	...	3.942408	3.230366	3.117801
0.921620	0.988233	1.131927	0.886229	...	0.908884	0.985096	1.133710
1.000000	1.000000	1.000000	1.000000	...	1.000000	1.000000	1.000000
4.000000	3.000000	2.000000	1.000000	...	4.000000	3.000000	2.000000
4.000000	3.000000	3.000000	1.000000	...	4.000000	3.000000	3.000000
5.000000	4.000000	4.000000	2.000000	...	5.000000	4.000000	4.000000
5.000000	5.000000	5.000000	5.000000	...	5.000000	5.000000	5.000000

Dalc_por	Walc_por	health_por	absences_por	G1_por	G2_por	G3_por
382.000000	382.000000	382.000000	382.000000	382.000000	382.000000	382.000000
1.476440	2.290576	3.575916	3.672775	12.112565	12.238220	12.515707
0.886303	1.282577	1.404248	4.905965	2.556531	2.468341	2.945438
1.000000	1.000000	1.000000	0.000000	0.000000	5.000000	0.000000
1.000000	1.000000	3.000000	0.000000	10.000000	11.000000	11.000000
1.000000	2.000000	4.000000	2.000000	12.000000	12.000000	13.000000
2.000000	3.000000	5.000000	6.000000	14.000000	14.000000	14.000000
5.000000	5.000000	5.000000	32.000000	19.000000	19.000000	19.000000

入力(補足)

```
# 補足：同じ変数名だが、データソースが異なるため、同じデータではない
# 「student_data_merge.traveltime_math」と「student_data_merge.traveltime_por」のデータが同じでない (==) 行をカウント
sum(student_data_merge.traveltime_math==student_data_merge.traveltime_por)
```

出力

```
377
```

【練習問題3-3】

入力（補足）

```
sns.pairplot(student_data_merge[['Medu', 'Fedu', 'G3_math']])
plt.grid(True)
```

出力

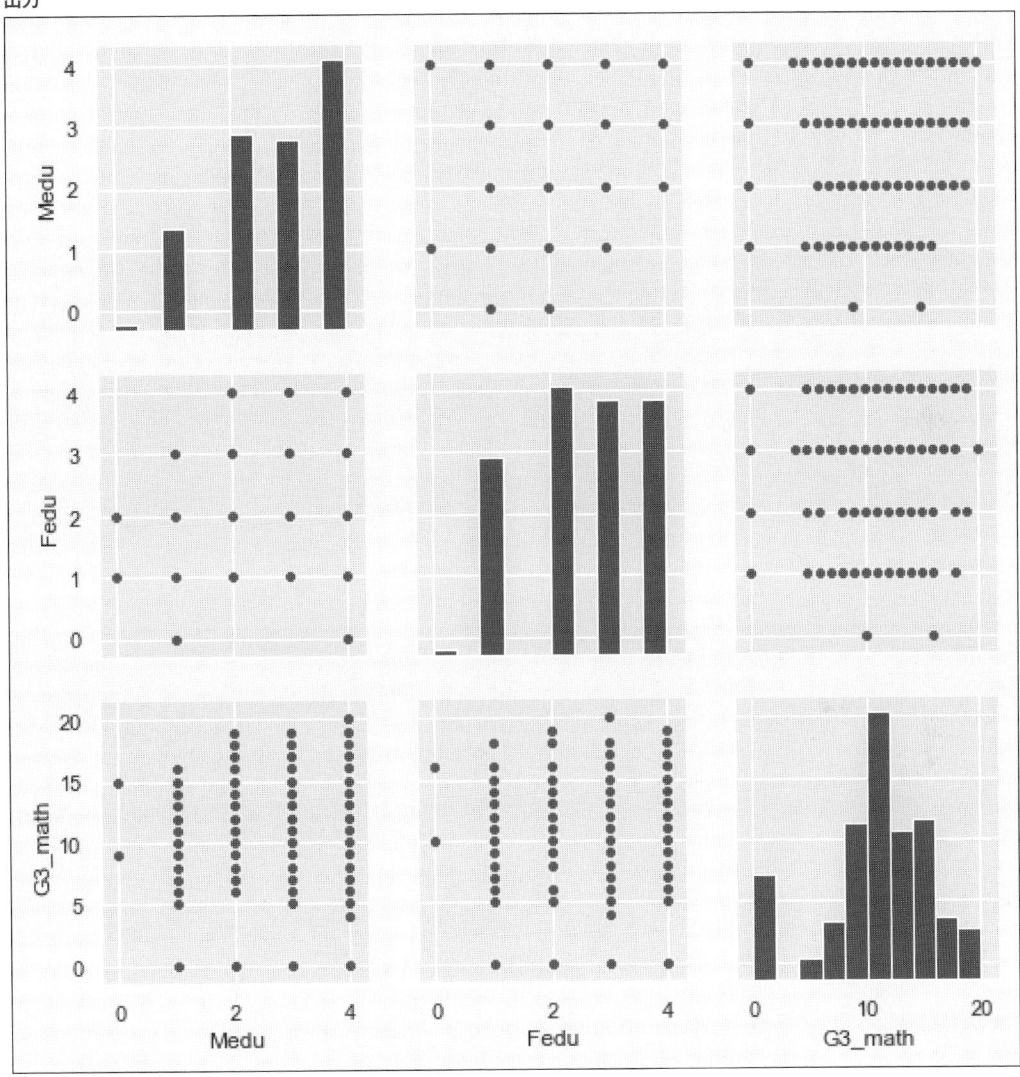

考察として、例えば、上のグラフからみるに、MeduやFeduが増えると、G3のスコアも上がるようにみえますが、微妙な差なので、特にこれといった傾向はなさそうです。

【練習問題3-4】

入力

```
student_data_por = pd.read_csv('student-por.csv', sep=';')

# 線形回帰のインスタンスを生成
reg = linear_model.LinearRegression()

# 説明変数に "一期目の成績" を利用
X = student_data_por.loc[:, ['G1']].values

# 目的変数に "最終の成績" を利用
Y = student_data_por['G3'].values

# 予測モデルを計算
reg.fit(X, Y)

# 回帰係数
print('回帰係数:', reg.coef_)

# 切片
print('切片:', reg.intercept_)

# 決定係数、寄与率とも呼ばれる
print('決定係数:', reg.score(X, Y))
```

出力

```
回帰係数: [0.973]
切片: 0.8203984121064565
定係数: 0.6829156800171085
```

【練習問題3-5】

入力

```
# 散布図
plt.scatter(X, Y)
plt.xlabel('G1 grade')
plt.ylabel('G3 grade')

# その上に線形回帰直線を引く
plt.plot(X, reg.predict(X))
plt.grid(True)
```

出力

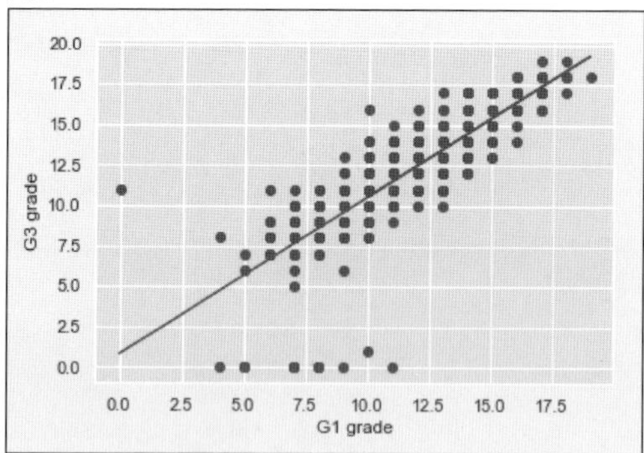

【練習問題3-6】

入力(回帰係数、切片、決定係数を求める)

```
from sklearn import linear_model

# 線形回帰のインスタンスを生成
reg = linear_model.LinearRegression()

# 説明変数に "欠席数" を利用
X = student_data_por.loc[:, ['absences']].values

# 目的変数に "最終の成績" を利用
```

出力

```
回帰係数: [-0.064]
切片: 12.138800862687443
決定係数: 0.008350131955637385
```

```
Y = student_data_por['G3'].values

# 予測モデルを計算
reg.fit(X, Y)

# 回帰係数
print('回帰係数:', reg.coef_)

# 切片
print('切片:', reg.intercept_)

 # 決定係数、寄与率とも呼ばれる
print('決定係数:', reg.score(X, Y))
```

入力（散布図と回帰直線をグラフ化する）

```
# 散布図
plt.scatter(X, Y)
plt.xlabel('absences')
plt.ylabel('G3 grade')

# その上に線形回帰直線を引く
plt.plot(X, reg.predict(X))
plt.grid(True)
```

出力

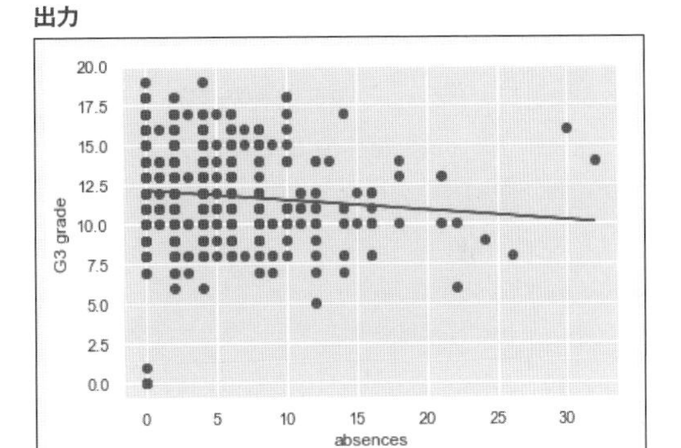

グラフから、右下がり（欠席数が増えれば増えるほど、G3の結果が）のようにも見えますが、決定係数がかなり低いので、あくまで参考に見る程度になります。

A-2- 3-1 総合問題解答 1

【総合問題3-1　統計の基礎と可視化】 1.

入力（データの読み込みと確認）

```
# まずはデータを読み込み、先頭5行を出力
wine = pd.read_csv('http://archive.ics.uci.edu/ml/machine-learning-databases/wine-quality/winequality-red.
csv', sep=';')
wine.head()
```

出力

	fixed acidity	volatile acidity	citric acid	residual sugar	chlorides	free sulfur dioxide
0	7.4	0.70	0.00	1.9	0.076	11.0
1	7.8	0.88	0.00	2.6	0.098	25.0
2	7.8	0.76	0.04	2.3	0.092	15.0
3	11.2	0.28	0.56	1.9	0.075	17.0
4	7.4	0.70	0.00	1.9	0.076	11.0

Appendix

total sulfur dioxide	density	pH	sulphates	alcohol	quality
34.0	0.9978	3.51	0.56	9.4	5
67.0	0.9968	3.20	0.68	9.8	5
54.0	0.9970	3.26	0.65	9.8	5
60.0	0.9980	3.16	0.58	9.8	6
34.0	0.9978	3.51	0.56	9.4	5

なお、上記データの項目は次のような意味です。

・fixed acidity：酒石酸濃度
・volatile acidity：酢酸酸度
・citric acid：クエン酸濃度
・residual sugar：残留糖濃度
・chlorides：塩化物濃度
・free sulfur dioxide：遊離亜硫酸濃度
・total sulfur dioxide：亜硫酸濃度
・density：密度
・pH：pH
・sulphates：硫酸塩濃度
・alcohol：アルコール度数
・quality：0-10 の値で示される品質のスコア

ここで、たとえば、wine_data.csvという名前でファイルを保存したかったら以下のように実行します。

入力（保存）

```
file_name = 'wine_data.csv'
wine.to_csv(file_name)
```

続いて要約統計量を算出します。

入力（要約統計量の算出）

```
wine.describe()
```

出力

	fixed acidity	volatile acidity	citric acid	residual sugar	chlorides
count	1599.000000	1599.000000	1599.000000	1599.000000	1599.000000
mean	8.319637	0.527821	0.270976	2.538806	0.087467
std	1.741096	0.179060	0.194801	1.409928	0.047065
min	4.600000	0.120000	0.000000	0.900000	0.012000
25%	7.100000	0.390000	0.090000	1.900000	0.070000
50%	7.900000	0.520000	0.260000	2.200000	0.079000
75%	9.200000	0.640000	0.420000	2.600000	0.090000
max	15.900000	1.580000	1.000000	15.500000	0.611000

free sulfur dioxide	total sulfur dioxide	density	pH	sulphates	alcohol	quality
1599.000000	1599.000000	1599.000000	1599.000000	1599.000000	1599.000000	1599.000000
15.874922	46.467792	0.996747	3.311113	0.658149	10.422983	5.636023
10.460157	32.895324	0.001887	0.154386	0.169507	1.065668	0.807569
1.000000	6.000000	0.990070	2.740000	0.330000	8.400000	3.000000
7.000000	22.000000	0.995600	3.210000	0.550000	9.500000	5.000000
14.000000	38.000000	0.996750	3.310000	0.620000	10.200000	6.000000
21.000000	62.000000	0.997835	3.400000	0.730000	11.100000	6.000000
72.000000	289.000000	1.003690	4.010000	2.000000	14.900000	8.000000

【総合問題3-1　統計の基礎と可視化】　2.

入力

```
sns.pairplot(wine)
```

出力

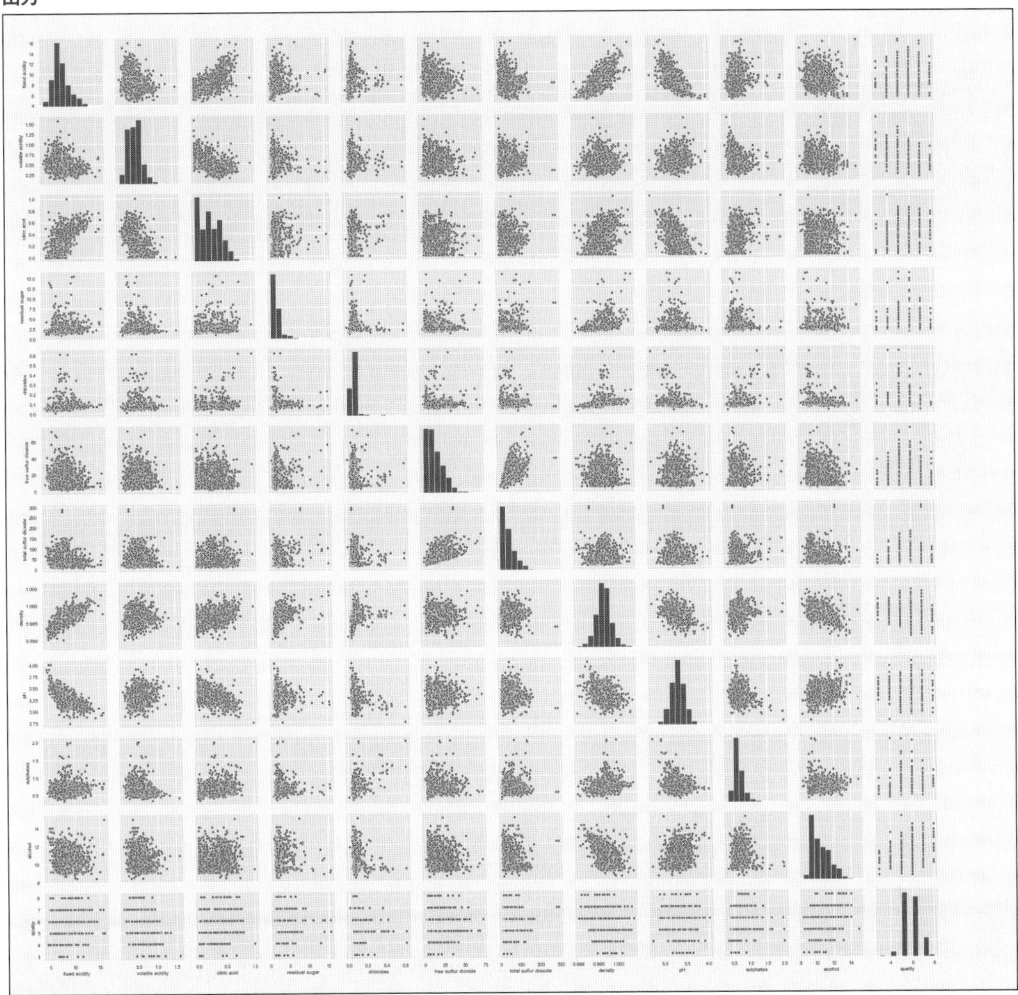

上の散布図を見ると、相関があるものないものがあるようです。

A-2- 3-1 総合問題解答 1

【総合問題3-2　ローレンツ曲線とジニ係数】　1.

入力

```
student_data_math_F = student_data_math[student_data_math.sex=='F']
student_data_math_M = student_data_math[student_data_math.sex=='M']

# 昇順にする
sorted_data_G1_F = student_data_math_F.G1.sort_values()
sorted_data_G1_M = student_data_math_M.G1.sort_values()

# グラフ作成用のデータ
len_F = np.arange(len(sorted_data_G1_F))
len_M = np.arange(len(sorted_data_G1_M))

# ローレンツ曲線
plt.plot(len_F/len_F.max(), len_F/len_F.max(), label='E') # 完全平等
plt.plot(len_F/len_F.max(), sorted_data_G1_F.cumsum()/sorted_data_G1_F.sum(), label='F')
plt.plot(len_M/len_M.max(), sorted_data_G1_M.cumsum()/sorted_data_G1_M.sum(), label='M')
plt.legend()
plt.grid(True)
```

出力

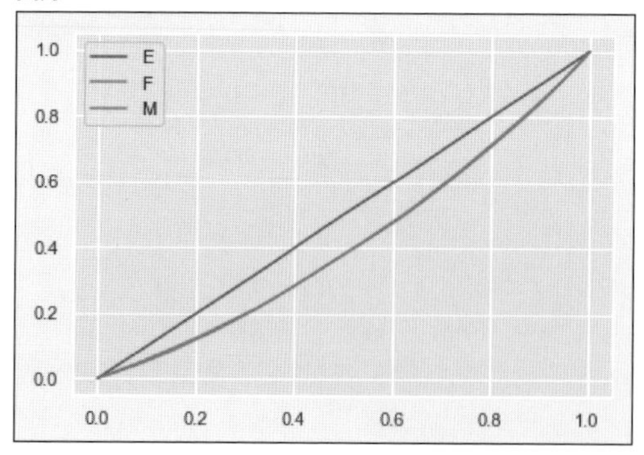

【総合問題3-2　ローレンツ曲線とジニ係数】　2.

入力

```
# ジニ係数計算するための関数
def heikinsa(data):
    subt = []
    for i in range(0, len(data)-1):
        for j in range(i+1, len(data)):
            subt.append(np.abs(data[i] - data[j]))
    return float(sum(subt))*2 / (len(data) ** 2)

def gini(heikinsa, data):
    return heikinsa / (2 * np.mean(data))

print('男性の数学の成績に関するジニ係数:', gini(heikinsa(np.array(sorted_data_G1_M)), np.array(sorted_
```

```
data_G1_M)))
print('女性の数学の成績に関するジニ係数:', gini(heikinsa(np.array(sorted_data_G1_F)), np.array(sorted_
data_G1_F)))
```

出力

```
男性の数学の成績に関するジニ係数: 0.17197351667939903
女性の数学の成績に関するジニ係数: 0.1723782950865341
```

A-2- 4 Chapter4 練習問題

以下のライブラリを使うので、あらかじめ読み込んでおいてください。

入力

```
import numpy as np
import numpy.random as random
import scipy as sp
import pandas as pd
from pandas import Series, DataFrame

# 可視化ライブラリ
import matplotlib.pyplot as plt
import matplotlib as mpl
import seaborn as sns
%matplotlib inline

# 小数第3位まで表示
%precision 3
```

出力

```
'%.3f'
```

【練習問題4-1】

入力

```
# コインと見なしたデータ
# 注意：配列は順番が考慮されているので、厳密には集合ではないが、集合とみなす
# 0:head , 1:tail
coin_data = np.array([0,1])

# コインを1000回投げる
N = 1000

# seedの固定
random.seed(0)

# choiceを使う
count_all_coin = random.choice(coin_data, N)

# それぞれの数字がどれくらいの割合で抽出されたか計算
for i in [0,1]:
    print(i,'が出る確率',len(count_all_coin[count_all_coin==i]) / N)
```

出力

```
0 が出る確率 0.496
1 が出る確率 0.504
```

【練習問題4-2】

X：Aくんがあたりを引く事象

Y：Bくんがあたりを引く事象

とします。すると、以下のように計算できます。

$$P(X \cap Y) = P(Y|X)P(X) = \frac{99}{999} * \frac{100}{1000} = \frac{1}{1110} \quad \text{（式A2-3-1）}$$

【練習問題4-3】

各事象を次のように表します。

A：病気（X）である

B：陽性反応を示す

とします。すると以下のことがわかります。

$P(B|A)$：病気 X の人が陽性反応を示す

$P(A)$：病気 X の人の割合

$P(B|A^c)$ ：病気 X でない人が陽性を示す

$P(A^c)$：病気 X でない人の割合

そして、ベイズの定理を利用すると、求めたい確率は以下のように計算できます。

$$P(A|B) = \frac{P(B|A) * P(A)}{P(B)} = \frac{P(B|A) * P(A)}{P(B|A)P(A) + P(B|A^c)P(A^c)} = 0.032 \quad \text{（式A2-3-2）}$$

入力（実際の計算例）

```
0.99*0.001/(0.99*0.001+0.03*0.99)
```

出力

```
0.032
```

【練習問題4-4】

入力

```
N = 10000
# normal version
normal_sample_data = [np.random.normal(0, 1, 100).mean() for _ in range(N)]

plt.hist(normal_sample_data)
plt.grid(True)
```

出力

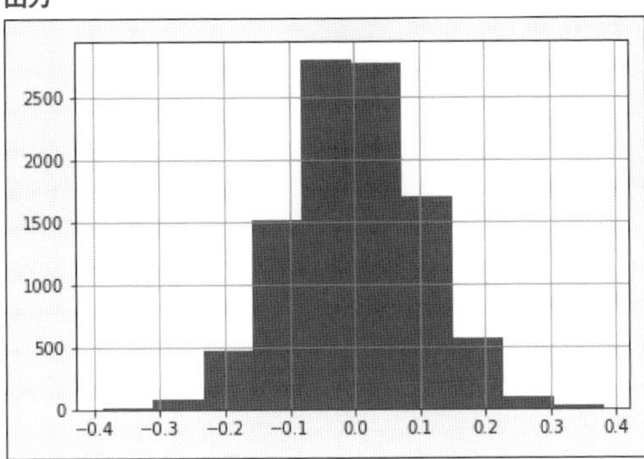

【練習問題4-5】

入力

```
N = 10000
# normal version
normal_sample_data = [np.random.lognormal(0, 1, 100).mean() for _ in range(N)]

plt.hist(normal_sample_data)
plt.grid(True)
```

出力

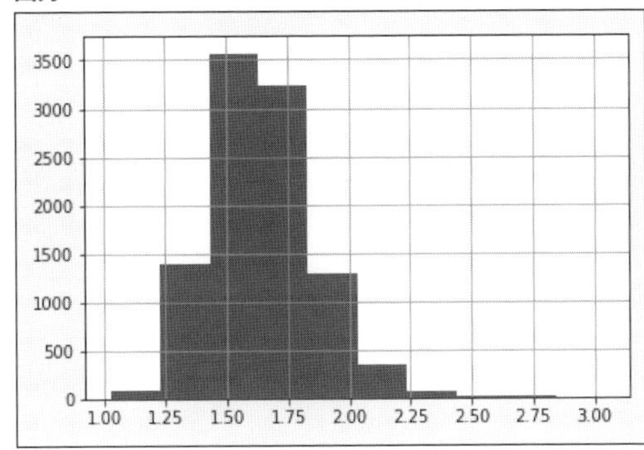

（練習問題4-6）出力

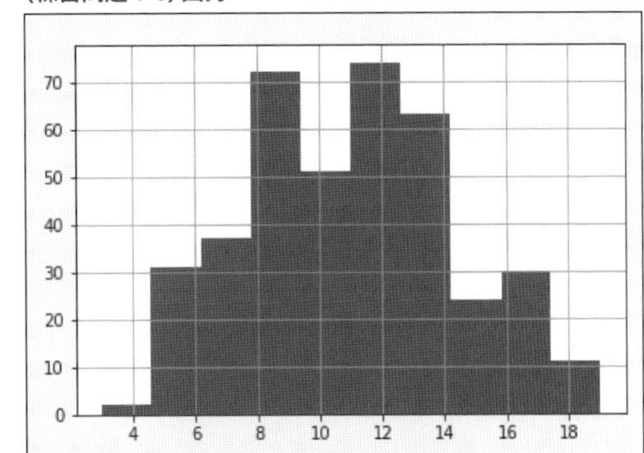

【練習問題4-6】

入力（ヒストグラムを描画）

```
student_data_math = pd.read_csv('student-mat.csv', sep=';')
plt.hist(student_data_math.G1)
plt.grid(True)
```

入力(カーネル密度関数を描画)

```
student_data_math.G1.plot(kind='kde',style='k--')
plt.grid(True)
```

出力

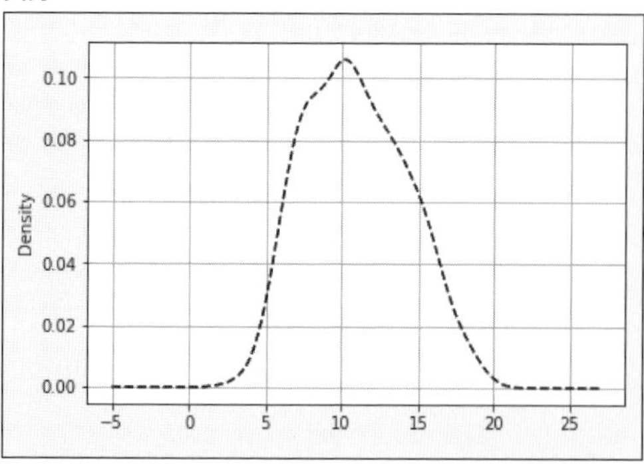

【練習問題4-7】

入力

```
for df, c in zip([5,25,50], 'bgr'):
    x = random.chisquare(df, 1000)
    plt.hist(x, 20, color=c)
```

出力

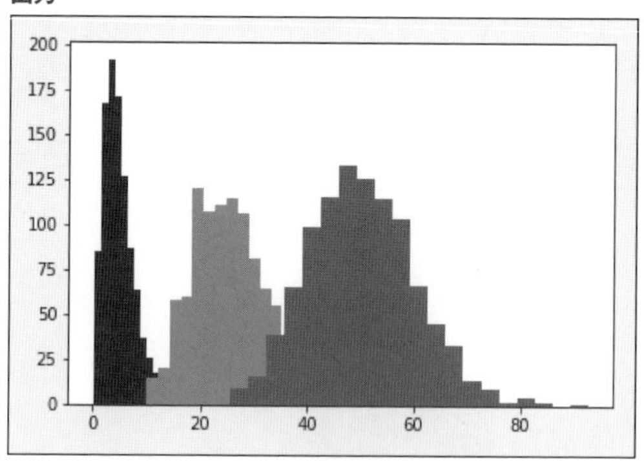

【練習問題4-8】

入力

```
x = random.standard_t(100, 1000)
plt.hist(x)
plt.grid(True)
```

出力

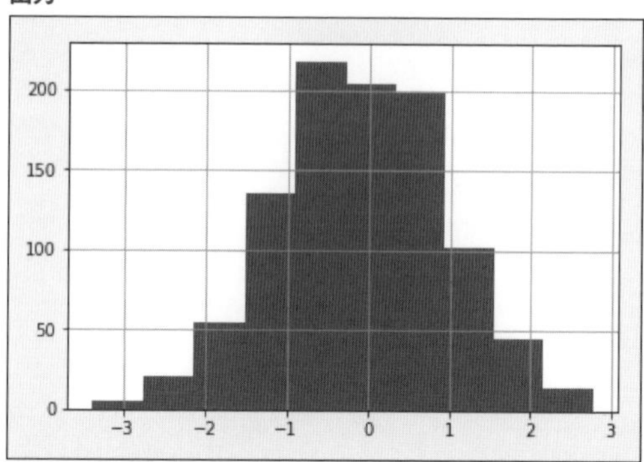

【練習問題4-9】

入力

```
for df, c in zip([(10,30), (20,25)], 'bg'):
    x = random.f(df[0], df[1], 1000)
    plt.hist(x, 100, color=c)
```

出力

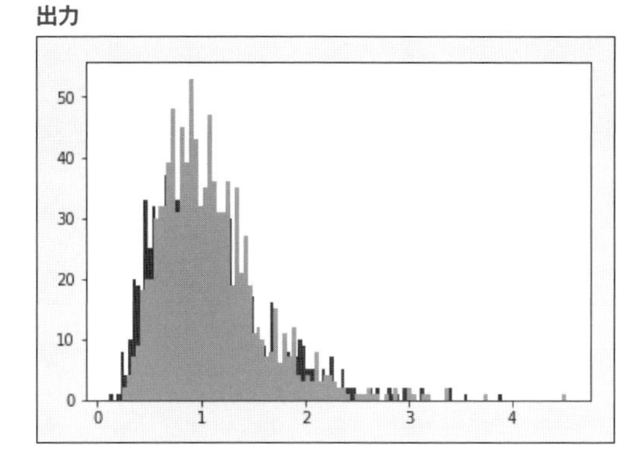

【練習問題4-10】

標本平均の

$$\overline{X} = \frac{1}{n}\sum_{i=1}^{n} X_i \qquad (式A2-4-1)$$

について、

$$E[\overline{X}] = \mu \qquad (式A2-4-2)$$

を示せば、不偏性があると言えます。ここで、

$$E[\overline{X}] = E[\frac{1}{n}\sum_{i=1}^{n} X_i] = \frac{1}{n}E[\sum_{i=1}^{n} X_i] \qquad (式A2-4-3)$$

が成り立ち、問題文より$E[\overline{X_i}] = \mu$が使えるので、

$$E[\overline{X}] = \mu \qquad (式A2-4-4)$$

となるので、不偏性があると言えました。

【練習問題4-11】

コインの表が出る確率をθとすると、裏が出る確率は$1-\theta$となります。尤度関数は、

$$L(\theta) = \theta^3(1-\theta)^2 \qquad (式A2-4-4)$$

となり、この関数を微分して、最大値を求めるとθが0.6の時に最大になりますので、これが最尤推定値となります。なお、以下のような図を書くと、おおよその値がわかります。

入力

```
# 尤度関数
def coin_likeh_fuc(x):
    return (x**3) * ((1-x)**2)

x = np.linspace(0, 1, 100)
plt.plot(x,coin_likeh_fuc(x))
plt.grid(True)
```

出力

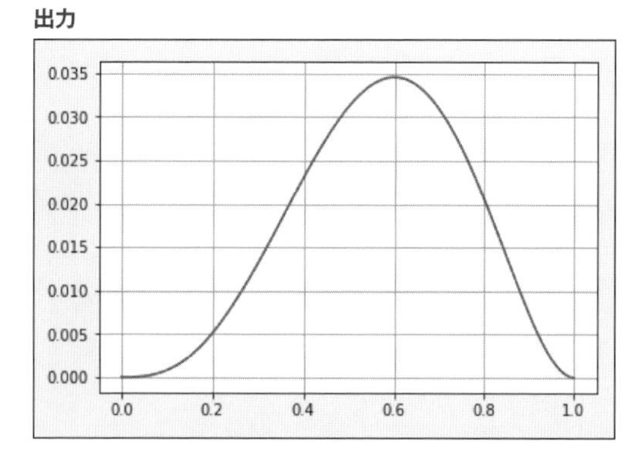

【練習問題4-12】

与えられた式において、両辺の対数を取って、対数尤度を考えると、

$$n\log(\lambda) - (\lambda)\sum_{i=1}^{n} x_i \qquad \text{(式A2-4-5)}$$

となりますので、これをλについて微分して、解くと、

$$\frac{n}{\sum_{i=1}^{n} x_i} \qquad \text{(式A2-4-6)}$$

が得られ、これが最尤推定量になります。

【練習問題4-13】

入力(データの読み込みとG2の平均の確認)

```
student_data_math = pd.read_csv('student-mat.csv',sep=';')
student_data_por = pd.read_csv('student-por.csv',sep=';')
student_data_merge = pd.merge(student_data_math
                              ,student_data_por
                              ,on=['school','sex','age','address','famsize','Pstatus','Medu'
                                     ,'Fedu','Mjob','Fjob','reason','nursery','internet']
                              ,how='inner'
                              ,suffixes=('_math', '_por'))

from scipy import stats

print('G2数学の成績平均：',student_data_merge.G2_math.mean())
print('G2ポルトガル語の成績平均：',student_data_merge.G2_por.mean())

t, p = stats.ttest_rel(student_data_merge.G2_math, student_data_merge.G2_por)
print( 'p値 =',p )
```

出力

```
G2数学の成績平均： 10.712041884816754
G2ポルトガル語の成績平均： 12.238219895287958
p値 = 4.0622824801348043e-19
```

入力（G3の平均を確認）

```
print('G3数学の成績平均：',student_data_merge.G3_math.mean())
print('G3ポルトガル語の成績平均：',student_data_merge.G3_por.mean())

t, p = stats.ttest_rel(student_data_merge.G3_math, student_data_merge.G3_por)
print( 'p値 = ',p
```

出力

```
G3数学の成績平均： 10.387434554973822
G3ポルトガル語の成績平均： 12.515706806282722
p値 =  5.561492113688385e-21
```

どちらも有意差1%未満であるため、「差がある」と結論づけることができました。

A-2- 4-1 総合問題解答 1

【総合問題4-1　検定】 1.

入力

```
print('数学の欠席数平均：',student_data_merge.absences_math.mean())
print('ポルトガル語の欠席平均：',student_data_merge.absences_por.mean())

t, p = stats.ttest_rel(student_data_merge.absences_math, student_data_merge.absences_por)
print( 'p値 = ',p )
```

出力

```
数学の欠席数平均： 5.319371727748691
ポルトガル語の欠席平均： 3.6727748691099475
p値 =  2.3441656888384195e-06
```

有意差1%未満で「差がある」と結論づけることができました。

【総合問題4-1　検定】 2.

入力

```
print('数学の勉強時間平均：',student_data_merge.studytime_math.mean())
print('ポルトガル語の勉強時間平均：',student_data_merge.studytime_por.mean())

t, p = stats.ttest_rel(student_data_merge.studytime_math, student_data_merge.studytime_por)
print( 'p値 = ',p)
```

出力

```
数学の勉強時間平均： 2.0340314136125652
ポルトガル語の勉強時間平均： 2.0392670157068062
p値 =  0.5643842756976525
```

有意差5%でも「差がある」とは言えないようです。

A-2-5 Chapter5 練習問題

以下のライブラリを使うので、あらかじめ読み込んでおいてください。

入力

```
import numpy as np
import numpy.random as random
import scipy as sp
from pandas import Series,DataFrame
import pandas as pd

# 可視化ライブラリ
import matplotlib.pyplot as plt
import matplotlib as mpl
import seaborn as sns
%matplotlib inline

# 小数第3まで表示
%precision 3
```

出力

```
'%.3f'
```

【練習問題5-1】

入力

```
sample_names = np.array(['a','b','c','d','a'])
random.seed(0)
data = random.randn(5,5)

print(sample_names)
print(data)
```

出力

```
['a' 'b' 'c' 'd' 'a']
[[ 1.764  0.4    0.979  2.241  1.868]
 [-0.977  0.95  -0.151 -0.103  0.411]
 [ 0.144  1.454  0.761  0.122  0.444]
 [ 0.334  1.494 -0.205  0.313 -0.854]
 [-2.553  0.654  0.864 -0.742  2.27 ]]
```

入力(データの抽出)

```
data[sample_names == 'b']
```

出力

```
array([[-0.977,  0.95 , -0.151, -0.103,  0.411]])
```

【練習問題5-2】

入力

```
data[sample_names != 'c']
```

出力

```
array([[ 1.764,  0.4  ,  0.979,  2.241,  1.868],
       [-0.977,  0.95 , -0.151, -0.103,  0.411],
       [ 0.334,  1.494, -0.205,  0.313, -0.854],
       [-2.553,  0.654,  0.864, -0.742,  2.27 ]])
```

【練習問題5-3】

入力

```
x_array= np.array([1,2,3,4,5])
y_array= np.array([6,7,8,9,10])

cond_data = np.array([False,False,True,True,False])
# 条件制御実施
print(np.where(cond_data,x_array,y_array))
```

出力

```
[ 6  7  3  4 10]
```

【練習問題5-4】

入力

```
np.sqrt(sample_multi_array_data2)
```

出力

```
array([[0.   , 1.   , 1.414, 1.732],
       [2.   , 2.236, 2.449, 2.646],
       [2.828, 3.   , 3.162, 3.317],
       [3.464, 3.606, 3.742, 3.873]])
```

【練習問題5-5】

入力

```
print('最大値:',sample_multi_array_data2.max())
print('最小値:',sample_multi_array_data2.min())
print('合計値:',sample_multi_array_data2.sum())
print('平均値:',sample_multi_array_data2.mean())
```

出力

```
最大値: 15
最小値: 0
合計値: 120
平均値: 7.5
```

【練習問題5-6】

入力

```
print('対角成分の和:',np.trace(sample_multi_array_data2))
```

出力

```
対角成分の和: 30
```

【練習問題5-7】

入力

```
np.concatenate([sample_array1,sample_array2])
```

出力

```
array([[ 0,  1,  2,  3],
       [ 4,  5,  6,  7],
       [ 8,  9, 10, 11],
       [ 0,  1,  2,  3],
       [ 4,  5,  6,  7],
       [ 8,  9, 10, 11]])
```

【練習問題5-8】

入力

```
np.concatenate([sample_array1,sample_array2],axis=1)
```

出力

```
array([[ 0,  1,  2,  3,  0,  1,  2,  3],
       [ 4,  5,  6,  7,  4,  5,  6,  7],
       [ 8,  9, 10, 11,  8,  9, 10, 11]])
```

【練習問題5-9】

入力

```
np.array(sample_list)+3
```

出力

```
array([4, 5, 6, 7, 8])
```

Appendix

【練習問題5-10】

入力

```
from scipy import interpolate

# 線形補間
f = interpolate.interp1d(x, y,'linear')
plt.plot(x,f(x),'-')
plt.grid(True)
```

出力

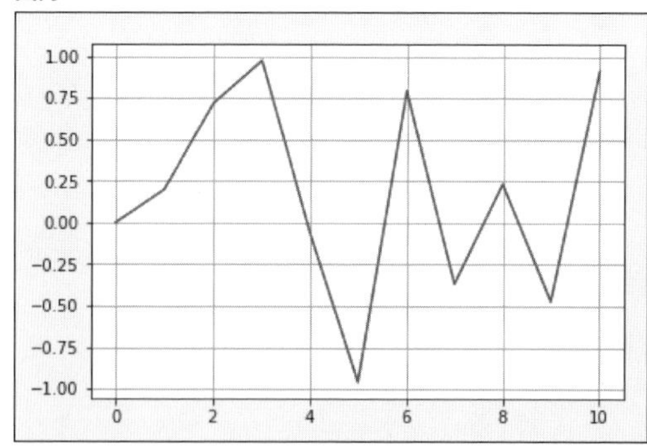

【練習問題5-11】

入力

```
# スプライン2次補間も加えて、まとめてみる
f2 = interpolate.interp1d(x, y,'quadratic')

#曲線を出すために、xの値を細かくする
xnew = np.linspace(0, 10, num=30, endpoint=True)

# グラフ化
plt.plot(x, y, 'o', xnew, f(xnew), '-', xnew, f2(xnew), '--')

# 凡例
plt.legend(['data', 'linear', 'quadratic'], loc='best')
plt.grid(True)
```

出力

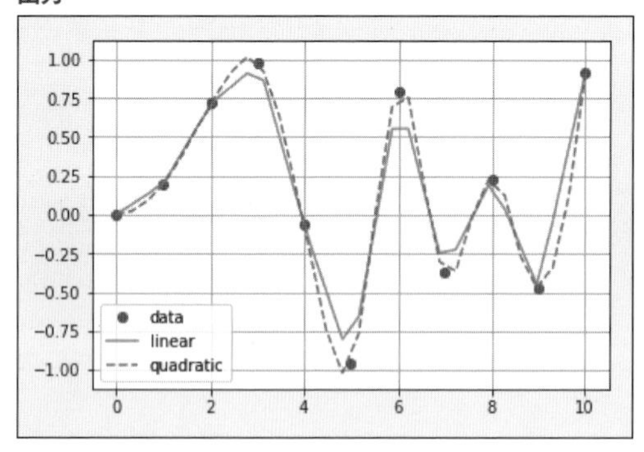

【練習問題5-12】

入力

```
# スプライン2,3次補間も加えて、まとめてみる
f2 = interpolate.interp1d(x, y,'quadratic')
f3 = interpolate.interp1d(x, y,'cubic')
```

```
#曲線を出すために、xの値を細かくする
xnew = np.linspace(0, 10, num=30, endpoint=True)

# グラフ化
plt.plot(x, y, 'o', xnew, f(xnew), '-', xnew, f2(xnew), '--', xnew, f3(xnew), '--')

# 凡例
plt.legend(['data', 'linear','quadratic','cubic'], loc='best')
plt.grid(True)
```

出力

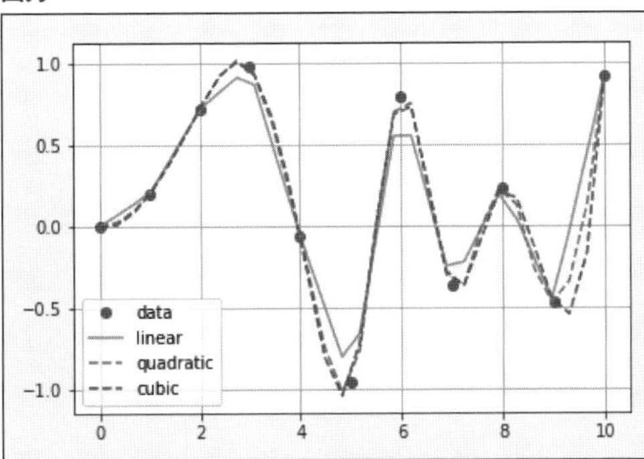

【練習問題5-13】

入力

```
# 特異値分解の関数linalg.svd
U, s, Vs = sp.linalg.svd(B)
m, n = B.shape

S = sp.linalg.diagsvd(s,m,n)

print('U.S.V* = \n',U@S@Vs)
```

出力

```
U.S.V* =
 [[ 1.  2.  3.]
 [ 4.  5.  6.]
 [ 7.  8.  9.]
 [10. 11. 12.]]
```

【練習問題5-14】

入力

```
# 正方行列をLU分解する
(LU,piv) = sp.linalg.lu_factor(A)

L = np.identity(3) + np.tril(LU,-1)
U = np.triu(LU)
P = np.identity(3)[piv]

# 解を求める
sp.linalg.lu_solve((LU,piv),b)
```

出力

```
array([-1.,  2.,  2.])
```

入力(確認)

```
np.dot(A,sp.linalg.lu_solve((LU,piv),b))
```

出力

```
array([1., 1., 1.])
```

【練習問題5-15】

入力

```
from scipy import integrate

def calc1(x):
    return (x+1)**2

# 計算結果と推定誤差
integrate.quad(calc1, 0, 2)
```

出力

```
(8.667, 0.000)
```

【練習問題5-16】

入力

```
import math
from numpy import cos

integrate.quad(cos, 0, math.pi/1)
```

出力

```
(0.000, 0.000)
```

【練習問題5-17】

入力(グラフを描画)

```
def f(x):
    y =  5*x - 10
    return y

x = np.linspace(0,4)
plt.plot(x,f(x))
plt.plot(x,np.zeros(len(x)))
plt.grid(True)
```

出力

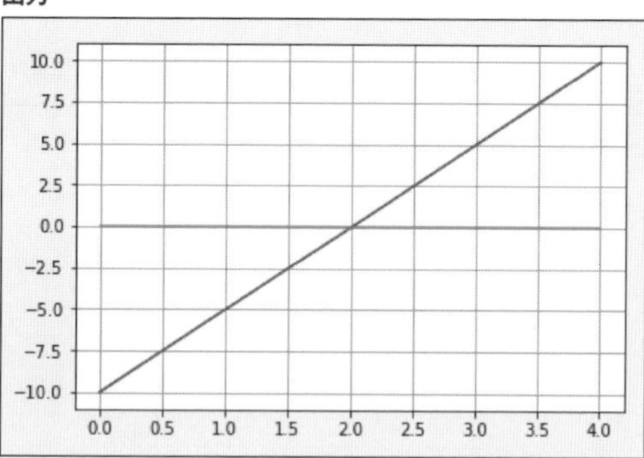

入力(解を求める)

```
from scipy.optimize import fsolve

x = fsolve(f,2)
print(x)
```

出力

```
[2.]
```

【練習問題5-18】

入力(グラフを描画)

```
def f2(x):
    y =  x**3 - 2 * x**2 - 11 * x + 12
    return y

x = np.linspace(-5,5)
```

```
plt.plot(x,f2(x))
plt.plot(x,np.zeros(len(x)))
plt.grid(True)
```

出力

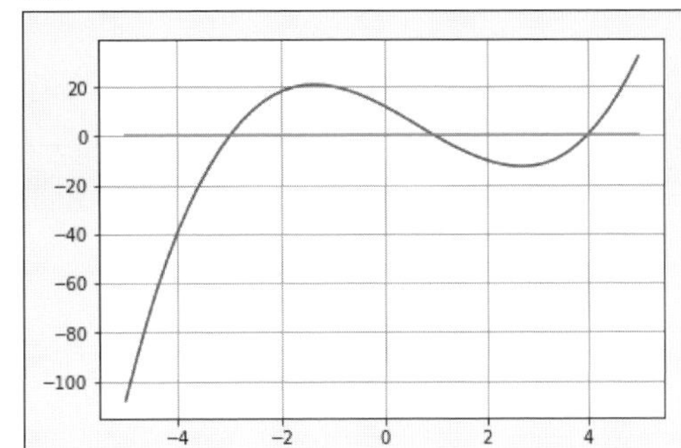

グラフから解は-3と1と4付近にあることがわかります。

入力（解を求める：-3付近）

```
from scipy.optimize import fsolve

x = fsolve(f2,-3)
print(x)
```

出力

```
[-3.]
```

入力（解を求める：1付近）

```
x = fsolve(f2,1)
print(x)
```

出力

```
[1.]
```

入力（解を求める：4付近）

```
x = fsolve(f2,4)
print(x)
```

出力

```
[4.]
```

A-2- 5-1 総合問題解答 1

【総合問題5-1　コレスキー分解】

入力

```
L = sp.linalg.cholesky(A)

t = sp.linalg.solve(L.T.conj(), b)
x = sp.linalg.solve(L, t)

print(x)
```

出力

```
[-0.051  2.157  2.01   0.098]
```

入力（確認）

```
np.dot(A,x)
```

出力

```
array([ 2., 10.,  5., 10.])
```

numpyを使っても計算できます。

入力(numpy)

```
L = np.linalg.cholesky(A)

t = np.linalg.solve(L, b)
x = np.linalg.solve(L.T.conj(), t)

print(x)
```

出力

```
[-0.051  2.157  2.01   0.098]
```

入力(確認)

```
np.dot(A,x)
```

出力

```
array([ 2., 10.,  5., 10.])
```

A-2- 5-2 総合問題解答 2

【総合問題5-2　積分】

入力

```
from scipy import integrate
import math

integrate.dblquad(lambda x, y: 1/(np.sqrt(x+y)*(1+x+y)**2), 0, 1, lambda x: 0, lambda x: 1-x)
```

出力

```
(0.285, 0.000)
```

A-2- 5-3 総合問題解答 3

【総合問題5-3　最適化問題】

入力

```
from scipy.optimize import minimize

# 目的関数
def func(x):
    return x ** 2 + 1

# 制約条件式
def cons(x):
    return (x + 1)

cons = (
    {'type': 'ineq', 'fun': cons}
)
x = -10 # 初期値は適当
```

```
result = minimize(func, x0=x, constraints=cons, method='SLSQP')
print(result)
```

出力

```
     fun: 1.0
     jac: array([1.49e-08])
 message: 'Optimization terminated successfully.'
    nfev: 7
     nit: 2
    njev: 2
  status: 0
 success: True
       x: array([0.])
```

入力(確認)

```
print('Y:',result.fun)
print('X:',result.x)
```

出力

```
Y: 1.0
X: [0.]
```

A-2- 6 Chapter6 練習問題

以下のライブラリを使うので、あらかじめ読み込んでおいてください。

入力

```
import numpy as np
import numpy.random as random
import scipy as sp
import pandas as pd
from pandas import Series,DataFrame

# 可視化ライブラリ
import matplotlib.pyplot as plt
import matplotlib as mpl
import seaborn as sns
%matplotlib inline

# 小数第3位まで表示
%precision 3
```

出力

```
'%.3f'
```

【練習問題6-1】

入力

```
hier_data_frame1['Kyoto']
```

出力

	color	Yellow	Blue
key1	key2		
c	1	0	3
d	2	4	7
1	8	11	

【練習問題6-2】

入力

```
# city列合計
hier_data_frame1.mean(level='city', axis=1)
```

出力

```
          city  Hokkaido  Kyoto  Nagoya
key1  key2
c     1          2.0      1.5    1.0
d     2          6.0      5.5    5.0
      1         10.0      9.5    9.0
```

【練習問題6-3】

入力

```
# key2行合計
hier_data_frame1.sum(level='key2')
```

出力

```
city   Kyoto   Nagoya  Hokkaido  Kyoto
color  Yellow  Yellow  Red       Blue
key2
1      8       10      12        14
2      4       5       6         7
```

【練習問題6-4】

入力

```
pd.merge(df4, df5, on='ID')
```

出力

	ID	birth_year	city	name	English	index_num	math	sex
0	0	1990	Tokyo	Hiroshi	30	0	20	M
1	1	1989	Osaka	Akiko	50	1	30	F
2	3	1997	Hokkaido	Satoru	50	2	50	F
3	6	1991	Tokyo	Mituru	70	3	70	M
4	8	1988	Osaka	Aoi	20	4	90	M

【練習問題6-5】

入力

```
pd.merge(df4, df5, how='outer')
```

出力

	ID	birth_year	city	name	English	index_num	math	sex
0	0	1990	Tokyo	Hiroshi	30.0	0.0	20.0	M
1	1	1989	Osaka	Akiko	50.0	1.0	30.0	F
2	2	1992	Kyoto	Yuki	NaN	NaN	NaN	NaN
3	3	1997	Hokkaido	Satoru	50.0	2.0	50.0	F
4	4	1982	Tokyo	Steeve	NaN	NaN	NaN	NaN
5	6	1991	Tokyo	Mituru	70.0	3.0	70.0	M
6	8	1988	Osaka	Aoi	20.0	4.0	90.0	M
7	11	1990	Kyoto	Tarou	NaN	NaN	NaN	NaN
8	12	1995	Hokkaido	Suguru	NaN	NaN	NaN	NaN
9	13	1981	Tokyo	Mitsuo	NaN	NaN	NaN	NaN

【練習問題6-6】

入力

```
pd.concat([df4, df6])
```

出力

	ID	birth_year	city	name
0	0	1990	Tokyo	Hiroshi
1	1	1989	Osaka	Akiko
2	2	1992	Kyoto	Yuki
3	3	1997	Hokkaido	Satoru
4	4	1982	Tokyo	Steeve
5	6	1991	Tokyo	Mituru
6	8	1988	Osaka	Aoi
7	11	1990	Kyoto	Tarou
8	12	1995	Hokkaido	Suguru
9	13	1981	Tokyo	Mitsuo
0	70	1980	Chiba	Suguru
1	80	1999	Kanagawa	Kouichi
2	90	1995	Tokyo	Satochi
3	120	1994	Fukuoka	Yukie
4	150	1994	Okinawa	Akari

【練習問題6-7】

入力

```
# cd ./chap3 などのコマンドで、データがあるディレクトリに、カレントディレクトリを移動してから実行してください
import pandas as pd
student_data_math = pd.read_csv('student-mat.csv',sep=';')
student_data_math['age_d'] = student_data_math['age'].map(lambda x: x*2)
student_data_math.head()
```

出力

	school	sex	age	address	famsize	Pstatus	Medu	Fedu	Mjob	Fjob
0	GP	F	18	U	GT3	A	4	4	at_home	teacher
1	GP	F	17	U	GT3	T	1	1	at_home	other
2	GP	F	15	U	LE3	T	1	1	at_home	other
3	GP	F	15	U	GT3	T	4	2	health	services
4	GP	F	16	U	GT3	T	3	3	other	other

5 rows × 34 columns

...	freetime	goout	Dalc	Walc	health	absences	G1	G2	G3	age_d
...	3	4	1	1	3	6	5	6	6	36
...	3	3	1	1	3	4	5	5	6	34
...	3	2	2	3	3	10	7	8	10	30
...	2	2	1	1	5	2	15	14	15	30
...	3	2	1	2	5	4	6	10	10	32

【練習問題6-8】

入力

```
# 分割の粒度
absences_bins = [0,1,5,100]

student_data_math_ab_cut_data = pd.cut(student_data_math.absences,absences_bins,right=False)
pd.value_counts(student_data_math_ab_cut_data)
```

出力

```
(5, 100]    146
(1, 5]      131
(0, 1]        3
Name: absences, dtype: int64
```

【練習問題6-9】

入力

```
student_data_math_ab_qcut_data = pd.qcut(student_data_math.absences,3)
pd.value_counts(student_data_math_ab_qcut_data)
```

出力

```
[0, 2]     183
(6, 75]    115
(2, 6]      97
Name: absences, dtype: int64
```

【練習問題6-10】

入力

```
student_data_math = pd.read_csv('student-mat.csv',sep=';')
student_data_math.groupby(['school'])['G1'].mean()
```

出力

```
school
GP    10.939828
MS    10.673913
Name: G1, dtype: float64
```

【練習問題6-11】

入力

```
student_data_math.groupby(['school','sex'])['G1','G2','G3'].mean()
```

出力

school	sex	G1	G2	G3
GP	F	10.579235	10.398907	9.972678
	M	11.337349	11.204819	11.060241
MS	F	10.920000	10.320000	9.920000
	M	10.380952	10.047619	9.761905

なお、練習問題 6-10の計算結果と表示が異なるのは、練習問題 6-10の解答がSeries型で今回の解答がDataFrame型だからです。

【練習問題6-12】

入力

```
functions = ['max','min']
student_data_math2 = student_data_math.groupby(['school','sex'])
student_data_math2['G1','G2','G3'].agg(functions)
```

出力

		G1		G2		G3	
		max	min	max	min	max	min
school	sex						
GP	F	18	4	18	0	19	0
	M	19	3	19	0	20	0
MS	F	19	6	18	5	19	0
	M	15	6	16	5	16	0

【練習問題6-13】

入力

```
df2.dropna()
```

出力

	0	1	2	3	4	5
0	0.415247	0.550350	0.557778	0.383570	0.482254	0.142117
1	0.066697	0.908009	0.197264	0.227380	0.291084	0.305750
3	0.469084	0.717253	0.467172	0.661786	0.539626	0.862264
4	0.314643	0.129364	0.291149	0.210694	0.891432	0.583443
11	0.700689	0.894851	0.918055	0.108752	0.502343	0.749123
12	0.393294	0.468172	0.711183	0.725584	0.355825	0.562409
13	0.403318	0.076329	0.642033	0.344418	0.453335	0.916017
14	0.898894	0.926813	0.620625	0.089307	0.362026	0.497475

※以下練習問題 6-15まで、P.176のdf2に対して実行した場合の結果です

【練習問題6-14】

入力

```
df2.fillna(0)
```

出力

	0	1	2	3	4	5
0	0.415247	0.550350	0.557778	0.383570	0.482254	0.142117
1	0.066697	0.908009	0.197264	0.227380	0.291084	0.305750
2	0.000000	0.481305	0.963701	0.289538	0.662069	0.883058
3	0.469084	0.717253	0.467172	0.661786	0.539626	0.862264
4	0.314643	0.129364	0.291149	0.210694	0.891432	0.583443
5	0.672456	0.111327	0.000000	0.197844	0.361385	0.703919
6	0.943599	0.047140	0.000000	0.222312	0.270678	0.985113
7	0.172857	0.359706	0.000000	0.000000	0.559918	0.181495
8	0.650042	0.845300	0.000000	0.000000	0.706246	0.634860
9	0.696152	0.353721	0.999253	0.000000	0.616951	0.278251
10	0.126199	0.791196	0.856410	0.959452	0.826969	0.000000
11	0.700689	0.894851	0.918055	0.108752	0.502343	0.749123
12	0.393294	0.468172	0.711183	0.725584	0.355825	0.562409
13	0.403318	0.076329	0.642033	0.344418	0.453335	0.916017
14	0.898894	0.926813	0.620625	0.089307	0.362026	0.497475

【練習問題6-15】

入力

```
df2.fillna(df2.mean())
```

出力

	0	1	2	3	4	5
0	0.415247	0.550350	0.557778	0.383570	0.482254	0.142117
1	0.066697	0.908009	0.197264	0.227380	0.291084	0.305750
2	0.494512	0.481305	0.963701	0.289538	0.662069	0.883058
3	0.469084	0.717253	0.467172	0.661786	0.539626	0.862264
4	0.314643	0.129364	0.291149	0.210694	0.891432	0.583443
5	0.672456	0.111327	0.656784	0.197844	0.361385	0.703919
6	0.943599	0.047140	0.656784	0.222312	0.270678	0.985113
7	0.172857	0.359706	0.656784	0.368386	0.559918	0.181495
8	0.650042	0.845300	0.656784	0.368386	0.706246	0.634860
9	0.696152	0.353721	0.999253	0.368386	0.616951	0.278251
10	0.126199	0.791196	0.856410	0.959452	0.826969	0.591807
11	0.700689	0.894851	0.918055	0.108752	0.502343	0.749123
12	0.393294	0.468172	0.711183	0.725584	0.355825	0.562409
13	0.403318	0.076329	0.642033	0.344418	0.453335	0.916017
14	0.898894	0.926813	0.620625	0.089307	0.362026	0.497475

入力（確認）

```
df2.mean()
```

出力

```
0    0.494512
1    0.510722
2    0.656784
3    0.368386
```

```
4    0.525476
5    0.591807
dtype: float64
```

【練習問題6-16】

入力

```
fx_jpusdata.resample('Y').mean().head()
```

出力

DATE	DEXJPUS
2001-12-31	121.568040
2002-12-31	125.220438
2003-12-31	115.938685
2004-12-31	108.150830
2005-12-31	110.106932

【練習問題6-17】

入力

```
fx_jpusdata_rolling20 = fx_jpusdata.rolling(20).mean().dropna()
fx_jpusdata_rolling20.head()
```

出力

DATE	DEXJPUS
2001-02-12	116.6910
2001-02-13	116.6920
2001-02-14	116.6070
2001-02-15	116.5015
2001-02-16	116.4130

A-2- 6-1 総合問題解答 1

【総合問題6-1 データ操作】 1.

入力

```
# cd ./chap3 などのコマンドで、studet-por.csvやstudent-mat.csvのあるディレクトリに移動してから以下を実行
student_data_math = pd.read_csv('student-mat.csv',sep=';')

student_data_math.groupby(['age','sex'])['G1'].mean().unstack()
```

出力

sex age	F	M
15	10.052632	12.250000
16	10.203704	11.740000
17	11.103448	10.600000
18	10.883721	10.538462
19	10.642857	9.700000
20	15.000000	13.000000
21	NaN	10.000000
22	NaN	6.000000

【総合問題6-1　データ操作】2.

入力

```
student_data_math.groupby(['age','sex'])['G1'].mean().unstack().dropna()
```

出力

sex age	F	M
15	10.052632	12.250000
16	10.203704	11.740000
17	11.103448	10.600000
18	10.883721	10.538462
19	10.642857	9.700000
20	15.000000	13.000000

A-2- 7 Chapter7 練習問題

以下のライブラリを使うので、あらかじめ読み込んでおいてください。

入力

```
import numpy as np
import numpy.random as random
import scipy as sp
import pandas as pd
from pandas import Series,DataFrame

# 可視化ライブラリ
import matplotlib.pyplot as plt
import matplotlib as mpl
import seaborn as sns
sns.set()
%matplotlib inline

# 小数第３位まで表示
%precision 3
```

出力

```
'%.3f'
```

【練習問題7-1】

入力

```
# cd ./chap3 などのコマンドで、データがあるディレクトリに、カレントディレクトリを移動してから実行してください
student_data_math = pd.read_csv('student-mat.csv',sep=';')
student_data_math.groupby('reason').size().plot(kind='pie', autopct='%1.1f%%',startangle=90)
plt.ylabel('')
plt.axis('equal')
```

出力

```
(-1.119, 1.110, -1.104, 1.100)
```

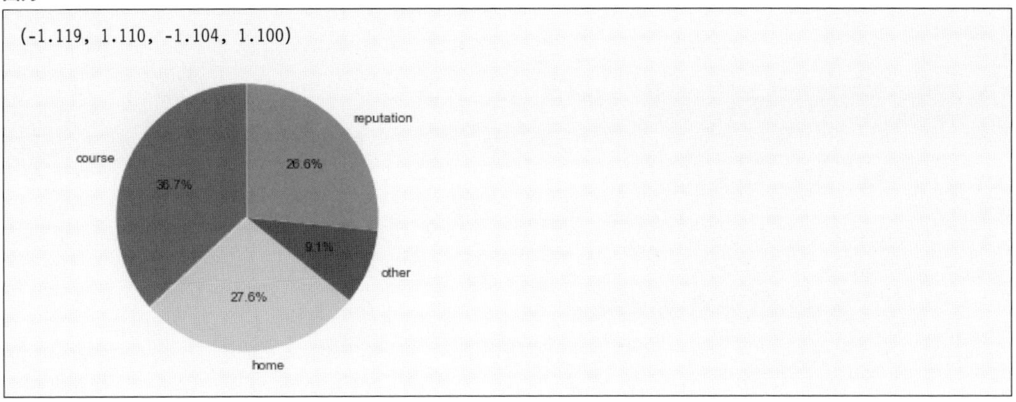

【練習問題7-2】

入力

```
student_data_math.groupby('higher')['G3'].mean().plot(kind='bar')
plt.xlabel('higher')
plt.ylabel('G3 grade avg')
```

出力

```
Text(0,0.5,'G3 grade avg')
```

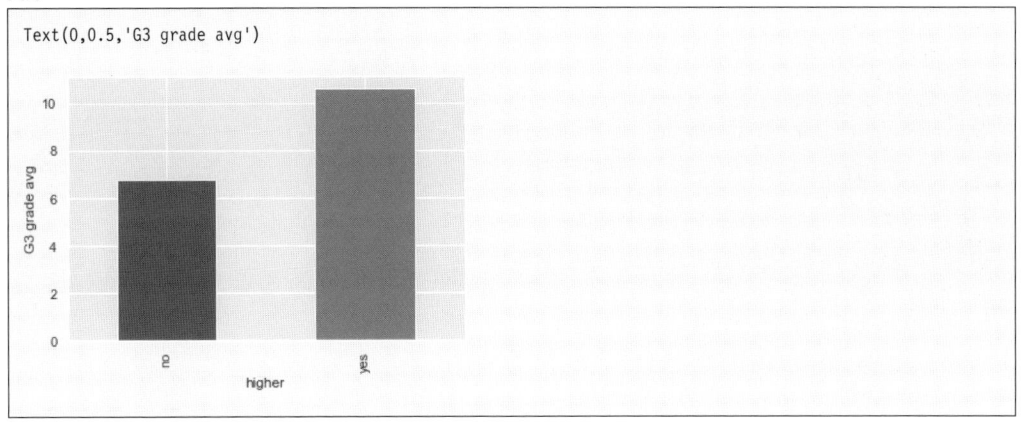

高い教育を受けたい人たちの方が成績は高めであることがわかります。

【練習問題7-3】

入力

```
student_data_math.groupby(['traveltime'])['G3'].mean().plot(kind='barh')
plt.xlabel('G3 Grade avg')
```

出力

```
Text(0.5,0,'G3 Grade avg')
```

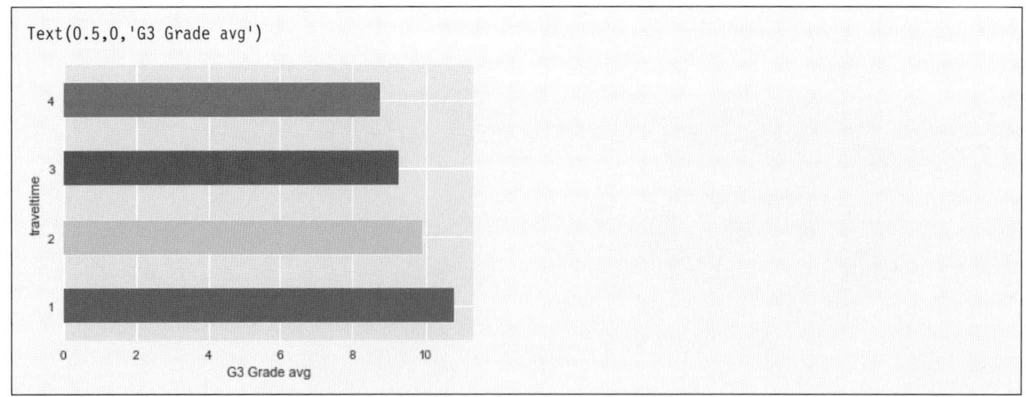

通学時間が長いと成績が低くなる傾向があるようです。

A-2- 7-1 総合問題解答 1

【総合問題7-1　時系列データ分析】 1.

入力

```
# データの取得
import requests, zipfile
from io import StringIO
import io

# url
zip_file_url = 'https://archive.ics.uci.edu/ml/machine-learning-databases/00312/dow_jones_index.zip'
r = requests.get(zip_file_url, stream=True)
z = zipfile.ZipFile(io.BytesIO(r.content))
# 展開
z.extractall()

# データの読み込み
dow_jones_index = pd.read_csv('dow_jones_index.data',sep=',')

# 先頭5行の確認
dow_jones_index.head()
```

出力

	quarter	stock	date	open	high	low	close	volume
0	1	AA	1/7/2011	$15.82	$16.72	$15.78	$16.42	239655616
1	1	AA	1/14/2011	$16.71	$16.71	$15.64	$15.97	242963398
2	1	AA	1/21/2011	$16.19	$16.38	$15.60	$15.79	138428495
3	1	AA	1/28/2011	$15.87	$16.63	$15.82	$16.13	151379173
4	1	AA	2/4/2011	$16.18	$17.39	$16.18	$17.14	154387761

percent_change_price	percent_change_volume_over_last_wk	previous_weeks_volume	next_weeks_open
3.79267	NaN	NaN	$16.71
-4.42849	1.380223	239655616.0	$16.19
-2.47066	-43.024959	242963398.0	$15.87
1.63831	9.355500	138428495.0	$16.18
5.93325	1.987452	151379173.0	$17.33

next_weeks_close	percent_change_next_weeks_price	days_to_next_dividend	percent_return_next_dividend
$15.97	-4.428490	26	0.182704
$15.79	-2.470660	19	0.187852
$16.13	1.638310	12	0.189994
$17.14	5.933250	5	0.185989
$17.37	0.230814	97	0.175029

入力

```
# データのカラム情報
dow_jones_index.info()
```

出力

```
<class 'pandas.core.frame.DataFrame'>
RangeIndex: 750 entries, 0 to 749
Data columns (total 16 columns):
quarter                               750 non-null int64
stock                                 750 non-null object
date                                  750 non-null object
open                                  750 non-null object
high                                  750 non-null object
low                                   750 non-null object
close                                 750 non-null object
volume                                750 non-null int64
percent_change_price                  750 non-null float64
percent_change_volume_over_last_wk    720 non-null float64
previous_weeks_volume                 720 non-null float64
next_weeks_open                       750 non-null object
next_weeks_close                      750 non-null object
percent_change_next_weeks_price       750 non-null float64
days_to_next_dividend                 750 non-null int64
percent_return_next_dividend          750 non-null float64
dtypes: float64(5), int64(3), object(8)
memory usage: 93.8+ KB
```

【総合問題7-1　時系列データ分析】 2.

入力

```
# 型変更 日時型
dow_jones_index.date = pd.to_datetime(dow_jones_index.date)

# $マークを消す
delete_dolchar = lambda x: str(x).replace('$', '')

# 対象は、open,high,low.close,next_weeks_open,next_weeks_close
# 文字型を数値型に変換する処理
dow_jones_index.open = pd.to_numeric(dow_jones_index.open.map(delete_dolchar))
dow_jones_index.high = pd.to_numeric(dow_jones_index.high.map(delete_dolchar))
dow_jones_index.low = pd.to_numeric(dow_jones_index.low.map(delete_dolchar))
dow_jones_index.close = pd.to_numeric(dow_jones_index.close.map(delete_dolchar))
dow_jones_index.next_weeks_open = pd.to_numeric(dow_jones_index.next_weeks_open.map(delete_dolchar))
dow_jones_index.next_weeks_close = pd.to_numeric(dow_jones_index.next_weeks_close.map(delete_dolchar))

# 再確認
dow_jones_index.head()
```

出力

	quarter	stock	date	open	high	low	close	volume
0	1	AA	2011-01-07	15.82	16.72	15.78	16.42	239655616
1	1	AA	2011-01-14	16.71	16.71	15.64	15.97	242963398
2	1	AA	2011-01-21	16.19	16.38	15.60	15.79	138428495
3	1	AA	2011-01-28	15.87	16.63	15.82	16.13	151379173
4	1	AA	2011-02-04	16.18	17.39	16.18	17.14	154387761

percent_change_price	percent_change_volume_over_last_wk	previous_weeks_volume	next_weeks_open
3.79267	NaN	NaN	16.71
-4.42849	1.380223	239655616.0	16.19
-2.47066	-43.024959	242963398.0	15.87
1.63831	9.355500	138428495.0	16.18
5.93325	1.987452	151379173.0	17.33

next_weeks_close	percent_change_next_weeks_price	days_to_next_dividend	percent_return_next_dividend
15.97	-4.428490	26	0.182704
15.79	-2.470660	19	0.187852
16.13	1.638310	12	0.189994
17.14	5.933250	5	0.185989
17.37	0.230814	97	0.175029

【総合問題7-1　時系列データ分析】　3.

入力

```
# indexをセットする
dow_jones_index_stock_index = dow_jones_index.set_index(['date','stock'])

# データフレームワークの再構成
dow_jones_index_stock_index_unstack = dow_jones_index_stock_index.unstack()

# closeのみ対象
dow_close_data = dow_jones_index_stock_index_unstack['close']

# 要約統計量
dow_close_data.describe()
```

出力

stock	AA	AXP	BA	BAC	CAT	CSCO	CVX	DD
count	25.000000	25.000000	25.000000	25.000000	25.000000	25.000000	25.000000	25.000000
mean	16.504400	46.712400	73.448000	13.051600	103.152000	17.899200	101.175600	52.873600
std	0.772922	2.396248	3.087631	1.417382	6.218651	1.984095	5.267066	2.367048
min	14.720000	43.530000	69.100000	10.520000	92.750000	14.930000	91.190000	48.350000
25%	16.030000	44.360000	71.640000	11.930000	99.590000	16.880000	97.900000	50.290000
50%	16.520000	46.250000	72.690000	13.370000	103.540000	17.520000	102.100000	52.910000
75%	17.100000	48.500000	74.840000	14.250000	107.210000	18.700000	103.750000	54.630000
max	17.920000	51.190000	79.780000	15.250000	115.410000	22.050000	109.660000	56.790000

8 rows × 30 columns

DIS	GE	...	MRK	MSFT	PFE	PG	T	TRV
25.000000	25.000000	...	25.000000	25.000000	25.000000	25.000000	25.000000	25.000000
41.249600	19.784000	...	34.360400	25.920800	19.821600	64.002000	29.626800	59.160000
1.882473	0.912022	...	1.666357	1.416407	0.915085	1.828795	1.369257	2.649218
37.580000	17.970000	...	31.910000	23.700000	18.150000	60.600000	27.490000	53.330000
39.450000	19.250000	...	33.060000	24.800000	19.190000	62.590000	28.430000	57.920000
41.520000	19.950000	...	34.040000	25.680000	20.110000	64.300000	30.340000	59.210000
42.950000	20.360000	...	35.820000	27.060000	20.530000	65.270000	30.710000	61.180000
43.560000	21.440000	...	37.350000	28.600000	20.970000	67.360000	31.410000	63.430000

UTX	VZ	WMT	XOM
25.000000	25.00000	25.000000	25.000000
84.033200	36.46960	53.912800	82.111600
2.985547	0.93282	1.555639	3.137743
79.080000	34.95000	51.520000	75.590000
82.520000	35.84000	52.540000	79.780000
83.520000	36.31000	53.660000	82.630000
85.320000	37.26000	55.290000	84.500000
89.580000	38.47000	56.700000	87.980000

【総合問題7-1　時系列データ分析】 4.

入力（相関行列の表示）

```
corr_data = dow_close_data.corr()
corr_data
```

出力

stock stock	AA	AXP	BA	BAC	CAT	CSCO	CVX	DD
AA	1.000000	-0.132094	0.291520	0.432240	0.695727	0.277191	0.470529	0.762246
AXP	-0.132094	1.000000	0.792575	-0.746595	0.255515	-0.593743	0.236456	0.004094
BA	0.291520	0.792575	1.000000	-0.536545	0.627205	-0.465162	0.568946	0.417249
BAC	0.432240	-0.746595	-0.536545	1.000000	-0.131058	0.813696	-0.295246	0.129762
CAT	0.695727	0.255515	0.627205	-0.131058	1.000000	-0.375140	0.889416	0.902856
CSCO	0.277191	-0.593743	-0.465162	0.813696	-0.375140	1.000000	-0.548609	-0.175626

（※以下略※）

30 rows × 30 columns

DIS	GE	...	MRK	MSFT	PFE	PG	T	TRV
0.772470	0.740139	...	-0.194258	0.317951	0.111613	-0.162919	0.030825	0.405575
-0.129064	-0.315425	...	0.767470	-0.561235	0.663768	0.670814	0.853905	0.589784
0.350917	0.139263	...	0.591316	-0.441828	0.729025	0.482806	0.802601	0.863653
0.421660	0.568918	...	-0.604937	0.817784	-0.695282	-0.311218	-0.786890	-0.418905
0.712870	0.463054	...	-0.030892	-0.325324	0.666647	-0.226021	0.482533	0.778439
0.067161	0.362102	...	-0.286511	0.953722	-0.784896	0.036368	-0.704006	-0.549185

UTX	VZ	WMT	XOM
0.407474	0.728472	0.171045	0.685739
0.688131	0.239228	0.261840	-0.036042
0.916338	0.566156	0.224755	0.444624
-0.508228	-0.089458	0.131447	0.123588
0.734655	0.890315	-0.170677	0.803195
-0.496793	-0.228347	0.501898	-0.120732

入力（ヒートマップの表示）

```
sns.heatmap(corr_data)
```

出力

```
<matplotlib.axes._subplots.AxesSubplot at 0x1a1e06e4e0>
```

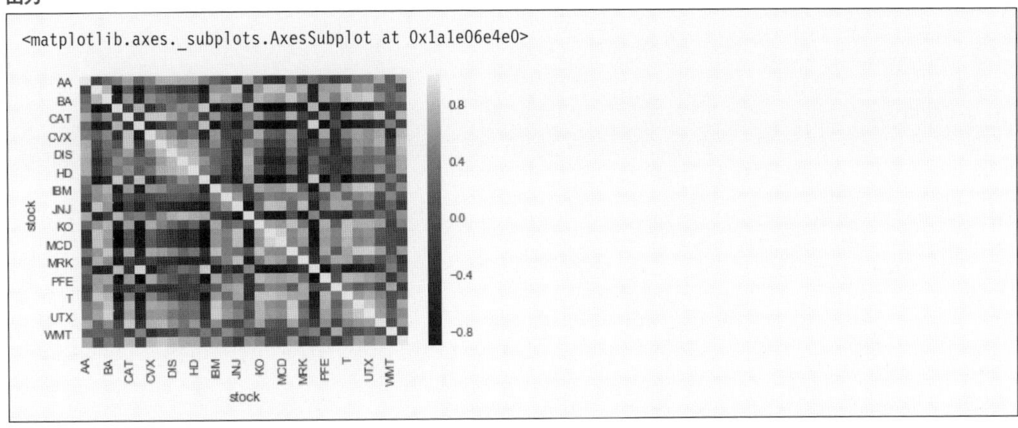

【総合問題7-1　時系列データ分析】 5.

入力（自分自身以外の29ペアの中で相関係数が最大となるペアの抽出）

```
# initial value
max_corr = 0
stock_1 = ''
stock_2 = ''

for i in range(0,len(corr_data)):
    print(
        corr_data[i:i+1].unstack().sort_values(ascending=False)[[1]].idxmax()[1],
        corr_data[i:i+1].unstack().sort_values(ascending=False)[[1]].idxmax()[0],
        corr_data[i:i+1].unstack().sort_values(ascending=False)[[1]][0]
    )
    if max_corr < corr_data[i:i+1].unstack().sort_values(ascending=False)[[1]][0]:
        max_corr = corr_data[i:i+1].unstack().sort_values(ascending=False)[[1]][0]
        stock_1 = corr_data[i:i+1].unstack().sort_values(ascending=False)[[1]].idxmax()[1]
        stock_2 = corr_data[i:i+1].unstack().sort_values(ascending=False)[[1]].idxmax()[0]

# max_coorのペアを出力
print('[Max Corr]:',max_corr)
print('[stock_1]:',stock_1)
print('[stock_2]:',stock_2)
```

出力

```
AA DIS 0.7724697655620217
AXP KRFT 0.8735103611554016
BA UTX 0.9163379610743169
BAC HPQ 0.905816768000937
CAT DD 0.9028558103078954
CSCO MSFT 0.9537216645891367
CVX CAT 0.8894156562923723
DD CAT 0.9028558103078954
DIS DD 0.8269258130241479
GE HD 0.8582069310150247
HD GE 0.8582069310150247
HPQ BAC 0.905816768000937
```

```
IBM UTX 0.8975523835362526
INTC BA 0.6910939563691997
JNJ KRFT 0.8612879882611022
JPM GE 0.8304508594360389
KO T 0.8689952415835721
KRFT MCD 0.9299213037922904
MCD KRFT 0.9299213037922904
MMM UTX 0.9136955626526879
MRK JNJ 0.8440270438854454
MSFT CSCO 0.9537216645891367
PFE T 0.8065439446754139
PG MRK 0.7497131367292446
T KO 0.8689952415835721
TRV MMM 0.8917262016156647
UTX BA 0.9163379610743169
VZ CAT 0.8903147891825166
WMT PG 0.7237055485083298
XOM DD 0.8635107559399798
[Max Corr]: 0.9537216645891367
[stock_1]: CSCO
[stock_2]: MSFT
```

入力(グラフ化)

```
# ペアトレーディングなどに使われる
dow_close_data_subsets =dow_close_data[[stock_1,stock_2]]
dow_close_data_subsets.plot(subplots=True,grid=True)
plt.grid(True)
```

出力

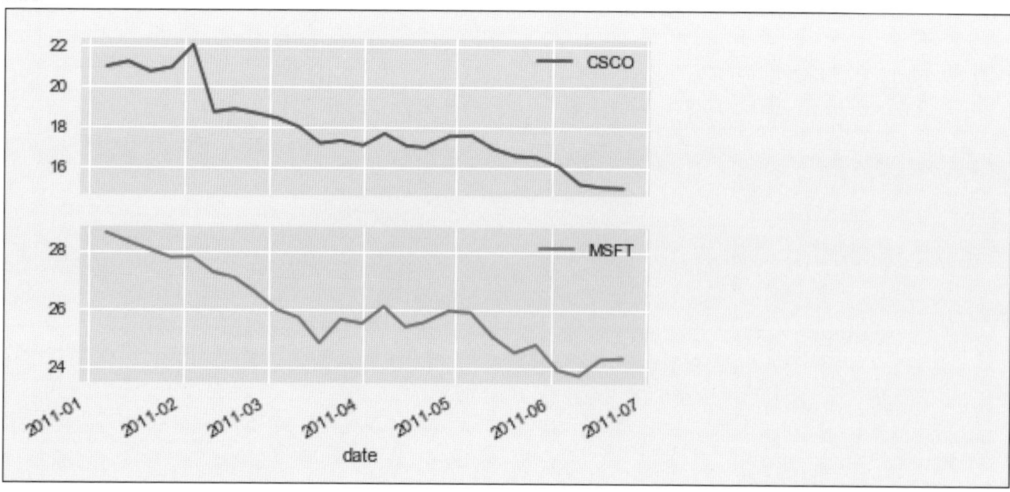

【総合問題7-1　時系列データ分析】　6.

入力

```
dow_close_data.rolling(center=False,window=5).mean().head(10)
```

出力

stock date	AA	AXP	BA	BAC	CAT	CSCO	CVX	DD	DIS	GE
2011-01-07	NaN	NaN	NaN	NaN	NaN	NaN	NaN	NaN	NaN	NaN
2011-01-14	NaN	NaN	NaN	NaN	NaN	NaN	NaN	NaN	NaN	NaN
2011-01-21	NaN	NaN	NaN	NaN	NaN	NaN	NaN	NaN	NaN	NaN
2011-01-28	NaN	NaN	NaN	NaN	NaN	NaN	NaN	NaN	NaN	NaN
2011-02-04	16.290	44.858	70.348	14.328	95.152	21.176	93.656	50.146	39.608	19.550
2011-02-11	16.480	45.336	70.900	14.432	97.114	20.722	94.708	51.110	40.400	20.130
2011-02-18	16.742	45.192	71.494	14.332	99.484	20.250	95.886	52.346	41.254	20.654
2011-02-25	16.920	44.698	71.618	14.322	101.334	19.834	97.550	53.490	41.896	20.870
2011-03-04	17.010	44.670	72.132	14.426	102.806	19.328	99.626	54.206	42.836	20.904
2011-03-11	16.788	44.762	72.184	14.444	102.892	18.508	100.190	54.280	43.280	20.864

10 rows × 30 columns

...	MRK	MSFT	PFE	PG	T	TRV	UTX	VZ	WMT	XOM
...	NaN	NaN	NaN	NaN	NaN	NaN	NaN	NaN	NaN	NaN
...	NaN	NaN	NaN	NaN	NaN	NaN	NaN	NaN	NaN	NaN
...	NaN	NaN	NaN	NaN	NaN	NaN	NaN	NaN	NaN	NaN
...	NaN	NaN	NaN	NaN	NaN	NaN	NaN	NaN	NaN	NaN
...	34.288	28.088	18.498	64.750	28.214	55.236	80.462	35.656	55.470	78.936
...	33.432	27.818	18.596	64.796	28.138	56.368	81.686	35.748	55.792	80.382
...	33.156	27.570	18.766	64.550	28.166	57.626	82.872	35.980	55.906	81.714
...	32.814	27.276	18.866	63.936	28.126	58.546	83.506	36.184	55.110	82.986
...	32.812	26.916	19.168	63.502	28.212	59.220	83.792	36.274	54.184	84.204
...	32.780	26.498	19.202	63.078	28.310	59.514	83.544	36.182	53.496	83.972

【総合問題7-1　時系列データ分析】 7.

入力

```
# 前週比（1期ずらし）をしたい場合、shiftを使う
# loopなどを使うより、断然処理が速い
log_ratio_stock_close = np.log(dow_close_data/dow_close_data.shift(1))

max_vol_stock = log_ratio_stock_close.std().idxmax()
min_vol_stock = log_ratio_stock_close.std().idxmin()

# 最大と最小の標準偏差のstock
print('max volatility:',max_vol_stock)
print('min volatility:',min_vol_stock)

# グラフ化
log_ratio_stock_close[max_vol_stock].plot()
log_ratio_stock_close[min_vol_stock].plot()
plt.ylabel('log ratio')
plt.legend()
plt.grid(True)
```

出力

```
max volatility: CSCO
min volatility: KO
```

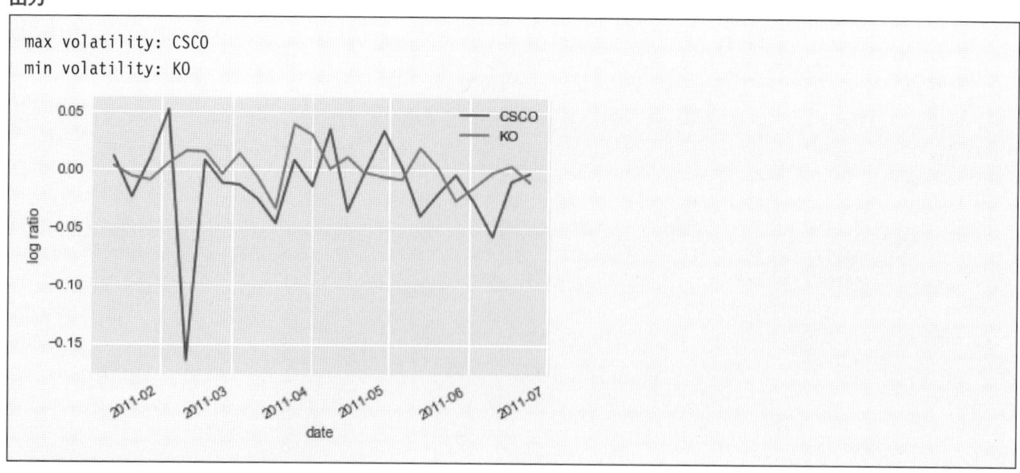

A-2- 7-2 総合問題解答 2

【総合問題7-1　マーケティング分析】 1.

入力（データの読み込み）

```
# 時間がかかります
file_url = 'http://archive.ics.uci.edu/ml/machine-learning-databases/00352/Online%20Retail.xlsx'
online_retail_data = pd.ExcelFile(file_url)

# シートを指定する
online_retail_data_table = online_retail_data.parse('Online Retail')
online_retail_data_table.head()
```

出力

	InvoiceNo	StockCode	Description	Quantity	InvoiceDate
0	536365	85123A	WHITE HANGING HEART T-LIGHT HOLDER	6	2010-12-01 08:26:00
1	536365	71053	WHITE METAL LANTERN	6	2010-12-01 08:26:00
2	536365	84406B	CREAM CUPID HEARTS COAT HANGER	8	2010-12-01 08:26:00
3	536365	84029G	KNITTED UNION FLAG HOT WATER BOTTLE	6	2010-12-01 08:26:00
4	536365	84029E	RED WOOLLY HOTTIE WHITE HEART.	6	2010-12-01 08:26:00

UnitPrice	CustomerID	Country
2.55	17850.0	United Kingdom
3.39	17850.0	United Kingdom
2.75	17850.0	United Kingdom
3.39	17850.0	United Kingdom
3.39	17850.0	United Kingdom

入力（データの確認）

```
online_retail_data_table.info()
```

出力

```
<class 'pandas.core.frame.DataFrame'>
RangeIndex: 541909 entries, 0 to 541908
Data columns (total 8 columns):
InvoiceNo      541909 non-null object
StockCode      541909 non-null object
Description    540455 non-null object
Quantity       541909 non-null int64
InvoiceDate    541909 non-null datetime64[ns]
UnitPrice      541909 non-null float64
CustomerID     406829 non-null float64
Country        541909 non-null object
dtypes: datetime64[ns](1), float64(2), int64(1), object(4)
memory usage: 33.1+ MB
```

入力（InvoiceNoの1文字目を抽出）

```
# InvoiceNoの1文字目を抽出する処理。mapとLambda関数を使う
online_retail_data_table['cancel_flg'] = online_retail_data_table.InvoiceNo.map(lambda x:str(x)[0])
online_retail_data_table.groupby('cancel_flg').size()
```

出力

```
cancel_flg
5    532618
A         3
C      9288
dtype: int64
```

入力

```
# 「C」から始まるものはキャンセルデータなので、取り除く処理を書く
# 「A」も異常値として処理して、削除する
# 上記の結果から、今回は先頭が「5」であるものだけを分析対象とする
# さらに、CustomerIDがあるデータだけを対象とする
online_retail_data_table = online_retail_data_table[(online_retail_data_table.cancel_flg == '5') &
(online_retail_data_table.CustomerID.notnull())]
```

【総合問題7-2　マーケティング分析】 2.

入力

```
# unique ID
print('購買者数（ユニーク）：',len(online_retail_data_table.CustomerID.unique()))

# unique StockCode
print('商品コード数:',len(online_retail_data_table.StockCode.unique()))

# unique description
# 上より多いから、同じstockcodeで違う名前になった商品がある。
print('商品名の種類数:',len(online_retail_data_table.Description.unique()))

# unique bascket
print('バスケット数:',len(online_retail_data_table.InvoiceNo.unique()))
```

出力

```
購買者数（ユニーク）: 4339
商品コード数: 3665
商品名の種類数: 3877
バスケット数: 18536
```

【総合問題7-2　マーケティング分析】 3.

入力

```
# 売り上げ合計を求めるため、新しいカラムの追加（売り上げ=数量×単価）
online_retail_data_table['TotalPrice'] = online_retail_data_table.Quantity * online_retail_data_table.
UnitPrice

# それぞれの国ごとに売り上げ合計金額を算出
country_data_total_p = online_retail_data_table.groupby('Country')['TotalPrice'].sum()

# 値に対して、降順にソートして、TOP5を抜き出す。
top_five_country =country_data_total_p.sort_values(ascending=False)[0:5]

# TOP5の国
print(top_five_country)

# TOP5の国のリスト
print('TOP5の国のリスト:',top_five_country.index)
```

出力

```
Country
United Kingdom    7.308392e+06
Netherlands       2.854463e+05
EIRE              2.655459e+05
Germany           2.288671e+05
France            2.090240e+05
Name: TotalPrice, dtype: float64
TOP5の国のリスト: Index(['United Kingdom', 'Netherlands', 'EIRE', 'Germany', 'France'], dtype='object',
name='Country')
```

【総合問題7-2　マーケティング分析】 4.

入力

```
# TOP5だけのデータを作成
top_five_country_data = online_retail_data_table[online_retail_data_table['Country'].isin(top_five_
country.index)]

# date と国ごとの売り上げ
top_five_country_data_country_totalP =top_five_country_data.groupby(['InvoiceDate','Country'],as_
index=False)['TotalPrice'].sum()

# TOP 5の売り上げ月別推移

# indexの設定（日時と国）
```

```
top_five_country_data_country_totalP_index=top_five_country_data_country_totalP.set_index(['InvoiceDate',
'Country'])

# 再構成
top_five_country_data_country_totalP_index_uns = top_five_country_data_country_totalP_index.unstack()

# resampleで時系列のデータを月別や四半期等に変更できる。今回は、月別(M)の合計を算出。そのあと、グラフ化
top_five_country_data_country_totalP_index_uns.resample('M').sum().plot(subplots=True,figsize=(12,10))

# グラフが被らないように
plt.tight_layout()
```

出力

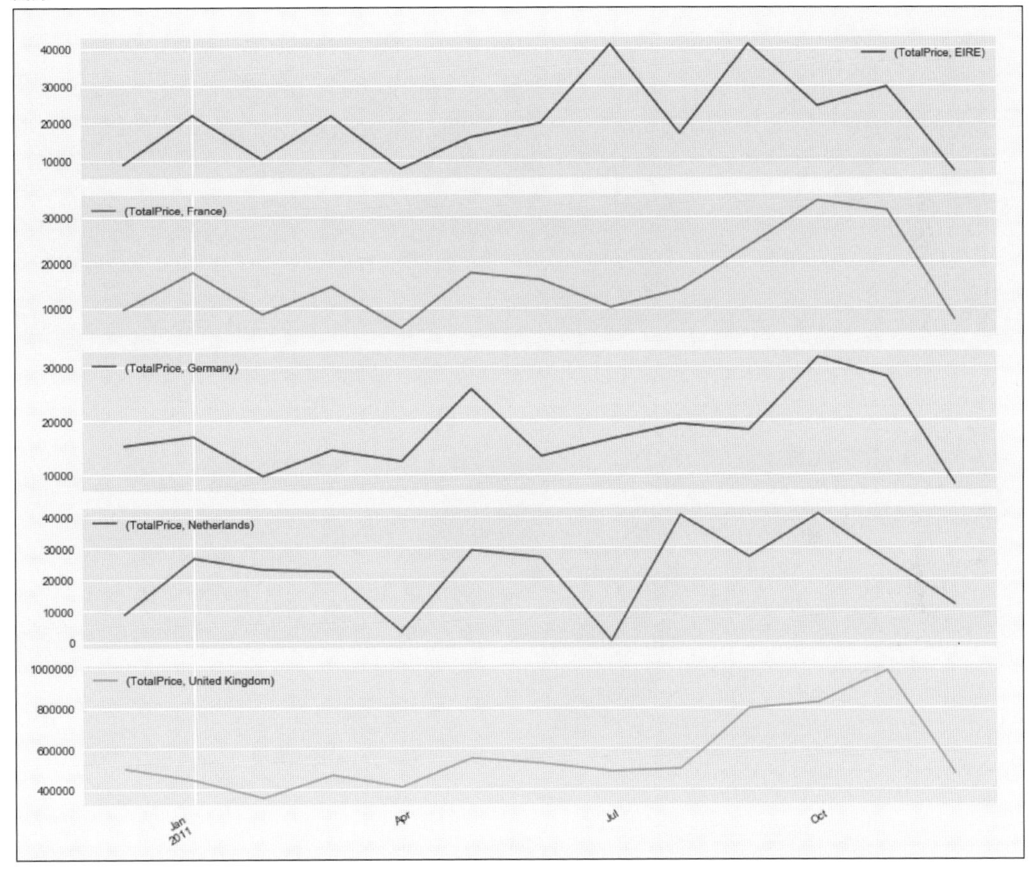

【総合問題7-2　マーケティング分析】 5.

入力

```
for x in top_five_country.index:
    #print('Country:',x)
    country = online_retail_data_table[online_retail_data_table['Country'] == x]
    country_stock_data = country.groupby('Description')['TotalPrice'].sum()
    top_five_country_stock_data=pd.DataFrame(country_stock_data.sort_values(ascending=False)[0:5])
```

```
plt.figure()
plt.pie(
    top_five_country_stock_data,
    labels=top_five_country_stock_data.index,
    counterclock=False,
    startangle=90,
    autopct='%.1f%%',
    pctdistance=0.7
)
plt.ylabel(x)
plt.axis('equal')
#print(top_five_country_stock_data)
```

出力

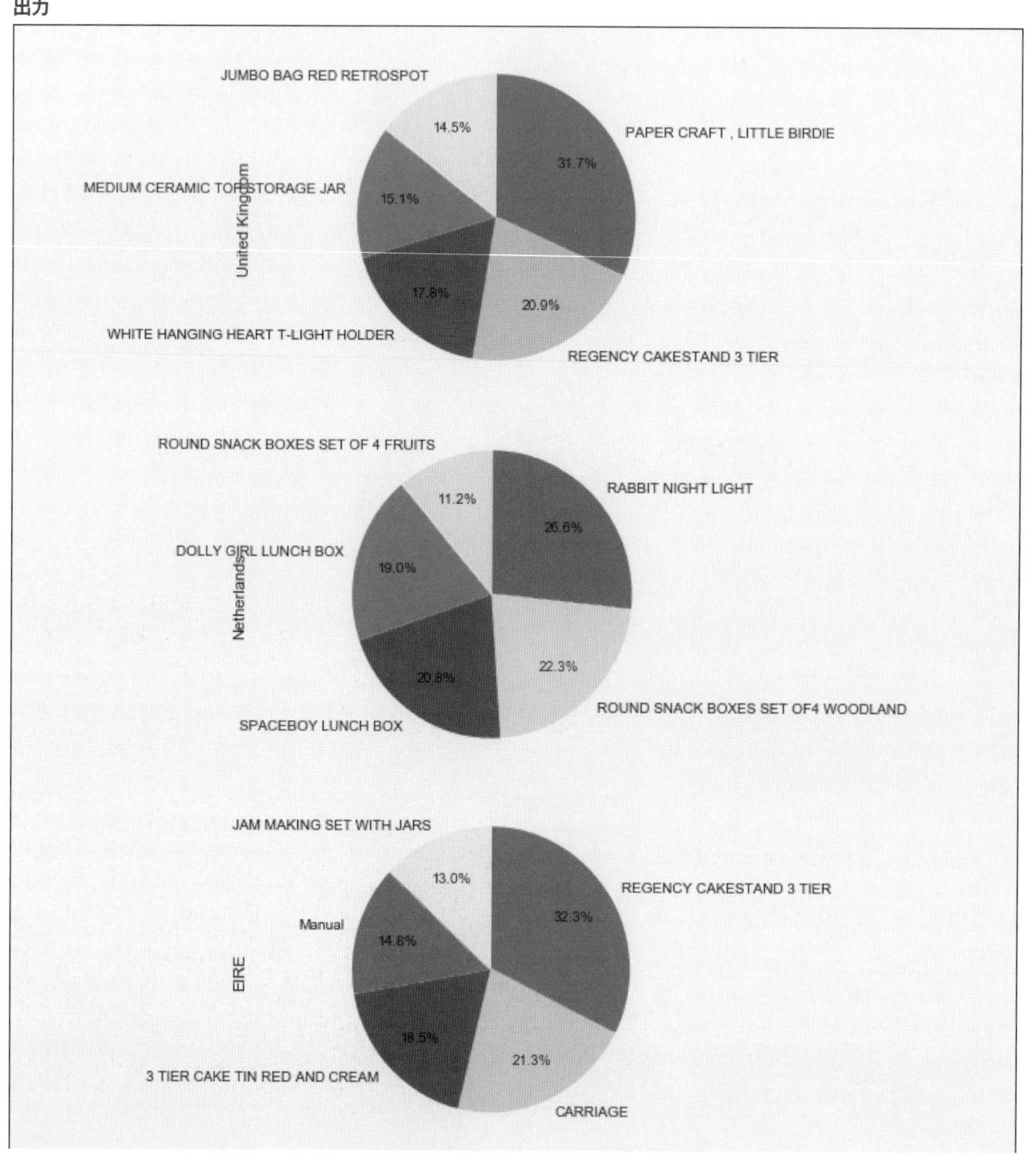

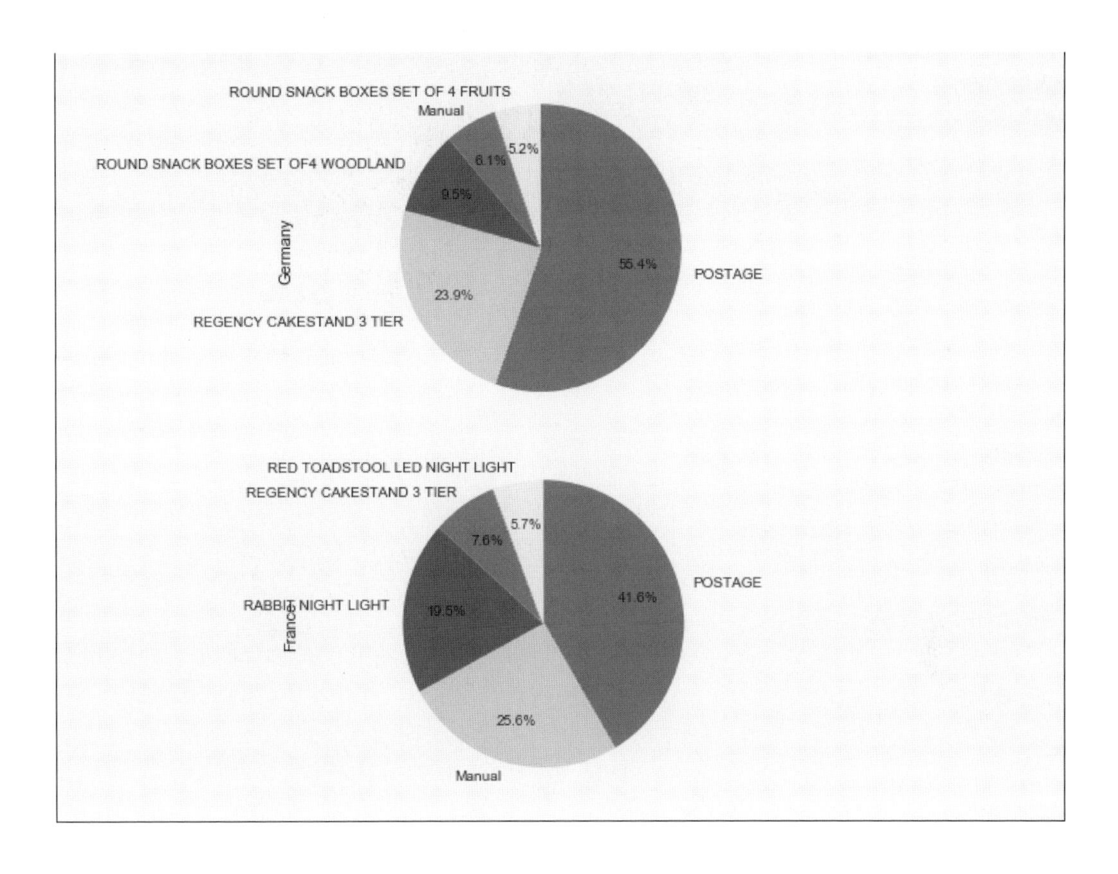

他、余力がある方は以下の「Let's try」に取り組んでみてください。なお、解答は省略しますので、あらかじめご了承ください。

Let's Try

購買者（CustomerID）の各合計購買金額を算出し、さらに金額をベースに降順に並び替えをします。カラムがCustomerIDと合計金額のあるテーブルを作成してください。そこから、購買者を10等分にグループ分けします（例：100人いたら、10人ずつにグループ分けします）。それぞれのグループでの合計購買金額の範囲と、それぞれの金額合計値を算出してください（このアプローチをデシル分析といいます）。この結果を用いて、パレートの法則（上位2割の顧客が売上全体の8割を占める）を確かめるため、それぞれのグループが売上の何割を占めるか計算してください。

なお、マーケティング戦略では、このように顧客を分けることをセグメンテーションといい、上位2割に絞ってアプローチを仕掛けることをターゲティングといいます。それぞれの戦略によりますが、優良顧客に的を絞った方が投資対効果が高いことが多いため、このようなアプローチを取ることがあります。

ヒント：6章で学んだビン分割などを使います。

A-2-8 Chapter8 練習問題

以下のライブラリを使うので、あらかじめ読み込んでおいてください。

入力

```
# データ加工・処理・分析ライブラリ
import numpy as np
import numpy.random as random
import scipy as sp
from pandas import Series,DataFrame
import pandas as pd

# 可視化ライブラリ
import matplotlib.pyplot as plt
import matplotlib as mpl
import seaborn as sns
%matplotlib inline

# 機械学習ライブラリ
import sklearn

# 小数第3位まで表示
%precision 3
```

出力

```
'%.3f'
```

【練習問題8-1】

入力

```
# 自動車価格データの取得
import requests, zipfile
import io

url = 'http://archive.ics.uci.edu/ml/machine-learning-databases/autos/imports-85.data'
res = requests.get(url).content
auto = pd.read_csv(io.StringIO(res.decode('utf-8')), header=None)
auto.columns =['symboling','normalized-losses','make','fuel-type' ,'aspiration','num-of-doors',
                            'body-style','drive-wheels','engine-location','wheel-base',
                            'length','width','height',
                            'curb-weight','engine-type','num-of-cylinders',
                            'engine-size','fuel-system','bore',
                            'stroke','compression-ratio','horsepower','peak-rpm',
                            'city-mpg','highway-mpg','price']

from sklearn.model_selection import train_test_split
from sklearn.linear_model import LinearRegression

# データの前処理
auto = auto[['price','width','engine-size']]
auto = auto.replace('?', np.nan).dropna()
auto.shape

# 学習用/検証用にデータを分割
X = auto.drop('price', axis=1)
```

```
y = auto['price']
X_train, X_test, y_train, y_test = train_test_split(X, y, test_size=0.5, random_state=0)

# モデルの構築・評価
model = LinearRegression()
model.fit(X_train,y_train)
print('決定係数(train):{:.3f}'.format(model.score(X_train,y_train)))
print('決定係数(test):{:.3f}'.format(model.score(X_test,y_test)))
```

出力

```
決定係数(train):0.783
決定係数(test):0.778
```

【練習問題8-2】

入力

```
from sklearn.datasets import load_breast_cancer
from sklearn.preprocessing import StandardScaler
from sklearn.linear_model import LogisticRegression

cancer = load_breast_cancer()
X_train, X_test, y_train, y_test = train_test_split(
    cancer.data, cancer.target, stratify = cancer.target, random_state=0)

model = LogisticRegression()
model.fit(X_train,y_train)
print('正解率(train):{:.3f}'.format(model.score(X_train, y_train)))
print('正解率(test):{:.3f}'.format(model.score(X_test, y_test)))
```

出力

```
正解率(train):0.965
正解率(test):0.937
```

【練習問題8-3】

入力

```
sc = StandardScaler()
sc.fit(X_train)
X_train_std = sc.transform(X_train)
X_test_std = sc.transform(X_test)

model = LogisticRegression()
model.fit(X_train_std,y_train)
print('正解率(train):{:.3f}'.format(model.score(X_train_std, y_train)))
print('正解率(test):{:.3f}'.format(model.score(X_test_std, y_test)))
```

出力

```
正解率(train):0.991
正解率(test):0.958
```

【練習問題8-4】

入力

```
from sklearn.linear_model import LinearRegression, Lasso

X = auto.drop('price', axis=1)
y = auto['price']
X_train, X_test, y_train, y_test = train_test_split(X, y, test_size=0.5, random_state=0)

models = {
    'linear': LinearRegression(),
    'lasso1':  Lasso(alpha=1.0, random_state=0),
    'lasso2':  Lasso(alpha=200.0, random_state=0)
}

scores = {}
for model_name, model in models.items():
    model.fit(X_train,y_train)
    scores[(model_name, 'train')] = model.score(X_train, y_train)
    scores[(model_name, 'test')] = model.score(X_test, y_test)

pd.Series(scores).unstack()
```

出力

	test	train
lasso1	0.778308	0.783189
lasso2	0.782421	0.782839
linear	0.778292	0.783189

【練習問題8-5】

入力

```
from sklearn.tree import  DecisionTreeClassifier

cancer = load_breast_cancer()
X_train, X_test, y_train, y_test = train_test_split(
    cancer.data, cancer.target, stratify = cancer.target, random_state=66)

models = {
    'tree1': DecisionTreeClassifier(criterion='entropy', max_depth=3,random_state=0),
    'tree2': DecisionTreeClassifier(criterion='entropy', max_depth=5, random_state=0),
    'tree3': DecisionTreeClassifier(criterion='entropy', max_depth=10, random_state=0),
    'tree4': DecisionTreeClassifier(criterion='gini', max_depth=3, random_state=0),
    'tree5': DecisionTreeClassifier(criterion='gini', max_depth=5, random_state=0),
    'tree6': DecisionTreeClassifier(criterion='gini', max_depth=10, random_state=0)
}

scores = {}
for model_name, model in models.items():
    model.fit(X_train,y_train)
    scores[(model_name, 'train')] = model.score(X_train, y_train)
    scores[(model_name, 'test')] = model.score(X_test, y_test)

pd.Series(scores).unstack()
```

出力

	test	train
tree1	0.930070	0.971831
tree2	0.902098	0.997653
tree3	0.902098	1.000000
tree4	0.923077	0.974178
tree5	0.895105	1.000000
tree6	0.895105	1.000000

【練習問題8-6】

入力

```
url = 'http://archive.ics.uci.edu/ml/machine-learning-databases/mushroom/agaricus-lepiota.data'
res = requests.get(url).content

mush = pd.read_csv(io.StringIO(res.decode('utf-8')), header=None)
mush.columns =[
    'classes','cap_shape','cap_surface','cap_color','odor','bruises',
    'gill_attachment','gill_spacing','gill_size','gill_color','stalk_shape',
    'stalk_root','stalk_surface_above_ring','stalk_surface_below_ring',
    'stalk_color_above_ring','stalk_color_below_ring','veil_type','veil_color',
    'ring_number','ring_type','spore_print_color','population','habitat'
]

mush_dummy = pd.get_dummies(mush[['gill_color','gill_attachment','odor','cap_color']])
mush_dummy['flg'] = mush['classes'].map(lambda x: 1 if x =='p' else 0)

from sklearn.neighbors import  KNeighborsClassifier

# 説明変数と目的変数
X = mush_dummy.drop('flg', axis=1)
y = mush_dummy['flg']
X_train, X_test, y_train, y_test = train_test_split(X, y, random_state=50)

training_accuracy = []
test_accuracy =[]
neighbors_settings = range(1,20)
for n_neighbors in neighbors_settings:
    clf = KNeighborsClassifier(n_neighbors=n_neighbors)
    clf.fit(X_train,y_train)
    training_accuracy.append(clf.score(X_train, y_train))
    test_accuracy.append(clf.score(X_test, y_test))

plt.plot(neighbors_settings, training_accuracy, label='training accuracy')
plt.plot(neighbors_settings, test_accuracy, label='test accuracy')
plt.ylabel('Accuracy')
plt.xlabel('n_neighbors')
plt.legend()
```

出力

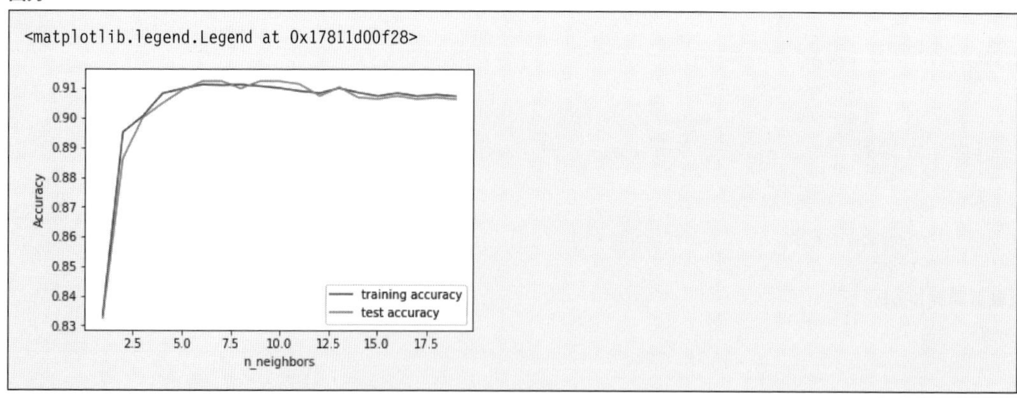

【練習問題8-7】

入力

```
from sklearn.neighbors import  KNeighborsRegressor

X_train, X_test, y_train, y_test = train_test_split(
    X, student.G3, random_state=0)

scores_train = []
scores_test =[]
neighbors_settings = range(1, 20)
for n_neighbors in neighbors_settings:
    model = KNeighborsRegressor(n_neighbors=n_neighbors)
    model.fit(X_train, y_train)
    scores_train.append(model.score(X_train, y_train))
    scores_test.append(model.score(X_test, y_test))

plt.plot(neighbors_settings, training_accuracy,label='Training')
plt.plot(neighbors_settings, test_accuracy,label='Test')
plt.ylabel('R2 score')
plt.xlabel('n_neighbors')
plt.legend()
```

出力

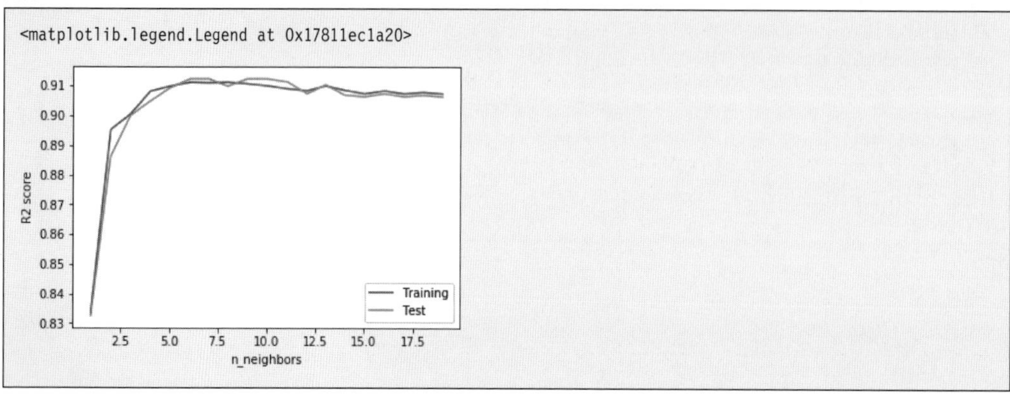

【練習問題8-8】

入力

```
from sklearn.svm import SVC

cancer = load_breast_cancer()
X_train, X_test, y_train, y_test = train_test_split(
    cancer.data, cancer.target, stratify = cancer.target, random_state=50)

sc = StandardScaler()
sc.fit(X_train)
X_train_std = sc.transform(X_train)
X_test_std = sc.transform(X_test)

model = SVC(kernel='rbf', random_state=0, C=2)
model.fit(X_train_std,y_train)
print('正解率(train):{:.3f}'.format(model.score(X_train_std, y_train)))
print('正解率(test):{:.3f}'.format(model.score(X_test_std, y_test)))
```

出力

```
正解率(train):0.988
正解率(test):0.986
```

A-2- 8-1 総合問題解答 1

【総合問題8-1　教師あり学習の用語(1)】

解答は省略します。本書の該当部分を再度読み直したり、インターネットで調べてみてください。

A-2- 8-2 総合問題解答 2

【総合問題8-2　決定木】

入力

```
from sklearn.datasets import load_iris
from sklearn.tree import DecisionTreeClassifier

iris = load_iris()
X_train, X_test, y_train, y_test = train_test_split(
    iris.data, iris.target, stratify = iris.target, random_state=0)

model = DecisionTreeClassifier(criterion='entropy',max_depth=3, random_state=0)
model.fit(X_train,y_train)

print('正解率(train):{:.3f}'.format(model.score(X_train, y_train)))
print('正解率(test):{:.3f}'.format(model.score(X_test, y_test)))
```

出力

```
正解率(train):0.964
正解率(test):0.947
```

A-2- 8-3 総合問題解答 3

【総合問題8-3　ノーフリーランチ】

入力

```
# 必要なライブラリの読み込み
from sklearn.neighbors import  KNeighborsClassifier
from sklearn.tree import  DecisionTreeClassifier
from sklearn.linear_model import LogisticRegression
from sklearn.svm import LinearSVC, SVC

# ここでは例としてload_breast_cancerで読み込んだ乳がんデータを用いる
cancer = load_breast_cancer()
X_train, X_test, y_train, y_test = train_test_split(
    cancer.data, cancer.target, stratify = cancer.target, random_state=0)

# 標準化
sc = StandardScaler()
sc.fit(X_train)
X_train_std = sc.transform(X_train)
X_test_std = sc.transform(X_test)

# 複数のモデルの設定
models = {
    'knn':  KNeighborsClassifier(),
    'tree': DecisionTreeClassifier(random_state=0),
    'logistic': LogisticRegression(random_state=0),
    'svc1': LinearSVC(random_state=0),
    'svc2': SVC(random_state=0)
}

# スコアをもつための空の辞書データ
scores = {}

# それぞれのモデルごとにスコアを算出
for model_name, model in models.items():
    model.fit(X_train_std, y_train)
    scores[(model_name, 'train')] = model.score(X_train_std, y_train)
    scores[(model_name, 'test')] = model.score(X_test_std, y_test)

# 最後にそれぞれのスコア結果を表示
pd.Series(scores).unstack()
```

出力

	test	train
knn	0.951049	0.978873
logistic	0.958042	0.990610
svc1	0.951049	0.992958
svc2	0.958042	0.992958
tree	0.902098	1.000000

A-2- 9 Chapter9 練習問題

以下のライブラリを使うので、あらかじめ読み込んでおいてください。

入力

```
# データ加工・処理・分析ライブラリ
import numpy as np
import numpy.random as random
import scipy as sp
from pandas import Series,DataFrame
import pandas as pd

# 可視化ライブラリ
import matplotlib.pyplot as plt
import matplotlib as mpl
import seaborn as sns
%matplotlib inline

# 機械学習ライブラリ
import sklearn

# 小数第３位まで表示
%precision 3
```

出力

```
'%.3f'
```

【練習問題9-1】

入力（グラフ化）

```
from sklearn.datasets import make_blobs
from sklearn.cluster import KMeans

X, y = make_blobs(random_state=52)
plt.scatter(X[:,0], X[:,1], color='black')
```

出力

```
<matplotlib.collections.PathCollection at 0x12361f06400>
```

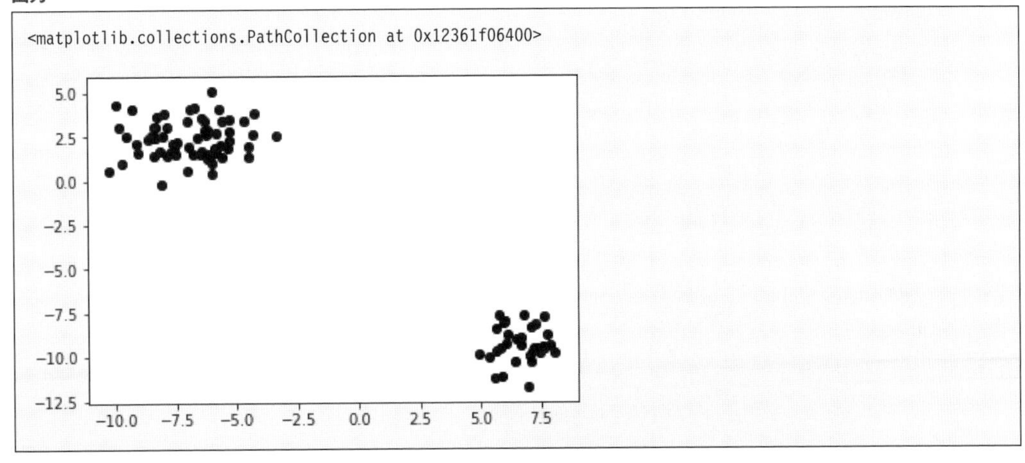

【練習問題 9-2】

入力(主成分分析)

```
from sklearn.datasets import load_iris
from sklearn.preprocessing import StandardScaler
from sklearn.decomposition import PCA

iris = load_iris()

sc = StandardScaler()
sc.fit(iris.data)
X_std = sc.transform(iris.data)

# 主成分分析の実行
pca = PCA(n_components=2)
pca.fit(X_std)
X_pca = pca.transform(X_std)

print('主成分分析前のデータ次元：{}'.format(iris.data.shape))
print('主成分分析後のデータ次元：{}'.format(X_pca.shape))
```

出力

```
主成分分析前のデータ次元：(150, 4)
主成分分析後のデータ次元：(150, 2)
```

上記で抽出された第一主成分、第二主成分に目的変数を結合しグラフ化してみます。x軸を第一主成分、y軸を第二主成分、目的変数は、「0をsetosa」「1をversicolor」「2をvirginica」とします。第一主成分の大小によって、目的変数をかなり識別できそうだとわかります。

入力(グラフ化)

```
merge_data = pd.concat([pd.DataFrame(X_pca[:,0]), pd.DataFrame(X_pca[:,1]), pd.DataFrame(iris.target)],
axis=1)
merge_data.columns = ['pc1','pc2', 'target']

# クラスタリング結果のグラフ化
ax = None
colors = ['blue', 'red', 'green']
for i, data in merge_data.groupby('target'):
    ax = data.plot.scatter(
        x='pc1', y='pc2',
        color=colors[i], label=f'target-{i}', ax=ax
    )
```

出力

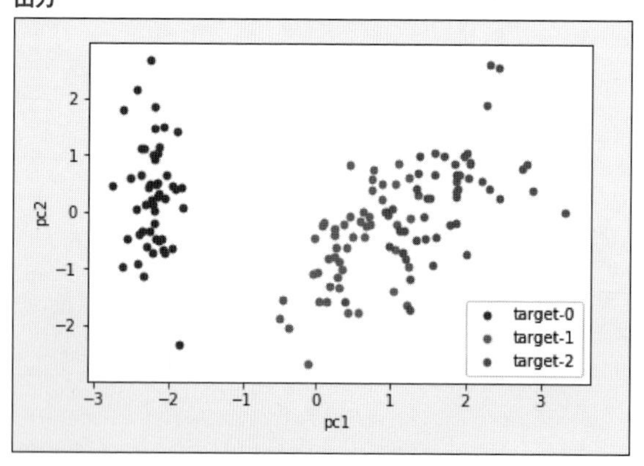

なお参考ですが、以下は目的変数とそれぞれの4つの説明変数との関係を示した図を出力しています。以下よりsetosaを見分けるだけでしたら、他の変数(petal、lengthなど)でも閾値を決めて見分けることができそうです。第一主成分がどの元変数と相関が高いかなど追加で調査してみましょう。

入力(参考)

```
# 目的変数とそれぞれの4つの説明変数との関係を示す
fig, axes = plt.subplots(2,2,figsize=(20,7))

iris_0 = iris.data[iris.target==0]
iris_1 = iris.data[iris.target==1]
iris_2 = iris.data[iris.target==2]

ax = axes.ravel()
for i in range(4):
    _,bins = np.histogram(iris.data[:,i],bins=50)
    ax[i].hist(iris_0[:,i],bins=bins,alpha=.5)
    ax[i].hist(iris_1[:,i],bins=bins,alpha=.5)
    ax[i].hist(iris_2[:,i],bins=bins,alpha=.5)
    ax[i].set_title(iris.feature_names[i])
    ax[i].set_yticks(())
ax[0].set_ylabel('Count')
ax[0].legend(['setosa','versicolor','virginica'], loc='best')
fig.tight_layout()
```

出力

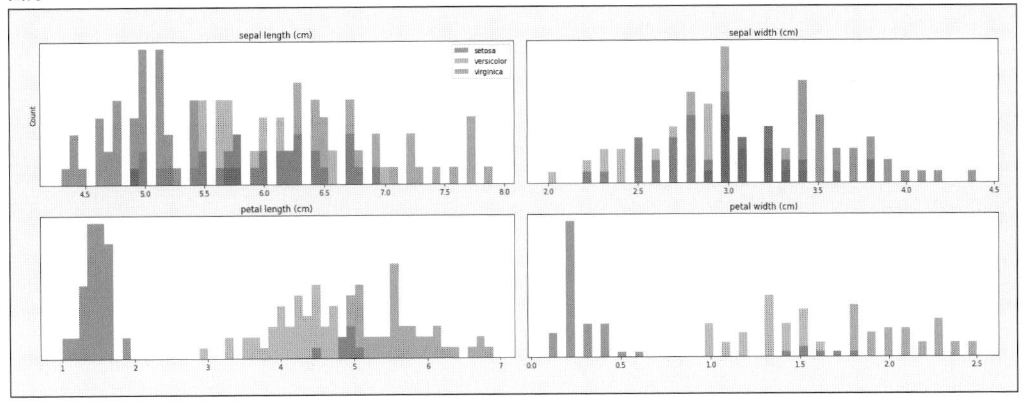

A-2- 9-1 総合問題解答 1

【総合問題9-1　アソシエーションルール】

入力

```
# 購買履歴の元データを読み込む（cd ./chap9 などのコマンドで、データがあるディレクトリに、カレントディレクトリを移動してから実行してください）
trans = pd.read_excel('Online Retail.xlsx', sheet_name='Online Retail')
trans.head()
```

出力

	InvoiceNo	StockCode	Description	Quantity	InvoiceDate
0	536365	85123A	WHITE HANGING HEART T-LIGHT HOLDER	6	2010-12-01 08:26:00
1	536365	71053	WHITE METAL LANTERN	6	2010-12-01 08:26:00
2	536365	84406B	CREAM CUPID HEARTS COAT HANGER	8	2010-12-01 08:26:00
3	536365	84029G	KNITTED UNION FLAG HOT WATER BOTTLE	6	2010-12-01 08:26:00
4	536365	84029E	RED WOOLLY HOTTIE WHITE HEART.	6	2010-12-01 08:26:00

UnitPrice	CustomerID	Country
2.55	17850.0	United Kingdom
3.39	17850.0	United Kingdom
2.75	17850.0	United Kingdom
3.39	17850.0	United Kingdom
3.39	17850.0	United Kingdom

入力（集計対象とするものだけに絞り込む）

```
trans['cancel_flg'] = trans.InvoiceNo.map(lambda x:str(x)[0])
trans = trans[(trans.cancel_flg == '5') & (trans.CustomerID.notnull())]
```

任意の2つのStockCodeの組み合わせごとの支持度を計算するには、itertoolsを使います。これは組み合わせを取り出したい場合などに便利なモジュールです。

入力

```
import itertools

# レコードが1000より大きいStockCodeの抽出
indexer = trans.StockCode.value_counts() > 1000
Items = trans.StockCode.value_counts()[indexer.index[indexer]].index

# 集計対象レコードに含まれるInvoiceNoの数を取得（支持度の分母）
trans_all = set(trans.InvoiceNo)

# 対象Itemsに含まれるStockCodeの2つの任意の組み合わせごとに支持度を計算
results={}
for element in itertools.combinations(Items, 2):
    trans_0 = set(trans[trans['StockCode']==element[0]].InvoiceNo)
    trans_1 = set(trans[trans['StockCode']==element[1]].InvoiceNo)
    trans_both = trans_0&trans_1
```

```
    support = len(trans_both) / len(trans_all)
    results[element] = support

maxKey =  max([(v,k) for k,v in results.items()])[1]
print('支持度最大のStockCodeの組み合わせ：{}'.format(maxKey))
print('支持度の最大値：{:.4f}'.format(results[maxKey]))
```

出力

```
支持度最大のStockCodeの組み合わせ：(20725, 22383)
支持度の最大値：0.0280
```

上記より、支持度の最も高いStockCodeの組み合わせが20725と22383であること、その時の支持度が2.8%であることが確認できました。

A-2- 10 Chapter10 練習問題

以下のライブラリを使うので、あらかじめ読み込んでおいてください。

入力

```
# 途中で使用するため、あらかじめ読み込んでおいてください。
# データ加工・処理・分析ライブラリ
import numpy as np
import numpy.random as random
import pandas as pd

# 可視化ライブラリ
import matplotlib.pyplot as plt
import matplotlib as mpl
import seaborn as sns
%matplotlib inline

# 機械学習ライブラリ
import sklearn

# 小数第3位まで表示
%precision 3
```

出力

```
'%.3f'
```

【練習問題10-1】

入力

```
from sklearn.datasets import load_breast_cancer
from sklearn.model_selection import cross_val_score
from sklearn.linear_model import LogisticRegression

cancer = load_breast_cancer()
model = LogisticRegression(random_state=0)
scores = cross_val_score(model, cancer.data, cancer.target, cv=5)

print('Cross validation scores:{}'.format(scores))
print('Cross validation scores:{:.2f}+-{:.2f}'.format(scores.mean(), scores.std()))
```

出力

```
Cross validation scores:[0.93  0.939 0.973 0.947 0.965]
Cross validation scores:0.95+-0.02
```

【練習問題10-2】

入力

```
from sklearn.model_selection import GridSearchCV
from sklearn.tree import  DecisionTreeClassifier
from sklearn.datasets import load_breast_cancer
from sklearn.model_selection import train_test_split

# データの読み込み
cancer = load_breast_cancer()
X_train, X_test, y_train, y_test = train_test_split(
    cancer.data, cancer.target, stratify = cancer.target, random_state=0)

# パラメータの設定
param_grid = {'max_depth': [2, 3, 4, 5], 'min_samples_leaf': [2, 3, 4, 5]}
model = DecisionTreeClassifier(random_state=0)
grid_search = GridSearchCV(model, param_grid, cv=5)
grid_search.fit(X_train,y_train)

print('テストデータにおけるスコア:{:.2f}'.format(grid_search.score(X_test, y_test)))
print('スコアがベストなときのパラメータ:{}'.format(grid_search.best_params_))
print('スコアがベストなときのross-validation score:{:.2f}'.format(grid_search.best_score_))
```

出力

```
テストデータにおけるスコア:0.92
スコアがベストなときのパラメータ:{'max_depth': 4, 'min_samples_leaf': 3}
スコアがベストなときのross-validation score:0.94
```

【練習問題10-3】

入力

```
from sklearn.model_selection import train_test_split
from sklearn.datasets import load_breast_cancer
from sklearn.linear_model import LogisticRegression
from sklearn.metrics import confusion_matrix, accuracy_score, precision_score, recall_score, f1_score

cancer = load_breast_cancer()
X_train, X_test, y_train, y_test = train_test_split(
    cancer.data, cancer.target, stratify = cancer.target, random_state=0)

model = LogisticRegression(random_state=0)
model.fit(X_train,y_train)
y_pred = model.predict(X_test)

print('Confution matrix:\n{}'.format(confusion_matrix(y_test, y_pred)))
print('正解率:{:.3f}'.format(accuracy_score(y_test, y_pred)))
print('適合率:{:.3f}'.format(precision_score(y_test, y_pred)))
print('再現率:{:.3f}'.format(recall_score(y_test, y_pred)))
print('F1値:{:.3f}'.format(f1_score(y_test, y_pred)))
```

出力

```
Confution matrix:
[[49  4]
 [ 5 85]]
正解率:0.937
適合率:0.955
再現率:0.944
F1値:0.950
```

【練習問題10-4】

入力

```
#参照URL：http://scikit-learn.org/stable/auto_examples/model_selection/plot_roc.html#sphx-glr-auto-
examples-model-selection-plot-roc-py

from sklearn import svm, datasets
from sklearn.metrics import roc_curve, auc
from sklearn.model_selection import train_test_split
from sklearn.preprocessing import label_binarize
from sklearn.multiclass import OneVsRestClassifier

# データの読み込み
iris = datasets.load_iris()
X = iris.data
y = iris.target

# 正解データのone-hot化
y = label_binarize(y, classes=[0, 1, 2])
X_train, X_test, y_train, y_test = train_test_split(X, y, test_size=0.5, random_state=0)

# multi-class classification model
model = OneVsRestClassifier(svm.SVC(kernel='linear', probability=True, random_state=0))
```

```
y_score = model.fit(X_train, y_train).predict_proba(X_test)

# 3つそれぞれのクラスについて、1次元のデータにして、ROC曲線、AUCを算出する
fpr, tpr, _ = roc_curve(y_test.ravel(), y_score.ravel())
roc_auc = auc(fpr, tpr)

# グラフ化する
plt.figure()
plt.plot(fpr, tpr, color='red', label='average ROC (area = {:.3f})'.format(roc_auc))
plt.plot([0, 1], [0, 1], color='black', linestyle='--')
plt.xlim([0.0, 1.0])
plt.ylim([0.0, 1.05])
plt.xlabel('False Positive Rate')
plt.ylabel('True Positive Rate')
plt.title('ROC')
plt.legend(loc='best')
```

出力

```
<matplotlib.legend.Legend at 0x2835645fdd8>
```

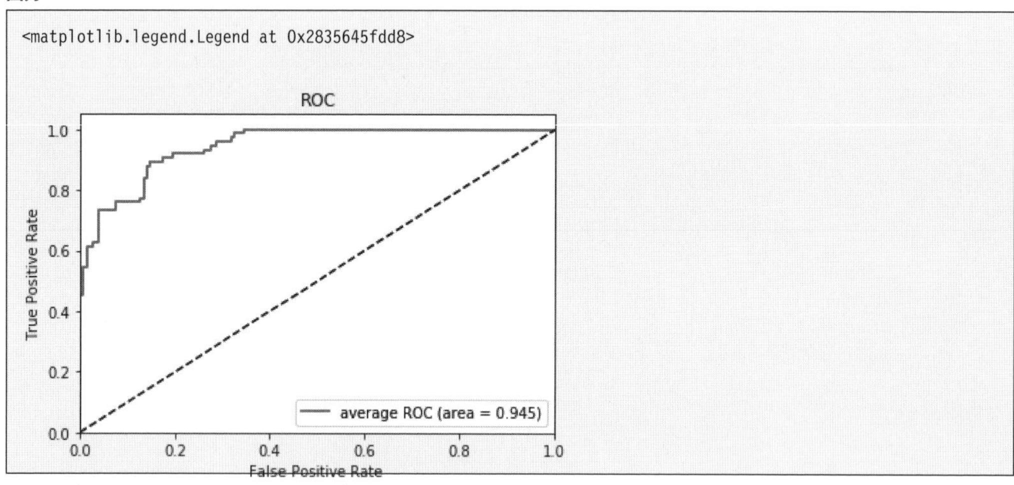

【練習問題10-5】

入力

```
# 必要なライブラリ等の読み込み
from sklearn.ensemble import BaggingClassifier
from sklearn.neighbors import KNeighborsClassifier
from sklearn.model_selection import train_test_split
from sklearn.datasets import load_iris

# アイリスのデータの読み込み
iris = load_iris()

# 訓練データとテストデータにわける
X_train, X_test, y_train, y_test = train_test_split(
    iris.data, iris.target, stratify = iris.target, random_state=0)

# バギングのモデル生成
```

```
model = BaggingClassifier(
            KNeighborsClassifier(),
            n_estimators=10,
            max_samples=0.5,
            max_features=0.5)

# モデルのフィッティング
model.fit(X_train, y_train)

# それぞれのスコア
print('正解率(train):{} {:.3f}'.format(model.__class__.__name__ , model.score(X_train, y_train)))
print('正解率(test):{} {:.3f}'.format(model.__class__.__name__ , model.score(X_test, y_test)))
```

出力

```
正解率(train):BaggingClassifier 0.929
正解率(test):BaggingClassifier 0.974
```

【練習問題10-6】

入力

```
from sklearn.ensemble import AdaBoostClassifier
from sklearn.model_selection import train_test_split
from sklearn.datasets import load_iris

iris = load_iris()
X_train, X_test, y_train, y_test = train_test_split(
    iris.data, iris.target, stratify = iris.target, random_state=0)

model = AdaBoostClassifier(n_estimators=50, learning_rate=1.0)
model.fit(X_train, y_train)
print('正解率(train):{} {:.3f}'.format(model.__class__.__name__ , model.score(X_train, y_train)))
print('正解率(test):{} {:.3f}'.format(model.__class__.__name__ , model.score(X_test, y_test)))
```

出力

```
正解率(train):AdaBoostClassifier 0.955
正解率(test):AdaBoostClassifier 0.947
```

【練習問題10-7】

入力

```
from sklearn.ensemble import RandomForestClassifier, GradientBoostingClassifier
from sklearn.model_selection import train_test_split
from sklearn.datasets import load_iris

iris = load_iris()
X_train, X_test, y_train, y_test = train_test_split(
    iris.data, iris.target, stratify = iris.target, random_state=0)

models = {
    'RandomForest': RandomForestClassifier(random_state=0),
    'GradientBoost': GradientBoostingClassifier(random_state=0)
```

```
}

scores = {}
for model_name, model in models.items():
    model.fit(X_train, y_train)
    scores[(model_name, 'train_score')] = model.score(X_train, y_train)
    scores[(model_name, 'test_score')] = model.score(X_test, y_test)

pd.Series(scores).unstack()
```

出力

	test_score	train_score
GradientBoost	0.973684	1.000000
RandomForest	0.947368	0.973214

A-2- 10-1 総合問題解答 1

【総合問題10-1　教師あり学習の用語(2)】

解答は省略します。本書の該当部分を再度読み直したり、インターネットで調べてみてください。

A-2- 10-2 総合問題解答 2

【総合問題10-2　交差検証】

入力

```
from sklearn.datasets import load_breast_cancer
from sklearn.model_selection import train_test_split
from sklearn.linear_model import LogisticRegression
from sklearn.svm import LinearSVC
from sklearn.tree import  DecisionTreeClassifier
from sklearn.neighbors import  KNeighborsClassifier
from sklearn.ensemble import RandomForestClassifier, GradientBoostingClassifier
from sklearn.model_selection import cross_val_score

cancer = load_breast_cancer()
X_train, X_test, y_train, y_test = train_test_split(
    cancer.data, cancer.target, stratify = cancer.target, random_state=0)

models = {
    'KNN': KNeighborsClassifier(),
    'LogisticRegression': LogisticRegression(random_state=0),
    'DecisionTree': DecisionTreeClassifier(random_state=0),
    'SVM': LinearSVC(random_state=0),
    'RandomForest': RandomForestClassifier(random_state=0),
    'GradientBoost': GradientBoostingClassifier(random_state=0)
}

scores = {}
for model_name, model in models.items():
```

```
    model.fit(X_train, y_train)
    scores[(model_name, 'train_score')] = model.score(X_train, y_train)
    scores[(model_name, 'test_score')] = model.score(X_test, y_test)
```

出力

	test_score	train_score
DecisionTree	0.902098	1.000000
GradientBoost	0.958042	1.000000
KNN	0.916084	0.946009
LogisticRegression	0.937063	0.964789
RandomForest	0.951049	1.000000
SVM	0.916084	0.936620

今回は、勾配ブースティングがテストスコアがもっとも高く、0.958となりました。

A-2- 11 Chapter11 総合演習問題

以下のライブラリを使うので、あらかじめ読み込んでおいてください。

入力

```
import numpy as np
import numpy.random as random
import scipy as sp
from pandas import Series,DataFrame
import pandas as pd
import time

# 可視化ライブラリ
import matplotlib.pyplot as plt
import matplotlib as mpl
import seaborn as sns
%matplotlib inline

# 機械学習ライブラリ
import sklearn

# 小数第3位まで表示
%precision 3
```

出力

```
'%.3f'
```

A-2- 11-1 総合問題解答（1）

入力

```
# データの分割（学習データとテストデータを分ける）
from sklearn.model_selection import train_test_split

# 混同行列
from sklearn.metrics import confusion_matrix
```

```
# ロジスティック回帰
from sklearn.linear_model import LogisticRegression
# SVM
from sklearn.svm import LinearSVC
# 決定木
from sklearn.tree import  DecisionTreeClassifier
# k-NN
from sklearn.neighbors import  KNeighborsClassifier
# ランダムフォレスト
from sklearn.ensemble import RandomForestClassifier

# 分析対象データ
from sklearn.datasets import load_digits
digits = load_digits()

# 説明変数
X = digits.data
# 目的変数
Y = digits.target

# 学習データとテストデータの分割
X_train, X_test, y_train, y_test = train_test_split(
    X, Y, random_state=0)
```

上記は、必要なモジュールやデータを読み込み、いつもと同じように、学習データとテストデータに分けています。
以下では、その学習データとテストデータにおいて、それぞれの手書き数字でいくつあるかカウントしており、大きな偏りはないようです。

入力

```
# データがアンバランスに分かれていないか確認
# train
print('train:',pd.DataFrame(y_train,columns=['label']).
groupby('label')['label'].count())

# test
print('test:',pd.DataFrame(y_test,columns=['label']).
groupby('label')['label'].count()
```

出力

```
train: label
0    141
1    139
2    133
3    138
4    143
5    134
6    129
7    131
8    126
9    133
Name: label, dtype: int64
test: label
0    37
1    43
2    44
3    45
4    38
5    48
6    52
7    48
8    48
9    47
Name: label, dtype: int64
```

それでは、それぞれの手法を用いて、モデル構築を実施し、それぞれの混同行列やスコアを見てみましょう。

入力

```
# それぞれのモデルに対して繰り返し実行して確認する
for model in [LogisticRegression(),LinearSVC(),
              DecisionTreeClassifier(),
              KNeighborsClassifier(n_neighbors=3),
              RandomForestClassifier()]:

    fit_model = model.fit(X_train,y_train)
    pred_y = fit_model.predict(X_test)
    confusion_m = confusion_matrix(y_test,pred_y)
    print('confusion_matrix:')
    print(confusion_m)
    # __class__.__name__は、そのモデルのクラス名
    print('train:',fit_model.__class__.__name__ ,fit_model.score(X_train,y_train))
    print('test:',fit_model.__class__.__name__ , fit_model.score(X_test,y_test))
    print('==============================================================\n')
```

出力

```
confusion_matrix:
[[37  0  0  0  0  0  0  0  0  0]
 [ 0 39  0  0  0  0  2  0  2  0]
 [ 0  0 41  3  0  0  0  0  0  0]
 [ 0  0  1 43  0  0  0  0  0  1]
 [ 0  0  0  0 38  0  0  0  0  0]
 [ 0  1  0  0  0 47  0  0  0  0]
 [ 0  0  0  0  0  0 52  0  0  0]
 [ 0  1  0  1  1  0  0 45  0  0]
 [ 0  3  1  0  0  0  0  0 43  1]
 [ 0  0  0  1  0  1  0  0  1 44]]
train: LogisticRegression 0.9962880475129918
test: LogisticRegression 0.9533333333333334
==============================================================

confusion_matrix:
[[37  0  0  0  0  0  0  0  0  0]
 [ 0 40  0  0  0  0  2  0  0  1]
 [ 0  1 40  3  0  0  0  0  0  0]
 [ 0  0  1 43  0  0  0  0  0  1]
 [ 0  0  0  1 37  0  0  0  0  0]
 [ 0  1  0  1  0 46  0  0  0  0]
 [ 0  1  0  0  0  0 51  0  0  0]
 [ 0  1  0  1  1  0  0 45  0  0]
 [ 0  4  1  3  0  0  1  1 36  2]
 [ 0  0  0  1  1  1  0  0  0 44]]
train: LinearSVC 0.985894580549369
test: LinearSVC 0.9311111111111111
==============================================================

confusion_matrix:
[[34  0  0  2  1  0  0  0  0  0]
 [ 0 37  2  1  1  0  0  0  1  1]
 [ 1  3 35  0  1  0  1  0  2  1]
 [ 0  1  4 36  0  0  0  0  2  2]
```

```
 [ 1  2  0  0 33  0  0  0  0  2]
 [ 1  0  0  2  0 42  0  1  0  2]
 [ 1  1  0  0  0  0 49  0  0  1]
 [ 1  0  1  3  2  1  0 36  0  4]
 [ 0  3  0  4  0  2  0  0 37  2]
 [ 0  2  1  3  1  1  0  0  0 39]]
train: DecisionTreeClassifier 1.0
test: DecisionTreeClassifier 0.84
============================================================

confusion_matrix:
[[37  0  0  0  0  0  0  0  0  0]
 [ 0 42  0  0  0  1  0  0  0  0]
 [ 0  0 44  0  0  0  0  0  0  0]
 [ 0  0  1 44  0  0  0  0  0  0]
 [ 0  0  0  0 37  0  0  1  0  0]
 [ 0  0  0  0  0 47  0  0  0  1]
 [ 0  0  0  0  0  0 52  0  0  0]
 [ 0  0  0  0  0  0  0 48  0  0]
 [ 0  0  0  2  0  0  0  0 46  0]
 [ 0  0  0  0  0  0  0  0  0 47]]
train: KNeighborsClassifier 0.991833704528582
test: KNeighborsClassifier 0.9866666666666667
============================================================

confusion_matrix:
[[37  0  0  0  0  0  0  0  0  0]
 [ 0 42  0  0  0  1  0  0  0  0]
 [ 1  0 41  1  0  0  0  0  1  0]
 [ 1  1  0 43  0  0  0  0  0  0]
 [ 0  0  0  0 36  0  0  2  0  0]
 [ 0  0  0  1  0 47  0  0  0  0]
 [ 0  2  0  0  0  0 50  0  0  0]
 [ 0  0  0  0  0  0  0 48  0  0]
 [ 0  4  0  2  0  1  0  0 41  0]
 [ 0  1  0  4  0  1  0  0  0 41]]
train: RandomForestClassifier 0.9985152190051967
test: RandomForestClassifier 0.9466666666666667
============================================================
```

上記の結果より、テストデータにおけるスコは4つ目のK-NNが一番高くなりました。上記では、いろいろな手法について、特にパラメータはデフォルトのままでしたが、余裕があればいろいろと調整してみましょう。

A-2- 11-2 総合問題解答(2)

まずは、データを読み込み、どのようなデータがあるか確認します。

入力

```
# データの読み込み
abalone_data = pd.read_csv(
    'http://archive.ics.uci.edu/ml/machine-learning-databases/abalone/abalone.data',
    header=None,
    sep=',')
```

```
# 列にラベルの設定
abalone_data.columns=['Sex','Length','Diameter','Height','Whole','Shucked','Viscera','Shell','Rings']

# 先頭5行を表示
abalone_data.head()
```

出力

	Sex	Length	Diameter	Height	Whole	Shucked	Viscera	Shell	Rings
0	M	0.455	0.365	0.095	0.5140	0.2245	0.1010	0.150	15
1	M	0.350	0.265	0.090	0.2255	0.0995	0.0485	0.070	7
2	F	0.530	0.420	0.135	0.6770	0.2565	0.1415	0.210	9
3	M	0.440	0.365	0.125	0.5160	0.2155	0.1140	0.155	10
4	I	0.330	0.255	0.080	0.2050	0.0895	0.0395	0.055	7

以下は探索的にデータを見ています。まず、列同士の組み合わせの散布図を見てみます。対角線上にはヒストグラムが表示されます。

入力

```
sns.pairplot(abalone_data)
```

出力

```
<seaborn.axisgrid.PairGrid at 0x1cacf56f198>
```

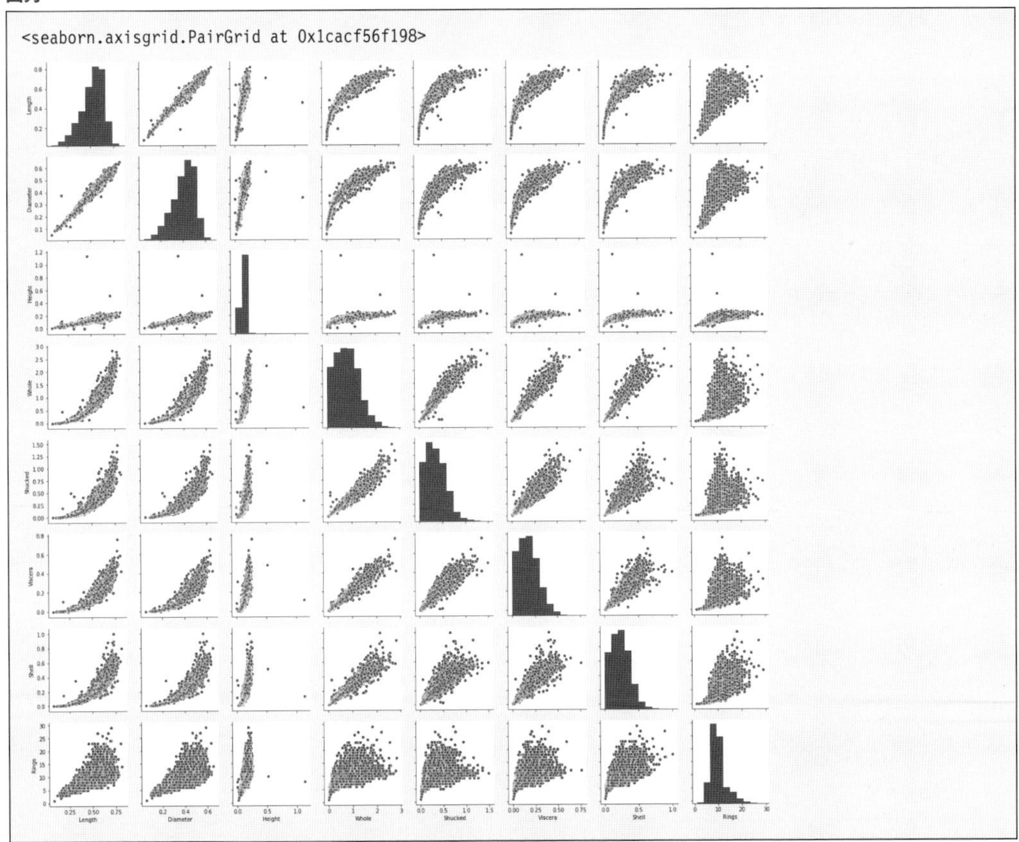

以下は箱ひげ図です。

入力

```
# 箱ひげ図として表示する列を指定
abalone_data[['Length','Diameter','Height','Whole','Shucked','Viscera','Shell']].boxplot()

# グリッドを表示する
plt.grid(True)
```

出力

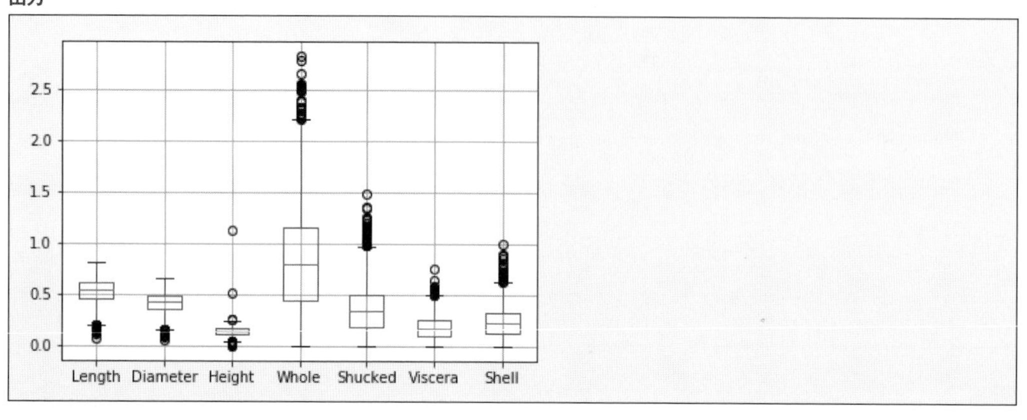

Wholeの値に広がりがあるのがわかります。基本統計量も確認しましょう。

入力

```
abalone_data.describe()
```

出力

	Length	Diameter	Height	Whole	Shucked	Viscera	Shell	Rings
count	4177.000000	4177.000000	4177.000000	4177.000000	4177.000000	4177.000000	4177.000000	4177.000000
mean	0.523992	0.407881	0.139516	0.828742	0.359367	0.180594	0.238831	9.933684
std	0.120093	0.099240	0.041827	0.490389	0.221963	0.109614	0.139203	3.224169
min	0.075000	0.055000	0.000000	0.002000	0.001000	0.000500	0.001500	1.000000
25%	0.450000	0.350000	0.115000	0.441500	0.186000	0.093500	0.130000	8.000000
50%	0.545000	0.425000	0.140000	0.799500	0.336000	0.171000	0.234000	9.000000
75%	0.615000	0.480000	0.165000	1.153000	0.502000	0.253000	0.329000	11.000000
max	0.815000	0.650000	1.130000	2.825500	1.488000	0.760000	1.005000	29.000000

Heightのデータに0もありますが、今回はそのままモデル構築を実施します。

入力

```
# 線形回帰モデル
from sklearn.linear_model import LinearRegression
# 決定木(回帰)
from sklearn.tree import  DecisionTreeRegressor
# k-NN
from sklearn.neighbors import  KNeighborsRegressor
# ランダムフォレスト
from sklearn.ensemble import RandomForestRegressor

from sklearn.model_selection import train_test_split

X = abalone_data.iloc[:,1:7]
Y = abalone_data['Rings']

X_train, X_test, y_train, y_test = train_test_split(
    X, Y, random_state=0)

# 標準化のためのモジュール
from sklearn.preprocessing import StandardScaler

# 標準化
sc = StandardScaler()
sc.fit(X_train)
X_train_std = sc.transform(X_train)
X_test_std = sc.transform(X_test)

for model in [LinearRegression(),
              DecisionTreeRegressor(),
              KNeighborsRegressor(n_neighbors=5),
              RandomForestRegressor()]:

    fit_model = model.fit(X_train_std,y_train)

    print('train:',fit_model.__class__.__name__ ,fit_model.score(X_train_std,y_train))
    print('test:',fit_model.__class__.__name__ , fit_model.score(X_test_std,y_test))
```

出力

```
train: LinearRegression 0.5170692142555524
test: LinearRegression 0.5306021117203745
train: DecisionTreeRegressor 1.0
test: DecisionTreeRegressor 0.0777611309907446
train: KNeighborsRegressor 0.6355963757385574
test: KNeighborsRegressor 0.45965745088507864
train: RandomForestRegressor 0.9094139190239373
test: RandomForestRegressor 0.47658504651754163
```

上記の学習データとテストデータのスコアを見比べてみればわかる通り、モデル(回帰木)によっては、過学習になっている(学習データでスコアが1、テストデータのスコアが0.02)のかよくわかります。
次は、参考ですが、k-NNのパラメータkを変更させて検証してみましょう。Chapter8の【練習問題8-8】でも同じような実装をしましたので、そちらも参考にしてください。

入力

```
# k-NN
from sklearn.neighbors import  KNeighborsRegressor

from sklearn.model_selection import train_test_split

X = abalone_data.iloc[:,1:7]
Y = abalone_data['Rings']

X_train, X_test, y_train, y_test = train_test_split(
    X, Y, random_state=0)

# 標準化のためのモジュール
from sklearn.preprocessing import StandardScaler

# 標準化
sc = StandardScaler()
sc.fit(X_train)
X_train_std = sc.transform(X_train)
X_test_std = sc.transform(X_test)

training_accuracy = []
test_accuracy =[]

neighbors_settings = range(1,50)

for n_neighbors in neighbors_settings:
    clf = KNeighborsRegressor(n_neighbors=n_neighbors)
    clf.fit(X_train_std,y_train)

    training_accuracy.append(clf.score(X_train_std,y_train))

    test_accuracy.append(clf.score(X_test_std,y_test))

plt.plot(neighbors_settings, training_accuracy,label='training score')
plt.plot(neighbors_settings, test_accuracy,label='test score')
plt.ylabel('Accuracy')
plt.xlabel('n_neighbors')
plt.legend()
```

出力

```
<matplotlib.legend.Legend at 0x1cad3bd2208>
```

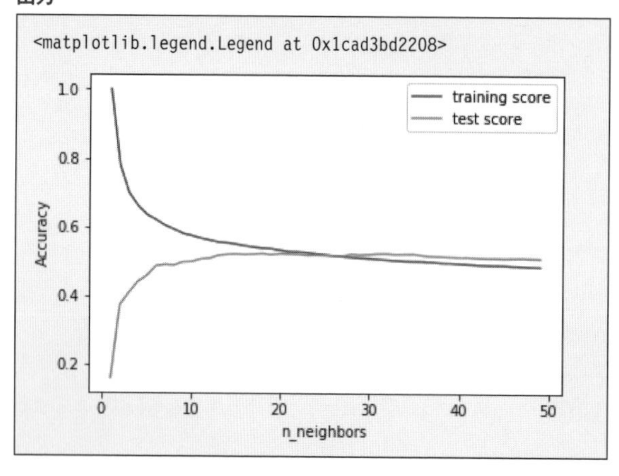

kが増えるに従って改善しているようですが、k=25付近でスコア0.5ちょっとが限界のようです。

A-2-11-3 総合問題解答 (3)

【例題1】

以下でWebからデータを取得します。

入力

```
import io
import zipfile
import requests

# データがあるurl の指定
zip_file_url = 'http://archive.ics.uci.edu/ml/machine-learning-databases/00222/bank.zip'
r = requests.get(zip_file_url, stream=True)
z = zipfile.ZipFile(io.BytesIO(r.content))
z.extractall()
```

次に、データを読み込み、どんなデータがあるか確認します。

入力

```
banking_c_data = pd.read_csv('bank-full.csv',sep=';')
banking_c_data.head()
```

出力

	age	job	marital	education	default	balance	housing	loan	contact
0	58	management	married	tertiary	no	2143	yes	no	unknown
1	44	technician	single	secondary	no	29	yes	no	unknown
2	33	entrepreneur	married	secondary	no	2	yes	yes	unknown
3	47	blue-collar	married	unknown	no	1506	yes	no	unknown
4	33	unknown	single	unknown	no	1	no	no	unknown

day	month	duration	campaign	pdays	previous	poutcome	y
5	may	261	1	-1	0	unknown	no
5	may	151	1	-1	0	unknown	no
5	may	76	1	-1	0	unknown	no
5	may	92	1	-1	0	unknown	no
5	may	198	1	-1	0	unknown	no

続いて数値データの統計量を算出します。

入力

```
banking_c_data.describe()
```

出力

	age	balance	day	duration	campaign	pdays	previous
count	45211.000000	45211.000000	45211.000000	45211.000000	45211.000000	45211.000000	45211.000000
mean	40.936210	1362.272058	15.806419	258.163080	2.763841	40.197828	0.580323
std	10.618762	3044.765829	8.322476	257.527812	3.098021	100.128746	2.303441
min	18.000000	-8019.000000	1.000000	0.000000	1.000000	-1.000000	0.000000
25%	33.000000	72.000000	8.000000	103.000000	1.000000	-1.000000	0.000000
50%	39.000000	448.000000	16.000000	180.000000	2.000000	-1.000000	0.000000
75%	48.000000	1428.000000	21.000000	319.000000	3.000000	-1.000000	0.000000
max	95.000000	102127.000000	31.000000	4918.000000	63.000000	871.000000	275.000000

【例題2】

yesとnoでそれぞれの割合を算出してみます。

入力

```
col_name_list = ['job','marital','education','default','housing','loan']
for col_name in col_name_list:
    print('---------------- ' + col_name + ' ----------------------')
    print(banking_c_data.groupby([col_name,'y'])['y'].count().unstack() / banking_c_data.groupby(['y'])
['y'].count()*100)
```

出力

```
---------------- job ----------------------
y                     no        yes
job
admin.         11.372176  11.930422
blue-collar    22.604078  13.386273
entrepreneur    3.416662   2.325581
housemaid       2.833024   2.060881
management     20.432343  24.598223
retired         4.378538   9.756098
self-employed   3.486799   3.535640
services        9.480988   6.976744
student         1.675768   5.086028
technician     16.925505  15.882019
unemployed      2.757878   3.819247
unknown         0.636241   0.642844
---------------- marital ----------------------
y                no        yes
marital
divorced  11.484896  11.760257
married   61.266971  52.089242
single    27.248134  36.150501
---------------- education ----------------------
y                 no        yes
education
primary    15.680577  11.174135
secondary  51.981364  46.322556
tertiary   28.317720  37.738703
unknown     4.020340   4.764606
---------------- default ----------------------
y               no        yes
default
```

```
no        98.088773  99.016827
yes        1.911227   0.983173
---------------- housing ----------------------
y                no        yes
housing
no        41.899203  63.414634
yes       58.100797  36.585366
---------------- loan ----------------------
y             no        yes
loan
no    83.066981  90.848932
yes   16.933019   9.151068
```

【例題3】

説明変数を選択し、ダミー変数banking_c_data_dummyとして変換します。どうしてこうするのかについては、後述のコラム「ダミー変数と多重共線性」を参照してください。

入力

```
banking_c_data_dummy = pd.get_dummies(banking_c_data[['job','marital','education','default','housing','lo
an']])
banking_c_data_dummy.head()
```

出力

	job_admin.	job_blue-collar	job_entrepreneur	job_housemaid	job_management	job_retired
0	0	0	0	0	1	0
1	0	0	0	0	0	0
2	0	0	1	0	0	0
3	0	1	0	0	0	0
4	0	0	0	0	0	0

5 rows × 25 columns

job_self-employed	job_services	job_student	job_technician	...	education_primary	education_secondary
0	0	0	0	...	0	0
0	0	0	1	...	0	1
0	0	0	0	...	0	1
0	0	0	0	...	0	0
0	0	0	0	...	0	0

education_tertiary	education_unknown	default_no	default_yes	housing_no	housing_yes	loan_no	loan_yes
1	0	1	0	0	1	1	0
0	0	1	0	0	1	1	0
0	0	1	0	0	1	0	1
0	1	1	0	0	1	1	0
0	1	1	0	1	0	1	0

目的変数は「y」ですが、値として「yes」か「no」かの文字列をとります。これを数値として扱うため、yesのときは「1」、そうでないときは「0」のフラグ変数flgを作っておきます。

入力

```
# 目的変数：flg立てをする
banking_c_data_dummy['flg'] = banking_c_data['y'].map(lambda x: 1 if x =='yes' else 0)
```

以下はモデリングをしています。ここでは説明変数として、「age」、「balance」、「campaign」を選択します。

入力

```
# ロジスティック回帰
from sklearn.linear_model import LogisticRegression
# SVM
from sklearn.svm import LinearSVC
# 決定木
from sklearn.tree import  DecisionTreeClassifier
# k-NN
from sklearn.neighbors import  KNeighborsClassifier
# ランダムフォレスト
from sklearn.ensemble import RandomForestClassifier

# データの分割（学習データとテストデータ分ける）
from sklearn.model_selection import train_test_split

# 混同行列、その他の指標
from sklearn.metrics import confusion_matrix
from sklearn.metrics import precision_score,recall_score,f1_score

# 説明変数
X = pd.concat([banking_c_data_dummy.drop('flg', axis=1),banking_c_data[['age','balance','campaign']]],ax
is=1)
# 目的変数
Y = banking_c_data_dummy['flg']

X_train, X_test, y_train, y_test = train_test_split(
    X, Y, stratify = Y, random_state=0)

for model in [LogisticRegression(),LinearSVC(),
              DecisionTreeClassifier(),
              KNeighborsClassifier(n_neighbors=5),
              RandomForestClassifier()]:

    fit_model = model.fit(X_train,y_train)
    pred_y = fit_model.predict(X_test)
    confusion_m = confusion_matrix(y_test,pred_y)

    print('train:',fit_model.__class__.__name__ ,fit_model.score(X_train,y_train))
    print('test:',fit_model.__class__.__name__ , fit_model.score(X_test,y_test))
    print('Confution matrix:\n{}'.format(confusion_m))
    print('適合率:%.3f' % precision_score(y_true=y_test,y_pred=pred_y))
    print('再現率:%.3f' % recall_score(y_true=y_test,y_pred=pred_y))
    print('F1値:%.3f' % f1_score(y_true=y_test,y_pred=pred_y))
```

出力

```
train: LogisticRegression 0.8828300106169635
test: LogisticRegression 0.883128372998319
Confution matrix:
[[9981    0]
 [1321    1]]
適合率:1.000
再現率:0.001
F1値:0.002
train: LinearSVC 0.8810015335614014
test: LinearSVC 0.8812704591701318
Confution matrix:
[[9955   26]
 [1316    6]]
適合率:0.188
再現率:0.005
F1値:0.009
train: DecisionTreeClassifier 0.9943966025716645
test: DecisionTreeClassifier 0.8137662567459967
Confution matrix:
[[8833 1148]
 [ 957  365]]
適合率:0.241
再現率:0.276
F1値:0.257
train: KNeighborsClassifier 0.8984015571546538
test: KNeighborsClassifier 0.868530478633991
Confution matrix:
[[9681  300]
 [1186  136]]
適合率:0.312
再現率:0.103
F1値:0.155
train: RandomForestClassifier 0.9763477645393418
test: RandomForestClassifier 0.8732194992479873
Confution matrix:
[[9633  348]
 [1085  237]]
適合率:0.405
再現率:0.179
F1値:0.249
```

上の結果から、決定木、k-NN、ランダムフォレストを選ぶことにします。

【例題4】

決定木、k-NN、ランダムフォレストについてROC曲線とAUCを算出します。

入力

```
from sklearn.metrics import roc_curve,roc_auc_score

for model in [DecisionTreeClassifier(),KNeighborsClassifier(n_neighbors=5)
              ,RandomForestClassifier()]:
```

```
    fit_model = model.fit(X_train,y_train)
    method = fit_model.__class__.__name__
    fpr,tpr,thresholds = roc_curve(y_test,fit_model.predict_proba(X_test)[:,1])
    auc = roc_auc_score(y_test,fit_model.predict_proba(X_test)[:,1])

    plt.plot(fpr,tpr,label=method+', AUC:' + str(round(auc,3)))
    plt.legend(loc=4)

# モデルなし
plt.plot([0, 1], [0, 1],color='black', lw= 0.5, linestyle='--')
```

出力

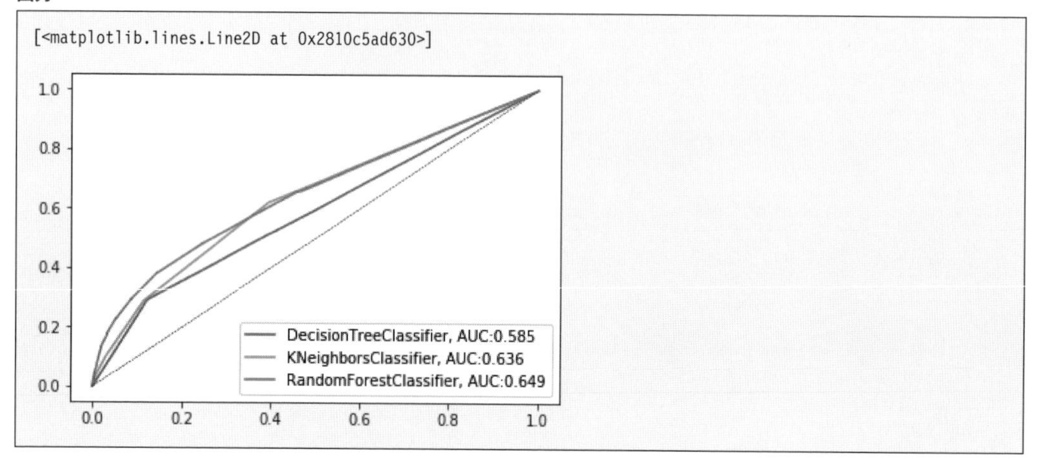

グラフの右下にそれぞれのモデルのAUCが算出されており、ランダムフォレストが一番高いという結果になりました。

Column

ダミー変数と多重共線性

※行列計算の数式等に慣れていない方はスキップしてください。

上では、ダミー変数化したものをそのまますべて代入し、モデル構築をしました。しかし、これは果たしてよいのでしょうか。Chapter 8-2「重回帰」で、多重共線性について触れましたが、ダミー変数を扱う場合の注意点を述べます。以下の例を考えて、数式的に見ていきましょう。

k個の要素から構成されているカテゴリ変数をダミー変数にする際に、k個をそのままダミー変数に用いると多重共線性が発生することを以下の具体例を用いて示します。

あるスーパーマーケットの1日のアイスクリームの販売個数yをその日の平均気温x_1、天気z(晴れ、くもり、雨の3要素)を用いて重回帰分析で予測することを考えます。

データNo	y(個)	x_1(℃)	z
1	903	21	くもり
2	1000	27	晴れ
3	1112	22	雨
4	936	19	くもり
5	1021	23	晴れ
⋮	⋮	⋮	⋮
n	y_n	x_n	z_n

天気zについて、x_2を晴れ、x_3をくもり、x_4を雨として、次のようにダミー変数化します。

データNo	y(個)	x_1(℃)	z	x_2	x_3	x_4
1	903	21	くもり	0	1	0
2	1000	27	晴れ	1	0	0
3	1112	22	雨	0	0	1
4	936	19	くもり	0	1	0
5	1021	23	晴れ	1	0	0
⋮	⋮	⋮	⋮	⋮	⋮	⋮
n	y_n	x_n	z_n	x_{2n}	x_{3n}	x_{3n}

このとき、ダミー変数の2つの値が分かれば、残ったダミー変数の値も分かるので、説明変数に3つすべてを含める必要はないと考えられます。

実際、$x_4 = -x_2 - x_3 + 1$という関係が成り立ちます。この関係から、x_2、x_3、x_4すべてを重回帰分析の説明変数に含めると最小二乗推定値が求まらないことを示します。

重回帰式$y = b_0 + b_1x_1 + b_2x_2 + b_3x_3 + b_4x_4$を考えます。訓練データを用いて

$$\boldsymbol{y} = \begin{pmatrix} y_1 \\ y_2 \\ \vdots \\ y_n \end{pmatrix}, \quad X = (\boldsymbol{1}, \boldsymbol{x}_1, \boldsymbol{x}_2, \boldsymbol{x}_3, \boldsymbol{x}_4) = \begin{pmatrix} 1 & x_{11} & x_{21} & x_{31} & x_{41} \\ \vdots & \vdots & \vdots & \vdots & \vdots \\ 1 & x_{1n} & x_{2n} & x_{3n} & x_{4n} \end{pmatrix} \qquad \text{(式A-2-1)}$$

とすると、係数$b_0, b_1, \cdots, b_4$の最小二乗推定値は

$$\begin{pmatrix} b_0 \\ b_1 \\ \vdots \\ b_4 \end{pmatrix} = ({}^tXX)^{-1}{}^tX\boldsymbol{y} \qquad \text{(式A-2-2)}$$

と表されます。しかし、今回$x_4 = -x_2 - x_3 + 1$という関係から、${}^tXX$の行列式が0となり逆行列が存在しないことが次のように示されます。

$$|{}^tXX| = \left| \begin{pmatrix} {}^t\boldsymbol{1} \\ {}^t\boldsymbol{x}_1 \\ {}^t\boldsymbol{x}_2 \\ {}^t\boldsymbol{x}_3 \\ {}^t\boldsymbol{x}_4 \end{pmatrix} X \right| = \begin{vmatrix} {}^t\boldsymbol{1}X \\ {}^t\boldsymbol{x}_1X \\ {}^t\boldsymbol{x}_2X \\ {}^t\boldsymbol{x}_3X \\ {}^t\boldsymbol{x}_4X \end{vmatrix} = \begin{vmatrix} {}^t\boldsymbol{1}X \\ {}^t\boldsymbol{x}_1X \\ {}^t\boldsymbol{x}_2X \\ {}^t\boldsymbol{x}_3X \\ {}^t\boldsymbol{x}_4X + {}^t\boldsymbol{x}_2X + {}^t\boldsymbol{x}_3X \end{vmatrix} = \begin{vmatrix} {}^t\boldsymbol{1}X \\ {}^t\boldsymbol{x}_1X \\ {}^t\boldsymbol{x}_2X \\ {}^t\boldsymbol{x}_3X \\ {}^t\boldsymbol{1}X \end{vmatrix} = 0 \qquad \text{(式A-2-2)}$$

ここで、3つ目の等号では4行目に2行目、3行目を加えても行列式は変わらないという性質を用い、4つ目の等号では$x_4 = -x_2 - x_3 + 1$という関係を用いました。このように、行列式が0となり、最小二乗推定値は存在しません。よって、最小二乗推定値を求めるためにはダミー変数を1つ抜く（たとえばx_4）必要があります。

今回は要素が3つから構成されるカテゴリ変数を用いましたが、一般のn個の要素から構成されるカテゴリ変数でもn個すべてをダミー変数に使用してしまうと同様に行列式が0となることが示せます。

重回帰分析等を実施するときには、多重共線性の問題がありますので、説明変数にカテゴリ変数を使う場合は注意しましょう。なお、pandasでダミー変数を作るためのget_dummies関数には、drop_firstという最初のダミー変数を取り除くパラメータがありますので、必要に応じて使ってください。

上で説明した行列の参考としては、参考文献「A-36」「B-28」があります。

Appendix

A-2- 11-4 総合問題解答 (4)

いろいろなアプローチがありますが、ここでは教師なし学習＋教師あり学習のハイブリッドアプローチでやってみましょう。
まずはクラスタリングしてみます。
クラスター数を5に設定して計算します。

入力

```
# インポート
from sklearn.cluster import KMeans

# KMeansオブジェクトを初期化
kmeans_pp = KMeans(n_clusters=5)

# クラスターの重心を計算
kmeans_pp.fit(X_train_std)

# クラスター番号を予測
y_train_cl = kmeans_pp.fit_predict(X_train_std)
```

学習データでモデルを構築した結果を使って、テストデータに適応させます。

入力

```
# テストデータでクラスター番号を予測
y_test_cl = kmeans_pp.fit_predict(X_test_std)
```

モデリングで扱えるように、フラグを立てます。

入力

```
# 学習データで、所属しているクラスターにフラグを立てる
cl_train_data = pd.DataFrame(y_train_cl,columns=['cl_nm']).astype(str)
cl_train_data_dummy = pd.get_dummies(cl_train_data)
cl_train_data_dummy.head()
```

出力

	cl_nm_0	cl_nm_1	cl_nm_2	cl_nm_3	cl_nm_4
0	0	1	0	0	0
1	1	0	0	0	0
2	0	1	0	0	0
3	0	0	0	1	0
4	0	1	0	0	0

入力

```
# テストデータで、所属しているクラスターにフラグを立てる
cl_test_data = pd.DataFrame(y_test_cl,columns=['cl_nm']).astype(str)
cl_test_data_dummy = pd.get_dummies(cl_test_data)
cl_test_data_dummy.head()
```

出力

	cl_nm_0	cl_nm_1	cl_nm_2	cl_nm_3	cl_nm_4
0	1	0	0	0	0
1	0	0	1	0	0
2	0	0	1	0	0
3	1	0	0	0	0
4	0	0	1	0	0

次に、目的変数のデータと説明変数のデータをまとめます。

入力

```
# 学習データでデータを結合
merge_train_data = pd.concat([
        pd.DataFrame(X_train_std),
        cl_train_data_dummy,
        pd.DataFrame(y_train,columns=['flg'])
    ], axis=1)

# テストデータでデータを結合
merge_test_data = pd.concat([
        pd.DataFrame(X_test_std),
        cl_test_data_dummy,
        pd.DataFrame(y_test,columns=['flg'])
    ], axis=1)

merge_train_data.head()
```

出力

	0	1	2	3	4	5	6	7	8	9	...	26	27	28	29	cl_nm_0	cl_nm_1
0	-0.500746	-0.629604	-0.510598	-0.508655	-0.326770	-0.678037	-0.702917	-0.673290	-0.323201	-0.513532	...	-0.494471	-0.429224	-0.465020	-0.447715	0	1
1	0.948356	0.011070	0.931367	0.814498	-0.473158	0.297845	0.191520	0.649428	-1.114571	-1.117685	...	0.387699	1.175397	0.053685	-0.302163	1	0
2	-1.005023	-0.151387	-1.005709	-0.884654	0.755356	-0.706644	-0.840513	-0.798055	-1.203323	0.466252	...	-0.915127	-0.748055	-1.142683	-0.316267	0	1
3	-1.634260	0.326831	-1.551415	-1.243587	-0.159571	0.500562	0.556308	-0.699663	1.533191	2.838587	...	1.303103	-0.546019	0.712943	3.642956	0	0
4	-0.254149	-0.789772	-0.314642	-0.325885	-0.801097	-0.976997	-1.115819	-1.166748	-0.648624	-0.542097	...	-1.272052	-1.350424	-0.409803	-0.009932	0	1

5 rows × 36 columns

Appendix

cl_nm_2	cl_nm_3	cl_nm_4	flg
0	0	0	1
0	0	0	0
0	0	0	1
0	1	0	1
0	0	0	1

次に、主成分分析をかけて、どの要素数のスコアが良いか計算してみます。

入力

```
from sklearn.metrics import confusion_matrix

model = LogisticRegression()
X_train_data = merge_train_data.drop('flg', axis=1)
X_test_data = merge_test_data.drop('flg', axis=1)

y_train_data = merge_train_data['flg']
y_test_data = merge_test_data['flg']
```

```
# 主成分分析
from sklearn.decomposition import PCA

best_score = 0
best_num = 0

for num_com in range(8):
    pca = PCA(n_components=num_com+1)
    pca.fit(X_train_data)
    X_train_pca = pca.transform(X_train_data)
    X_test_pca = pca.transform(X_test_data)

    logistic_model = model.fit(X_train_pca,y_train_data)

    train_score = logistic_model.score(X_train_pca,y_train_data)
    test_score = logistic_model.score(X_test_pca,y_test_data)


    if best_score < test_score:
        best_score = test_score
        best_num = num_com+1

print('best score:',best_score)
print('best num componets:',best_num)
```

出力

```
best score: 0.965034965034965
best num componets: 8
```

※best scoreは多少のズレが生じます

クラスター分析＋主成分分析の結果を利用して、正解率96.5%に改善しました。

単に精度を上げるためだけではなく、マーケティング分析でも、教師なし学習＋教師あり学習のアプローチを使用することがあります。

具体的には、教師なしのクラスター分析を使ってそれぞれのセグメントの特性を把握した後に、各セグメントに、どれくらいの割合で(ある商品を)購入する人、しない人がいるのか予測したい時に教師あり学習を使ったりします。これらのアプローチについては他にもいろいろとアイデアが考えられると思いますので、データ分析をする時に検討してください。

A-2- 11-5 総合問題解答 (5)

【例題 1】

読み込んだデータにはnaがありますので、fillnaを使って(ffillをパラメータとして設定)、前の値で埋めることにします。

入力

```
fx_jpusdata_full = fx_jpusdata.fillna(method='ffill')
fx_useudata_full = fx_useudata.fillna(method='ffill')
```

【例題 2】

それぞれの基本統計量を確認します。

入力

```
print(fx_jpusdata_full.describe())
print(fx_useudata_full.describe())
```

出力

```
             DEXJPUS
count  4174.000000
mean    105.775220
std      14.612526
min      75.720000
25%      95.365000
50%     108.105000
75%     118.195000
max     134.770000
```

```
             DEXUSEU
count  4174.000000
mean      1.239633
std       0.165265
min       0.837000
25%       1.128100
50%       1.274700
75%       1.352575
max       1.601000
```

時系列のデータですので、グラフにしてみましょう。

入力

```
fx_jpusdata_full.plot()
fx_useudata_full.plot()
```

出力

```
<matplotlib.axes._subplots.AxesSubplot at 0x2810cc63b70>
```

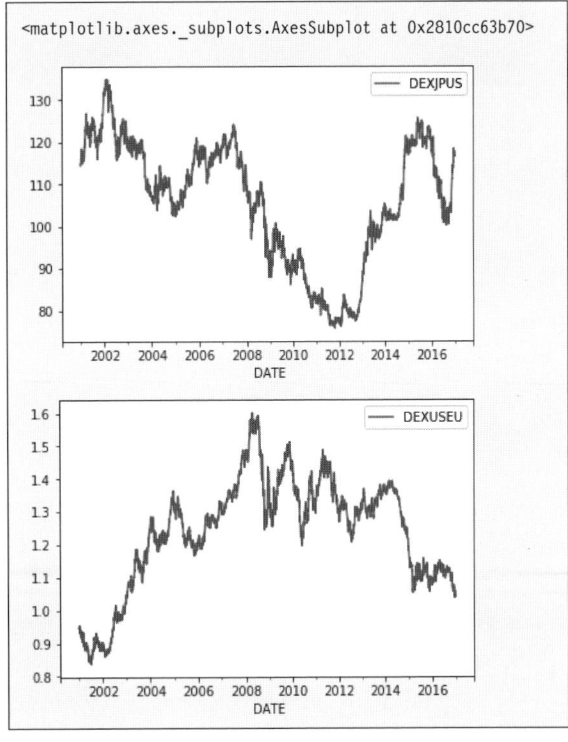

それぞれのグラフに特徴があるようです。

Appendix

【例題3】

次に、前日の値との比をとって、それぞれヒストグラムにしてみましょう。

入力

```
fx_jpusdata_full_r = (fx_jpusdata_full - fx_jpusdata_full.shift(1)) / fx_jpusdata_full.shift(1)
fx_useudata_full_r = (fx_useudata_full - fx_useudata_full.shift(1)) / fx_useudata_full.shift(1)

fx_jpusdata_full_r.hist(bins=30)
fx_useudata_full_r.hist(bins=30)
```

出力

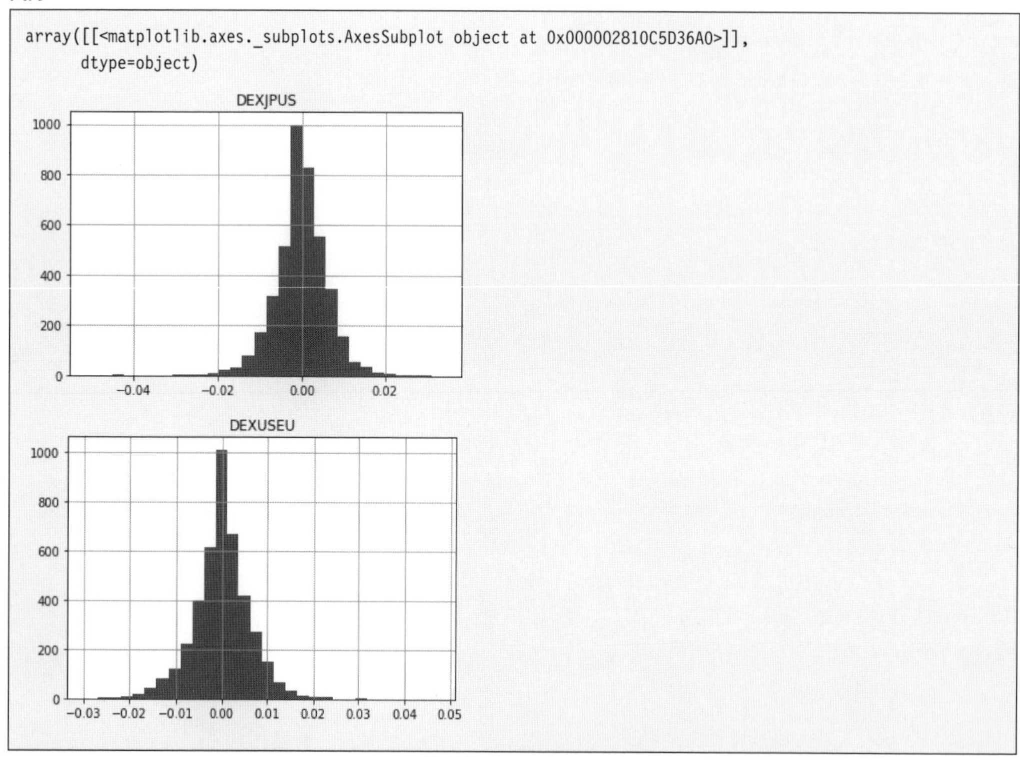

【例題4】

前日だけではなく、2日前、3日前の値とも比べるため、そのデータセットを作成しましょう。

入力

```
merge_data_jpusdata = pd.concat([
        fx_jpusdata_full,
        fx_jpusdata_full.shift(1),
        fx_jpusdata_full.shift(2),
        fx_jpusdata_full.shift(3)
    ], axis=1)
merge_data_jpusdata.columns =['today','pre_1','pre_2','pre_3']
merge_data_jpusdata_nona = merge_data_jpusdata.dropna()
merge_data_jpusdata_nona.head()
```

出力

```
            today   pre_1   pre_2   pre_3
DATE
2001-01-05  116.19  115.47  114.26  114.73
2001-01-08  115.97  116.19  115.47  114.26
2001-01-09  116.64  115.97  116.19  115.47
2001-01-10  116.26  116.64  115.97  116.19
2001-01-11  117.56  116.26  116.64  115.97
```

それでは、早速、モデル構築をしてみましょう。

入力

```
from datetime import datetime, date, timedelta
from dateutil.relativedelta import relativedelta

# モデル
from sklearn import linear_model

# モデルの初期化
l_model = linear_model.LinearRegression()

pre_term = '2016-11'
pos_term = '2016-12'

for pre_list in (['pre_1'],['pre_1','pre_2'],['pre_1','pre_2','pre_3']):

    print(pre_list)
    train = merge_data_jpusdata_nona[pre_term]
    X_train = pd.DataFrame(train[pre_list])
    y_train = train['today']

    test = merge_data_jpusdata_nona[pos_term]
    X_test = pd.DataFrame(test[pre_list])
    y_test = test['today']

    # モデルのあてはめ
    fit_model = l_model.fit(X_train,y_train)
    print('train:',fit_model.__class__.__name__ ,fit_model.score(X_train,y_train))
    print('test:',fit_model.__class__.__name__ , fit_model.score(X_test,y_test))
```

出力

```
['pre_1']
train: LinearRegression 0.9493027692165822
test: LinearRegression 0.5687852242036819
['pre_1', 'pre_2']
train: LinearRegression 0.9494020654841917
test: LinearRegression 0.5627029016415758
['pre_1', 'pre_2', 'pre_3']
train: LinearRegression 0.9509299545649994
test: LinearRegression 0.5404389520765218
```

上記の結果より、訓練データとテストデータに大きな乖離があり、過学習になっているようです。他にも適合率や再現率等も見てください。為替のデータや金融商品の価格予測は困難だといわれており、機械学習以外にもさまざまなアプローチや研究がされています。

A-2- 11-6 総合問題解答(6)

【例題1】

以下の実装は、データが取得できたとして、該当のパスから、規則性のあるファイル名を探し出し、それらのデータをマージしています。なお、glob関数は、Unixシェルの規則を使ってファイル名等のパターンマッチをします。ただし、すべてのデータを処理するためには、ある程度のPCのスペックや環境によりますので、1980年代までのデータを対象にします。

入力

```
# pathを入力
path =r'<データをダウンロードしたディレクトリのパス>'

# データをマージするための処理
import glob
import pandas as pd

# 上記のパス以下にある、198からはじまる任意のcsvファイルが対象
allFiles = glob.glob(path + '/198*.csv')
data_frame = pd.DataFrame()
list_ = []
for file_ in allFiles:
    print(file_)
    df = pd.read_csv(file_,index_col=None, header=0,encoding ='ISO-8859-1' )
    list_.append(df)
frame_198 = pd.concat(list_)
```

出力

```
C:/all_data\1987.csv
C:/all_data\1988.csv
C:/all_data\1989.csv
```

1000万行以上で、2-3Gほどあります。読み込んだらデータをチェックしましょう。

入力(5行を出力)

```
frame_198.head()
```

出力

	Year	Month	DayofMonth	DayOfWeek	DepTime	CRSDepTime	ArrTime	CRSArrTime	UniqueCarrier
0	1987	10	14	3	741.0	730	912.0	849	PS
1	1987	10	15	4	729.0	730	903.0	849	PS
2	1987	10	17	6	741.0	730	918.0	849	PS
3	1987	10	18	7	729.0	730	847.0	849	PS
4	1987	10	19	1	749.0	730	922.0	849	PS

5 rows × 29 columns

FlightNum	...	TaxiIn	TaxiOut	Cancelled	CancellationCode	Diverted	CarrierDelay	WeatherDelay
1451	...	NaN	NaN	0	NaN	0	NaN	NaN
1451	...	NaN	NaN	0	NaN	0	NaN	NaN
1451	...	NaN	NaN	0	NaN	0	NaN	NaN
1451	...	NaN	NaN	0	NaN	0	NaN	NaN
1451	...	NaN	NaN	0	NaN	0	NaN	NaN

NASDelay	SecurityDelay	LateAircraftDelay
NaN	NaN	NaN
NaN	NaN	NaN
NaN	NaN	NaN
NaN	NaN	NaN
NaN	NaN	NaN

入力(カラムを確認)

```
frame_198.info()
```

出力

```
<class 'pandas.core.frame.DataFrame'>
Int64Index: 11555122 entries, 0 to 5041199
Data columns (total 29 columns):
Year                 int64
Month                int64
DayofMonth           int64
DayOfWeek            int64
DepTime              float64
CRSDepTime           int64
ArrTime              float64
CRSArrTime           int64
UniqueCarrier        object
FlightNum            int64
TailNum              float64
ActualElapsedTime    float64
CRSElapsedTime       int64
AirTime              float64
ArrDelay             float64
DepDelay             float64
Origin               object
Dest                 object
Distance             float64
TaxiIn               float64
TaxiOut              float64
Cancelled            int64
CancellationCode     float64
Diverted             int64
CarrierDelay         float64
WeatherDelay         float64
NASDelay             float64
SecurityDelay        float64
LateAircraftDelay    float64
dtypes: float64(16), int64(10), object(3)
memory usage: 2.6+ GB
```

Appendix

次に、月別のレコード数を見てみましょう。

入力

```
frame_198.groupby('Month')['Month'].count()
```

出力

```
Month
1      876972
2      807755
3      880261
4      832929
5      852076
6      837592
7      858284
8      872854
9      839143
10    1327424
11    1261485
12    1308347
Name: Month, dtype: int64
```

遅延はDepDelayです。平均を月ごとに見ると以下になります。

入力

```
frame_198.groupby('Month')['DepDelay'].mean()
```

出力

```
Month
1      9.141626
2      8.547549
3      8.410706
4      5.590123
5      6.579554
6      7.878035
7      7.567266
8      7.348758
9      5.235265
10     5.650389
11     7.261977
12    10.510423
Name: DepDelay, dtype: float64
```

【例題2】

遅延を年別、月別推移をグラフで見てみましょう。どうなるでしょうか？

入力

```
year_month_avg_arrdelay = frame_198.groupby(['Year','Month'])['ArrDelay'].mean()

pd.DataFrame(year_month_avg_arrdelay).unstack().T.plot(figsize=(10,6))
plt.legend(loc='best')
plt.xticks([i for i in range(0,12)],[i for i in range(1,13)])
plt.grid(True)
```

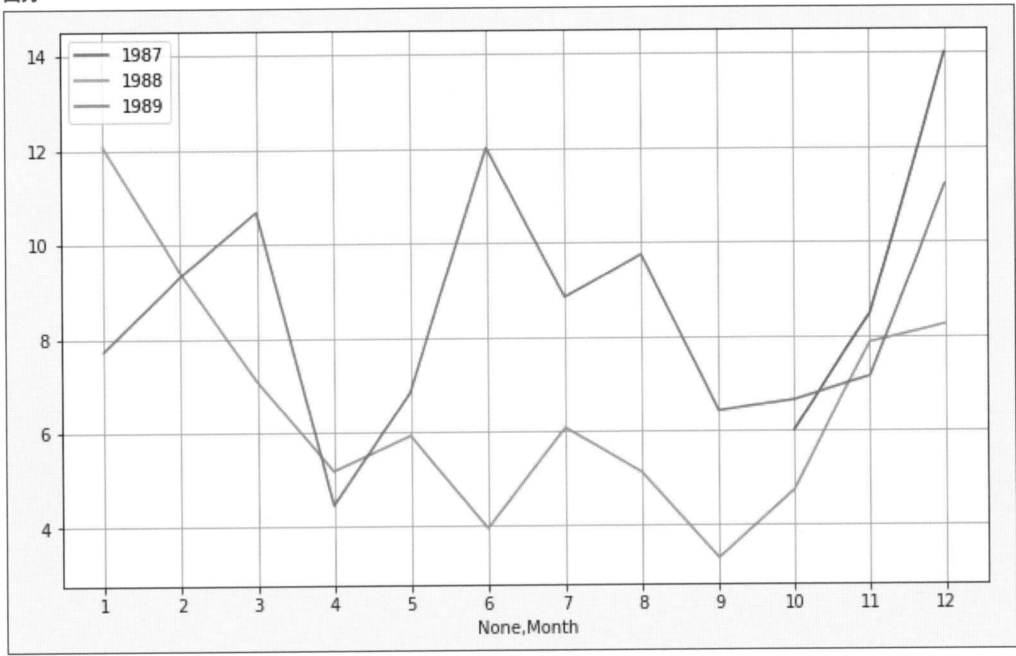

毎年12月や1月にピークが来ています。年末年始に遅れが生じるのは、感覚的にも理解できます。また6月にもピークが来ています。遅延時間は季節性があるようです。

ここでは実施しませんが、異常値等のチェックもしましょう。最大値が極端に大きかったり、最小値が極端に小さい時もあるようです。

【例題3】

航空会社によって(UniqueCarrier)、ArrDelay(遅延)に違いはあるのでしょうか。確かめてみましょう。

入力

```
frame_198.groupby(['UniqueCarrier'])['ArrDelay'].mean()
```

出力

```
UniqueCarrier
AA          5.185821
AS          8.130452
CO          6.306340
DL          7.812319
EA          7.485808
HP          5.519779
NW          7.315993
PA (1)      8.957254
PI         10.464421
PS          9.261881
TW          7.807424
UA          9.192974
US         10.086836
WN          5.204949
Name: ArrDelay, dtype: float64
```

PI航空会社の遅延が目立っています。次は、出発地や目的地による違いです。かなりばらつきがあるようです。

入力

```
origin_avg_arrdelay = pd.DataFrame(frame_198.groupby(['Origin'])['ArrDelay'].mean()).reset_index()
origin_avg_arrdelay.head()
```

出力

	Origin	ArrDelay
0	ABE	7.038219
1	ABI	NaN
2	ABQ	5.801788
3	ACV	24.472067
4	ACY	7.222222

入力

```
dest_avg_arrdelay = pd.DataFrame(frame_198.groupby(['Dest'])['ArrDelay'].mean()).reset_index()
dest_avg_arrdelay.head()
```

出力

	Dest	ArrDelay
0	ABE	8.379866
1	ABQ	5.432439
2	ACV	22.814286
3	ACY	12.599061
4	AGS	7.680647

【例題4】

次は、遅延時間を予測するための簡単なモデルを作成します。

入力

```
analysis_data = frame_198[['DepDelay','Distance','ArrDelay']]
```

今回、NAは分析対象から外します。6章でも述べましたが、実務では、このような欠損データ等はどのように扱うかはきちんと確認、議論した上で進めてください。

入力

```
analysis_data_full = analysis_data.dropna()

X = analysis_data_full[['DepDelay','Distance']]
Y = analysis_data_full['ArrDelay']

# データの分割（学習データとテストデータ分ける）
from sklearn.model_selection import train_test_split

# モデル
from sklearn import linear_model
```

```
# モデルのインスタンス
l_model = linear_model.LinearRegression()

# 学習データとテストデータ分ける
X_train, X_test, y_train, y_test = train_test_split(X, Y, test_size=0.5,random_state=0)

# モデルのあてはめ
fit_model = l_model.fit(X_train,y_train)
print('train:',fit_model.__class__.__name__ ,fit_model.score(X_train,y_train))
print('test:',fit_model.__class__.__name__ , fit_model.score(X_test,y_test))

# 偏回帰係数
print(pd.DataFrame({'Name':X.columns,
                    'Coefficients':fit_model.coef_}).sort_values(by='Coefficients') )

# 切片
print(fit_model.intercept_)
```

出力

```
train: LinearRegression 0.673012015192435
test: LinearRegression 0.6877571847815528
       Name  Coefficients
1  Distance     -0.000938
0  DepDelay      0.917872
1.4805784002949833
```

他、Spark (Pyspark) でも計算できますので、余裕があればやってみてください。

Appendix

Appendix 3

参考文献・参考URL

A-3- 1 参考文献

[A-1]

『最強のデータ分析組織 なぜ大阪ガスは成功したのか』(日経BP社刊、ISBN：978-4822258917)

『機械脳の時代―――データサイエンスは戦略・組織・仕事をどう変えるのか?』(ダイヤモンド社刊、ISBN：978-4478039373)

『アクセンチュアのプロフェッショナルが教えるデータ・アナリティクス実践講座』(翔泳社刊、ISBN：978-4798143446)

『会社を変える分析の力(講談社現代新書)』(講談社刊、ISBN：978-4062882187)

『最強のビッグデータ戦略』(ビル・フランクス(著), 長尾高弘(翻訳)、日経BP社)

『データサイエンティストの秘密ノート 35の失敗事例と克服法』(SBクリエイティブ刊、ISBN：978-4797389623)

[A-2]

『真実を見抜く分析力 ビジネスエリートは知っているデータ活用の基礎知識』(日経BP社刊、ISBN：978-4822250058)

『データ分析プロジェクトの手引: データの前処理から予測モデルの運用までを俯瞰する20章』(共立出版刊、ISBN：978-4320124035)

[A-3]

『仕事ではじめる機械学習』(オライリージャパン刊、ISBN：978-4873118253)

[A-4]

『Pythonチュートリアル』(オライリージャパン刊、ISBN：978-4873117539)

『はじめてのPython』(オライリー・ジャパン刊、ISBN：978-4873113937)

『入門 Python3』(オライリー・ジャパン刊、ISBN：978-4873117386)

[A-5]

『統計学入門(基礎統計学Ⅰ)』(東京大学出版刊、ISBN：978-4130420655)

『統計学』(東京大学出版刊、ISBN：978-4130629218)

『統計学 改訂版』(有斐閣刊、ISBN：978-4641053809)

[A-6]

『線形代数学(新装版)』(日本評論社刊、ISBN：978-4535786547)

『入門線形代数』(培風館刊、ISBN：978-4563002169)

『明解演習 線形代数（明解演習シリーズ）』（共立出版刊、ISBN：978-4320010789）
『明解演習 微分積分（明解演習シリーズ）』（共立出版刊、ISBN：978-4320013322）
『キーポイント多変数の微分積分（理工系数学のキーポイント（7））』（岩波書店刊、ISBN：978-4000078672）
『やさしく学べる微分方程式』（共立出版刊、ISBN：978-4320017504）

[A-7]
『技術者のための基礎解析学 機械学習に必要な数学を本気で学ぶ』（翔泳社刊、ISBN：978-4798155357）
『技術者のための線形代数学 大学の基礎数学を本気で学ぶ』（翔泳社刊、ISBN：978-4798155364）
『技術者のための確率統計学 大学の基礎数学を本気で学ぶ』（翔泳社刊、ISBN：978-4798157863）

[A-8]
『退屈なことはPythonにやらせよう ―ノンプログラマーにもできる自動化処理プログラミング』（オライリージャパン刊、ISBN：978-4873117782）

[A-9]
『測度・確率・ルベーグ積分 応用への最短コース』（講談社刊、ISBN：978-4061565715）
『測度と積分―入門から確率論へ』（培風館刊、ISBN：978-4563003807）
『確率論（新しい解析学の流れ）』（共立出版刊、ISBN：978-4320017313）

[A-10]
『科学技術計算のためのPython入門 ―開発基礎、必須ライブラリ、高速化』（技術評論社刊、ISBN：978-4774183886）
『Python言語によるビジネスアナリティクス 実務家のための最適化・統計解析・機械学習』（近代科学社刊、ISBN：978-4764905160）
『Pythonによるデータ分析入門 ―NumPy、pandasを使ったデータ処理』（オライリージャパン刊、ISBN：978-4873118451）
『エレガントなSciPy――Pythonによる科学技術計算』（オライリージャパン刊、ISBN：978-4-87311-860-4）

[A-11]
『岩波データサイエンス Vol.5、特集「スパースモデリングと多変量データ解析」』（岩波書店刊、ISBN：978-4000298551）

[A-12]
『欠損データの統計科学』（岩波書店刊、ISBN：978-4000298476）
『データ分析プロセス（シリーズ Useful R 2）』の第3章（共立出版刊、ISBN：978-4320123656）

[A-13]
『入門 機械学習による異常検知―Rによる実践ガイド』（コロナ社刊、ISBN：978-4339024913）
『異常検知と変化検知』（講談社刊、ISBN：978-4061529083）

[A-14]
『極値統計学（ISMシリーズ:進化する統計数理）』（近代科学社刊、ISBN：978-4764905153）

[A-15]
『バッドデータハンドブック』（オライリージャパン刊、ISBN：978-4873116402）

[A-16]
『PythonとJavaScriptではじめるデータビジュアライゼーション』（オライリージャパン刊、ISBN：978-4873118086）
『Pythonユーザのためのjupyter[実践]入門』（技術評論社刊、ISBN：978-4774192239）

[A-17]
『入門 考える技術・書く技術―日本人のロジカルシンキング実践法』（ダイヤモンド社刊、ISBN：978-4478014585）
『外資系コンサルのスライド作成術―図解表現23のテクニック』（東洋経済新報社刊、ISBN：978-4492557204）
『Google流資料作成術』（日本実業出版社刊、ISBN：978-4534054722）

[A-18]
『Pythonによる機械学習入門』（オーム社刊、ISBN：978-4274219634）
『Pythonではじめる機械学習 ―scikit-learnで学ぶ特徴量エンジニアリングと機械学習の基礎』（オライリージャパン刊、ISBN：978-4873117980）

[A-19]
『戦略的データサイエンス入門 ―ビジネスに活かすコンセプトとテクニック』（オライリージャパン刊、ISBN：978-4873116853）
『失敗しない データ分析・AIのビジネス導入: プロジェクト進行から組織づくりまで』（森北出版刊、ISBN：978-4627854116）

[A-20]
『データマイニング手法 予測・スコアリング編―営業、マーケティング、CRMのための顧客分析』（海文堂出版刊、ISBN：978-4303734275）
『データマイニング手法 探索的知識発見編―営業、マーケティング、CRMのための顧客分析』（海文堂出版刊、ISBN：978-4303734282）
『Data Mining Techniques: For Marketing, Sales, and Customer Relationship Management 』（Wiley刊、ISBN：978-0470650936）

[A-21]
『強化学習』（森北出版刊、ISBN：978-4627826618）

[A-22]
『Pythonではじめる機械学習 ―scikit-learnで学ぶ特徴量エンジニアリングと機械学習の基礎』（オライリージャパン刊、ISBN：978-4873117980）
『データサイエンス講義』（オライリージャパン刊、ISBN：978-4873117010）

『実践機械学習システム』(オライリージャパン刊、ISBN：978-4873116983)
『Python 機械学習プログラミング 達人データサイエンティストによる理論と実践』(インプレス刊、ISBN：978-4295003373)

[A-23]
『データマイニング手法 予測・スコアリング編―営業、マーケティング、CRMのための顧客分析』(海文堂出版刊、ISBN：978-4303734275)
『データマイニング手法 探索的知識発見編―営業、マーケティング、CRMのための顧客分析』(海文堂出版刊、ISBN：978-4303734282)

[A-24]
『戦略的データサイエンス入門 ―ビジネスに活かすコンセプトとテクニック』(オライリージャパン刊、ISBN：978-4873116853)

[A-25]
『はじめてのパターン認識』(森北出版刊、ISBN：978-4627849716)
『Python機械学習プログラミング』(インプレス刊、ISBN：978-4295003373)
『scikit-learnとTensorFlowによる実践機械学習』(オライリージャパン刊、ISBN：978-4873118345)
『科学技術計算のためのPython―確率・統計・機械学習』(エヌ・ティー・エス刊、ISBN：978-4860434717)
『データ分析プロジェクトの手引: データの前処理から予測モデルの運用までを俯瞰する20章』(共立出版刊、ISBN：978-4320124035)
『Machine Learning実践の極意 機械学習システム構築の勘所をつかむ!』(インプレス刊、ISBN：978-4295002659)
『Fundamentals of Machine Learning for Predictive Data Analytics: Algorithms, Worked Examples, and Case Studies 』(The MIT Press刊、ISBN：978-0262029445)

[A-26]
『戦略的データサイエンス入門 ―ビジネスに活かすコンセプトとテクニック』(オライリージャパン刊、ISBN：978-4873116853)

[A-27]
『ゼロから作るDeep Learning ―Pythonで学ぶディープラーニングの理論と実装』(オライリージャパン刊、ISBN：978-4873117584)
『機械学習スタートアップシリーズ これならわかる深層学習入門 (講談社刊、ISBN：978-4061538283)
『深層学習 (機械学習プロフェッショナルシリーズ) 』(講談社刊、ISBN：978-4061529021)

[A-28]
『詳解 ディープラーニング ~TensorFlow・Kerasによる時系列データ処理~』(マイナビ出版刊、ISBN：978-4839962517)
『PythonとKerasによるディープラーニング』(マイナビ出版刊、ISBN：978-4839964269)
『scikit-learnとTensorFlowによる実践機械学習』(オライリージャパン刊、ISBN：978-4873118345)
『深層学習』(KADOKAWA刊、ISBN：978-4048930628)

[A-29]
『ハイパフォーマンスPython』(オライリージャパン刊、ISBN：978-4873117409)
『科学技術計算のためのPython入門 ―開発基礎、必須ライブラリ、高速化』(技術評論社刊、ISBN：978-4774183886)
『エキスパートPythonプログラミング改訂２版』(KADOKAWA刊、ISBN：978-4048930611)

[A-30]
『Cython ―Cとの融合によるPythonの高速化』(オライリージャパン刊、ISBN：978-4873117270)

[A-31]
『Python言語によるビジネスアナリティクス 実務家のための最適化・統計解析・機械学習』(近代科学社刊、ISBN：978-4764905160)

[A-32]
『初めてのSpark』(オライリージャパン刊、ISBN：978-4873117348)
『入門 PySpark ―PythonとJupyterで活用するSpark 2エコシステム』(オライリージャパン刊、ISBN：978-4873118185)
『Machine Learning with Spark - Tackle Big Data with Powerful Spark Machine Learning Algorithms』(Packt Publishing, ISBN：978-1783288519)

[A-33]
『Pythonデータサイエンスハンドブック ―Jupyter、NumPy、pandas、Matplotlib、scikit-learnを使ったデータ分析、機械学習』(オライリージャパン刊、ISBN：978-4873118413)
『IPythonデータサイエンスクックブック ―対話型コンピューティングと可視化のためのレシピ集』(オライリージャパン刊、ISBN：978-4873117485)
『統計的学習の基礎 ―データマイニング・推論・予測』(共立出版刊、ISBN：978-4320123625)
『パターン認識と機械学習 上下』(丸善出版刊、ISBN：978-4621061220)
『Pythonで体験するベイズ推論 PyMCによるMCMC入門』(森北出版刊、ISBN：978-4627077911)
『Pythonによるベイズ統計モデリング: PyMCでのデータ分析実践ガイド』(共立出版刊、ISBN：978-4320113374)
『機械学習スタートアップシリーズ ベイズ推論による機械学習入門 (KS情報科学専門書)』(講談社刊、ISBN：978-4061538320)

[A-34]
『ビッグデータ テクノロジー完全ガイド』(マイナビ出版刊、ISBN：978-4839953126)
『FPGAの原理と構成』(オーム社刊、ISBN：978-4274218644)

[A-35]
『イシューからはじめよ―知的生産の「シンプルな本質」』(英治出版刊行、ISBN：978-4862760852)

[A-36]
『統計クイックリファレンス 第２版』(オライリージャパン刊、ISBN978-4873117102)

A-3- 2 参考URL

[B-1]
Python公式サイト　https://www.python.org
Dive Into Python 3 日本語版　http://diveintopython3-ja.rdy.jp/

[B-2]
Automate the Boring Stuff with Python（A-8『退屈なことはPythonにやらせよう』の英語版）　https://automatetheboringstuff.com/

[B-3]
Jupyter Notebook を使ってみよう　https://pythondatascience.plavox.info/python%E3%81%AE%E9%96%8B%E7%99%BA%E7%92%B0%E5%A2%83/jupyter-notebook%E3%82%92%E4%BD%BF%E3%81%A3%E3%81%A6%E3%81%BF%E3%82%88%E3%81%86
Jupyter Notebook公式サイトで説明されているMarkdownの使い方　https://jupyter-notebook.readthedocs.io/en/latest/examples/Notebook/Working%20With%20Markdown%20Cells.html

[B-4]
PEP: 8（Python コードのスタイルガイド）　https://pep8-ja.readthedocs.io/ja/latest/

[B-5]
Matplotlib　http://matplotlib.org/
seaborn: statistical data visualization　http://seaborn.pydata.org/

[B-6]
統計学の時間　https://bellcurve.jp/statistics/course/#step1

[B-7]
Numpy　https://www.numpy.org/devdocs/user/quickstart.html

[B-8]
Scipy　https://www.scipy.org

[B-9]
Scipyの補間計算　https://docs.scipy.org/doc/scipy/reference/tutorial/interpolate.html

[B-10]
Statistical Learning with Sparsity The Lasso and Generalizations　https://web.stanford.edu/~hastie/StatLearnSparsity_files/SLS.pdf

Appendix

[B-11]
Scipyの行列計算　https://docs.scipy.org/doc/scipy/reference/tutorial/linalg.html

[B-12]
Pythonとローレンツ方程式　http://org-technology.com/posts/ordinary-differential-equations.html

[B-13]
Scipyの積分と微分方程式計算　https://docs.scipy.org/doc/scipy/reference/tutorial/integrate.html

[B-14]
Scipy Lecture Notes　http://www.turbare.net/transl/scipy-lecture-notes/index.html

[B-15]
異常検知技術のビジネス応用最前線　https://www.slideshare.net/shoheihido/fit2012

[B-16]
Python Data Science Handbook　https://github.com/jakevdp/PythonDataScienceHandbook

[B-17]
OpenAI　https://gym.openai.com

[B-18]
scikit-learn　http://scikit-learn.org/stable/index.html

[B-19]
Python Data Science Handbook（A-22の英語オンライン版）　https://github.com/jakevdp/PythonDataScienceHandbook

[B-20]
主成分分析の考え方　https://logics-of-blue.com/principal-components-analysis/

[B-21]
plot_partial_dependence関数について　http://scikit-learn.org/stable/modules/ensemble.html

[B-22]
A-28の『深層学習』の原著サイト　http://www.deeplearningbook.org/

[B-23]
Blaze　http://blaze.pydata.org/

[B-24]
GitHub　https://github.com/wilsonfreitas/awesome-quant

[B-25]
Quantopian　https://www.quantopian.com/home

[B-26]
アワビの年齢予測（英語）　https://www.slideshare.net/hyperak/predicting-the-age-of-abalone
Predicting Age of Abalone Using Linear Regression　http://citeseerx.ist.psu.edu/viewdoc/download;jsessionid=1B4590990A8445EBC80996A092445868?doi=10.1.1.135.705&rep=rep1&type=pdf

[B-27]
多重共線性について　http://heartland.geocities.jp/ecodata222/ed/edj1-2-1-2-1.html

[B-28]
Data Science for Environment and Quality 環境と品質のためのデータサイエンス　http://data-science.tokyo/

Appendix

おわりに

今後の学習について

本書はこれで終了になります。本当にお疲れ様でした。これまでたくさんの技術について学習してきました。特に初学者の方は、最後までやり遂げるのは大変だったと思います。本書のスキルをしっかりと身に付ければ、データサイエンスの入門レベルとして十分です。もちろん、これで終わりではなく、まだまだ学ぶべきことはたくさんあります。なお、これを書いている筆者も、新しい技術にキャッチアップするため、日々勉強中です。

ビジネス現場でデータサイエンスを価値あるものにしていくためには、本当に色々なスキルが必要で、特に創造力が大事です。数学的な手法を学んだり、ただ実装ができるだけでは、新しい価値を創ることは困難です。いきなり創造力と言われても難しいと思いますし、こんな偉そうなことを言っている著者本人も簡単ではないと感じていますが、ある程度基礎ができたら、あとは現場で考え、実際にデータをみて、データと対話して、実践していってほしいと思います。一筋縄ではいかないケースもあると思いますが、それがデータサイエンスの魅力でもあると考えています。あとは、冒頭の章でも少し述べましたが、エラーでつまずいたり、わからないことがあったら、書籍やインターネットを使って自分で調べて解決する力がとても重要です。

もちろんインプットがなければアウトプットはできないので、以下は、今後の学習のために、データサイエンスを学ぶためのリソースや教材等を紹介します。無料の教材もたくさんあります（英語がメインですが）ので、今後の学習の参考にしてください。ただし、どの本やコンテンツにもいえることですが、間違い等も含まれていると思いますので、そのような視点でみることは忘れないでください。

データソースとデータ分析コンテスト

データ分析を学ぶためには、実際のデータがないと分析できません。以下のサイトには、データ分析を学ぶためのデータが豊富にあります。特にKaggleはデータサイエンスのコンテストで、上位ランクインすると賞金がもらえます。時間があれば、登録をして、ぜひ課題にチャレンジしてみてください。また、様々な参加者がコード等も公開していますので、とても勉強になります。ただし、このコンテストの実装が、一般のビジネスでは応用できなかったという指摘もあり、初学者のうちはあまり精度等にこだわらずに、こんなアプローチもあるのかと、眺める程度で良いかもしれません。Kaggle以外にもデータ分析のコンテストはあるようですので、興味のある方は調べてみてください。

・Kaggle : https://www.kaggle.com
・UCI DATA : http://archive.ics.uci.edu/ml/

データ分析の手法や開発方法などの情報収集について

データ分析に関するコードについて、以下のようなサイトにいろいろなコードがありますので、興味のある実装等を見るだけでも勉強になります。また、GithubやGitlab等を使えるようになると、チームで開発をする時に便利です。

・GitHub : https://github.com

データ分析に関するオンライン講座

以下は、データサイエンスに関するオンライン講座です。文字を読むだけではなく、ライブで講義を受けたい方にオススメです。無料の講座もたくさんあります。

・edx : https://www.edx.org/course

・coursera : https://www.coursera.org

無料のデータ分析教材

無料で読める統計学の本もたくさんあります。

・オンラインで無料で読める統計書22冊 :http://id.fnshr.info/2013/08/11/online-stat-books/

・オンラインで無料で読める統計書プラス32冊: http://id.fnshr.info/2016/08/15/online-stat-books-2/

以下は英語ですが、フリーのデータサイエンスの教材がたくさん紹介されています。英語で勉強したい方はどうぞ。有名な教材もあります。

・free data science 60 books + : http://www.kdnuggets.com/2015/09/free-data-science-books.html

・free data science 100 books +: http://www.learndatasci.com/free-data-science-books/

また、冒頭でも紹介しましたが、松尾研究室から無料で以下の教材が公開されています。他にも、Deep Learningのコンテンツ等も無償公開されていますので、興味のある方は取り組んでみてください。

・GCIデータサイエンティスト育成講座 コンテンツ: https://weblab.t.u-tokyo.ac.jp/gci_contents/

その他、データ分析で役立つ教材

次は、Appendix 2で紹介していない本で、データ分析に関する教材です。比較的始めやすく、初心者向けでいろいろなツール等も幅広に扱っているものを紹介します。データサイエンティスト養成読本シリーズは色々なところで紹介されていますし、この本を購入した方ならば、ご存知かもしれません。

- 『データサイエンティスト養成読本 登竜門編』(技術評論社刊、ISBN:978-4774188775)
- 『改訂2版 データサイエンティスト養成読本』(技術評論社刊、ISBN:978-4774183602)
- 『データサイエンティスト養成読本 機械学習入門編』(技術評論社刊、ISBN:978-4774176314)
- 『データサイエンティスト養成読本 R活用編』(技術評論社刊、ISBN:978-4774170572)
- 『データサイエンティスト養成読本 ビジネス活用編』(技術評論社刊、ISBN:978-4297101084)

他、データ分析は前段階の処理でプロジェクト全体の8〜9割かかるといわれています。前処理については以下のような本もありますので、参考にしてください。

- 『前処理大全』(技術評論社刊、ISBN:978-4774196473)

以下の書籍は少し応用的ですが、マーケティングの業界でデータサイエンス(やAI)を活かす手法について詳しく述べられており、これもマーケティングの現場で働く人にはおススメです。ただし、コードなどの実装はないため、モデル構築のアイデアを学ぶための本という位置付けになります。

- 『AIアルゴリズムマーケティング 自動化のための機械学習/経済モデル、ベストプラクティス、アーキテクチャ』(インプレス刊、ISBN:978-4295004745)

データサイエンスに関する本や講座は、他にもたくさんあり、「はじめに」でも述べた通り、毎月のように機械学習、人工知能、深層学習に関連する本がたくさん出ています。意欲さえあれば、学ぶ環境は充実してきています。ぜひアンテナを張ってどんどんスキルアップし、そして目的を考えながら、仕事に役立ててください。

Index

【N～P】

【R～U】

【W～Z】

【あ行】

【か行】

【さ行】

【た行】

【な行】

【は行】

【ま行】

【や行】

【ら行】

【わ行】

STAFF
ブックデザイン：三宮 暁子（Highcolor）
DTP：AP_Planning
編集：伊佐 知子

東京大学のデータサイエンティスト育成講座
Pythonで手を動かして学ぶデータ分析

2019年3月14日 初版第1刷発行
2019年4月15日　第2刷発行

著者　塚本邦尊、山田典一、大澤文孝
監修　中山浩太郎
協力　松尾 豊
発行者　滝口 直樹
発行所　株式会社 マイナビ出版
〒101-0003　東京都千代田区一ツ橋2-6-3 一ツ橋ビル 2F
TEL：0480-38-6872（注文専用ダイヤル）
TEL：03-3556-2731（販売）
TEL：03-3556-2736（編集）
E-Mail：pc-books@mynavi.jp
URL：http://book.mynavi.jp
印刷・製本　株式会社ルナテック

ISBN978-4-8399-6525-9